计算机科学导论
——计算思维视角

马 彬 高 川 王晓蓉 邓 红 编著

科学出版社

北 京

内 容 简 介

本书以扩展的计算思维为主线，融入课程思政，理论与应用相结合，参照中国计算机学会、国际计算机协会以及美国电气与电子工程师协会的计算学科定义和建议，对计算机科学与技术进行科学、系统地阐述。全书共 7 篇 14 章，从计算思维涉及的逻辑思维、系统思维、算法思维、网络思维、数据思维和智能思维六个方面展开，具体阐述计算机科学相关定义，社会与道德问题，数的表示、存储与运算，数字逻辑与数字系统，计算机硬件，计算机软件，高级程序设计基础，数据结构与算法，计算机网络，移动通信与无线网络，数据库系统，大数据技术，机器学习和人工智能14 个专题知识，目的是让读者了解计算机科学与技术学科的全貌，并对计算思维有深刻的认知。

本书可作为高等院校计算机科学与技术专业学生的专业基础课程教材，也可作为其他电子信息类相关专业学生的计算机通识课程教材。同时，本书也适用于对计算机科学与技术感兴趣的普通读者。

图书在版编目 (CIP) 数据

计算机科学导论：计算思维视角 / 马彬等编著. -- 北京：科学出版社，2025.3. -- ISBN 978-7-03-081507-1

Ⅰ. TP3

中国国家版本馆 CIP 数据核字第 2025T0R537 号

责任编辑：孟　锐 / 责任校对：彭　映
责任印制：罗　科 / 封面设计：墨创文化

科 学 出 版 社 出版

北京东黄城根北街 16 号
邮政编码：100717
http://www.sciencep.com

成都锦瑞印刷有限责任公司 印刷
科学出版社发行　各地新华书店经销

*

2025 年 3 月第 一 版　开本：787×1092　1/16
2025 年 3 月第一次印刷　印张：26
字数：617 000

定价：128.00 元
（如有印装质量问题，我社负责调换）

前　言

"计算机科学导论"课程，是计算机科学与技术专业的学生进入大学后的第一门计算机专业基础课程，主要目的是对该学科进行科学、系统地阐述，建立起学生的计算机学科知识体系全貌，让学生认识计算机科学与技术学科。本书以扩展的计算思维为主线，理论与应用相结合，参照中国计算机学会、国际计算机协会以及美国电气与电子工程师协会的计算学科定义或建议，结合课程思政教学需要，通过遴选的科学家故事或科学故事，将读者引入计算机科学与技术的各领域中。全书共7篇14章，从计算思维涉及的逻辑思维、系统思维、算法思维、网络思维、数据思维和智能思维六个方面展开，具体阐述计算机科学相关定义，社会与道德问题，数的表示、存储与运算，数字逻辑与数字系统，计算机硬件，计算机软件，高级程序设计基础，数据结构与算法，计算机网络，移动通信与无线网络，数据库系统，大数据技术，机器学习和人工智能14个专题知识，力求让读者对计算机科学与技术有比较全面、深入的理解，树立专业学习的信心和自豪感。

本书内容由浅入深、结构严谨，力求避免内容重复、结构松散等弊病。本书的主要特色有：①每一篇都融入了相应的课程思政元素，呈现科学家精神、创新精神和职业责任感与荣誉感；②以逻辑思维、系统思维、算法思维、网络思维、数据思维和智能思维共同组成的计算思维为主线来组织计算机科学知识体系，既能体现计算机科学的系统性，也能体现计算思维的引领性。由于本书涉及的学科领域知识繁多，各高校任课教师可根据学生的实际情况，在学习本书时适当调整先后次序和学时，或选用其中的一些章节来开展教学。本书配有电子教案，任课教师可根据学生的实际情况进行修改。本书还配有丰富的课程资源，如课程大纲、授课计划、电子课件、课后习题及参考答案等，如有需要可以联系主编索取，联系邮箱 mabin@cqupt.edu.cn。

本书由马彬任主编，高川、王晓蓉、邓红任副主编，其中第1章和第2章由邓红完成，第3、4、9、10章由马彬完成，第7、8、13、14章由高川完成，第5、6、11、12章由王晓蓉完成。硕士研究生陈品高、程虹耀、张伟、薛礼、黄鑫、苟佳灼、储振兴、宫泽凯、何祥德、靳浩天、王燕、杨祖敏等参与了资料整理和文字校对工作，并对书中的实例、公式及图表进行了校对。

本书介绍和引用了部分著名学者的成果，以丰富本书的内容，在此向这些学者表示感谢。本书的顺利出版，得到了夏英、李伟生、王桂林、王进、龙林波等各级领导和老师的大力支持和帮助，以及计算机界众多学者的关心，同时，也得到了重庆邮电大学教材出版基金的资助，在此一并致谢。

由于计算机科学与技术的发展迅速以及受作者水平所限，书中难免存在疏漏之处，恳请广大读者特别是同行批评指正。在使用本书的过程中遇到任何问题，或者有好的意见和建议，请与作者联系，以便今后更好地修订本书，为广大读者服务。

目　　录

第四篇　程序基础及算法（算法思维）

第五篇　网络与互联（网络思维）

第六篇 数据管理（数据思维）

第七篇　机器智能（智能思维）

第一篇　计算机科学总论

1. 中国第一个计算机科研组的诞生

早在 1947～1948 年，华罗庚在美国普林斯顿大学高级研究院担任访问研究员，和冯·诺依曼等人交往甚密。华罗庚在数学上的造诣和成就受到冯·诺依曼的赞赏。当时，冯·诺依曼正在设计世界上第一台存储程序的通用电子数字计算机，他让华罗庚参观他的实验室，并和华罗庚讨论有关学术问题，华罗庚心里开始盘算着回国后也要在中国开展电子计算机的工作。回国后，华罗庚在清华大学任教，并参与中国科学院数学研究所的筹建，1952 年被任命为中国科学院数学研究所所长。在华罗庚领导下的数学研究所不但开展了纯数学的各个分支的研究，还开展了力学、理论物理和数理逻辑的研究，特别是华罗庚念念不忘要开展电子计算机的研究。华罗庚不愧是一位有远见的科学家，当很多人还不知道计算机为何物时，他已经意识到了计算技术是科学发展的新的生长点，并积极倡导和主持这方面的工作。

1952 年，全国高等学校院系调整，华罗庚在清华大学电机系挑选了闵乃大、夏培肃和王传英三个人去数学研究所研究电子计算机，组建了我国第一个计算机科研组。华罗庚布置的首要任务就是要设计和研制中国自己的电子计算机。这个计算机科研组在华罗庚的领导和支持下，逐渐成长和壮大起来，成为一个具有活力和有能力承担重担的科研组。

2. 中国第一个计算技术研究所的筹备

1956 年 6 月 19 日，华罗庚被任命为中国科学院计算技术研究所筹备委员会主任。华罗庚以极大的热情投入到计算技术研究所的筹备工作中。虽然那时他也担任数学研究所的所长，但他的时间和精力主要花在计算技术研究所的筹备工作上，他千方百计地落实规划所规定的各项任务。华罗庚还在数学研究所动员研究纯粹数学的人改行，去计算技术研究所工作。在他的号召下，冯康、许孔时、魏道政等自愿来到了计算技术研究所工作。

当时的计算技术研究所是全国在计算技术方面唯一的科研单位，到 1956 年底，已集中了 314 人，华罗庚很好地协调了各合作单位之间的关系以及各单位人和人之间的关系，使研究所在筹备期间就成为一个团结奋进、朝气蓬勃的集体。

3. 中国第一台计算机的诞生

中国第一代女性计算机科学家——夏培肃院士在近代物理研究所工作期间，对串行计算机的运算器所执行的四则运算的算法进行了比较深入的研究，初步完成运算器和控制器的逻辑设计，并完成一些基本电路实验。1958 年，计算技术研究所提出要研制一台小型计算机，交由夏培肃负责，该计算机被命名为 107 计算机。

夏培肃负责 107 计算机的总体设计、逻辑设计、工程设计和可靠性设计。107 计算机是一台小型的串行通用电子管数字计算机，采用冯·诺依曼体系结构，磁芯存储器。机器可执行 16 种操作：接收、发送、接收反码、逻辑加、逻辑乘、移位、加法、溢出不停机的加法、减法、乘法、除法、无条件转移、条件转移、非零转移、打印、停机。这是我国第一台自行设计的通用电子数字计算机。该计算机工作很稳定，1960 年 4 月机器考试时，连续无故障工作时间为 20 小时 30 分钟。

107 计算机在计算所加工调试后，安装在中国科学技术大学。中国科学技术大学结合 107 计算机，编写了计算机原理和程序设计的讲义，作为该校计算机专业、力学系、自动化系、地球物理系的教材，共有 600 多名学生在 107 计算机上算题。107 计算机除了为教学服务外，还接受了一些外单位的计算任务，它们包括潮汐预报计算、原子反应堆射线能量分布计算、原子核结构理论中的矩阵特征值及特征向量计算等数十项计算课题。

107 计算机研制成功的意义不仅仅在于它是我国第一台自行研制的通用电子数字计算机，更重要的是它说明了中国人有能力、有志气设计和研制自己的计算机。

第1章　计算机科学概述

从世界上第一台电子计算机诞生至今，计算机以超常规发展的速度，让人们的学习和生活发生了根本性的改变，以计算机为基础的应用渗透到人们生活的方方面面。计算机的出现不仅提高了人们的工作效率，也使教育、商业、娱乐等诸多传统领域发生了巨大变革，更促进了信息和知识的传递，加速了人们进入信息时代和智能时代的步伐，当今的计算机已成为人类社会不可分割的一部分。本章首先对计算机科学的相关模型和概念进行介绍，其次分析计算思维和计算机科学的关系，然后介绍计算机的发展历程，最后给出计算机科学与技术学科的知识体系、应用领域和发展趋势。

1.1　引　　言

本节的主要目的是介绍计算机科学的定义、图灵模型和冯·诺依曼模型、计算机系统的组成，为后续章节的学习做一个简单的铺垫。

1.1.1　计算机科学的定义

计算机科学是一门研究信息转换过程的设计、分析、实现、效率及应用的学问。构成所有计算机科学的基本问题是"什么可以自动化"。计算机科学伴随着存储程序电子计算机的发明，于20世纪40年代中期应运而生，并且自那以后发展迅速。

计算机科学深深地植根于数学、工程学和逻辑学。几千年来，数学主要研究计算。人们利用许多物理现象的模型来预测那些物理现象，例如，轨道弹道计算、天气预报和流体流动等。人们已经设计了许多解此类方程的通用方法，如线性方程、微分方程和积分函数。几乎是在同一时期内，工程学主要研究力学系统辅助设计的计算。例如，静止物体压力的计算，运动物体动量的计算，超过人们正常知觉的极长或极短距离的测量。

工程学与数学长期交互作用的一个结果是力学的辅助计算。一些勘测员与探险家的计算设备可以回溯到1000年前。在17世纪中叶，帕斯卡（Pascal）和莱布尼茨（Leibniz）就制成了算术计算器。19世纪30年代，巴贝奇（Babbage）设计了一台"分析机"，它能机械而又无误地计算对数函数和三角函数及其他算术函数。虽然巴贝奇的这台"分析机"并没有完成，但激励了后人的工作。20世纪20年代，布什（Bush）做了一台用于求解通用微分方程系统的电子模拟计算机。到20年代末，能够计算加减乘除和平方根的机电计算器投入使用。电子触发器为从模拟计算器到数字计算器的过渡提供了很自然的桥梁。

逻辑学也是一门古老的学科，它研究推论的有效性标准及推理的形式原理。从欧几里得的时代开始，逻辑学就一直是严格的数学和科学论断的工具。在 1830 年，人们就发现已知的演绎系统都是不完全的，因为总可以找到悖论。这导致了对完全演绎系统长达一个世纪的研究。所谓完全演绎系统就是在该系统内，总可以决定任一给定的语句是真还是假。1931 年，哥德尔（Goedel）发表了他的"不完全性定理"，证明了完全的系统是不存在的。1936 年，阿兰·图灵（Alan Turing）也发现了类似的结论，即存在着不能用机械过程求解的问题。逻辑的重要性不仅仅在于它对自动计算极限的深刻洞悉，而且在于它揭示了符号串（或者是被编码的数字），既当作数据又当作程序解释的可能性。

这是区别存储程序计算机与计算器的关键思想。算法的步骤可以表示成二进制代码存储在存储器内，而后由处理机进行译码和执行。二进制代码可以根据高级的符号形式程序设计语言机械地产生。

正是计算的古典思想与逻辑符号变换的这种明确然而又错综复杂的结合标志着计算机科学的诞生。

计算机科学在 20 世纪 40 年代尚处于摇篮时代，而到了 20 世纪 80 年代已逐步成长为一门内容丰富的学科。表 1-1 回顾了计算机科学的发展历程。表中所列的时间指的是新的领域从难以理解的技术转变为容易理解的核心原理的时间，即它们是何时成为绝大多数计算机科学系的必修课的，当然这些时间都是近似的。人工智能从计算机科学的早期开始就一直是一个很活跃的研究领域，但在许多大学是最近才由选修课变为必修课的。

表 1-1　计算机科学的发展历程

序号	发展历程	时间
1	理论	1940 年
2	数值计算	1945 年
3	体系结构	1950 年
4	程序设计语言和方法学	1960 年
5	算法和数据结构	1968 年
6	操作系统	1971 年
7	网络	1975 年
8	人机接口	1978 年
9	数据库	1980 年
10	并发计算	1982 年
11	人工智能	1986 年

这 11 个领域绝不是互相排斥的，每个领域都有自己的理论部分。大多数领域都有专用的程序设计语言作为表达算法和数据结构的记号。大多数实现都是在配备网络操作系统的机器上进行的。大多数领域处理的问题都有可并发执行的部分。有一些子学科，如软件工程，与以上这 11 个领域的每一个都有关。

下面，将对这 11 个领域的主要内容进行提要，并列出每个领域的基本问题和研究成果。

（1）理论。这一领域研究计算的数学基础。基本问题如下：机器可以解决什么问题？对于给定的问题类，优化算法是什么？相对于给定问题类而给定的机器类的固有的最好和最坏性能是什么？什么问题在计算复杂性上是互相等价的？主要成果如下所述。

①可计算性理论，定义了机器能够做什么及不能做什么。其分支包括自动机和形式语言理论。

②复杂性理论，研究如何测定可计算函数的时间和空间要求，该理论用解决问题的算法的最坏和最好性能来讨论问题的规模。

③问题的复杂性分类，如多项式时间界限内确定可解的问题（P-问题）和多项式时间界限内非确定可解的问题（NP-问题）。

④自动定理证明。

（2）数值计算。这个领域研究有效而准确地求解由系统的数学模型导出的方程的通用方法。基本问题如下：如何用有限离散的过程来准确地逼近连续或无限过程？如何处理由于近似而引起的误差？对于一给定的方程类，如何能够快速求解以达到给定的精确度？如何执行方程的符号操作，如积分、微分、最小项归约？怎样把这些问题的解放入有效、可靠、高质量的数学软件包？主要成果如下所述。

①方法的稳定性理论和由于有限离散表示引起的错误传播理论，特别地，回溯误差分析。

②对于如快速傅里叶（Fourier）变换及泊松（Poisson）方程求解的快速算法，算法的精确性和效率的扩充估计。

③可由规则网格和边界值说明的一大类问题的有限元模型，相关循环方法和收敛性理论，数值积分时的自动网格求精。

④处理一些有关矩阵、常微分方程和统计学理论的通用问题的数学软件包；有关偏微分方程、优化和非线性方程的非通用问题的数学软件包。

⑤能够进行表达式的有效隐含归约，微分、积分的符号操作。

（3）体系结构。这个领域研究把许多硬件和软件组织成有效而可靠的系统的方法。基本问题如下：在机器上实现处理存储和通信功能的最好方法是什么？怎样制造一个大型计算系统使得尽管会发生各种故障仍可正常工作？主要的研究成果如下所述。

①有限状态自动机理论与布尔电路代数，它们表明了硬件功能与结构的关系。

②单指令流存储程序的所谓冯·诺依曼计算机。

③快速算术计算的硬件单元。

④在各种介质上，信息编码及存储的有效方法。

⑤可靠计算理论，包括冗余部件、重构、诊断和测试。

⑥同基本部件组成大的复杂系统的方法。

⑦能够支持成百上千个同时执行的处理机的多处理机机器的模型。

⑧微电子电路技术及超大规模集成电路的计算机辅助设计。

（4）程序设计语言和方法学。该领域研究表达算法和数据的记号，以及从高级语言到机器代码的翻译和有效地构造正确程序的方法。基本问题如下：在各种类型的问题中，基本的数据类型是什么？它们如何表示？控制计算执行的基本方法是什么？如何使用语言的句法描述来构造有效的编译程序并且产生优化代码？应该借助什么方法来证明一个程序完成了所要求的功能？主要成果如下所述。

①面向过程的程序设计语言，如 Cobol、Fortron、Algol、Pascal 和 Ada；函数型语言，如 APL、Lisp、Prolog 和 VAL；目标操作语言，如 Smalltalk 和 CLU。

②程序设计语言基本概念的组合，如基本数据类型（子界、数据、记录、串）和控制结构（串行、循环、选择、子程序、递归）。

③编译及代码产生的理论及其在实际编译程序中的应用。

④验证程序的功能描述与其执行是否相符合。

⑤句法制导的编辑程序，控制程序构成并且提醒用户避免潜在错误。

（5）算法和数据结构。该领域研究特定的问题类和它们的有效解法，基本问题如下：对于给定的一类问题，最好的算法是什么？算法所需的空间和时间为多少？空间和时间的最佳适应点是什么？最好算法的最坏情况是什么？算法的平均性能如何？算法的通用性如何，即什么样的问题可以用类似的方法解决。主要成果如下所述。

①对于重要问题的算法的好与坏的标志，这些问题如搜索、排序、随机数发生和正文模式匹配等。

②适用于许多问题类的通用算法的评价，如表内信息存储、图算法、树算法。

③区分数据结构对于各种问题类的程序所需的时间和空间的影响。

（6）操作系统。这一领域研究使多个资源在程序执行时有效协调的控制机制。基本问题如下：在计算机系统操作的每个时间片中，可见的客体是什么？客体上允许的操作是什么？对每类资源（在某层可见的客体），允许使用它们的最小操作集合是什么？如何组织接口使得用户不必知道硬件的物理细节而仅与抽象资源打交道？任务调度、存储器管理、通信、软件资源存取、并发任务通信、可靠性、保密性等的有效控制策略是什么？可以通过什么原理重复使用少量的构造规则扩充系统的功能？主要成果如下所述。

①分时系统、中断系统、存储器自动分配、调度器和文件系统都是主要的商用系统的基础。

②用户程序库，如正文编辑器、文件格式程序、编译程序、链接程序以及设备驱动器。

③有效的分层抽象原理，使得用户在理想化的资源上操作而不必关心物理细节，例如，进程取代了处理机，文件取代了磁盘，数据流取代了程序输入/输出。

④进程管理理论，包括可靠的进程间同步通信和死锁控制。

⑤存储器管理理论，包括优化的虚拟存储器交换策略、文件存取方法和次级存储器优化。

⑥目录分层。

⑦任务调度理论，排队网络模型和其他形式的性能模型。

⑧特定用户所有文件的存取控制模型。

⑨高层命令接口，它使得用户能简单地表达从系统的文件中选出的部分组成的计算。这个接口包括交互式的"窗口"、命令"菜单"及"鼠标器"指针。

（7）网络。这一领域研究由互联的计算机组成的系统。基本问题如下：检错与纠错最有效的方法是什么？在各种介质（如电话线、微波、激光）中可靠地交换信息的最有效方法是什么？调解共享通道竞争的最有效方法是什么？应该用什么方法连接远距计算机？应该用什么方法连接近距计算机？对于那些不想知道层次细节的用户，怎样隐藏系统是由部件通过网络连接这一事实？主要成果如下所述。

①远程计算机到计算机之间通信网的标准，往往作为商用网络的基础。

②近距的计算机高速链接的局部网，如 Ethernet、pronet 和标志环网（token-ring）。

③在不可靠的网络中，使计算机建立链路和维护链路的协议。

④调解共享或广播式通道中高速竞争的协议。

⑤保证保密确认和秘密通信的加密协议。

⑥使那些不想知道操作系统结构化原理细节的人，通过网络协议实现透明访问。

（8）人机接口。这一领域研究如何通过人的各种感觉和机动技能，在人与机器之间进行信息传输。基本问题如下：表达客体与自动产生视觉图像的有效方法是什么？接收输入与发送输出的有效方法是什么？怎样使感觉的错误及其造成的人的错误减为最小？主要成果如下所述。

①有效地表达与显示客体的硬图形系统，这些系统可以实时显示旋转、平移、全景和放大，这包括从基本部分构成图像、平滑、加明暗、取消暗线等一系列算法。

②计算机辅助设计的交互式方法。

③输入输出的高级形式，如光学读入器、光笔、触觉敏感的触摸屏和"鼠标器"指针。

④减少人的错误，提升人的效率的交互模式的心理学研究。

（9）数据库。这一领域研究如何将大量的数据组织起来以方便查询。基本问题如下：应该用什么样的模型表示数据元素和其间的关系？用什么操作对数据进行存储、定位、检索和匹配？如何以语言的形式把这些操作最有效地表示出来？高层查询描述怎样翻译成有效的可直接查询数据库的代码？什么样的机器体系结构适合于最快速的检索？怎样保护数据免受非授权的存取、泄露和破坏的干扰？当有同时存取操作，尤其当数据是在多台机器上分布式放置时，如何保护大型数据库的一致性？主要成果如下所述。

①表示大型数据集合及数据元素间关系的主要模型，包括关系模型、层次模型和网络模型。为快速查询对文件进行的特殊表示，如倒向树和相联式存储。

②当许多用户同时访问一些记录时，对这些记录进行加锁的设计原理。

③当一个网络中的不同机器上存有多个数据副本时，保持一致性的设计原理。

④数据库中防止信息非授权的泄露与改动的原理，包括在实时查询系统中防止统计推断。

⑤高性能的数据库计算机。

（10）并发计算。这一领域研究需要多个处理单元并发工作进行计算的组织。基本问题如下：并发计算的基本模型是什么？每种模型最适合什么问题？每种模型中，什么样的机器最适合程序的有效实现？应该在高层提供什么样的工具以使得大量并发计算能够既迅速又正确地表达出来？怎样管理这种计算所需要的大量资源？主要成果如下所述。

①并行计算的通用模型，如网格向量机、数据流机和通信顺序进程；为这些计算机设计的新的程序设计语言。

②在这些机器上，开发重要的问题类的并行算法；对程序进行分割以使得它们能够并发执行的方法；并行算法的时间与空间复杂性的分界。

③并发计算中进行程序设计和排错的交互式辅助方法。

（11）人工智能。这一领域研究智能的模拟。基本问题如下：什么是智能？智能的基本模型是什么？如何设计能够模拟智能的计算机？在什么程度上，智能由规则评价描述？通过评价规则来模拟智能的计算机的性能极限是什么？在什么程度上，智能是不可预测的？能够在计算机上随机性建立模型吗？主要成果如下所述。

①认知和思维理论用计算机所能识别的形式表达出来。

②知识表示和通过知识库搜索的有效方法。

③逻辑程序设计，定理证明和规则评价有效的软件系统。

④一些特殊的应用，如机器人学、图像处理、视觉及语言识别。

⑤在一些窄范围的领域内模拟专家行为的基于规则评价的专家系统。

计算机科学作为一门学科，包括理论、实验方法和工程。这与大多数的物理科学是不同的，物理科学与工程是分离的，工程应用物理科学发现的成果，如化学与化工。我们认为科学与工程在计算机科学内不能彼此分开，这是因为要强调效率。计算机科学还欠完善，因为构成计算机科学的基本问题在近期内尚不能得到答案，这个问题就是什么可以自动化？

1.1.2　图灵模型和冯·诺依曼模型

1937 年，阿兰·图灵首次提出了一个通用计算设备的设想，即所有的计算都可以在一种特殊的机器上执行，这就是现在所说的图灵机。尽管图灵对这样一种机器进行了数学上的描述，但他更有兴趣关注计算的哲学定义，而不是建造一台真实的机器。他将该模型建立在人们进行计算的行为上，并将这些行为抽象到计算机器的模型中，这才真正改变了世界。实际上图灵机对这样一种机器进行了数学上的描述，而不是建造一台真实的机器。

1. 数据处理器

在讨论图灵模型之前，让我们把计算机定义成一个数据处理器。依照这种定义，计算机就可以被看作一个接收输入数据、处理数据并产生输出数据的黑盒，如图 1-1 所示。尽管这个模型能够体现现代计算机的功能，但是它的定义还是太宽泛。按照这种定义，也可以认为便携式计算器是计算机，因为按照字面意思，它也符合模型的定义。

输入数据　　　→　　　计算机　　　→　　　输出数据

图 1-1　单任务计算机器

另一个问题是这个模型并没有说明它处理的数据的类型以及是否可以处理一种以上的类型。换句话说，它并没有清楚地说明基于这个模型的机器能够完成操作的类型和数量。它是专用机器还是通用机器呢？这种模型可以表示为一种设计用于完成特定任务的专用计算机（或者处理器），如用来控制建筑物温度或汽车油料使用。尽管如此，计算机作为一个当今使用的术语，是一种通用的机器，它可以完成各种不同的工作。这表明我们需要将该模型改变为图灵模型来反映当今计算机的现实。

2. 可编程数据处理器

图灵模型是一个适用于通用计算机的更好模型，它引入了程序的概念，使得不同的计算机器可以通过加载程序来执行计算任务。程序是用来告诉计算机对数据进行处理的指令集合，图 1-2 显示了图灵模型。

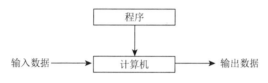

图 1-2　可编程数据处理器模型

在这个图灵模型中，输出数据依赖两方面因素：输入数据和程序。对于相同的输入数据，如果改变程序，则可以产生不同的输出数据。类似地，对于同样的程序，如果改变输入数据，其输出数据也将不同。最后，如果输入数据和程序保持不变，输出数据也将不变。让我们看看下面三个示例。

1）相同的程序，不同的输入数据

图 1-3 显示了同样的程序输入不同的数据时，尽管程序相同，但因处理的输入数据不同，输出数据也就不同。

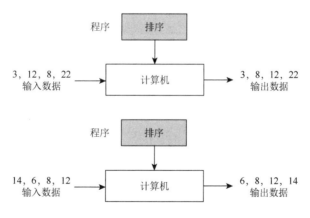

图 1-3　相同程序下输入不同数据结果演示

2）相同的输入数据，不同的程序

图 1-4 显示了对于不同的程序输入相同的数据时的情形。每个程序使计算机对相同的输入数据执行不同的操作。第一个程序是使输入数据按大小顺序排列，第二个程序是使所有的数据相加，第三个程序是找出输入数据中最小的数。

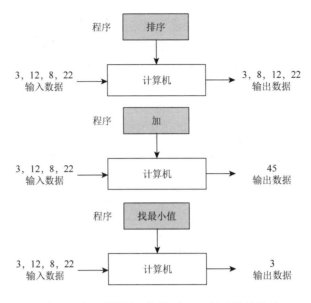

图1-4 相同数据在不同程序下，输出结果演示

3）相同的输入数据，相同的程序

我们希望无论何时对于同样的输入数据和程序，其输出数据一致。换句话说，当程序在输入相同的数据运行时，我们希望有相同的输出。

3. 通用图灵机

通用图灵机是对现代计算机的首次描述，该机器只要提供了合适的程序就能做任何运算。从理论计算科学的角度可以证明，任何一台具备图灵完备性的计算机和通用图灵机在计算能力上是等价的。我们只需为它们提供数据以及运算程序即可。实际上，通用图灵机能做任何可计算的运算。

1945年冯·诺依曼和其他计算机科学家提出了计算机具体实现的报告，其遵循了图灵机的设计，而且还提出用电子元件构造计算机，并约定了用二进制进行计算和存储。最重要的是定义计算机基本结构为5个部分，分别是运算器、控制器、寄存器、存储器、输入/输出设备，如图1-5所示，这5个部分也被称为冯·诺依曼模型。

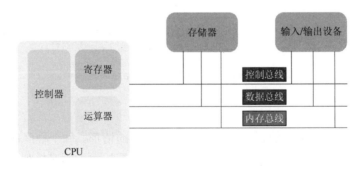

图1-5 冯·诺依曼模型

其中，运算器包含在中央处理器（central processing unit，CPU）中，是执行各种算术和逻辑运算操作的部件（基本操作包括加、减、乘、除四则运算，与、或、非、异或等逻辑操作，以及移位、比较和传送等操作）。控制器是计算机的指挥中心，指挥计算机的各个部件按照指令的功能要求协调工作。例如，控制器可以从内存中读取指令和执行命令。存储器是存储数据的部件，如常见的内存、硬盘等。按使用类型可分为只读存储器（read-only memory，ROM）和随机存储器（random access memory，RAM）。输入/输出设备是计算机的外接设备，如键盘、鼠标就是输入设备，负责输入数据和操作；显示器就是输出设备，负责输出图像。

前面提到了计算机根据程序对数据进行操作，冯·诺依曼模型中的一段程序指一组数量有限的指令（如果数量不有限，程序执行不完，就得不到结果，也没什么意义）。控制单元从内存中提取指令，解释指令，执行指令，这一切都是按顺序进行的。

1.1.3　计算机系统组成

冯·诺依曼体系结构指明了计算机的基本组成、信息表示方法以及工作原理。基本内容可以描述为如下三点。

（1）计算机的硬件由运算器、控制器、存储器、输入/输出设备组成。

（2）计算机内部信息用二进制表示。

（3）计算机自动地执行通过输入装置输入，或存放在存储器中的程序（简单地说就是"存储程序、程序控制"）。

其中，运算器实现算术运算和逻辑运算；存储器存放正在运行的程序以及输入的数据、中间结果和最终结果；输入/输出设备是计算机和人交流的桥梁；控制器是保证计算机自动运行程序的装置，正是有了控制器，从而实现了计算机的自动运行。

现代的集成电路技术将控制器和运算器集成到一个芯片中，芯片的整体称为中央处理器，又称运算控制单元。

由硬件组成的计算机无法完成任何工作，硬件只有运行软件才能实现各项任务。一个计算机系统由硬件系统和软件系统两大部分组成。硬件系统通常是指计算机的物理系统，是看得见摸得着的物理器件，包括计算机主机及其外围设备。硬件系统主要由中央处理器、内存储器、输入/输出设备（包括外存储器、多媒体配套设备）等组成。

软件系统则是指管理计算机软件和硬件资源，控制计算机运行的程序、指令、数据及文档的集合。广义地说，软件系统还包括电子和非电子的有关说明资料、说明书、用户指南、操作手册等。

通常把不装备任何软件的计算机称为裸机。硬件是计算机系统的物质基础，软件是它的灵魂。计算机系统的组成结构如图 1-6 所示。

1. 计算机硬件系统

计算机硬件系统是指计算机系统中由电子、机械、磁性和光电元件组成的各种计算机部件和设备。虽然目前计算机的种类很多，但从功能上都可以划分为五大基本组成部分，它们是运算器、控制器、存储器、输入设备和输出设备。它们之间的关系如图 1-7 所示，其中实线箭头表示发出的控制信息流向，虚线箭头为数据信息流向。

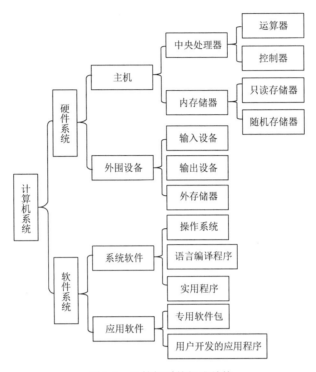

图 1-6　计算机系统组成结构

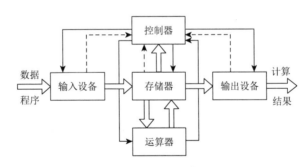

图 1-7　计算机硬件系统的组成

计算机五大硬件部分的基本功能如下所述。

（1）运算器。运算器又称算术逻辑单元（arithmetic and logic unit，ALU），它的主要任务是执行各种算术运算和逻辑运算，一般包括算术逻辑部件、累加器 A 和寄存器 R。

（2）控制器。控制器是整个计算机系统的控制中心，是对输入的指令进行分析，控制并指挥计算机的各种部件完成一定任务的部件。控制器由程序计数器（program counter，PC）、指令寄存器（instruction register，IR）、指令译码器（instruction decoder，ID）和操作控制器组成。

（3）存储器。存储器是计算机存储程序和数据的部件。它的主要功能是用来存储程序和各种数据信息，并能在计算机运行中高速自动完成指令和数据的存取。计算机存储器可以分为两大类：一类是内部存储器，简称内存或主存；另一类是外部存储器，又称为辅助存储器，简称外存或辅存。内存的特点是存储容量较小，存取速度快，现流行的有 2GB、4GB、8GB 等；外存的特点是存储容量大，存取速度慢，现流行的有 120GB、1TB 等。

（4）输入设备。输入设备是输入信息（程序、数据、声音、文字、图形、图像等）的设备。常见的输入设备有键盘、图形扫描仪、鼠标、手写板、光电笔、数字化仪、摄像头以及模/数转换器等。

（5）输出设备。输出设备是输出计算结果的设备。常见的输出设备有显示器、打印机、数字绘图仪等。

在计算机硬件系统的五大组成部分中，通常将运算器、控制器和内部存储器合称为主机，而把运算器和控制器合称为中央处理器，输入/输出设备以及外部存储器合称为外围设备。

2. 计算机软件系统

计算机的软件系统组成如图 1-8 所示。

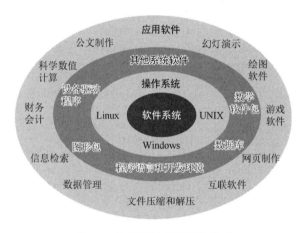

图 1-8　计算机软件系统的组成

软件系统是为了方便用户使用计算机，充分发挥计算机效率，以及解决各类具体应用问题的各种程序的总称。软件系统分为系统软件和应用软件两大类。

（1）系统软件。系统软件是为提高计算机效率和方便用户使用计算机而设计的各种软件，一般由计算机厂家或专业软件公司研制。系统软件又分为操作系统、支撑软件、编译系统和数据库管理系统等。

①操作系统。操作系统是为了合理、方便地利用计算机系统，而对其硬件资源和软件资源进行管理和控制的软件。操作系统具有处理器管理（进程管理）、存储管理、设备管理、文件管理和作业管理等管理功能，由它来负责对计算机的全部软件和硬件资源进行分配、控制、调度和回收，合理地组织计算机的工作流程，使计算机系统能够协调一致，高效率地完成处理任务。操作系统是计算机最基本的系统软件，对计算机的所有操作都要在操作系统的支持下才能进行。

从操作上可以说操作系统是一台比裸机（不包含任何软件的硬件机器）功能更强、服务质量更高、使用户感觉方便友好的虚拟机器。因此，也可以说它是介于用户与裸机之间的一个界面，是计算机的操作平台，用户通过它来使用计算机。

②支撑软件。支撑软件是支持其他软件的编制和维护的软件，是为了对计算机系统进行测试、诊断和排除故障，进行文件的编辑、传送、装配、显示、调试，以及计算机病毒检测、防治等的程序，是软件开发过程中进行管理和实施而使用的软件工具。在软件开发的各个阶段若选用合适的软件工具可以显著提高工作效率和软件质量。在计算机系统中，常见的支撑软件有编辑程序 Edlin、Edit，连接程序 Link，调试程序 Debug，工具程序 Pctools，系统检测程序 Qaplus，计算机病毒防治程序等。

③编译系统。要使计算机能够按照人的意图去工作，就必须使计算机能接收人向它发出的各种命令和信息，这就需要有用来进行人和计算机交换信息的"语言"。计算机语言有机器语言、汇编语言和高级程序设计语言三个发展阶段。

④数据库管理系统。数据库是以一定组织方式存储起来且具有相关性的数据的集合。它具有冗余度小，独立于任何应用程序而存在，可以为多种不同的应用程序共享的特点。也就是说，数据库的数据是结构化的，对数据库输入、输出及修改均可按一种通用的可控制的方式进行，使用十分方便，显著提高了数据的利用率和灵活性。数据库管理系统（data base management system，DBMS）是对数据库中的资源进行统一管理和控制的软件。数据库管理系统是数据库系统的核心，是进行数据处理的有力工具。目前，被广泛使用的数据库管理系统有 Access、SQL Server、Oracle、MySQL 和 Sybase 等。

（2）应用软件。应用软件是为计算机在特定领域中的应用而开发的专用软件。应用软件由各种应用系统、软件包和用户程序组成。各种应用系统和软件包是提供给用户使用的针对某一类应用而开发的独立软件系统，如科学计算软件包（IMSL）、文字处理系统（word processing system，WPS）、办公自动化系统（office automation system，OAS）、管理信息系统（management information system，MIS）、决策支持系统（decision-making support system，DSS）、计算机辅助设计（computer aided design，CAD）系统等。应用软件不同于系统软件，系统软件是以利用计算机本身的逻辑功能，合理地组织用户使用计算机的硬件和软件资源，以充分利用计算机的资源，最大限度地发挥计算机效率，便于用户使用、管理为目的，而应用软件是用户利用计算机和它所提供的系统软件，为解决自身的、特定的实际问题而编制的程序和文档。

电子计算机系统的硬件和软件是相辅相成的两个部分。硬件是组成计算机系统的基础，而软件是硬件功能的扩充与完善。离开硬件，软件无处栖身，也无法工作。没有软件的支持，硬件仅是一堆废铁。如果把硬件比作计算机系统的躯体，那么软件就是计算机系统的灵魂，有躯体而无灵魂是僵尸，有灵魂而无躯体则是幽灵。

总之，计算机系统是由硬件系统和软件系统组成的。硬件是计算机的物质基础，没有硬件就不能称为计算机；软件是计算机的语言，没有软件的支持，计算机就无法使用。硬件与软件之间相互依存，硬件靠软件来支配，软件管理硬件的工作；软件依靠硬件，软件要存储在硬件之上。

1.2　计算思维和计算机科学

作为一门专业学科，计算机科学为信息产业提供了主要的知识体系。计算机科学不仅提供一种科技工具、一套知识体系，更重要的是提供了一种从信息变换角度有效地定义问题、分析问题和解决问题的思维方式。这就是作为计算机科学主线的计算思维。

可用一句短语概括：计算思维的要点是精准地描述信息变换过程的操作序列，并使用信息变换过程认识世界、构造性地解决问题。

事实上，这句短语涉及丰富的内容。中国国家自然科学基金委员会在 2010 年的一项研究报告中如此刻画计算机科学：计算机科学研究信息的整个生命周期中所有的现象和关系，包括信息的产生、采集、传输、存储、处理、显示和使用。2004 年，美国国家科学院和美国国家工程院设立的"计算机科学基本问题委员会"撰写了一部著作，试图总结过去 60 年的经验，定义计算机科学研究的基本问题。该报告的主要结论如下："计算机科学是研究计算机以及它们能干什么的一门学科。它研究抽象计算机的能力与局限，真实计算机的构造与特征，以及用于求解问题的无数计算机应用。"

本书从计算思维这条主线出发，讲解计算机科学的最基础的概念和入门知识，讨论计算思维的六种具体表现形式：逻辑思维、系统思维、算法思维、网络思维、数据思维、智能思维，如图 1-9 所示。

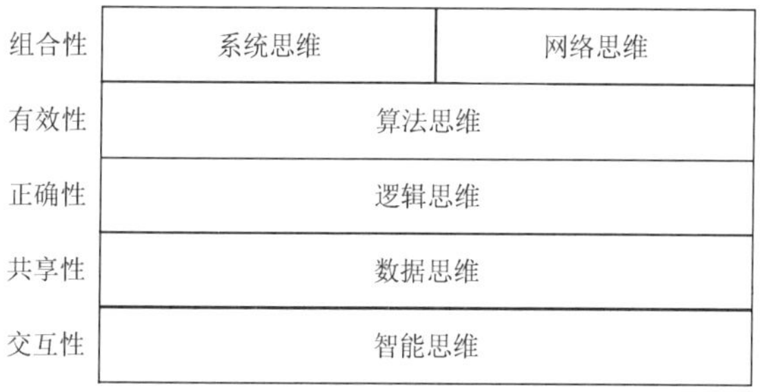

组合性	系统思维	网络思维
有效性	算法思维	
正确性	逻辑思维	
共享性	数据思维	
交互性	智能思维	

图 1-9　计算思维的六种表现形式

为了足够精准地描述信息变换过程，必须用信息符号的方式定义并推导信息变换过程涉及的"对"与"错"；1 和 0；哪些能计算，哪些不能计算。这是逻辑思维，它往往需要精确地定义计算模型（见第二篇）。逻辑思维重点关注计算过程的正确性。信息变换过程往往通过具体的硬件系统、软件系统、服务系统得以体现，如何设计、评价并使用抽象计算系统和真实计算系统涉及系统思维（见第三篇）。需要从信息变换过程的角度，发现和发明求解各类抽象科学问题与应用技术问题的精确方法，并评价什么是有效的方法，这是算法思维（见第四篇）。算法重点关注计算过程的有效性。很多问题不是由单个算法解决，而是由多个算法连接组合形成网络来描述和解决的，研究有效的网络需要网络思维（见第五篇）。网络思维与系统思维重点关注计算过程的组合性，即多个节点如何连接起来组合成为网络，多个模块如何组合成一个系统。几乎所有的计算机应用系统都构建于数据库之上，数据库不仅是一门技术，还是一种思维，即数据思维（见第六篇）。数据思维的本质是用计算思维来解决数据共享问题。为了实现真正意义上的人机交互，需要通过以逻辑为基础的符号推理来实现机器智能的设计、管理、调度以及决策等活动，即智能思维（见第七篇）。

1.2.1 逻辑思维

逻辑思维是一种普遍的能力和思维方式，在数学学科中体现最为明显。在当代计算机科学中，逻辑思维或计算逻辑思维特指这样的思维方式：以布尔逻辑和图灵机为基础，精准地对问题建模，或者说对解决该问题的计算过程建模，定义并验证求解方法的正确性。同时，这种方法具备通用性，即布尔逻辑和图灵机足以对所有可计算问题建模。

学习计算机科学的逻辑思维需要掌握四个要点。

（1）以布尔逻辑和图灵机为基础，精准地对问题建模，或者说对解决该问题的计算过程建模，定义并验证求解方法的正确性。

（2）上述方法具备通用性，即布尔逻辑和图灵机足以对所有可计算问题建模。

（3）布尔逻辑和图灵机并不是无所不能的：存在不可计算的问题；也存在悖论和不完全性定理。

（4）计算机科学的逻辑思维有别于其他科学的逻辑思维：一个区别是计算机科学的逻辑思维强调比特层次的精准性；另一个区别是计算机科学的逻辑思维具备能够机械地自动执行的特点。

我们知道，所有的数学问题、所有的计算和证明推导过程都可以使用逻辑的语言来精确地描述，当然我们也可以使用"机器"自动地来证明一些数学定理。其中，逻辑语言的基本概念包括命题、连接词、真值表、基本性质、谓词逻辑、定理机器证明。那么，这种通用的"机器"是什么样子的呢？1936 年图灵给出了他的回答——图灵机。

接下来，我们来严格地定义图灵机：图灵机是一个七元组：$\{Q, \Sigma, \Gamma, \delta, q_0, q_{accept}, q_{reject}\}$，其中，$Q$、$\Sigma$、$\Gamma$ 都是有限集合。Q 是状态集合，Σ 是输入字母表，Γ 是带字母表，δ 是转移函数，q_0 是起始状态，且 $q_0 \in Q$，q_{accept} 和 q_{reject} 分别是接受状态和拒绝状态。

图灵机（单带）是这样完成计算任务的：给定一个写着输入的右端无限长纸带，图灵从纸带的最左端出发，按照转移函数进行状态转移，以及左右移动和写操作，最终进入接受状态或者拒绝状态。

但是布尔逻辑和图灵机并不是无所不能的，它们仍然存在着悖论和不完全性定理。所谓悖论，是指一种能够导致自相矛盾的命题。当时，罗素悖论一提出就在数学界引起了极大震动，人们开始对数学产生怀疑。

为了消除对于数学的可靠性的种种质疑，希尔伯特在 1928 年提出了他的宏伟计划：建立一组公理体系，使一切数学命题都可以在这一个体系中经过有限个步骤来推定其真伪。然而在 1931 年，希尔伯特计划提出不到三年，哥德尔就对上述问题给出了否定的回答，也就是哥德尔不完全性定理。

定理一　任何一个包含初等数论（自然数、加法和乘法）的数学系统都不可能同时拥有完全性和一致性。也就是说，存在一些初等数论的命题，它们是真的，但人们却无法在这个体系里面来证明它。

定理二　任何包含了初等数论的数学系统，如果它是一致的（不矛盾的），那么它的一致性不能在它自身内部来证明。也就是说，初等数论这一体系中是否存在着悖论，不能够仅依靠这一体系来解决。

哥德尔不完全性定理否定了希尔伯特的宏伟计划。它告诉我们，真与可证是两个不同的事情，可证的断言一定是真的，但真的断言不一定可证；悖论是固有的，想要保证一个系统中没有悖论，不能仅依靠这一体系来解决。

计算机科学的逻辑思维与其他科学的逻辑思维是有区别的。从正确性角度看，计算逻辑思维强调比特层次的精准性，具备能够机械地自动执行的特点。从通用性角度看，图灵机提供了一种求解任意可计算问题的抽象计算机模型。计算逻辑思维的妙处还在于：用比特精准性和自动执行的逻辑，帮助求解各门学科的各种各样的计算问题，包括那些不那么精准、难以自动执行的问题。

计算逻辑思维适用于需要比特精准性和自动执行的场合。计算逻辑思维与其他学科的逻辑思维是互补的，计算机科学并不排斥其他学科的逻辑思维方法。

1.2.2　系统思维

计算系统思维的要点是通过抽象，将模块组合成系统，无缝执行计算过程。更准确地说，计算系统思维的要点是通过巧妙地定义和使用计算抽象，将部件组合成计算系统，该系统流畅地运行所需的计算过程，为用户提供应用价值。模块就是精心设计的部件。

计算机科学研究的计算过程需要在计算系统中运行。本书后续讲述的数字符号操作、计算模型、计算逻辑、算法、程序、网络，归根结底都需要通过计算系统实现。一个计算系统由多个部件组合而成，支持一个或多个计算过程的运行。

计算系统包括抽象的计算系统或真实的计算系统。抽象计算系统的例子包括各种计算模型，如图灵机、自动机等。真实的计算系统形成具体的产品和服务，包括计算机硬件系统（如微处理器芯片、内存芯片、硬盘、网卡等部件，以及智能手机、笔记本电脑、服务器等整机）、计算机软件系统（如操作系统、数据库管理系统、互联网浏览器、办公软件系统等）、服务系统（如互联网搜索引擎、社交网络系统、电子商务系统等）。

研究、理解和使用计算系统的最大挑战是应对系统的复杂性。以微信系统为例，当我们仔细考察一个计算机系统时，往往会惊叹其内部的复杂性。粗略地计算一下腾讯微信系统涉及的晶体管个数，可以认识到该系统有多么复杂。微信系统有上亿用户同时在线。假设每个用户使用一台智能手机或笔记本电脑这样的终端设备，那么至少有上亿个处理器芯片在同时工作，执行着微信的计算过程。这还不包括微信云端系统以及互联网系统。

每个处理器芯片大约包括 20 亿个晶体管（如苹果公司 iPhone6 使用的 A8 处理器芯片）。如果将每个晶体管看成一个家庭住房，晶体管之间的连线看成道路（从高速公路一直到楼道),那么一个芯片的电路图比全中国的米级地图(显示了全中国每一套住房以及全部的道路)还要复杂,微信系统则比全世界的米级地图复杂得多。

显然,理解和设计微信系统不能从每一个晶体管做起,更不能靠简单地堆砌 20 亿个晶体管。在理解和设计微信系统时,需要有一套特殊的方法,称为计算系统思维,它包括三个利器,即抽象化、模块化、无缝衔接。系统抽象是最本质的考虑,模块化与无缝衔接是对抽象的补充。

计算抽象既是计算机科学最重要的方法,也是最重要的产物。作为动名词的"抽象"也被称为抽象化,而抽象化的产物也称抽象。抽象化的要点是一个系统可从多个层次(或多个角度、多个视野)理解,每个层次仅仅考虑有限的、该层次特有的问题,并用一套精确规定的抽象概念和方法,统一处理该层次所有的计算过程,解决这些特有问题。其他问题则留给其他层次考虑。该层次甚至看不见这些其他问题,因此也可以忽略与这些问题相关的所有细节。换句话说,抽象化和抽象具备三个性质(称为抽象三性质)。

(1)有限性:抽象化意味着从多个层次(或多个角度、多个视野)理解一个计算系统,每个抽象仅考虑一个层次的有限的特有问题,忽略其他层次,忽略同一层次的其他问题。

(2)精确性:抽象化的产物是一个计算抽象,它是一个语义精确、格式规范的计算概念。

(3)通用性:计算抽象强调用一个通用抽象代表多个具体需求。它意味着用统一的一套方法处理该层次所有的计算过程,解决该层次的特有问题。它不是只对特定的具体问题实例有效,而是可以触类旁通、用于其他实例。这也被称为抽象的泛化能力。只对某个实例有效的抽象,不是好的抽象。

有一类特殊的抽象化方法在设计和理解计算系统时得到广泛应用,这就是模块化方法。模块化方法的要点是理解如何从部件(即模块)组合系统。有时候,模块也被称为子系统。模块化方法需要回答三个问题,它们合起来称为系统架构三问题。

(1)系统是由哪些模块组成的?也可以反过来问:一个系统如何分解成多个模块?

(2)系统是由这些模块如何组成的(模块之间如何连接、有什么接口)?

(3)计算过程在系统中如何执行?

系统由多个模块组合而成,这句话表面上看是显而易见的。例如,一个计算机系统可以由下列模块(子系统)组合构成:

计算机 = 硬件 + 系统软件 + 应用软件;

计算机硬件 = 处理器 + 存储器 + 输入/输出(I/O)设备;

处理器 = 运算器 + 控制器 + 寄存器 + 数据通路 + …;

⋮

最终达到计算机的基本操作,如逻辑门电路。

事实上,"系统由多个模块组合而成"大有讲究,是计算机科学领域的重要创新环节。人们将"系统由多个模块组合而成"的成功的特定方法称为系统架构模型,并赋予特定的名称,例如,布尔函数的组合电路模型、时序电路的自动机模型、计算机硬件系统的存储程序计算机模型(也称冯·诺依曼模型)、数据管理系统的关系数据库模型等。

系统思维的第三个利器是无缝衔接。无缝衔接也称无缝级联，既是一类目标，也是一类方法：让计算过程在全系统中流畅地正确运行，避免缝隙和瓶颈。计算过程在运行中往往涉及多个子系统，它在子系统之间的过渡不应该出现缝隙和瓶颈。也就是说，两个相邻的模块、步骤之间的形式与内容（格式与语义）要无缝衔接，使得信息和计算能够无障碍地从一个模块、步骤过渡到下一个模块、步骤。如果做不到完全流畅，至少也要控制瓶颈，使系统满足用户体验需求。

1.2.3　算法思维

假设我们已知一个问题是可计算的，可能存在许多计算过程去解决该问题。算法思维的目的是找出求解该问题的巧妙的计算过程，使得计算时间短、使用的计算资源少。巧妙的计算过程所体现的方法称为算法。

我们讨论计算机领域内的一个经典问题——排序问题。排序是计算机内经常进行的一种操作，其目的是将一组“无序”的记录序列按照大小关系调整为“有序”的记录序列。为了简单起见，假设排序的记录都是正整数；这些正整数的个数是已知的；这些正整数各不相同；要把这些正整数从小到大排序。

为了求解排序问题，人们发明了各种各样的算法，如冒泡排序、选择排序、快速排序、归并排序、堆排序等。在本书中以冒泡排序算法为例介绍算法是如何运行的。冒泡排序的原理是每次将相邻的数字进行比较，按照小的排在左边、大的排在右边进行交换。这样一趟过去后，最大的数字被交换到了最后的位置，然后从头开始进行两两比较交换，直到比较到倒数第二个数时结束，以此类推。

冒泡排序这个名字的由来是因为大的数字会经由交换慢慢“浮”到数列的顶端，就像气泡从水底冒上来一样。

一般地，可以采用如下来自高德纳教授的算法定义。一个算法是一组有穷的规则，给出求解特定类型问题的运算序列，并具备下列五个特征。

（1）有穷性：一个算法在有限步骤后必然要终止。

（2）确定性：一个算法的每个步骤都必须精确地（严格地和无歧义地）定义。

（3）输入：一个算法有零个或多个输入。

（4）输出：一个算法有一个或多个输出。

（5）能行性：一个算法的所有运算必须是充分基本的，原则上人们用笔和纸可以在有限时间内精确地完成它们。

冒泡排序的算法描述定义了求解排序问题的一组有穷的规则，这组规则显然符合算法的五个特征。但是，就算我们考虑同一个排序问题，如果采用不同的算法，这中间也有许多区别。一个只需要算一分钟的问题与需要算 10 亿年的问题可能有本质的不同。

早在计算机发明之初，人们就发现每个问题都有两个固有的重要性质，即它需要一定的计算时间和一定的内存空间。人们把这两个性质称为该问题的时间复杂度和空间复杂度。其中，时间复杂度是指执行算法所需要的计算工作量，一个算法所花费的时间与算法中语句的执行次数成正比，哪个算法中语句执行次数多，它花费时间就多。一个算法中的语句执行次数称为语句频度或时间频度，记为 $T(n)$。若有某个辅助函数 $f(n)$，使得当问题规模 n 趋近于无穷大时，$T(n)/f(n)$ 的极限值为不等于零的常数，则称 $f(n)$ 是 $T(n)$ 的同数量级函数，记 $T(n) = Of(n)$，称为时间复杂度。一个程序的空间复杂度是指运行完一个程序所需内存的大小，利用程序的空间复杂度，可以对程序的运行所需要的内存多少有个预先估计。一个程序执行时除了需要存储空间和存储本身所使用的指令、常数、量和输入数据外，还需要一些对数据进行操作的工作单元，以及用于存储实际计算所需信息的辅助空间。程序执行时所需存储空间包括以下两部分。

（1）固定部分：这部分空间的大小与输入/输出的数据的个数多少、数值无关，主要包括指令空间（即代码空间）、数据空间（常量、简单变量）等所占的空间，这部分属于静态空间。

（2）可变空间：这部分空间主要包括动态分配的空间，以及递归栈所需的空间等，这部分的空间大小与算法有关。一个算法所需的存储空间用 $f(n)$ 表示。$S(n) = Of(n)$，其中 n 为问题的规模，$S(n)$ 表示空间复杂度。通常来说，只要算法不涉及动态分配的空间以及递归、栈所需的空间，空间复杂度通常为 $O(1)$。

当前，人们已经积累了大量的算法，以及分治等算法设计方法论。科学与社会中的实际问题具有不同的复杂度，从低到高分为常数复杂度 $O(1)$、亚线性复杂度(如 $O(\log N)$)、线性复杂度 $O(N)$、多项式复杂度 $O(N^k)$、指数复杂度 $O(2^N)$ 等。对任一可计算问题，"聪明"的算法尽量降低时间复杂度与空间复杂度。

1.2.4　网络思维

很多计算过程需要将多个部件连接在一起形成一个计算系统。这些部件往往被称为节点（node），一个计算系统就是由多个节点连接通信而形成的网络（network）。网络计算系统中的一个节点可以是一台计算机，也可以是一个硬件部件、一个软件服务、一个数据文档、一个人或一个物理世界中的物体。因此，网络计算系统可以是一个硬件系统、软件系统、数据系统、应用服务系统、社会网络系统。

强调计算过程中的连通性（connectivity）与消息传递（message passing）特征的思维方式称为网络思维。当代计算机科学发展了名字空间（name space）和网络拓扑（topology）概念来体现连通性，发展了协议栈（protocol stack）技术以实现消息传递。

网络思维的一个核心抽象是协议（protocol），即确定节点集合以及两个或多个节点之间连接与通信的规则。作为计算思维的网络体现，协议的一个基本要求是无歧义地、足够精确地描述网络连接与通信的操作序列，而且每个基本动作应该是可行的。此外，协议还需要有助于解决资源冲突、异常处理、故障容错等问题。

网络思维的另外两个核心概念是名字空间和网络拓扑。它们可以看作协议的重要组成部分，但往往单独说明。名字空间主要用于规定网络节点的名字及其合法使用规则，也可包括命名其他客体（如消息、操作等）的规则。拓扑有时也称网络拓扑结构。拓扑说明节点间可能的连接和连接的实际使用。拓扑往往可用节点和边组成的图表示（节点间的连接称为边）。在一个实用的网络计算系统中，一个协议往往不够，需要几个相互配合的协议一起工作。这些相互配合的协议称为一个协议栈。因此，网络思维是名字空间、拓扑、协议栈形成的整体思维。

其中，名字空间也称命名系统，是一组规则，通过给网络节点取名字，精确地说明一个网络有哪些节点，互联和通信的"对方"是谁。表 1-2 列出了一些名字空间的实例。

表 1-2　名字空间的实例

名字空间实例	节点的名字举例	名字空间解释
微信名字	中关村民	腾讯公司规定的"合法的"字符串
电子邮箱地址	×××@ict.ac.cn	用户名@因特网域名
手机号码	189-8888-9999	通信公司规定的 11 位十进制数字串
本机文件路径（本地路径）	/我的文件/教材.pdf	本机操作系统规定的文件名
本机网卡地址（MAC 地址）	00-1E-C9-43-24-42	全球统一规定的 12 位十六进制数字串
网站域名	www.ict.ac.cn	互联网协议栈规定的域名
网站 IP 地址	159.226.97.84	IP 协议规定的合法地址

在设计与理解一个网络的名字空间时，最基本的考虑是名字空间能够指称网络的所有节点。另外还有一些基本考虑。

（1）唯一性：名字是否在全网唯一？名字的唯一性要求一个名字对应全网络唯一的节点。

（2）名字的自主性：用户能够自主地确定和修改某个网络节点的名字吗，还是需要某种权威机构确定？

（3）名字的友好性：名字是否容易理解和使用？一般而言，友好性是指对人而言是否容易理解、记忆和使用。当然，我们也关心计算机是否容易理解和处理。

（4）名字解析：相关但不同的两个名字空间的名字如何对应并自动地翻译？

任何一个网络，在特定时刻都可以被看成一个由节点和连接（也称边、连线）构成的图，也称该网络的拓扑。网络思维关注网络的拓扑及其演变的规律。一个节点的连线数称为该节点的连接度。从一个节点到另一个节点的最短路径的连线数称为这两个节点间的距离。一个图中任意两个节点间的距离的最大值称为该网络的直径。

根据网络的拓扑图随时间变化的情况，经常遇到的网络可分为三类拓扑，称为静态网络、动态网络、演化网络。静态网络、动态网络、演化网络可以相互转化。静态网络的某些节点可以用作交换机（即特殊节点），从而使一个静态网络变成动态网络。在某一个时刻，当交换机的连通仲裁动作已经确定时，一个动态网络就是一个静态网络。甚至演化网络在某一个时刻也可被看作静态网络加以研究。

一旦网络节点和拓扑确定，用户就可以通过传递消息来通信了。消息具体如何传递是由协议栈规定并实现的。采用互联网协议栈的通信过程一般都涉及五个层次：应用层、传输层、网络层、数据链路层、物理层，如图 1-10 所示。其中，应用层可有多个，包括 HTTP 这样的通用的应用层或微信协议这样的专用的应用层。数据链路层和物理层往往集成在一个设备中统一考虑。例如，俗称 Wi-Fi 的 IEEE 802.11 协议，当实现在设备中时，一般包括了数据链路层和物理层两层的内容。简略地讲，这些层次的功能分工如下。

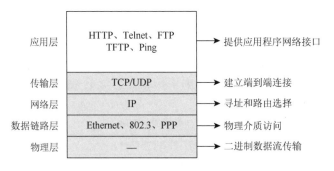

图 1-10　网络协议栈

（1）应用层：实现由应用定义的内容语义规定的通信。例如，HTTP 实现万维网规定的通信。

（2）传输层：实现两个应用进程之间的消息通信，不关心消息的应用语义。例如，TCP 实现用户的智能手机微信应用进程与云端系统应用进程之间的消息通信。

（3）网络层：实现两个网络节点设备之间的通信，这两个设备可能连在两个不同的物理网络上。例如，IP 实现智能手机与云端系统服务器的通信。

（4）数据链路层：实现同一个物理网络中两个节点设备之间的通信。例如，Wi-Fi 实现用户智能手机与用户家中 Wi-Fi 交换机（市场上一般称为 Wi-Fi 路由器）之间的通信。

（5）物理层：为传输数据所需要的物理链路创建、维持、拆除，而提供具有机械的、电子的、功能的和规范的特性。简单地说，物理层确保原始的数据可在各种物理媒体上传输。

1.2.5　数据思维

美国作家乔丹·莫罗在《数据思维》一书中提到："数据可以帮助人类获得见解和知识，有赖于此，人类就能更好地把控未来。"人类自产生之初就开始借助数据思考事物、分析事物、处理各类问题。数据思维是推动人类进步的基石，虽然数据思维由来已久，但直到大数据技术飞速发展的今天，数据思维的理念才再次回到人们的视野。

到底什么才是数据思维呢？本书认为：数据思维是应用数据科学的原理、方法、技术来解读事物和解决现实场景中问题的底层思维逻辑。它是根据数据来思考事物的一种思维模式，是一种量化的思维模式，是重视事实、追求真理的思维模式，而不是具体的数字。数据思维是数据分析背后的底层认知，是产生数据分析方法的方法论，各种数据分析方法本质上都是数据思维的输出结果和表现形式。同时，数据思维还是我们应用数据解决问题的能力背后的基本逻辑，正是基于数据思维的逻辑我们才能形成用数据分析、数据建模等手段来研究和解决问题。

如今的时代是大数据的时代，"数据思维"和"大数据思维"一字之差，那么它们是一回事吗？显然不是。数据思维是从数据角度思考事物的思维模式的统称，大数据思维是特指在大数据环境下的思维模式。"数据"的范围比"大数据"要宽泛，"数据思维"比"大数据思维"更具有普遍性，"大数据思维"是"数据思维"的一个子集或一种特例。

科学思维注重事物间的因果关系，不同于传统的科学思维，数据思维注重事物间的相关关系。说到数据思维，中医的产生和发展，也是在数据思维的推动下，经过近 2000 年，日积月累，逐渐丰富和完善起来的。

大数据不仅是一种资源，也是一种方法。近年来，"第三次浪潮的华彩乐章"——大数据被广泛关注，对人们的工作、生活、学习和文化传播方式也产生了积极影响。大数据也称巨量资料，是指无法在一定时间范围内用常规软件工具进行捕捉、管理和处理的数据集合，是需要新处理模式才能具有更强的决策力、洞察发现力和流程优化能力的海量、高增长率和多样化的信息资产。

从上述定义来看，大数据的特点可以总结为 4 个"V"，即体量巨大（volume）、类型多样（variety）、处理快速（velocity）、价值巨大但密度很低（value）。这 4 个"V"得到了广泛的认同，因其指出了大数据的核心问题，就是如何从规模巨大、种类繁多、生成快速的数据集中挖掘价值。

（1）数据体量巨大。大数据的首要特征体现为"量大"，存储单位从 GB 到 TB，直至 PB、EB。数据的海量化和快增长特征是大数据对存储技术提出的首要挑战，要求底层硬件架构和文件系统性价比要显著高于传统技术，并能弹性扩展储存容量。

（2）数据类型多样。丰富的数据来源导致大数据的形式具有多样性，大数据大体可分为 3 类：一是结构化数据，如教育系统数据、金融系统数据、交通系统数据等，该类数据的特点是数据间因果关系强；二是非结构化数据，如视频、图片、音频等，该类数据的特点是数据间没有因果关系；三是半结构化数据，如 XML 文档、邮件、微博等，该类数据的特点是数据间的因果关系弱。

（3）处理速度快。大数据对处理数据响应速度有严格要求，处理速度快，对数据实时分析、数据输入处理几乎要求无延迟。

（4）价值密度低。原始数据价值密度低，经过采集、清洗、挖掘、分析后，具有较高的商用价值。以视频为例，连续不间断监控过程中，可能有用的数据仅仅有一两秒。

大数据本质上是多个信息系统产生的数据汇聚、融合。近年来，业界对大数据的解读越来越全面，大数据的基本特点也扩展到了"5V""7V"甚至"11V"，扩充了真实性（veracity）、有效性（validity）、易变性（variability）、存活性（viability）、波动性（volatility）等新维度。当前我国大数据发展已进入以数据深度挖掘、融合应用为特点的智能化阶段，大数据价值和意义正在凸显。

目前，随着大数据的发展，大量新的技术已经开始涌现出来，而这些技术将成为或者已经成为大数据采集、存储、分析、表现的重要工具。从数据在信息系统中的生命周期来看，大数据从数据源经过分析、挖掘到最终获得价值，一般需经过数据收集、数据储存与管理、计算及数据分析、数据呈现等主要环节。图 1-11 展示了如何将大量的数据最终转化成有价值应用的一般步骤，并且囊括了大数据基本的应用领域。

图 1-11　大数据产业链生态图

（1）大数据的收集。在数据存储和处理前，需清洗、整理数据。传统的数据处理体系为数据抽取、转换和加载，过程大数据来源丰富多样，包括企业内部数据、互联网数据、物联网数据，数量庞大、格式不一、良莠不齐。这要求数据准备环节要规范格式，便于后续存储管理，在尽可能保留原有语义的情况下去粗取精、消除噪声。

（2）海量数据存储。当前全球数据量正以每年超过 50%的速度增长，存储技术成本和性能面临非常大的压力，大数据存储系统需以极低成本存储海量数据，适应多样化的非结构化数据管理，数据格式具备可扩展性。

（3）数据分析及挖掘。一是计算处理，需根据处理数据类型和分析目标，采用适当算法模型，快速处理数据。海量数据处理消耗大量计算资源，分而治之的分布式计算成为大数据主流计算框架，一些特定场景下的实时性需求大幅提升。二是数据分析，需从纷繁复杂的数据中发现规律。提取新知识，是大数据价值挖掘的关键。传统数据挖掘对象多是结构化、单一对象小数据集，挖掘更侧重根据先验知识预先人工建立模型，然后依据模型进行分析。对于非结构化、多源异构大数据集分析，很难建立数学模型，需发展更智能的数据挖掘技术。

（4）数据的呈现与应用。在大数据服务于决策支撑场景下，将分析结果直观呈现给用户，是大数据分析的重要环节。在嵌入多业务闭环大数据应用中，一般由机器根据算法直接应用分析结果而无须人工干预，这种场景下知识呈现环节并非必要环节。

以上四个方面是对大数据处理的一般过程，是深入了解大数据的一个具体思维模式呈现。数据认知素养是数据思维的核心，数据认知素养具体包括"3C"：保持好奇心（curiosity）、创造性（creativity）、批判性思维（critical thinking）。

（1）好奇心。好奇心是我们开启数据认知素养的第一步。在阅读信息并理解它的过程中，我们的好奇心会使我们不知不觉进入用数据开展工作的状态中，想要探寻更多的信息和认识结果，从而使数据认知素养的四个特征周而复始地开始循环。

（2）创造性。只有产生好奇，才能产生兴趣，而兴趣促进创意的诞生、改变的发生。好奇心可以带来创造性，在提升数据认知素养时，如果我们能充分释放出创造性技能，将会使世界更加美好。

（3）批判性思维。在分析摆在我们面前的数据和信息时，可以让我们从更客观的角度去思考问题、作出决定，改变先入为主的观念，转变整体思维模式。判断出分析是否可靠而周全，确保决策可行且科学。

数据思维简单来说就是面对一些问题的时候，我们能不能通过数据的方法去做分析，从而给出建议来解决问题。它的核心有两个：一是数据敏感度，二是数据方法经验。数据敏感度就是看到一个问题是否可以转化为数据问题，看到一个数字，是否可以洞察其背后的问题以及相关的数据方法和经验，就是利用数据建模的方法和数据分析的方法解决实际的问题，这些也构成了数据思维的一部分。数据分析的方法有很多，常见的有漏斗分析、相关性分析、对比分析、分群分析等。

1.2.6　智能思维

提到智能思维，不得不谈人工智能（artificial intelligence）。人工智能思维是百度创始人李彦宏在"2017 百度联盟峰会"上首次提出的概念。他说:"互联网思维已经过时了,智能交通的思维应该是人工智能思维。"他认为,时代将从根本上解决人与万物交流的问题,AI 对这个社会的改变在本质上与互联网不是一个量级的——人工智能将把原来的不可能变成可能。未来已来,要适应未来,成为未来的一部分,每一个人都需要拥有 AI 新思维。

提到智能思维,不得不谈人工智能。人工智能是利用数字计算机或数字计算机控制的机器模拟、延伸和扩展人的智能,感知环境、获取知识并使用知识获得最佳结果的理论、方法、技术及应用系统。简而言之,人工智能是拥有"仿人"的能力,即能通过计算机实现人脑的思维能力,包括感知、决策及行动。

人工智能区别于一般信息系统的特征是什么呢?一项应用或产品是否属于人工智能,主要看其是否具备人工智能的 3 个基本能力。

(1)感知能力。人工智能具有感知环境的能力,如对自然语言的识别和理解、对视觉图像的感知等,如智能音响、人脸识别等。

(2)思考能力。人工智能能够自我推理和决策,各类专家系统就具备典型的思考能力,如阿尔法围棋(AlphaGo)。

(3)行为能力。人工智能具备自动规划和执行下一步工作的能力,例如,目前已经较为多见的扫地机器人、送餐机器人、无人机等。

智能思维是指借助机器学习和人工智能技术和算法,通过对数据进行分析、处理和预测,从而实现智能化决策和行为的思考方式。它涵盖了许多领域,例如,机器学习、自然语言处理、计算机视觉等。在这个过程中,人工智能系统通过学习和自我优化来改进自己的性能,从而更好地适应和解决现实世界的问题。智能思维将数据驱动的分析和模型构建作为其核心,通过分析数据来为未来的决策提供参考和支持。它可以更加准确地预测未来趋势和情况,优化资源分配和管理,提高效率和精度,从而更好地帮助我们解决各种复杂的问题。

人工智能的思维方式具有高效性、可靠性、自适应性和创新性 4 个特征。

(1)高效性。人工智能可以在短时间内完成大量的工作,如在金融领域,AI 可以通过算法快速分析市场数据,以便帮助投资者做出更明智的决策。这种高效性的思维方式是基于数据和算法的,AI 可以根据大量数据快速判断并做出决策。

(2)可靠性。人工智能可以在不断学习的过程中不断完善自身,从而变得更加可靠。如在医疗领域,AI 可以通过不断学习和分析病例,提高诊断的准确率,从而为患者提供更好的治疗方案。这种可靠性的思维方式是基于学习和不断优化的。

(3)自适应性。人工智能可以根据环境的不同进行自适应,从而更好地适应不同的情况。如在智能家居领域,AI 可以根据家庭成员的不同需求,自动调整温度、光线等因素,从而让家庭更加舒适。这种自适应性的思维方式是基于对环境的感知和自我调整的。

(4)创新性。人工智能可以通过不断学习和创新,发掘新的解决方案和应用场景。如在自动驾驶领域,AI 可以通过不断学习和模拟,提高自动驾驶的安全性和准确性。这种创新性的思维方式是基于不断学习和创新的。

这些特点让 AI 能够在各个领域发挥重要作用,从而为人类带来更多的便利和福利。随着技术的不断进步,人工智能的思维方式也将不断发展和完善,为未来的发展带来更多的机遇和挑战。

1.3　计算机的发展历程

历史是未来的一面镜子。关注计算机的人都希望了解计算机的产生和发展的过程。在此，我们向前追溯到第一台电子多用途计算机——电子数字积分计算机（electronic numerical integrator and computer，ENIAC）诞生的日子，由此回顾和感受计算机"爆炸"般的冲击波。

1. 计算机的诞生与发展

（1）第一台计算机的诞生。举世公认的第一台电子多用途计算机诞生于 1946 年。这台电子计算机称为 ENIAC，诞生在第二次世界大战期间。它的"出生地"是美国马里兰州的陆军试炮场。它采用穿孔卡来输入、输出数据，每分钟可以输入 125 张卡片，输出 100 张卡片。在 ENIAC 内部，总共安装了 17468 只电子管，7200 只晶体二极管，70000 个电阻器，10000 个电容器和 6000 多个开关，电路的焊接点多达 50 万个。ENIAC 的机器表面布满了电表、电线和指示灯。ENIAC 被安装在一排 2.75m 高的金属柜里，占地面积为 170m^2 左右，总重量达 30t，如图 1-12 所示。

图 1-12　世界上第一台电子计算机（ENIAC）

ENIAC 有两个致命的弱点：一是计算程序需要靠外部的开关、继电器和插线来设置，因而存储量小；二是使用的电子管太多，功耗大，容易出故障，工作可靠性差。虽然如此，人们把 ENIAC 称为人类历史上的第一台电子多用途计算机。

美籍匈牙利数学家冯·诺依曼等针对 ENIAC 在存储程序方面的弱点，提出了"存储程序控制"的通用计算机方案，设计制造了 EDVAC（electronic discrete variable automatic computer），即电子离散变量自动计算机。

（2）第一家计算机公司的诞生。世界上第一家以制造计算机为主的公司是埃克特与莫契利计算机公司（EMCC），公司创始人正是第一台电子多用途计算机的发明者莫契利与埃克特。1946 年 3 月，莫契利和埃克特准备创办自己的公司。莫契利认为，上次人口普查已过去了 4 年，他们可以研制一台计算机卖给人口普查局。由于第二次世界大战后复苏计划的推动，人口普查局接受了这项提议，于 1948 年正式与他们签订了合同，埃克特与莫契利计算机公司由此诞生在美国费城一个临街的小楼里。

（3）晶体管的发明和第二代电子计算机。1954 年，美国贝尔实验室研制出的世界上第一台全晶体管计算机（transistor airborne digital computer，TRADIC）共有 800 余只晶体管，功率为 100W，占地 0.28m^2，如图 1-13 所示。

图 1-13　晶体管计算机（TRADIC）

晶体管先声夺人，闯进了传统的电子管计算机领域。IBM（International Business Machines Corporation，国际商业机器公司）的领导满腔热情地策划了该公司计算机换代的重大举措。他向各地 IBM 工厂和实验室发出指令：“从 1956 年 10 月 1 日起，我们将不再设计使用电子管的机器，所有的计算机和打卡机都要实现晶体管化。”3 年后，IBM公司在它的计算机产品 700 系列后加上了一个 0，全面推出晶体管的 7000 系列计算机。以晶体管为主要器件的 IBM 7090 型计算机，换下了诞生不到一年的 IBM 709 电子管计算机，1960～1964 年一直统治着科学计算的领域，并作为第二代电子计算机的典型代表，被永远地载入计算机的史册。

（4）集成电路的发明和第三代电子计算机。1958 年德州仪器（Texas Instruments，TI）的工程师基尔比发明了集成电路（intergrated circuit，IC），将三种电子元件结合到一片小的硅片上。更多的元件集成到单一的半导体芯片上，这使计算机体积更小，功耗更低，速度更快。1965 年计算机开始采用中规模集成电路代替了第一代、第二代计算机中的分立元件，使用半导体存储器代替了磁芯存储器，中央处理器采用了微程序控制技术。IBM 公司研制出计算机历史上最成功机型之一的 IBM S/360，被称为"蓝色巨人"。它具有较强的通用性，适用于各方面的用户。集成电路使第三代计算机脱胎换骨。

（5）大规模、超大规模集成电路和巨型机。克雷研究公司专攻巨型机。1971～1972 年，享誉全球的超级计算机克雷 1 号（Cray-1）诞生，实现了当时绝无仅有的超高速——可持续保持每秒 1 亿次运算。然而，巨型机的体积却并不巨大，就像套开口的沙发圈椅，靠背处立着 12 个一人高的"大衣橱"，占地不到 7m^2，重量不超过 5t，共安装了约 35 万块集成电路，标志着巨型机也跨进了第四代计算机的行列。

1985～1988 年，经过改进的克雷 2 号（Cray-2）和克雷 3 号（Cray-3）巨型机相继问世，并行结构使运算速度分别达到每秒 12 亿次和每秒 160 亿次。克雷的助手美籍华人陈世卿博士开发了另一种多处理器的巨型机克雷 XMP，但与克雷的风格不同。20 世纪 80 年代，克雷公司售出的巨型机占到全世界巨型机总数的 70%。到了 20 世纪 90 年代初，克雷公司陆续推出高性能巨型计算机，速度已超过每秒 240 亿次。1996 年 12 月，就在克雷 1 号来到洛斯阿拉莫斯 20 周年之际，该公司与图形计算机企业——硅图公司（SGI）合并，集两家公司的技术实力研制出一台具有 256 台处理器的巨型机，再次安装在美国国家实验室。这个系统的处理器还将增加到 4096 台，运算速度达到每秒 30000 亿次。

在 ENIAC 诞生后短短的 70 多年中，计算机所采用的基本电子元器件已经经历了电子管、晶体管、中小规模集成电路、大规模和超大规模集成电路 4 个发展阶段，通常被称为计算机发展进程中的 4 个时代，如表 1-3 所示。

表 1-3　计算机发展的 4 个时代

时代	年份	电路	特点
第一代	1946～1953 年	电子管	磁鼓和磁带，使用机器语言和汇编语言
第二代	1954～1964 年	晶体管	磁芯和磁盘，使用高级语言
第三代	1965～1970 年	中小规模集成电路	可由远程终端上多个用户访问的小型计算机
第四代	1971 年至今	大规模和超大规模集成电路	个人计算机和友好的程序界面，使用面向对象的程序设计语言

随着集成电路的产生，集成度朝着中规模方向发展，使得计算机也朝着小型化、微型化的方向发展。1971 年，Intel 公司发布了具有 4 位并行处理能力的微处理器 4004，标志着人类史上第一块微处理器诞生。它内部集成了 2000 只晶体管，采用 P-MOS 工艺技术制造，虽然它的面积不足 1cm^2，但它却具有比 ENIAC 强大的计算能力，这开创了集成电路计算机的新时代。虽然在中规模集成电路板上的 4004 还不能算是完善的电子计算机芯片，但它集成了作为中央处理单元的大量逻辑电路。一块集成芯片代替了电子管或晶体管时代构成计算机的几千个单元电路。4004 虽然只包含了 46 条基本指令，系统相对简单，但进行简单的控制还是合适的，因为当时并不需要太复杂的算术运算，而且在当时并不容易找到可编程的逻辑器件。

2. 中国计算机的发展史

1958 年，中国科学院计算技术研究所研制成功我国第一台小型电子管通用计算机 103 机（八一型），标志着我国第一台电子计算机的诞生。1965 年，中国科学院计算技术研究所研制成功第一台大型晶体管计算机（109 乙机），然后推出 109 丙机，该机在两弹试验中发挥了重要作用。1974 年，清华大学等单位联合设计、研制成功采用集成电路的 DIS 130 小型计算机，其运算速度达每秒 100 万次。1983 年，国防科学技术大学研制成功运算速度每秒上亿次的银河-Ⅰ巨型机，这是我国高速计算机研制的一个重要里程碑。1985 年，电子工业部计算机工业管理局研制成功了与 IBM PC 兼容的长城 0520 CH 微机。1992 年，国防科学技术大学研制出银河-Ⅱ通用并行巨型机，其峰值速度达每秒 4 亿次浮点运算（相当于每秒 10 亿次基本运算操作），为共享主存储器的四处理机向量机，其向量中央处理机是采用中小规模集成电路自行设计的，总体上达到 20 世纪 80 年代中后期国际先进水平。它主要用于中期天气预报。1993 年，国家智能计算机研究开发中心（后成立北京市曙光计算机公司，简称曙光公司）研制成功曙光一号全对称共享存储多处理机，这是国内首次以基于超大规模集成电路的通用微处理器芯片和标准 UNIX 操作系统设计开发的并行计算机。1995 年，曙光公司又推出了国内第一台具有大规模并行处理机（massively parallel processing，MPP）结构的并行机曙光 1000（含 36 个处理机），其峰值速度为每秒 25 亿次浮点运算，实际运算速度上了每秒 10 亿次浮点运算这一高性能台阶。曙光 1000 与美国 Intel 公司 1990 年推出的大规模并行机体系结构的实现技术相近，与国外的差距缩短到了 5 年左右。1997 年，国防科学技术大学研制成功银河-Ⅲ百亿次并行巨型计算机系统，它采用可扩展分布共享存储并行处理体系结构，由 130 多个处理节点组成，峰值速度为每秒 130 亿次浮点运算，系统综合技术达到 20 世纪 90 年代中期国际先进水平。1997～1999 年，曙光公司先后在市场上推出具有机群结构（Cluster）的曙光 1000A、曙光 2000-Ⅰ、曙光 2000-Ⅱ超级服务器，峰值速度已突破每秒 1000 亿次浮点运算，机器规模已超过 160 个处理机。1999 年，国家并行计算机工程技术研究中心研制的神威Ⅰ计算机通过了国家级验收，并在国家气象中心投入运行。该系统有 384 个运算处理单元，峰值运算速度达每秒 3840 亿次。2000 年，曙光公司推出每秒 3000 亿次浮点运算的曙光 3000 超级服务器。2001 年，中国科学院计算技术研究所研制成功我国第一款通用 CPU "龙芯" 芯片。2002 年，曙光公司推出完全自主知识产权的龙腾服务器。龙腾服务器采用 CPU "龙芯" 1 号，曙光公司和中国科学院计算技术研究所联合研发的服务器专用主板，曙光 Linux 操作系统。该服务器是国内第一台完全实现自主产权的产品，在国防、安全等部门发挥重大作用。2003 年，百万亿次数据处理超级服务器曙光 4000L 通过国家级验收，再一次刷新国产超级服务器的历史纪录，使得国产高性能产业再上新台阶。2004 年，由中国科学院计算技术研究所、曙光公司、上海超级计算中心三方共同研制的曙光 4000A 实现了每秒 10 万亿次运算速度。2008 年，"深腾 7000" 是国内第一个实际性能突破每秒百万亿次的异构机群系统，Linpack（线性系统软件包）性能突破每秒 106.5 万亿次。2008 年 9 月 16 日，曙光 5000A 在天津下线，实现峰值速度 230 万亿次、Linpack 值 180 万亿次。作为面向国民经济建设和社会发展的重大需求的网格超级服务器，曙光

5000A 可以完成各种大规模科学工程计算、商务计算。2009 年 6 月，5000A 正式落户上海超级计算中心。2009 年 10 月 29 日，中国首台千万亿次超级计算机"天河一号"诞生。2010 年 11 月 15 日，经过一年时间全面的系统升级后，"天河一号"在第 36 届全球超级计算机五百强排名中夺魁。升级后的"天河一号"实测运算速度可达每秒 2570 万亿次。2013 年 6 月广州中心"天河二号"和 2016 年 6 月无锡中心"神威·太湖之光"先后登场，至 2018 年底，中国超算快速崛起并连续"霸榜"6 年，令世界瞩目。目前，"天河一号"已经实现满负荷运行，每天并发在线的运行任务达到 1400 多项，用户涵盖油气勘探、高端装备制造、药物研发、雾霾预警预报等领域的重点科研机构、企业等近 1600 家。

1.4　计算机科学与技术学科知识体系

人类步入了信息时代，与计算机科学与技术相关的新概念、新方法、新技术不断涌现，因此，计算机教育工作者当前急需解决的问题是计算机科学与技术专业应该具备怎样的知识结构？该知识结构的内涵是什么？如何培养适应学科发展需要的计算机科学与技术人才？如何使国内的计算机教育与国际接轨？高水平的课程体系是计算机教学和学科建设的基础，从总体上优化课程结构，精练教学内容，拓展专业基础，加强教学实践，形成"基础课程精深，专业课程宽新"的结构。课程体系反映出学生所选择的专业领域的未来发展，然而计算机科学是一个相对新的科学领域，而且它具有能很快地融合其他领域和学科的特点，因而要探讨计算机科学课程体系的架构就更加复杂。对此本书从计算机与技术的学科简介、培养目标、IT 本科生的知识结构给出计算机科学与技术学科知识体系的框架，以促进计算机科学教育的繁荣与发展。

1. 计算机科学与技术学科简介

计算机科学与技术（computer science and technology，CST）是一个计算机系统与网络兼顾的计算机学科宽口径专业，旨在培养具有良好的科学素养，具有自主学习意识和创新意识，科学型和工程型相结合的计算机专业高水平工程技术人才。

计算机科学与技术属于国家一级学科，下设三个二级学科，分别是计算机系统结构、计算机软件与理论和计算机应用技术。

（1）计算机系统结构。主要研究计算机本身及外部设备。一台计算机是一个非常复杂的系统，它包含显示器、主机、各种外部设备、鼠标、键盘等，这样一系列与计算机相关的设备需要相互协作以达到高效运行的目的。

（2）计算机软件与理论。主要研究在计算机上运行的各种软件系统。我们平时打开电脑或手机时，会使用里面安装好的琳琅满目的软件系统，如 Windows 和 Linux 操作系统、浏览器、购物网站、QQ 和微信聊天软件等。这些软件之间有什么区别？它们是如何被开发出来的？最后如何实施、部署到计算机或手机终端的？这就是计算机软件与理论所要研究的内容。

（3）计算机应用技术。我们平时用手机或相机拍照，常常会使用视频和图像处理软件对视频或图像进行修改加工，然后把视频或图像发布到网上或者朋友圈上，这里用到了计算机应用技术。另外，在大型工厂中的自动化控制系统，包括一些生产仪器，如何保证它们协作统一地运行，这都需要借助嵌入了一定计算能力的计算机系统进行控制。

2. 培养目标

本学科以培养具有社会主义核心价值观，德智体美劳全面发展的社会主义事业建设者和接班人为目标，致力于培养具有良好的道德与修养，遵守法律法规，具有社会和环境意识，掌握数学与自然科学基础知识以及与计算系统相关的基本理论、基本知识、基本技能和基本方法，具备包括计算思维在内的科学思维能力和设计计算解决方案、实现基于计算原理的系统的能力，能清晰地表达，在团队中有效发挥作用，综合素质良好，能通过继续教育或其他的终身学习途径拓展自己的能力，了解和紧跟学科专业发展，在计算系统研究、开发、部署与应用等相关领域具有就业竞争力的高素质专门技术人才。

培养目标一：职业素养。具有良好的人文科学素养、社会责任感和职业道德，满足社会、经济活动对一名优秀计算机专业工程师的要求，养成新时代高新技术人才需要的经济、环境、安全、健康、法律、伦理等素养。

培养目标二：专业能力。具有较强的工程实践能力，能准确描述、全面分析和恰当解决计算机应用领域复杂工程问题，胜任计算机专业工程师岗位，履行相应岗位职责，成为专业技术骨干。

培养目标三：能力拓展。能够从国家政策、法律和法规、环境和发展等角度，运用计算机应用领域先进理论、技术和方法，分析解决现代社会可持续发展背景下的复杂工程问题，提供优化或创新解决方案。

培养目标四：发展意识。具有终身学习和发展的意识，能够与时俱进，通过持续学习提升自身竞争力，能够胜任高层次的岗位工作。

培养目标五：交流合作。能适应独立或团队工作环境，积极与同事、专业同行、社会公众有效沟通，在不同职能团队中发挥特定作用或领导团队完成任务，具有国际化视野和跨文化交流合作能力。

3. 学科知识体系

计算机科学与技术学科知识体系模型一直在推陈出新，不断发展。无论如何，未来计算机科学与技术学科知识体系都必将提供统一的形式。伴随这种过程，受教育者终身学习变得越来越重要，面对终身学习和职业常变的未来必须具有适应新模式的能力。计算机科学与技术学科是培养具有扎实基础、有能力适应学科专业未来发展的高级计算机及其应用系统的研究、设计、开发人员，具有一定的系统分析和科学研究基本能力，能应对发展、能继续攻读后续学位。按照这一目标，计算机科学与技术学科应具备以下知识结构：人文社会科学知识、数学物理知识和专业相关领域知识。计算机科学与技术学科知识体系如图 1-14 所示。

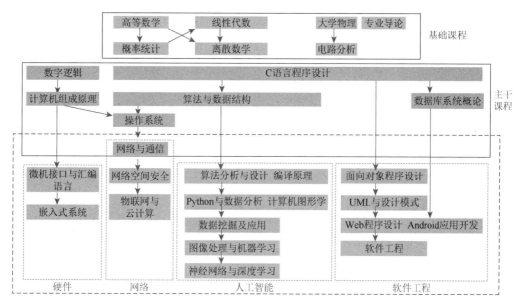

图 1-14　CST 的学科知识体系

（1）人文社会科学知识。人文社会科学知识包括政治、军事、法律、经济、写作技能、语言交流（外语）、音乐、美术、文学、艺术、历史等。

（2）数学物理知识。数学物理知识包括大学物理、高等数学、离散数学、线性代数、数理统计等。

（3）专业相关领域知识。专业知识是系统的核心的知识，具体内容如表 1-4 所示。

表 1-4　CST 的专业知识领域

序号	简称	全名	序号	简称	全名
1	AR	计算机组织与体系结构	8	GV	图形学和可视化计算
2	AL	算法与复杂度	9	NC	以网络为中心的计算
3	HC	人机交互	10	SE	软件工程
4	OS	操作系统	11	IS	智能系统
5	PF	程序设计基础	12	IM	信息系统
6	PL	程序设计语言	13	CN	计算机科学与数值方法
7	DS	离散结构	14	SP	社会与职业问题

主干课程的组织形式有不同的选择，主要分两类：主题模式和系统模式。计算机科学与技术学科知识体系有 14 个知识领域，除基础课程外，其余大部分可以按领域划分成相应的课程，最直截了当的便是一个领域大致对应一门课，这种实施称为基于主题模式。另一种是基于某些软件系统而组织的课程，从各领域中抽取相关的知识单元，组成课程，最后形成的课程体系覆盖知识体系的知识单元，这种模式称为基于系统模式。其中，对知识领域、知识单元、知识点进行描述及核心课程进行设计，可确立 16 门核心课程，如表 1-5 所示，其中，序号 5 和序号 14、15、16 作为两组任选其一。

表 1-5　CST 的专业核心课程

序号	课程名称	总学时（理论学时 + 实验学时）
1	计算机科学导论	36 + 16
2	程序设计基础	54 + 32
3	离散结构	72 + 16
4	算法与数据结构	72 + 16
5	计算机组织与体系结构	72 + 32
6	微型机系统与接口	54 + 16
7	操作系统	72 + 16
8	数据库系统原理	54 + 32
9	编译原理	54 + 16
10	软件工程	54 + 32
11	计算机图形学	54 + 16
12	计算机网络	54 + 16
13	人工智能	54 + 16
14	数字逻辑	32 + 16
15	计算机组成基础	54 + 16
16	计算机体系结构	54 + 32

以上的计算机科学与技术学科的 16 门核心课程体现了课程体系设计组织与学生能力培养和素质提高密切相关的理念。可供制订教学计划时参考，各校既可直接使用，也可以重新设计以符合各校自己的特色。

1.5　计算机的应用与发展趋势

计算机作为一种高性能的计算工具，它的广泛应用推动了社会的发展与进步，对人类社会生产、生活的各个领域产生了极其深刻的影响。可以说，当今世界是一个丰富多彩的计算机世界，计算机文化被赋予了更深刻的内涵。

1. 计算机的特点

计算机是现代社会最高级的计算工具之一，具有任何其他计算工具无法比拟的功能和特点，主要表现在以下几个方面。

（1）运算速度快。计算机运算速度较快，从最初的几千次/s 到现在已达亿亿次/s，并会越来越快。这不仅显著加快了问题求解的速度，极大地提高了工作效率，而且使某些过去靠人工根本无法完成的工作有了完成的可能。

（2）存储容量大。计算机的外存储器（光盘、U 盘、移动硬盘等）可以长期保存和记忆大量的信息，以备调用。目前，一台普通的微型计算机的外存储器，其存储容量可达到 TB 级别，甚至 PT 级别，常用来存储信息的硬盘容量达到了 500GB、1TB 等。

（3）计算精度高。一般的计算工具（如计算器）都只有几位有效数字，而一般微型计算机的有效数字位数可达到十几位，必要时借助相应软件还可提高精度。

（4）逻辑判断力强。逻辑判断是计算机的又一基本功能，也是计算机能实现信息处理自动化的重要原因。计算机可以对字体、符号、汉字、数字的大小和异同进行判断、比较，从而确定如何处理这些信息。另外，计算机还可以根据已知的条件进行判断和分析，确定要进行的工作。因此计算机可以广泛地应用到非数值数据处理领域，如信息检索、图形识别以及多媒体应用等。

（5）自动化程度高。冯·诺依曼结构的计算机思想是将程序预先存储在计算机中，计算机会依次取出指令并执行指令规定的程序，直到得出需要的结果，而不需要人工干预。

另外，计算机还具有可靠性高、通用性强等特点。

2. 计算机的主要应用领域

目前计算机已被广泛应用于人类社会的各个领域，不仅在自然科学领域得到了广泛的应用，而且已经进入社会科学的各个领域及人们的日常生活中。计算机的应用大致分为以下几个方面。

（1）科学计算。科学计算即数值计算，是计算机最早、最重要的应用领域。该领域对计算机的要求是速度快、精度高、存储容量大。

在科学研究和工程设计中，对于复杂的数学计算问题，如核反应方程式、卫星运行轨道、材料的受力分析、天气预报等的计算，航天飞机、汽车、桥梁等的设计。有的计算是人工难以完成甚至无法完成的，使用计算机可以快速、及时、准确地获得所需结果。

（2）数据处理。所谓数据处理，是指利用计算机对各种数据进行收集、储存、分类、检索、排序、统计、报表打印输出等的一系列过程。数据处理也称事务管理，包括办公自动化（office automation，OA）和管理信息系统（management information system，MIS），如人事管理、财务管理、教务管理、设备管理、情报信息检索、人口普查等，目的是为各职能部门提供决策的依据。计算机数据处理与信息加工已深入社会的各个方面，节省了大量的人力，提高了管理质量和管理效率。

（3）过程控制。由于计算机具有一定的逻辑判断能力，从 20 世纪 60 年代起，它就在机械、电力、交通、石油化工及军事等领域中被用于监视和控制，从而提高了生产的安全性和自动化水平，提高了产品的质量，降低了成本，缩短了生产周期。

（4）计算机辅助系统。计算机辅助是指利用计算机代替人工进行一些复杂、繁重的劳动，以减少人的劳动强度，提高劳动效率。计算机辅助系统包括以下几个方面。

①计算机辅助设计（CAD）：利用计算机来辅助设计人员进行设计工作，如建筑设计、规划设计、工程设计、电路设计等。利用 CAD 技术可以提高设计质量，缩短设计周期，提高设计自动化水平。

②计算机辅助制造（computer-aided manufacturing，CAM）：利用计算机进行生产设备的管理、控制和操作。

③计算机辅助教育（computer-based education，CBE）：包括计算机辅助教学（computer-assisted instruction，CAI）、计算机辅助测试（computer-aided test，CAT）和计算机管理教学（computer-managed instruction，CMI）。

（5）人工智能。人工智能（AI）的主要目的是用计算机来模拟人的智能。目前主要的应用方面有机器人（robot）、专家系统（expert system，ES）、模式识别（pattern recognition）及智能检索（intelligent retrieval）等。

（6）网络通信。计算机网络是计算机应用的一个重要领域。计算机网络的发展为计算机的应用提供了更为广阔的前景，如电子商务通过计算机网络技术，以电子交易为手段完成金融、物品、管理、服务、信息等价值的交换，快速而有效地进行各种商务（事务）活动。

计算机的应用已经渗透到科学技术的各个领域，并扩展到工业、农业、军事、商业以及家庭生活中。但随着科学的飞速发展和全球范围内新技术革命的不断兴起，现有的计算机性能已经无法满足社会的需要，许多科学家认为以半导体材料为基础的集成技术已达到了无法突破的物理极限。要解决这个矛盾，必须开发新的材料，采用新的技术，于是人们正在积极探索和研制新一代的计算机，如生物计算机、模糊计算机、光子计算机、量子计算机、超导计算机等，可以说，21 世纪将是历史上最激动人心和最有希望的时代。

3. 计算机的发展趋势

从 20 世纪 80 年代开始，日本、美国、欧洲等发达国家和地区都宣布开始新一代计算机的研究，并普遍认为新一代计算机应该是智能型的。它能模拟人的行为，理解人类自然语言，并继续向着巨型化、微型化、网络化、智能化及多媒体化的方向发展。

（1）巨型化。巨型化是指速度更快、存储容量更大和功能更强的巨型计算机。巨型计算机代表了一个国家科学技术和工业发展的水平。目前运行速度每秒几百亿次的巨型计算机已经投入使用，每秒上万亿次的巨型计算机也正在研制当中。巨型计算机主要应用在天文、气象、地质、航空和航天等尖端的科学技术领域。

（2）微型化。微型化是指体积更小、价格更低、功能更强的微型计算机。各种便携式和手提式计算机已大量投入使用。

（3）网络化。网络化是指计算机组成更广泛的网络，以实现资源共享及信息交换，如云计算、物联网等。

（4）智能化。智能化是指使计算机可模拟人的感觉，具有类似人的思维能力，如推理、判断等。对智能化的研究包括模式识别、自然语言的生成与理解、定理自动证明、自动程序设计、学习系统和智能机器人等内容。

（5）多媒体化。多媒体化是指计算机可同时处理数字、文字、图像、图形、视频及音频等多种信息。多媒体计算机将真正改善人机界面，可使计算机向接受和处理信息的最自然方式发展。

随着新的元器件及其技术的发展，新型的超导计算机、量子计算机、光子计算机、神经计算机、生物计算机和纳米计算机等在 21 世纪会走进人们的生活，遍布各个领域。

4. 新型计算机展望

从第一台计算机出现至今，随着科技的不断发展，计算机的体积不断减小、功耗不断降低、种类越来越多、功能越来越强。未来的新型计算机可能会颠覆人们的认知，在性能、外观等方面取得革命性突破。目前提出的新型计算机主要有以下 5 种。

1）光子计算机

光子计算机是一种用光信号进行数字运算、逻辑操作、信息存储和处理的新型计算机。它由激光器、光学反射镜、透镜、滤波器等光学元件和设备构成，以光子代替电子、光运算代替电运算。光子计算机的优点在于并行处理能力很强，具有超高的运算速度，光传输和转换时能量消耗和散发热量极低，对环境条件的要求比电子计算机低得多。此外，光子计算机还具有与人脑相似的容错性，因此，当系统中某组件出现问题时，最终的计算结果并不会受到影响。

2）生物计算机

生物计算机的主要原材料是利用生物工程技术产生的蛋白质分子，并以此作为生物芯片来替代半导体硅片，利用有机化合物存储数据。生物计算机的优点在于运算速度极快、能量消耗低，拥有巨大的存储能力，具有很强的抗电磁干扰能力，能彻底消除电路间的干扰，同时还具有生物体的一些特点。

3）量子计算机

量子计算机是一类遵循量子力学规律进行高速数学和逻辑运算、存储及处理量子信息的物理装置。与传统的电子计算机相比，量子计算机具有速度快、存储量大、搜索功能强和安全性高等优点。

4）人工智能计算机

人工智能作为计算科学的分支，已然成为世界关注的焦点。人工智能计算机可以模仿人脑进行思考，模仿人类表达自己的情感，创造性地开展工作。如果要使计算机能够根据实际情况做出合理的决定，在与人交流互动的过程中能够理解人的想法，就必须按照人的心理活动设计计算机。

5）纳米计算机

纳米计算机是一种体积小、运行速度快的计算机，是将纳米技术应用于计算机研发领域而研制出的新型高性能计算机。纳米管元件尺寸小、质地坚固且具有极强的导电性能。采用纳米技术研发芯片成本低廉，不需要专门的生产车间和昂贵的实验设备，在实验室内组合分组即可，显著缩减了成本。

1.6　本　章　小　结

本章主要介绍了计算机的一些基础知识以及计算机思维和计算机科学。在 ENIAC 诞生后，计算机所采用的基本电子元器件经历了电子管、晶体管、中小规模集成电路、大规模和超大规模集成电路 4 个发展阶段。计算机具有运算速度快、计算精度高、存储容量大、设备可靠性高、通用性强 5 个典型特点；并且计算机常被应用于科学计算、数据处理、过程控制、计算机辅助系统、人工智能和网络通信等多个方面。光子计算机、生物计算机、量子计算机、人工智能计算机、纳米计算机等不同领域高精度计算机进一步扩展了计算机的使用范围。

作为一门专业学科，计算机科学为信息产业提供了主要的知识体系。计算机科学不仅提供一种科技工具、一套知识体系，更重要的是提供了一种从信息变换角度有效地定义问题、分析问题和解决问题的思维方式。这就是作为计算机科学主线的计算思维。本章从计算思维这条主线出发，讲解计算机科学的最基础的概念和入门知识，讨论计算思维的六种具体表现形式：逻辑思维、系统思维、算法思维、网络思维、数据思维、智能思维。同时，给出计算机科学与技术学科知识体系的框架，以促进计算机科学教育的繁荣与发展。

第 2 章　社会与道德问题

自 1946 年第一台电子计算机 ENIAC 诞生以来，计算机以惊人的速度发展。计算机最初用于大型企业、大学，如今各行各业的发展都离不开计算机。任何技术都是一把双刃剑，计算机也是如此，计算机科学在改变人们生活方式的同时也带来了诸多问题。例如，非法入侵他人计算机系统，破坏、窃取或篡改他人重要信息，牟谋取利益利用网络实施诈骗等犯罪行为，传播暴力、不良等有害信息，侵犯他人知识产权，利用网络散布谣言，对他人进行人身攻击等。本章主要介绍道德原则、知识产权、隐私保护和计算机犯罪四个方面的内容。

2.1　道　德　原　则

本书的道德原则是指计算机科学领域的基本道德原则，是把社会所认可的一般伦理价值观念应用于计算机高新技术，包括信息的生产、储存、交换和传播等方面。计算机道德是用来约束计算机从业人员的言行，指导他们的思想的一整套道德规范。它是法律行为规范的补充，是非强制性的自律要求，其目的在于使计算机事业得以健康发展，保障计算机信息系统的安全，预防及尽可能避免计算机犯罪，从而降低计算机犯罪给人类社会带来的破坏和损失。

2006 年中国互联网协会发布了《文明上网自律公约》，号召广大网民文明办网、文明上网，共同抵制一切破坏网络文明、危害社会稳定、妨碍行业发展的行为，在以积极态度促进互联网健康发展的同时，承担起应负的社会责任。

2012 年 4 月，中国互联网协会发布了《中国互联网协会抵制网络谣言倡议书》，倡导全国互联网业界加强对网站从业人员的职业道德教育，依法保护网民使用网络的权利，加强对网站内容的甄别和处理，对明显的网络谣言及时主动删除等。

2013 年 8 月，中国互联网协会倡导全国互联网从业人员、网络名人和广大网民坚守"7 条底线"，营造健康向上的网络环境，积极传播正能量，为实现中华民族伟大复兴的中国梦做出贡献。"7 条底线"即法律法规底线、社会主义制度底线、国家利益底线、公民合法权益底线、社会公共秩序底线、道德风尚底线和信息真实性底线。

作为信息化发展的新阶段，数据对经济发展、社会秩序、国家治理和人民生活都产生了重大影响。数据安全已成为事关国家安全与经济社会发展的重大问题。2019 年 5 月 28 日，国家互联网信息办公室发布《数据安全管理办法（征求意见稿）》，对公众关注的个人敏感信息收集方式、广告精准推送、App 过度索权、账户注销难等问题进行了直接回应。

计算机科学领域的道德原则，旨在激励和指导所有计算机专业人员的道德行为，包括胸怀抱负的从业者、教师、学生以及任何以有影响力的方式使用计算机技术的人士等。计算机专业人员的行为将改变世界，他们应反思其工作的广泛影响，始终如一地支持公众利益，才能负责任地行事。在考虑特定问题时，计算机专业人员可能会发现应考虑多个原则，同时不同原则与问题的相关性存在差异。基本道德原则、理解公众利益是最重要的考虑因素。当道德决策过程对所有利益相关者承担责任并保持透明时，整个计算机行业都会受益。对于道德问题的公开讨论可促进这种责任的承担和透明度。

1. 一般道德原则

（1）为社会和人类的幸福做出贡献，承认所有人都是计算机的利益相关者。

这一原则涉及所有人的生活质量，计算机专业人员个体和集体均有义务利用其技能造福社会、造福其成员及其周围环境。这种义务包括促进基本人权和保护每个个体的自主权。计算机专业人员的一个基本目标就是最大限度减少计算的负面后果，包括对健康、公共安全、人身安全和隐私的威胁。当多个群体的利益发生冲突时，应该给那些弱势群体以更多关注和优先。

计算机专业人员应考虑其工作结果是否会尊重多样性、是否会以对社会负责的方式被使用、是否符合社会需求以及是否具有广泛的可及性。鼓励计算机专业人员参与造福公众利益的公益或志愿工作，积极为社会做出贡献。

除了安全的社会环境外，人类的幸福也需要安全的自然环境。因此，计算机专业人员应促进本地和全球的环境可持续性。

（2）避免伤害。

本书中，"伤害"是指负面后果，特别是那些重大和不公正的后果。伤害的例子包括不合理的身心伤害、不正当的信息破坏或披露以及对财产、声誉和环境的不合理损害。上述伤害并非详尽无遗。

完成指定职责等善意行为也可能造成伤害。如果是无意造成的伤害，责任人有义务尽可能撤销或减轻伤害。避免伤害始于认真考虑给受决策影响的所有人士造成的潜在影响。如果伤害是系统有意为之，责任人有义务确保伤害合乎道德。无论怎样，责任人应尽量减少伤害。

为了最大限度地降低间接或意外伤害他人的可能性，计算机专业人员应遵循普遍接受的最佳做法，除非真的有其他令人信服的道德理由不这样去做。此外，应仔细分析数据汇总和系统紧急属性的后果。

计算机专业人员还有义务报告可能导致伤害的任何系统风险迹象。如果领导者未采取措施来减少或减轻这种风险，可能有必要"举报"以减少潜在的伤害。但是，反复无常或误导性的风险报告本身可能就有害。在报告风险之前，计算机专业人员应仔细评估相关方面的情况。

（3）诚实可靠。

诚实是信任的重要组成部分。计算机专业人员应保持透明，向有关各方充分披露所有相关系统功能、限制和潜在问题。故意造假或误导声明、虚构或伪造数据、提供或接受贿赂以及其他不诚信行为均属对于道德原则的违反。

　　计算机专业人员在其资格及其完成任务能力的任何限制方面应诚实相告。计算机专业人员应直率面对任何可能导致实际或感知利益冲突或破坏其判断独立性的情况。此外，计算机专业人员应兑现承诺。

　　计算机专业人员不应歪曲组织的政策或程序，同时如果没有获得授权，则不应代表组织发言。

　　（4）做事公平，采取行动无歧视。

　　平等、宽容、尊重他人和正义的价值观是这一原则的管理方针。要做到公平，就需要在即便十分谨慎的决策过程中也提供一些纠正错误的机会。

　　计算机专业人员应促成包括代表性不足群体在内的所有人的公平参与。基于年龄、肤色、残疾、种族、家庭状况、性别认知、工会会员、军人身份、国籍、种族、宗教或信仰、性别、性取向或任何其他不适当因素的偏见与歧视均为对于道德原则的明确违反。骚扰（包括性骚扰）、欺凌和其他滥用权力和权威的行为是一种歧视形式，和其他伤害一样，会限制对于发生此等骚扰的虚拟和物理空间的公平进入。

　　信息和技术的使用可能产生新的或加剧现有的不公平现象。技术和实践应尽可能具有包容性和可访问性，计算机专业人员应采取措施避免创建剥夺或压迫人权的系统或技术。不具有包容性和可访问性的设计可能构成不公平歧视。

　　（5）尊重需要产生新想法、新发明、创造性作品和计算工件的工作。

　　开发新的想法、发明、创造性作品和计算工件可以为社会创造价值，同时在上述方面努力的人士应从其工作中获得价值。因此，计算机专业人员应鸣谢承认创意、发明、作品和文物的创作者，并尊重版权、专利、商业秘密、许可协议以及其他保护作者作品的方法。

　　习俗和法律都承认，创作者对作品控制权的一些例外是公众利益的需要。计算机专业人士不应过度反对对于其知识产权的合理使用。为有助于社会的项目付出时间和精力等努力来帮助他人是这一原则积极方面的体现。这些努力包括免费和开源软件以及公共领域工作。计算机专业人员不应对本人或他人已经共享为公共资源的工作主张私人所有权。

　　（6）尊重隐私。

　　尊重隐私的责任对于计算机专业人员具有特别重要的意义。技术可以快速、低成本地收集、监控和交换个人信息，而且往往让受影响人群毫不知情。因此，计算机专业人员应熟悉各种隐私的定义和形式，并应了解关于收集和使用个人信息相关的权利和责任。

　　计算机专业人员只应将个人信息用于正规合理的目的，不得侵犯个人和团体的权利。这就需要采取预防措施以防止重新识别匿名数据或未经授权的数据收集、确保数据准确性、了解数据来源并保护数据免受未经授权的访问和意外泄露。计算机专业人员应建立透明的政策和程序，使个人能够了解正在收集的是什么数据及其使用方式，为自动数据收集提供知情同意，并审查、获取、纠正不准确和删除其个人数据。

　　只应在系统中收集必要的最少量的个人信息。计算机专业人员应该对数据的保留和处置时间进行明确的定义，严格按照规定执行，并向数据主体传达。未经个人同意，不得将为特定目的收集的个人信息用于其他目的。合并数据集合可能会影响原始数据集合中的隐私功能。因此，计算机专业人员在合并数据集合时应特别注意隐私。

（7）尊重保密协议。

计算机专业人员通常会被委以保密信息，例如，商业秘密、客户数据、非公共商务战略、财务信息、研究数据、出版前学术文章和专利申请。计算机专业人员应保护信息保密性，除非有证据表明其对法律、组织法规的违反。在这种情况下，该信息的性质或内容不得向除有关部门之外的任何人或机构披露。

2. 职业责任

（1）努力在专业工作的过程和产品中实现高质量。

计算机专业人员应该坚持并支持其自身及其同事的高质量工作。在整个工作过程中，应尊重雇主、员工、同事、客户、用户以及受工作直接或间接影响的任何其他人的尊严。计算机专业人员应尊重涉及此项目相关人士的沟通透明性的权利。专业人员应认识到可能由工作质量不佳所造成的、影响任何利益相关者的任何严重负面后果，并且应该抵制忽视这种责任的诱惑。

（2）保持高标准的专业能力、行为和道德实践。

能否高质量地计算取决于个人和团体能否尽职尽责地去获得和保持其专业能力。专业能力始于技术知识及对于其工作开展的社会背景的了解。专业能力还应包括沟通技能、反思分析技能，以及对道德挑战的识别和驾驭能力。提升技能会是一个持续的过程，可能包括独立学习、参加会议或研讨会以及其他正式或非正式的教育。专业组织和雇主应鼓励和促进这些活动。

（3）了解并尊重与专业工作相关的现有规则。

此处的"规则"包括地方、地区、国家和国际法律法规以及专业人员所属组织的任何政策和程序。计算机专业人员必须遵守这些规则，除非令人信服的道德理由另有要求。被判断为不道德的规则应该受到挑战。当规则的道德基础不充分或将造成可识别的伤害时，这个规则可能是不道德的。计算机专业人员应该在违反规则之前考虑通过现有渠道质疑规则。因规则不道德或任何其他原因而决定违反规则的计算机专业人员必须考虑潜在的后果并对其行为承担责任。

（4）接受并提供适当的专业审查。

高质量的计算专业工作取决于所有阶段的专业审查。在任何适当的情况下，计算机专业人员都应寻求并利用同行和利益相关者的审查。计算机专业人员还应对他人的工作提供建设性的和批判性的审查。

（5）对计算机系统及其影响进行全面彻底的评估，包括分析可能的风险。

计算机专业人员处于受信任的地位，因此负有为雇主、员工、客户和公众提供客观、可靠的评估和见证的特殊责任。在评估、建议和展示系统说明和替代方案时，计算机专业人员应努力保持敏锐、全面和客观。应格外注意识别和减轻机器学习系统中的潜在风险。随着系统的发展，当系统的未来风险在使用中无法被可靠预测的时候，需要对系统进行频繁的风险再评估，否则就不应该部署该系统。可能导致重大风险的任何问题都必须向相关各方汇报。

（6）仅在能力范围内开展工作。

计算机专业人员负责评估潜在工作任务。这种评估包括对于工作的可行性和可取性的评估以及对于工作任务安排是否在其专业领域能力之内的判断。如果在工作任务之前或工作期间的任何时候，专业人员确认缺乏必要的专业知识，则必须告知雇主或客户。客户或雇主可决定让专业人员在额外的时间获得必要的能力后再执行任务，或安排具有所需专业知识的人员来执行任务，或放弃任务。计算机专业人员的道德判断应是决定是否从事任务的最终指南。

（7）培养公众对计算、相关技术及其后果的认识和理解。

计算机专业人员应根据具体情况和个人能力，向公众分享技术知识、培养计算意识，并鼓励对计算的理解。与公众的此类沟通应该清晰、礼貌和热情。重要的议题包括计算机系统的影响、局限性和脆弱性及其展现出的机会。另外，计算机专业人员应以尊重的方式处理与计算有关的不准确或误导性信息。

（8）仅当获得授权或仅为公众利益之目的才能访问计算和通信资源。

个人和组织有权限制对其系统和数据的访问，但这些限制必须符合本"准则"中的其他原则。因此，在没有合理理由认为其行为将被授权或无法笃信其行为符合公众利益的情况下，计算机专业人员不应访问另一人的计算机系统、软件或数据。可公开访问的系统本身并不足以暗示授权。在特殊情况下，计算机专业人员可能会使用未经授权的访问来破坏或阻止恶意系统的运行，在这些情况下必须采取特别的预防措施以避免给他人造成伤害。

（9）设计和实施具有稳固又可用的安全的系统。

违反计算机安全规则会造成伤害。在设计和实施系统时，稳固的安全性应该是首要考虑的因素。计算机专业人员应尽职工作以确保系统按预期运行，并应采取适当措施确保资源免遭意外和故意滥用、修改和拒绝服务。由于系统部署后，威胁可能出现并不断变化，所以计算机专业人员应集成威胁缓解技术和策略，如监控、补丁和漏洞报告。计算机专业人员还应采取措施，确保及时明确地通知受数据泄露影响的各方，并提供适当的指导和补救措施。

为确保系统达到预期目的，安全功能应设计为尽可能直观且易于使用。计算机专业人员不应采取过于混乱、在情境上不合适或以其他方式遏制合规使用的安全预防措施。

如果系统误用或损害可预测或不可避免，最好的选择可能是不使用该系统。

2.2　知　识　产　权

在计算机化的社会中，另一个道德问题是知识产权：谁拥有数据？因特网已经为思想共享创造了机会，但还是带来更深的道德问题：知识产权。随着高新技术的迅速发展，知识产权在国民经济发展中的作用日益受到各方的重视。其中，软件盗版是一个全球性的问题，打击软件盗版对于保护我国民族软件产业的健康成长，意义尤为重大。

1. 知识产权概述

知识产权包括著作权和工业产权（专利权、商标、服务标记、厂商名称、货源标记或者原产地名称等产权）两个主要部分。其中，著作权也称版权，是公民、法人或非法人单位按照法律享有的对自己文学、艺术、自然科学、工程技术等作品的专有权。专利权是依法授予发明创造者或单位对发明创造成果独占、使用、处分的权利。商标是为了帮助人们区别不同的商品而专门设计、有意识地置于商品表面或其包装物上的一种标记。商标权是指商标使用人依法对所使用的商标享有的专用权利。

2. 计算机软件的知识产权

保护计算机软件的知识产权，是为了鼓励软件开发和交流，能够促进计算机应用的健康发展。知识产权就是人们对自己的智力劳动成果所依法享有的权利，是一种无形财产。软件知识产权是计算机软件人员对自己的研发成果依法享有的权利。由于软件属于高新科技范畴，目前国际上对软件知识产权的保护法律还不是很健全，大多数国家都是通过相关的著作权法来保护软件知识产权的，与硬件关系密切的软件设计原理还可以申请专利保护，国务院根据《中华人民共和国著作权法》制定了《中华人民共和国计算机软件保护条例》，软件著作权的主要依据是《中华人民共和国计算机软件保护条例》。该条例规定，中国公民和单位对其开发的软件，无论是否发表，无论在何地发表，均享有著作权。条例发布以后发表的软件，可向软件登记管理机构提出登记申请，获准之后，由软件登记管理机构发放登记证明文件，并向社会公告。

任何未经软件著作权人许可，擅自对软件进行复制、传播的行为，或以其他方式超出许可范围传播、销售和使用软件的行为，都是软件盗版行为。盗版是侵犯受相关知识产权法保护的软件著作权人的财产权的行为。

计算机软件的性质决定了软件的易复制性，每一个最终用户，哪怕是初学者都可以准确无误地将软件从一台计算机复制并安装到另一台计算机上，这一过程非常简单，但不一定合法。备份以外的任何软件复制行为都是违反著作权法的。软件盗版的主要形式如下所述。

（1）最终用户盗版。

当企业或机构（"最终用户"）使用盗版软件或未经授权而复制软件时，便是最终用户软件盗版行为，并构成侵权。

最终用户软件盗版有以下形式：

①未经软件许可协议许可，在一台或多台计算机上运行他人软件；

②复制磁盘不是为了存档，而是进行再次安装和分发；

③不具有可进行升级的合法版本，但却利用升级机会；

④利用取得的教育用或其他限制使用的非零售版软件，其许可协议规定不能向单位出售或由单位使用；

⑤在工作场所内外交换软件磁盘。

请注意，用户购买了一套正版软件，并不意味着他就可以在两台或多台计算机上安装和运行该软件，这取决于软件许可协议授予他的权限；一般情况下，正版软件的一个使用许可，只可在一台计算机上安装和使用。

（2）购买硬件预装软件。

计算机硬件经销商为了使其所售的计算机硬件更具有吸引力，往往在计算机上预先安装未经授权的软件，即为"硬件预装"。"硬件预装"的行为，一般出现在硬件销售商中，但目前在某些计算机生产商、独立软件开发商中也存在"硬件预装"的情况。

如果计算机销售商为吸引顾客购买其计算机产品，在未经正版软件厂商授权的情况下将软件安装到计算机硬盘中，这种行为就构成了对软件版权拥有人的侵权。这种情况下用户也需要承担侵权责任，除非用户有足够的证据证明在购买硬件时也购买了合法的软件。所以，如果计算机销售商所销售计算机中已经预装了软件，那么用户应该向计算机销售商索要软件许可协议、原始光盘、用户手册等相关文件和收据。

（3）客户机-服务器连接导致的软件"滥用"。

通过客户机-服务器的形式连接多台计算机，用户可以调用存在于局域网内的软件。服务器软件的使用许可一般对服务器用户的数量有明确的限定，或者要求用户取得单独调用的许可。由于客户机的终端用户在形式上并不是直接复制软件，而是一种超越许可范围的使用，这种侵权形式更需要引起单位用户的警惕，避免侵权行为的发生。

（4）盗版软件光盘。

仿制是通过模仿享有版权的软件作品，并进行非法复制和销售。

对于套装软件，常常可以发现装有该软件程序的仿冒版光盘或磁盘，以及相关的包装、手册、特许协议，以及标贴、登记卡和防盗密码等。对于消费者来说，可以通过注意以下几点来防止误购仿冒品：

①购买时仔细检查产品的真伪；

②到诚实守信的经销商处购买；

③在购买时确认软件包括全部用户材料和特许协议。

授权采购软件的部门应该知道有以下相关情况的常常是仿冒软件：

①软件价格大打折扣，低得让人难以置信；

②软件以光盘大全的形式经销，无一般合法产品所附带的材料和包装；

③软件无生产厂家的标准防伪标识；

④软件无一般合法产品所附带的原始使用许可协议或其他材料（如用户登记卡或手册）；

⑤软件的包装或所附的材料为复印件或印刷质量很差；

⑥光盘呈金黄色（由可复制光盘刻录而成），而正版软件光盘的特点是呈现银白色（系只读光盘）；

⑦光盘包含多个生产商的软件，或者含有一般不"成套"出售的程序；

⑧软件由不能提供合法产品正当担保的经销商通过邮购或在线方式经销等。

（5）互联网在线软件盗版。

随着互联网络的普及，在线软件剽窃变得更加"流行"。不法之徒经常在互联网的站点上刊登广告，出售仿冒软件。另外，他们还经常将未经授权的软件发布到网络上，供网络用户从网上下载。用户下载并使用这类软件也属于违法行为。

一些共享软件允许下载试用，但在使用一定时间或次数后，应该付费。

3. 侵权行为需承担的法律责任

依据国务院 2013 年发布的"关于修改《计算机软件保护条例》的决定（国令第 632 号）"的规定，用户如果有侵权行为，将依情节轻重承担下列责任。

（1）民事责任：应当根据情况，承担停止侵害、消除影响、赔礼道歉、赔偿损失等民事责任（详情参见国令第 632 号文第二十三条）。

（2）行政责任：应当根据情况，承担停止侵害、消除影响、赔礼道歉、赔偿损失等民事责任；同时损害社会公共利益的，由著作权行政管理部门责令停止侵权行为，没收违法所得，没收、销毁侵权复制品，可以并处罚款；情节严重的，著作权行政管理部门并可以没收主要用于制作侵权复制品的材料、工具、设备等（详情参见国令第 632 号文第二十四条）。

（3）刑事责任：触犯刑律的，依照刑法关于侵犯著作权罪、销售侵权复制品罪的规定，依法追究刑事责任。

2.3 隐 私 保 护

计算机允许两方之间通过电子方式进行通信。但是，与之俱来的网络安全问题，正在使得人类隐私面临前所未有的安全隐患。隐私权是人的基本权利之一，对隐私权进行保护是人类文明发展的标志，是实现个人与社会和谐的必然要求。因而，在我国隐私权立法缺位的情况下，确立隐私权的法律地位，并在此基础上对网络隐私权的保护机制进行构建的重要性已愈显突出。

1. 网络隐私权

所谓网络隐私权，是指公民在网上享有的私人生活安宁与私人信息依法受到保护，不被他人非法侵犯、知悉、收集、复制、公开和利用的一种人格权；也指禁止在网上泄露某些与个人有关的敏感信息，包括事实、图像以及毁损的意见等。

从上述定义不难看出，网络隐私权保护的主要对象即个人信息。具体说来，网络隐私权保护的内容包括以下几个方面。

（1）个人登录的身份、健康状况。网络用户在申请上网开户、个人主页、免费邮箱以及申请服务商提供的其他服务（购物、医疗、交友等）时，服务商往往要求用户登录姓名、年龄、住址、身份证、工作单位等身份和健康状况，服务者得以合法地获得用户的这些个人隐私，服务者有义务和责任保护个人的这些秘密，未经授权不得泄露。

（2）个人的信用和财产状况，包括信用卡、电子消费卡、上网卡、上网账号和密码、交易账号和密码等。个人在上网、网上购物、消费、交易时，登录和使用的各种信用卡、账号均属个人隐私，不得泄露。

（3）邮箱地址。邮箱地址同样也是个人的隐私，用户大多数不愿将之公开。掌握、收集用户的邮箱，并将之公开或提供给他人，致使用户收到大量的广告邮件、垃圾邮件或遭受攻击不能使用，使用户受到干扰，显然也侵犯了用户的隐私权。

（4）网络活动踪迹。个人在网上的活动踪迹，如 IP 地址、浏览踪迹、活动内容，均属个人的隐私。显示、跟踪并将该信息公之于众或提供给他人使用，也属侵权。例如，将某人的 IP 地址告诉黑客，使其受到攻击；或将某人浏览网页、办公时间上网等信息公之于众，使其形象受损，这些也可构成对网络隐私权的侵犯。

这些仅仅是对于网络隐私权保护内容的一个非常粗略的描述。其实网络隐私权保护的内容非常宽泛，而且，随着互联网技术更加普及与深入，其保护的内容是一个不断发展的概念，保护的内容也在不断地增加。

2. 侵权行为及其方式

网络隐私权的侵权者往往出于各种各样的目的，运用形形色色的手段，对网上用户的个人隐私信息进行非法收集甚至盗取。网络隐私权的侵权者包括以下几种。

（1）设备供应商。一些计算机软硬件设备供应商为了保护自己产品的版权或者出于其他目的，往往会在自己销售的产品中埋下伏笔，对消费者的隐私进行收集。例如，Intel公司在其 Pentium3 系列的 CPU 上设定了一个永久性的序列码，这使用户在网上的一切活动都被记录下来。因而，该产品一推出就遭到了美国消费者和隐私权组织的抗议。

（2）网络服务商。网络服务商一般都使用监视软件来对访问自己网站的网民进行跟踪、监视。另外，在用户申请信箱、注册会员时，网络服务商会要求他们提供个人资料。事实上，它们很可能在商业目的的驱使下，泄露或者出售用户的信息。

（3）黑客。黑客往往令人们谈之色变，他们通过非授权的登录攻击他人的计算机系统，窃取网络用户的私人信息，从而引发了个人数据隐私权保护的法律问题。

（4）政府。在网络时代，政府行政管理的网络化，使得政府数据库里储存着大量的有关个人情况的信息，而政府在使用、处理这些个人信息时，可能会由于技术、规范等各方面的原因而有意无意地侵犯个人隐私。另外，政府在行使公权力的同时可能也会侵犯他人的隐私权。例如，美国联邦调查局的"食肉者"网上邮件窃读系统曾引起轩然大波。该系统可以被安装在网络服务商的设备上，从浩如烟海的电子邮件中找出发自或送至目标嫌疑犯的邮件，并将其内容复制到"食肉者"电脑的硬盘上。但人们无法确定该系统是否仅仅读取那些只与罪案调查有关的电子邮件而不侵犯其他网民的隐私，从而引起了用户甚至是服务商的极力反对。

（5）工作单位。工作场所办公环境网络化以后，单位出于经济利益的考虑，会采取一些监视措施，监督员工的活动。在澳大利亚 100 家大公司中有 13%的公司对电子邮件经常进行监视，有 6%的公司会阅读这些电子邮件，有 15%的公司实行监视却没有告诉员工。这表明单位员工的网络隐私权受到严重威胁。

（6）其他网络用户。人们一方面很看重对自己隐私权的保护，另一方面往往对别人的隐私却抱有浓厚的兴趣，于是便肆无忌惮地在网络空间收集他人信息，从而威胁到他人的网络隐私。

网络时代隐私权的侵权方式表现出与传统侵权方式不同的特点，其方式主要有以下几点。

（1）对个人信息的非法收集。任何人的信息一旦上了网，就有可能被网上的任何机构获得，由于网络使收集个人信息变得十分容易，这些机构有可能不征得当事人的同意就擅自收集他们的个人信息。

（2）对个人信息的非法使用，即超过原定目的而使用个人信息。为了便于管理，许多机构都收集了其内部成员的一定数量的个人信息，然而，有些机构将这些个人信息卖给商业机构，让其作为邮寄名单使用。虽然这些商家只是为了推销产品，并且还体现了网站的个性化服务，在一定程度上方便了消费者，但这种做法也构成了对隐私权的侵害。

（3）对个人信息的非法传输。例如，拥有他人信息的机构、个人，通过发送邮件、聊天室、新闻组等途径，擅自在网上宣扬、公布他人隐私。

（4）对个人信息的非法存储。主要表现为非法进入私人的信息系统，或非法打开他人的电子邮箱，刺探个人信息。

3. 网络隐私权的法律保护

美国是世界上保护隐私权起步较早的国家之一，1974 年颁布的《隐私法案》可以被视为美国隐私权保护的基本法。20 世纪七八十年代又制定了一系列保护隐私权的法律法规。作为电子商务最为发达的国家之一，美国对网络隐私权的保护更是非常重视，早在1986 年国会就通过了《联邦电子通信隐私权法案》，1998 年底美国总统克林顿签署了《公民网络隐私权保护暂行条例》。1999 年 5 月，美国通过了《个人隐私权和国家信息基础设施》白皮书。美国从先前倾向于业界自律，转而采取政府干预立法方式。不过，"棱镜计划"对向来标榜自己的自由、人权至上的美国就显得极富讽刺意味。

与美国奉行行业自律的网络隐私权保护模式不同，欧洲各国政府普遍认为，个人隐私是法律赋予个人的基本权利，应当采取相应的法律手段对消费者的网上隐私权加以保护，因此欧盟在这个问题上采取了严格的立法规制思路。1995 年 10 月 24 日，欧盟通过了《个人数据保护指令》，这项指令几乎涵盖了所有处理个人数据的问题，包括个人数据处理的形式，个人数据的收集、记录、储存、修改、使用或销毁，以及网络上个人数据的收集、记录、搜寻、散布等，它规定各成员国必须根据该指令调整或制定本国的个人数据保护法，以保障个人数据资料在成员国间的自由流通。1996 年 9 月 12 日，欧盟还通过了《电子通讯数据保护指令》，这部指令是对 1995 年指令的补充和规定的特别条款；1998 年 10 月，有关电子商务的《私有数据保密法》开始生效；1999 年欧盟委员会先后制定了《互联网上个人隐私权保护的一般原则》《关于互联网上软件、硬件进行的不可见的和自动化的个人数据处理的建议》《信息公路上个人数据收集、处理过程中个人权利保护指南》等相关法规，为用户和网络服务商提供了清晰可循的隐私权保护原则，从而在成员国内有效地建立起了有关网络隐私权保护的统一的法律体系。

我国于 2017 年 6 月 1 日开始实施《中华人民共和国网络安全法》，该法是为了保障网络安全，维护网络空间主权和国家安全、社会公共利益，保护公民、法人和其他组织的合法权益，促进经济社会信息化健康发展，其中对网络信息和公民网络隐私保护进行了相关规定。

针对此情况，本书从以下几个方面简单论述其法律保护。

（1）收集限制。在网络服务提供商收集有关用户或消费者个人信息的时候，首先通报经营者的身份，收集信息的目的和用途，个人对是否提供信息、对提供的信息的使用目的和使用方式有决定权。收集个人资料应取得个人明示同意后才可进行。

（2）保护人格尊严。对网络隐私权的保护应建立在保护人格尊严的基础上，需要加强公民的个人权利主体意识,重视人格尊严。个人情感、生活的空间与安宁需要得到尊重。所以,严格保护人格尊严更有利于我们实施网络隐私权的保护。

(3)限制使用。除非隐私所有权人同意,任何组织不得以涉及社会公共利益需要和国家政治利益需要之外的任何理由公开、使用、传播个人隐私等。

2.4　计算机犯罪

如同任何创新一样,计算机和信息技术带来了新的犯罪。黑客已经能够访问世界上的很多计算机并盗取大量金钱。病毒制造者设计出通过因特网发送的新病毒并摧毁存储在计算机中的信息。尽管今天有很多杀毒软件在使用,社会正在为这类犯罪支付高昂的费用,而这类犯罪在计算机和网络时代之前并不存在。

1. 计算机犯罪的定义

所谓计算机犯罪,是指使用计算机技术来进行的各种犯罪行为,它既包括针对计算机的犯罪,即把电子数据处理设备作为作案对象的犯罪,如非法侵入和破坏计算机信息系统等,也包括利用计算机的犯罪,即以电子数据处理设备作为作案工具的犯罪,如利用计算机进行盗窃、贪污等。前者系因计算机而产生的新的犯罪类型,可称为纯粹意义的计算机犯罪,又称狭义的计算机犯罪;后者系用计算机来实施的传统的犯罪类型,可称为与计算机相关的犯罪,又称广义的计算机犯罪。计算机犯罪的显著特征是利用计算机进行的犯罪和危害计算机信息的犯罪。

2. 计算机犯罪的基本类型

(1)非法截获信息、窃取各种情报。随着社会的日益信息化,计算机网络系统中意味着知识、财富、机密情报的大量信息成为犯罪分子的重要目标。犯罪分子可以通过并非十分复杂的技术窃取从国家机密、绝密军事情报、商业金融行情到计算机软件、移动的存取代码、信用卡、案件侦破进展、个人隐私等各种信息。

(2)复制与传播计算机病毒、黄色影像制品和精神垃圾。犯罪分子利用高技术手段可以容易地产生、复制、传播各种错误的、对社会有害的信息。计算机病毒是人为编制的具有破坏性的计算机软件程序,它能自我复制并破坏其他软件的指令,从而扰乱、改变或销毁用户存储在计算机中的信息,造成种种无法挽回的损失。从1983年美国正式公开宣布存在这种计算机程序以来,大约有几千万种计算机病毒在全世界各地传播。目前世界上名目繁多的计算机病毒有增无减,而且每周还将有10～15种新的计算机病毒产生,严重威胁各科研部门、企业公司、证券交易所乃至政府部门、军事指挥系统的正常工作。另外,随着电脑游戏、多媒体系统和互联网络的日益普及,淫秽色情、凶杀恐怖甚至教唆犯罪的音像制品将不知不觉地进入千家万户,毒害年轻一代。

(3)利用计算机技术伪造篡改信息、进行诈骗及其他非法活动。犯罪分子还可以利用电子技术伪造政府文件、护照、证件、货币、信用卡、股票、商标等。互联网络的一个重要特点是信息交流的互操作性。每一个用户不仅是信息资源的消费者，也是信息的生产者和提供者。

这使得犯罪分子可以在计算机终端毫无风险地按几个键就可以篡改各种档案（包括犯罪史、教育和医疗记录等）的信息，改变信贷记录和银行存款余额，免费搭乘飞机和机场巴士、住旅馆吃饭、改变房租水电费和上网费等。随着金融部门日益依赖于电子资金转送系统，计算机犯罪的时机显著增加了。一旦密码落到罪犯手中，巨额资金就会神不知鬼不觉地转向罪犯指定的任何地点。

（4）借助现代通信技术进行内外勾结、遥控走私、贩毒、恐怖及其他非法活动。犯罪分子利用没有国界的互联网和其他通信手段可以从地球上的任何地方向政府部门、企业或个人投放计算机病毒、"逻辑炸弹"和其他破坏信息的装置，也可凭借计算机和卫星反弹回来的无线电信号进行引爆等。

3. 计算机犯罪的特点

（1）智能性。计算机犯罪的犯罪手段的技术性和专业化使得计算机犯罪具有极强的智能性。实施计算机犯罪，罪犯要掌握足够的计算机技术，需要对计算机技术具备较高专业知识并擅长实用操作技术，才能逃避平安防范系统的监控，掩盖犯罪行为。所以，计算机犯罪的犯罪主体许多是掌握了计算机技术和网络技术的专业人士。他们洞悉网络的缺陷与漏洞，运用丰富的计算机及网络技术，借助四通八达的网络，对网络系统及各种电子数据、资料等信息发动进攻，进行破坏。

（2）隐蔽性。由于网络的开放性、不确定性、虚拟性和超越时空性等特点，计算机犯罪具有极高的隐蔽性，增加了计算机犯罪案件的侦破难度。据调查，已经被发现的计算机犯罪仅占实施的计算机犯罪总数的 5%～10%，而且往往很多犯罪行为的发现是出于偶然。

（3）复杂性。计算机犯罪的复杂性主要表现为：①犯罪主体的复杂性，任何罪犯只要通过一台联网的计算机便可以在计算机的终端与整个网络合成一体，调阅、下载、发布各种信息，实施犯罪行为，而且由于网络的跨国性，罪犯完全可来自不同的民族、国家、地区，网络的"时空压缩性"的特点为犯罪集团或共同犯罪提供了极大的便利。②犯罪对象的复杂性，计算机犯罪就是行为人利用网络所实施的侵害计算机信息系统和其他严重危害社会的行为。其犯罪对象也越来越复杂和多样：有盗用、伪造客户网上支付账户的犯罪；电子商务诈骗犯罪、侵犯知识产权犯罪；非法侵入电子商务认证机构、金融机构计算机信息系统犯罪，破坏电子商务计算机信息系统犯罪，恶意攻击电子商务计算机信息系统犯罪；虚假认证犯罪；网络色情、网络赌博、洗钱、盗窃银行、操纵股市等。

（4）国际性。互联网冲破了地域限制，计算机犯罪呈国际化趋势。互联网具有"时空压缩性"的特点，当各式各样的信息通过互联网传送时，国界和地理距离的暂时消失就是空间压缩的具体表现。这为犯罪分子跨地域、跨国界作案提供了可能。犯罪分子只要拥有一台联网的终端机，就可以通过互联网到网络上任何一个站点实施犯罪活动。而且，可以甲地作案，通过中间节点，使其他联网地受害。由于这种跨国界、跨地区的作案隐蔽性强、不易侦破，危害也就更大。

4. 计算机犯罪的法律法规

发达国家关注计算机安全立法是从 20 世纪 60 年代后期开始的。早在 1981 年，我国政府就对计算机信息系统安全给予了极大的关注，并于 1983 年 7 月，公安部成立了计算机管理和监察局，主管全国的计算机安全工作。公安部于 1987 年 10 月推出了《电子计算机系统安全规范（试行草案）》，这是我国第一部有关计算机安全工作的管理规范。

我国在 1997 年全面修订《中华人民共和国刑法》时，适时加进了有关计算机犯罪的条款，这无疑对防治计算机犯罪、促进我国计算机技术的健康发展起着重要的作用。

又经过几轮修订，当前我国《刑法》关于计算机犯罪的规定比较明确，如《刑法》第二百八十五条至第二百八十七条，对计算机犯罪的多种情形进行了界定。

第二篇 数理逻辑思维基础

当我们打开一个软件，看一部电影、听一首歌的时候，我们很难想象，这些东西都是由 0 和 1 这样的二进制数字组成的。但你有没有好奇过？为什么计算机要用二进制呢？难道是因为它效率最高吗？其实并非如此，理论上讲，三进制计算机的效率要比二进制更高，甚至苏联也曾花费重金研究过它。那我们为什么没有用上这种更高效的计算机呢？

二进制是最好的吗？让我们一起来探讨这个问题！进制，是一种人类智慧衍生的计数方式。我们天生有十根手指，所以人类天然选择了十进制。计票时常用的"正"字，类似于五进制。历史上也曾出现过非二进制的计算机，如 1946 年诞生的世界上第一台通用计算机 ENIAC，就是一台十进制计算机。最后计算机使用了二进制，计算机的二进制是由 0 和 1 组成的，也就是逢二进一，借一当二。

不知道读者有没有过疑问，为什么计算机没有用更常见的进制，而偏偏选择了二进制呢？毕竟计算机也是给人用的，非要转换成一串长长的 0 和 1，不是很不合理吗？但其实最主要的原因是，计算机出生的年代，二进制是最容易实现的。

计算机是由逻辑电路组成的，而电路中通常只有两种状态——开和关，这两种状态正好可以用"1"和"0"表示。而"1"和"0"又恰好与逻辑运算中的"对"（true）与"错"（false）对应，这才有了著名的冯·诺依曼结构，也让二进制在计算机上大放异彩。

如果计算机以效率选择进制，二进制并不是效率最高的，理论上讲，e 进制才是最高效的。e 的大名为自然常数，也称欧拉数，是个大约为 2.71828 的无限不循环小数。下面我们来探讨它的效率为什么是最高的。首先是对效率的理解，就是在表达相同信息量的前提下，谁消耗的元件越少，谁的效率也就越高，举例来说，假如我们要用十进制表达从 0 到 999 的 1000 个数字，那就要用 0~9 的十个牌子，并且需要三组（个位、十位、百位），一共就需要 30 个牌子。如果用二进制来表示这 1000 个数字，那我们需要 10 组的 0 和 1，也就是 20 个牌子。如果是三进制的话，需要 7 组的 0、1、2，也就是 21 个牌子。如果用四进制的话，需要 5 组的 0、1、2、3，即 20 个牌子。

以此类推可以算出每种进制需要用到的牌子数量。谁用的牌子越少，也就表示谁的效率越高。然后会发现，在表示 0~999 的问题上，二进制和四进制的效率是最高的。但是，在这个过程中，每种进制或多或少都出现了"资源浪费"的现象。

例如，10 位的二进制，也就是 2 的 10 次方，一共能表达 1024 个数字，已经几乎用完了，但 7 位的三进制，一共能表达 2187 个数，也就是说在该案例中，三进制比二进制能多表达 1163 个数。我们在计算"需要几位数"的时候是这么考虑的：log 以 2 为底 1000 的对数约等于 9.97，我们向上取整，所以是 10 位数，$10 \times 2 = 20$，所以二进制需要 20 个牌子。log 以 3 为底 1000 的对数约等于 6.29，向上取整数是 7，$7 \times 3 = 21$，所以三进制需要 21 个牌子。由此我们发现，这种算法会浪费很多资源，所以为了更准确地计算，我们假设需要的进制的位数可以不是整数。

于是，为了表示 M 个数，在 x 进制下，需要 $x \times \log_x M$ 个牌子。所以效率就可以表示成如下公式：

$$E = \frac{M}{x \times \log_x M} = \frac{M}{\ln M} \times \frac{\ln x}{x}$$

我们简单求导一下就知道，当 $x = e$ 的时候，原函数取极大值！也就是说当 $x = e$ 的时候，效率 E 是最大的。

我们前面也提过，e 大概是 2.71828，也就是说"2.71828 进制"是理论上最高效的进制。但是它在工程上明显是没法实现的。由此我们能得出结论，数据表达上，效率最高的是三进制，其次才是二进制。但是由于在研发过程中的种种原因，三进制被放弃了，而采用二进制，只有 0 和 1 两种状态，能够表示 0 和 1 两种状态的电子器件有很多，如开关的接通和断开、晶体管的导通和截止、电位电平的高低等都可以表示 1 和 0 两个数。使用二进制，电子器件具有实现的可行性。

第3章 数的表示、存储与运算

3.1 计算机数据组织简介

计算机的应用领域极其广泛，但无论其应用在什么地方，信息在机器内部的形式都是一致的，即均为 0 和 1 组成的各种编码。这些二进制数字也被称为位（bit），形成了第三次工业革命的基础。如今大家熟悉并使用了 1000 多年的十进制（以 10 为基数）起源于印度，在 12 世纪被阿拉伯数学家改进，并于 13 世纪被意大利数学家 Leonardo Pisano（更为大家所熟知的名字是 Fibonacci）带到西方。正常人类拥有 10 个手指头，所以使用十进制表示法是很自然的事情。但是当选择在机器上处理信息的数制时，使用二进制来工作的效果更好。二进制信号能够很容易地被表示、存储和传输，例如，在早期计算机上使用的穿孔卡片上用有洞和无洞来表示 1 和 0，导线上的高电压或低电压，顺时针或逆时针的磁场。对二进制信号进行存储和执行计算的电子电路非常简单和可靠，并且经过集成电路的不断发展，制造商能够在一个单独的硅片上集成数百万甚至数十亿个这样的电路。

单个位不是非常有用，但是把这些位组合在一起，再人为地对这些不同可能位的组合赋予意义，我们就能够表示任何有限集合的元素。例如，使用一个二进制数字系统，我们可以用不同位的组合来对负数进行编码。我们还可通过使用标准定义的字符码来对文档中的字母和其他符号进行编码。在本章，我们将讨论这两种编码，以及带符号数和其他音视频的编码等。

我们研究了三种最重要的数字表示。无符号（unsigned）编码基于传统的二进制表示法，能够表示大于或者等于 0 的数字。补码（two's-complement）编码是表示有符号整数的最常见方式，有符号整数就是正数或者负数。浮点数（floating-point）编码是表示实数的以 2 为基数来表示的科学记数法版本。计算机用这些不同的数的表示方法来实现算术运算，例如，加法和乘法，类似于对应的整数和实数来运算。

计算机的表示法是用有限数量的位来对一个数字进行编码，因此，当结果太大以至于不能表示时，某些运算就会产生溢出（overflow）。溢出会造成错误的结果。例如，在今天的大多数计算机上使用 32 位来表示数据类型 int，计算表达式 $200 \times 300 \times 400 \times 500$ 会得出结果为 -884901888。一些正数的乘积，结果得到负数，这显然违背了整数运算的特性。

另外，计算机在运算整数时满足我们熟知的真正整数运算的许多性质。例如，利用乘法的结合律和交换律，计算下面任何一个表达式，都会得出结果 -884901888：

$(500 \times 400) \times (300 \times 200)$

$[(500 \times 400) \times 300] \times 200$

$[(200 \times 500) \times 300] \times 400$

$400 \times [200 \times (300 \times 500)]$

虽然上述表达式得到的结果都是错的，但是它们的结果至少是一致的！

浮点运算有完全不同的数学属性。虽然在溢出时会产生特殊的值，但是一组正数的乘积总是正的。由于表示的精度有限，浮点运算是不可结合的。例如，在大多数机器上，表达式(3.14 + 1e20)–1e20 求得的值会是 0.0，而 3.14 + (1e20–1e20)求得的值会是 3.14。整数运算和浮点运算会有不同的数学属性是因为它们处理数字表示有限性的方式不同——整数的表示虽然只能编码一个相对较小的数值范围，但是这种表示是精确的；而浮点数虽然可以编码一个较大的数值范围，但是这种表示只是近似的。

通过研究数字的实际表示情况，我们能够了解可以表示的值的范围和不同算术运算的属性。为了使编写的程序能在全部数值范围内正确工作，而且具有跨平台的可移植性，了解这种属性是非常重要的。

计算机用几种不同的二进制表示形式来编码数值。在本章，我们会介绍这些编码，并且告诉读者如何推出这些数字的表示。通过直接操作的数字的位级表示，我们得到了几种算术运算的方式。理解这些技术对于理解编译器产生的机器码是很重要的，并且编译器会试图优化算术表达式求值的性能。

我们对这部分内容的处理是基于一些核心的数学原理。从编码的基本定义开始，然后得出一些属性，例如，可表示的数字的形式以及算术运算的属性。我们相信从这样一个抽象的观点来分析这些内容，对学生来说是很重要的，因为作为计算机专业的学生需要对计算机运算原理有更清晰的理解。

3.2 数的表示及进制转换

3.2.1 数的表示

1. 十进制数的表示方法

十进制记数法的特点如下所述。

（1）使用 10 个数字符号 0, 1, 2, …, 9 的不同组合来表示一个十进制数。这些符号称为数码，数码的个数称为基数，十进制的基数是 10。

（2）一个数中，每个数码表示的值不仅取决于数码本身，还取决于其所处的位置（对每一个数码赋以不同的权重）。十进制中，每个数码上的权重是 10 的某次幂。个位、十位、百位，权重依次为 10^0、10^1、10^2，例如，$678 = 6\times10^2 + 7\times10^1 + 8\times10^0$。每个数位上的数字所表示的量是该位数字和该数位上的权重的乘积。

（3）逢十进一。任何一个十进制数可以用以下公式来表示：

$$N = \sum_{i=-m}^{n-1} a_i \times 10^i \tag{3.1}$$

其中，m 表示小数位的位数；n 表示整数位的位数；a_i 表示第 i 位上的数码（可以是 0～9 中的任意一个）。

2. 二进制数的表示方法

式（3.1）可以推广到任意进制数。设其基数为 R，则任意数 N 为

$$N = \sum_{i=-m}^{n-1} a_i \times R^i \tag{3.2}$$

而对于二进制，$R = 2$，a_i 为 0 或 1，逢二进一。

$$N = \sum_{i=-m}^{n-1} a_i \times 2^i \tag{3.3}$$

例如，$-1101.0101_2 = -13.3125_{10}$，对于计算机存储和处理，负号和小数点是不方便的，因为只能用二进制数字（0 和 1）来表示数。如果只使用非负整数，那么我们就可以直截了当地表示了。一个 8 位的二进制数能表示从 0～255 的数，例如：

00000000 = 0
00000001 = 1
00101001 = 41
10000000 = 128
11111111 = 255

3. 八进制数的表示方法

对于八进制，$R = 8$，a_i 为 0～7 中的任何一个，逢八进一。

$$N = \sum_{i=-m}^{n-1} a_i \times 8^i \tag{3.4}$$

4. 十六进制数的表示方法

对于十六进制，$R = 16$，a_i 为 0～9、A、B、C、D、E、F 中的任何一个，逢十六进一。

$$N = \sum_{i=-m}^{n-1} a_i \times 16^i \tag{3.5}$$

1 字节由 8 位组成。在二进制表示法中，它的值域是 00000000_2～11111111_2。如果用十进制表示法，它的值域就是 0_{10}～255_{10}。这种符号表示法对于描述位模式不是非常方便。二进制表示法太冗长，而十六进制表示法与位模式的互相转换很麻烦。替代的方法是，以 16 为基数，或者称为十六进制数（hexadecimal，hex），来表示位模式。十六进制使用数字 0～9 以及字符 A、B、C、D、E、F 来表示 16 个可能的值。表 3-1 展示了 16 个十六进制值对应的十进制值和二进制值。用十六进制书写，1 字节（8 位二进制数）的值域为 00_{16}～FF_{16}。

表 3-1　十六进制对照表

十六进制值	0	1	2	3	4	5	6	7
十进制值	0	1	2	3	4	5	6	7
二进制值	0000	0001	0010	0011	0100	0101	0110	0111
十六进制值	8	9	A	B	C	D	E	F

续表

十进制值	8	9	10	11	12	13	14	15
二进制值	1000	1001	1010	1011	1100	1101	1110	1111

在 C 语言中，以 0x 或 0X 开头的数字常量被认为是十六进制的值。字符 A～F 可以是大写也可以是小写。例如，可以将 FA1D37B$_{16}$ 写为 0Xfa1d37b，或者 0xfa1d37b，甚至是可以大小写混合，如 0xFa1D37b。

3.2.2 进制转换

1. 任意进制数转换为十进制数

二进制、八进制和十六进制以至任意进制数转换为十进制数的方法很简单，可先将其按定义展开为多项式，每位的系数乘以所在位的权重，按十进制进行乘法与加法运算，所得结果即为该数对应的十进制数。例如：

$(101.01)_2 = 1 \times 2^2 + 0 \times 2^1 + 1 \times 2^0 + 0 \times 2^{-1} + 1 \times 1^{-2} = 5.25$

$(AC7)_{16} = 10 \times 16^2 + 12 \times 16^1 + 7 \times 16^0 = 2759$

2. 十进制数转换为任意进制数

设 N 为任意十进制整数，如果要把它转换成 N 位 R 进制整数，则有

$$N = \sum_{i=-m}^{n-1} a_i \times R^i \qquad (3.6)$$
$$= (\{[\cdots(a_{n-1} \times R) + a_{n-2}] \times R + a_{n-3}\} \times R + \cdots + a_1) \times R + a_0$$

从式（3.6）可以看出，等式右边除了最后一项 a_0 外，其余各项都是包含基数 R 的因子，都能被 R 除尽，所以等式两边同除以基数 R 取其余数的方法得到 a_i。首先得到的是 a_0，如此一直进行下去，直到商等于 0 为止，就得到一系列余数 $a_0, a_1, \cdots, a_{N-1}$，它们正是要求的 R 进制数的各位系数。

十进制整数转换为任意进制整数的方法总结为除以基数 R 取余数，先为低位后为高位。

例如，将十进制数 11 转换为二进制数：

$$
\begin{array}{r|l}
2 & 11 \\
\hline
2 & 5 \longrightarrow 1 \quad a_0 \\
\hline
2 & 2 \longrightarrow 1 \quad a_1 \\
\hline
2 & 1 \longrightarrow 0 \quad a_2 \\
\hline
& 0 \longrightarrow 1 \quad a_3
\end{array}
$$

$$11 = (1011)_2$$

除了这种方法，如果对 2 的倍数比较熟悉，还可以直接看出，例如，$11 = 8 + 2 + 1$，所以其二进制表示为 1011。如 $592 = 512 + 64 + 16$，其二进制数表示为 1001010000。

十进制数转换为十六进制数需要使用乘法或者除法来处理。一般情况，将一个十进制数 x 转换为十六进制，可以反复地使用 16 除 x，得到一个商 q 和一个余数 r，也就是 $x = q \times 16 + r$。然后我们用十六进制数表示的 r 作为最低位数字，并且对 q 反复进行这个过程得到剩下的数字。例如，考虑十进制 314156 的转换：

$$314156 = 19634 \times 16 + 12 \qquad （1）$$
$$19634 \;\; = 1227 \times 16 + 2 \qquad （2）$$
$$1227 \;\;\; = 76 \times 16 + 11 \qquad （3）$$
$$76 \;\;\;\;\;\; = 4 \times 16 + 12 \qquad （4）$$
$$4 \;\;\;\;\;\;\;\; = 0 \times 16 + 4 \qquad （5）$$

通过上述步骤，我们能得出其十六进制表示为 0x4CB2C。

对十进制小数转换成非十进制小数则使用如下方法。设 N 为任意十进制小数，若要把它转换为 m 位 R 进制小数，则有

$$
\begin{aligned}
N &= \sum_{i=-m}^{-1} a_i \times R^i \\
&= a_{-1} \times R^{-1} + a_{-2} \times R^{-2} + \cdots + a_{-m} \times R^{-m} \\
&= R^{-1} \times \{a_{-1} + R^{-1} \times [a_{-2} + \cdots + R^{-1} \times (a_{-m+1} + R^{-1} \times a_{-m}) \cdots]\}
\end{aligned}
\qquad (3.7)
$$

因此，可以将十进制小数不断乘以 i 个 R，再取其乘积的整数部分作为小数部分第 i 位对应系数，直到小数部分为零时停止。首先得到的是 a_{-1}，然后依次得到 $a_{-2}, a_{-3}, \cdots, a_{-m}$。若乘积的小数部分始终不为 0，说明相对应的 R 进制小数为不尽小数。这时可以乘到能满足计算机精度要求为止。综上所述，可以把十进制小数转换为相应 R 进制小数的方法总结为乘以基数 R 取整数，先为高位后为低位。

例如，将 0.625 分别转换为二进制小数，其具体过程如下：

$$0.625 \times 2 = 1.25 \qquad a_{-1} = 1$$
$$0.25 \times 2 = 0.5 \qquad a_{-2} = 0$$
$$0.5 \times 2 = 1 \qquad a_{-3} = 1$$
$$0.625 = (0.101)_2$$

3. 二进制数与十六进制数之间的转换

因为 $2^4 = 16$，即可用 4 位二进制数表示 1 位十六进制数，所以二进制和十六进制之间的转换比较简单直接。数字的转换可以参考表 3-1。一个简单的方法是以小数点为界，向左（整数部分）每 4 位为一组，高位不足 4 位时补 0；向右（小数部分）每 4 位为一组，低位不足 4 位时补 0。然后分别用一个十六进制数表示每一组中的 4 位二进制数。

将十六进制数转换为二进制数的方法是直接将每 1 位的十六进制数写成其对应的 4 位二进制数（参考表 3-1）。

例如，假设一个十六进制数 0x173A4C，可以通过展开每个十六进制数字，将其转换为二进制格式，如下所示：

十六进制	1	7	3	A	4	C
二进制	0001	0111	0011	1010	0100	1100

这样就得到了该十六进制数的二进制表示：000101110011101001001100。

反过来，如果给定了一个二进制数字 111100101011011011011，可以先分为 4 位一组，每一组再转换成对应的十六进制数，再拼接起来。但是最左边的一组可能不足 4 位，这就需要在其前面补 0，以满足 4 位。

二进制	(00)11	1100	1010	1101	1011	0011
十六进制	3	C	A	D	B	3

括号中的数字 0 是位数不足 4 位时，补足 4 位的 0。

当值 x 是 2 的非负整数 N 次幂时，也就是 $x = 2^N$，我们可以很容易地将 x 写成十六进制形式，只要记住 x 的二进制表示就是 1 后面跟 N 个 0。十六进制数字 0 代表 4 个二进制 0。所以，当 N 表示成 $i + 4j$ 的形式时，其中 $0 \leqslant i \leqslant 3$，我们可以把 x 写成开头的十六进制数字为 1（$i=0$）、2（$i=1$）、4（$i=2$）或者 8（$i=3$），后面跟随着 j 个十六进制的 0。例如，$x = 2048 = 2^{11}$，我们有 $N = 11 = 3 + 4 \cdot 2$，从而得到十六进制表示 0x800。

二进制与八进制的转换方式与十六进制的转换方式类似，只是在分组时每组只有 3 位。如$(725)_8$ 的转换：

八进制	7	2	5
二进制	111	010	101

那么得到其二进制表示为 111010101，反过来也是一样的，这里不再举例。

对于八进制与十六进制的转换可以借助二进制这个中间变量，先将某数转换为二进制数，再转换成其他进制数。

3.3　数　的　码　制

码制即编码体制，在数字电路中主要是指用二进制数来表示非二进制数字以及字符的编码方法和规则。日常生活中遇到的数，除了上述的无符号数（上面各进制数我们都是以正数为例），还有带符号的二进制数，在计算机中通常用二进制数的最高位来表示数的符号。对于一个字节型（8 位）二进制数来说，其最高位（最左边的位）表示符号位，剩下位为数值位。在带符号数中，规定用 0 表示正，用 1 表示负，而数值位表示该数的数值大小。

把一个数及其符号位在机器中的一组二进制数表示形式，称为机器数。机器数所表示的值称为该机器数的真值。例如：

　+32 = 0 100000

　−32 = 1 100000

空格用来分割符号位与数值位。

3.3.1　原码

原码（sign-magnitude）：最高有效位是符号位，用来确定剩下的位应该取负权重还是正权重。数 x 的原码记为 $[x]_s$，机器字长为 N（二进制位数为 N），定义如下：

$$[x]_s = \begin{cases} x, & 0 \leqslant x \leqslant 2^{n-1}-1 \\ 2^{n-1}+|x|, & -(2^{n-1}-1) \leqslant x < 0 \end{cases} \tag{3.8}$$

在原码的表示法中，最高位为符号位（正数为 0，负数为 1），其余数字位表示数的绝对值，例如：

$x_1 = +1010101$，则 $[x_1]_s = 01010101$，最高位的 0 表示它是正数

$x_2 = -1011101$，则 $[x_2]_s = 11011101$，最高位的 1 表示它是负数

可以看出，8 位二进制原码表示数的范围为 $-127 \sim +127$，16 位二进制原码表示数的范围为 $-32767 \sim +32767$。值得注意的是，0 的原码表示有两种方式：

$[+0]_s = 00000000$ 或 $[-0]_s = 10000000$

另外，式（3.9）给出了一个二进制原码序列到十进制整数的映射公式：

$$B2S_w(x) \rightarrow (-1)^{x_{w-1}} \times \left(\sum_{i=0}^{w-2} x_i 2^i \right) \tag{3.9}$$

其中，$B2S_w$（binary to unsigned）是一个函数；下标 w 是二进制原码序列的位数，该函数描述了将一个长度为 w 的二进制序列映射到一个整数。

总的来说，原码表示法简单直观，且与真值的转换很方便，但不便于在计算机中进行加减运算。若进行两数相加，必须先判断两个数的符号是否相同。如果相同，则进行加法运算，否则进行减法运算。若进行两数相减，必须比较两数的绝对值大小，再由大数减小数，结果的符号要和绝对值大的数的符号一致。按上述运算方法设计的算术运算电路很复杂。为此引入了反码和补码表示法，它们可以使正、负数的加法和减法运算简化为单一相加运算。

3.3.2　反码

反码（one's complement）通常用来作为由原码求补码或者由补码求原码的中间过渡。数 x 的反码记为 $[x]_o$，机器字长为 N（二进制位数为 N）。反码的定义如下：

$$[x]_o = \begin{cases} x, & 0 \leqslant x \leqslant 2^{n-1}-1 \\ (2^n-1)-|x|, & -(2^{n-1}-1) \leqslant x < 0 \end{cases} \tag{3.10}$$

正数的反码与其原码相同。例如，当机器字长为 8 位时：

$[+35]_o = [+35]_s = 00100011$

负数的反码是在原码基础上，最高位符号位不变（仍然为 1），数值位按位取反。例如，当机器字长也为 8 位时：

$[-0]_o = (2^8-1)-0 = 11111111$

$[-35]_o = (2^8-1)-35 = 11011100$

由此可见由于最高位会占据一位符号位，所以对于 8 位二进制反码来说，其表示范围为–127～+127。对于 16 位二进制反码，其表示范围为–32767～+32767。值得注意的是，0 的反码有两种表示方式，分别是$[+0]_o = 00000000$，$[-0]_o = 11111111$。

同样，式（3.11）给出了一个二进制反码序列到十进制整数的映射公式：

$$B2O_w(x) \rightarrow -x_{w-1}(2^{w-1}-1) + \sum_{i=0}^{w-2} x_i 2^i \qquad (3.11)$$

3.3.3　补码

补码源于"补数"的概念。在日常生活中，我们经常会遇到"补数"。例如，时钟指向 6 点，欲使它指向 3 点，既可以按照顺时针方向将分针转 9 圈，又可以按照逆时针方向将分针转 3 圈，而它们最终的结果是一致的。假设顺时针方向为正，逆时针方向为负，则有

$$
\begin{array}{cc}
6 & 6 \\
-3 & +9 \\
\hline
3 & 15
\end{array}
$$

由于时钟的针转一圈能指示 12 个小时，这"12"在时钟里是不被显示而自动丢失的，即 15–12 = 3，故 15 点和 3 点均显示 3 点。这样–3 和+9 对时钟而言其作用是一致的。在数学上称 12 为模，写为 mod 12，而+9 是–3 以 12 为模的补数，记为

$-3 \equiv +9$ 　（mod 12）

上式的符号代表"同余"，即+9 模 12 与–3 模 12 的结果相同。

对于负数来说，如–3，可以看作–3 = 12×(–1) + 9。

或者说，对于模 12 而言，–3 和+9 是互为补数的。同理有

$-4 \equiv +8$ 　（mod 12）

$-5 \equiv +7$ 　（mod 12）

即对模 12 而言，+8 和+7 分别是–4 和–5 的补数。可见，只要确定了模，就可以找到一个与负数等价的正数（该正数即为负数的补数）来代替此负数，这样就可以把减法运算用加法运算实现。例如：

设 $A = 9$，$B = 5$，求 $A–B$（mod 12）

解：

　　$A–B = 9–5 = 4$ 　　（做减法）

对于模 12 而言，–5 可以用其补数+7 代替，即

　　$-5 \equiv +7$ 　　（mod 12）

所以 $A–B = 9 + 7 = 16$ 　　（做加法）

对模 12 而言，12 会自动丢失，所以 16 等价于 4，即有

　　$+4 \equiv +16$ 　　（mod 12）

进一步分析可以得出，3 点、15 点、27 点等在时钟上看见的都是 3 点，即

$$+3 \equiv +15 \equiv +27 \qquad (\mathrm{mod}\ 12)$$

这就说明正数相对于"模"的补数就是该正数本身。上述补数的概念可以用到任意"模"上。由此可以得到如下结论。

（1）一个负数可用它的正补数来代替，而这个正补数可以用模加上负数本身求得。

（2）一个正数和一个负数互为补数时，它们绝对值的和即为模数。

（3）正数的补数即该正数本身。

将补数的概念用到计算机中，便出现了补码（two's-complement）这种机器数。补码的定义如下：

$$[x]_t = \begin{cases} x, & 0 \leqslant x \leqslant 2^{n-1} - 1 \\ 2^{n+1} + x, & -(2^n) \leqslant x < 0 \end{cases} \qquad (3.12)$$

其中，x 为真值；n 为整数位数。

正数的补码与其原码和反码相同，例如：

$$[+8]_t = [+8]_s = [+8]_o = 00001000$$
$$[+127]_t = [+127]_s = [+127]_o = 01111111$$

对于负数而言，按照上面公式定义计算即可，如当 $x = -13$ 时，有

$$\begin{aligned} [-13]_t &= 2^{n+1} + x \\ &= 32 + (-13) \\ &= 100000 - 1101 \\ &= 10011 \end{aligned}$$

注意：这里位数只有五位，如果用 8 位二进制来表示，完整的是 11110011。

负数的补码除了用公式计算得到，还有一种简便方法。负数的补码是在原码的基础上，符号位不变（仍为 1），数值位按位取反，末位加 1；或者在其反码的基础上加 1。例如，当机器字长同样为 8 位时，有

$$[-127]_s = 11111111$$
$$[-127]_o = 10000000$$
$$[-127]_t = 10000001$$

接下来考虑当位数为 w 时，所能表示的数的范围。在此之前，我们同样补充补码对真值的映射公式如下。

对于一段二进制序列（如 1110），我们用向量的形式来表示，表示如下：

$$x = [x_{w-1}, x_{w-2}, \cdots, x_0]$$
$$B2T(x) \rightarrow -x_{w-1} 2^{w-1} + \sum_{i=0}^{w-2} x_i 2^i \qquad (3.13)$$

最高有效位 x_{w-1} 也称为符号位，它的权重为 -2^{w-1}，是无符号表示中权重的负数。补码也同原码一样，符号位为 1 时代表负数，而当设置为 0 时代表正数。这里我们来看一个示例，展示的是在下面几种情况下，$B2T$ 函数给出的从二进制向量到整数的映射。

$$B2T_4([0001]) = -0 \cdot 2^3 + 0 \cdot 2^2 + 0 \cdot 2^1 + 1 \cdot 2^0 = 0 + 0 + 0 + 1 = 1$$

$$B2T_4([0101]) = -0 \cdot 2^3 + 1 \cdot 2^2 + 0 \cdot 2^1 + 1 \cdot 2^0 = 0 + 4 + 0 + 1 = 5$$

$$B2T_4([1011]) = -1 \cdot 2^3 + 0 \cdot 2^2 + 1 \cdot 2^1 + 1 \cdot 2^0 = -8 + 0 + 2 + 1 = -5$$

$$B2T_4([1111]) = -1 \cdot 2^3 + 1 \cdot 2^2 + 1 \cdot 2^1 + 1 \cdot 2^0 = -8 + 4 + 2 + 1 = -1$$

有了上面的式（3.13），我们正式开始探究在 w 位的补码长度内，其能表示的最小值/最大值是多少。

首先明确，要找的最小值一定是负数。那么该向量的最高位一定是 1，其次根据式（3.13）右边可以看出，是一个负数加上一个正数和，要想得到最小值，那么该正数和只能为 0。所以它能表示的最小值的向量形式如下：

$$x = [10 \cdots 0]$$

也就是说设置这个位为负权重，其他位全部置 0，其对应的整数值如下：

$$TMin_w = -2^{w-1}$$

其中，T 代表补码；Min 代表最小值；下标 w 代表 w 位下的情况。这个结论也跟式（3.13）相符合。

我们探讨了最小值，接下来我们来探讨最大值。同样地，最大值一定是正数，那么补码的最高位一定为 0，根据式（3.13），要想得到最大值，说明除了最高位剩下的每一位都必须有数，也就是余下的每一位上都是 1。所以，最大值的位向量表示如下：

$$x = [01 \cdots 1]$$

清除具有负权重的位，而设置其他所有的位。同样，其对应的整数值如下：

$$TMax_w = 2^{w-1} - 1$$

我们以长度 w 为 4 举例，有

$$TMin_4 = B2T_4([1000]) = -2^3 = -8$$

$$TMax_4 = B2T_4([0111]) = 2^2 + 2^1 + 2^0 = 7$$

表 3-2 展示了针对不同字长，几个重要数字的二进制向量和对应的整数数值。前三个给出的是可表示的整数的范围，用 UMax（U 代表无符号 unsigned）、TMin（T 代表补码）和 TMax 来表示。在后面的讨论中，我们还会经常引用到这三个特殊的值。如果可以从前后内容中推断出 w，或者 w 不是讨论的主要内容时，我们会省略下标 w，直接引用 UMax、TMin 和 TMax。这里读者可以自行推导一下，加深对补码的理解。

表 3-2　整数数值范围

数	字长位			
	8	16	32	64
UMax	0xFF	0xFFFF	0xFFFFFFFF	0xFFFFFFFFFFFFFFFF
	255	65535	4294967295	18446744073709551615
TMin	0x80	0x8000	0x80000000	0x8000000000000000
	−128	−32768	−2147483648	−9223372036854775808

数	字长位			
	8	16	32	64
TMax	0x7F	0x7FFF	0x7FFFFFFF	0x7FFFFFFFFFFFFFFF
	127	32767	2147483647	9223372036854775807
−1	0xFF	0xFFFF	0xFFFFFFFF	0xFFFFFFFFFFFFFFFF
0	0x00	0x0000	0x00000000	0x000000000000000

关于这些数字，有几点值得注意。

第一，从表 3-2 可以看到，补码的范围是不对称的：|TMin| = |TMax| + 1，也就是说，TMin 没有与之对应的正数。这就导致了补码运算的某些特殊的属性，并且容易在程序中造成错误。之所以会有这样的不对称性，是因为一半的二进制向量（符号位为 1 的数）表示负数，而另一半（符号位设置为 0 的数）表示非负数。因为 0 是非负数，也就意味着能表示的整数比负数少一个。

第二，最大的无符号数值刚好比补码的最大值的两倍大 1：UMax = 2TMax + 1。补码表示中所有表示负数的位模式在无符号表示中都变成了正数。表 3-2 也给出了−1 和 0 的表示。注意−1 和 UMax 有同样的位表示（一个全 1 的串）。数值 0 在两种表示方式中都是全 0 的串。

C 语言标准并没有要求要用补码形式来表示有符号整数，但是几乎所有的机器都是这么做的。C 语言库中的文件<limits.h>定义了一组常量，来限定编译器运行的这台机器的不同整型数据类型的取值范围。例如，它定义了常量 INT_MAX、INT_MIN 和 UINT_MAX，它们描述了有符号和无符号整数的范围。对于一个补码的机器，数据类型 int 有 w 位，这些常量就对应于 TMax、TMin 和 UMax 的值。

3.4　定点数和浮点数

3.4.1　定点数

定点表示法，是指小数点在书中的位置是固定的，一般有两种格式。从原理上讲，小数点的位置固定在哪一位都是可以的，但通常将数据表示成纯小数或纯整数形式，如图 3-1 所示。

对于纯小数，规定小数点固定在最高数值位之前，机器中能表示的所有数都是小数。N 位数值部分所能表示的数 N 的范围（原码表示，下同）为

$$-(1-2^{-N}) \leqslant N \leqslant 1-2^{-N}$$

当小数点位于数符和第一数值位之间时，机器内的数为纯小数。当小数点位于数值位之后时，机器内的数为纯整数。采用定点数的机器称为定点机。数值部分的位数 N 决定了定点机中数的表示范围。若机器数采用原码，小数定点机中数的表示范围是$-(1-2^{N})$~$(1-2^{N})$，整数定点机中数的表示范围是$-(2^{N}-1)$~$(2^{N}-1)$。

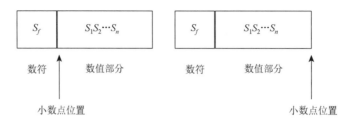

图 3-1　定点表示法

在定点机中，由于小数点的位置固定不变，当机器处理的数不是纯小数或纯整数时，必须乘上一个比例因子，否则会产生"溢出"。

3.4.2　浮点数

浮点数的表示，对形如 $V = x \times 2^y$ 的有理数进行编码。它对执行涉及非常大的数字（$|V| \gg 0$）、非常接近于 0 的数字，以及更普遍地作为实数运算的近似值的计算是非常有用的。

直到 20 世纪 80 年代，每个计算机制造商都设计了自己的表示浮点数的规则，以及对浮点数执行运算的细节。但是它们不会太多地关注运算的精确性，而是更看重实现的速度和简便性。

大约在 1985 年，这些情况随着 IEEE 标准 754 的推出而改变了。这是一个仔细制定的表示浮点数及其运算的标准。这项工作是从 1976 年开始由 Intel 赞助的，与 8087 的设计同时进行，8087 是一种为 8086 处理器提供浮点支持的芯片。他们请卡韩（Kahan，加利福尼亚大学伯克利分校的一位教授）作为顾问，帮助设计未来处理器浮点标准。他们支持 Kahan 加入一个 IEEE 资助的制定工业标准的委员会。这个委员会最终采纳的标准非常接近于 Kahan 为 Intel 设计的标准。目前，实际上所有的计算机都支持这个后来被称为 IEEE 浮点的标准。这显著提高了科学应用程序在不同机器上的可移植性。

在本节，我们将看到 IEEE 浮点格式中数字是如何表示的。我们还将探讨舍入（rounding）的问题，即当一个数字不能被准确地表示为这种格式时，就必须向上调整或者向下调整。然后，我们将探讨加法、乘法和关系运算符的数学属性。

3.4.3　二进制小数

理解浮点数的第一步是考虑含有小数值的二进制数字。我们首先来看更熟悉的十进制表示法。十进制表示法使用如下的形式表示：

$$d_m d_{m-1} \cdots d_1 d_0 d_{-1} d_{-2} \cdots d_{-n}$$

其中每个十进制数 d_i 的取值范围是 0～9。上述表达式的数值 d 定义如下：

$$d = \sum_{i=-n}^{m} 10^i \times d_i \tag{3.14}$$

数字的权重定义与十进制小数的小数点符号相关，这意味着小数点左边的数字的权重是 10 的正幂，得到整数值，而小数点右边的数字的权重是 10 的负幂，得到小数值。
例如，对于十进制小数 12.34 来说，其表示的含义如下：

$$1\times10^1 + 2\times10^0 + 3\times10^{-1} + 4\times10^{-2} = 12\frac{34}{100}$$

类似地，我们可以考虑如下二进制小数的表示法，如图 3-2 所示。其中每个二进制数字称为位，b_i 的取值应为 0 或 1，用这种方法表示的数 b 定义如下：

$$b = \sum_{i=-n}^{m} 2^i \times b_i \qquad (3.15)$$

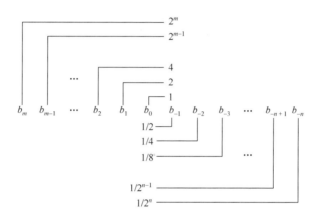

图 3-2　二进制小数的表示法

现在的小数点符号变成了二进制的小数点。小数点左边的位权重变为了 2 的正幂，
小数点右边的位权重变成了 2 的负幂。同样地，例如，二进制小数 101.11 表示的十进制
数字如下：

$$101.11 = 1\times2^2 + 0\times2^1 + 1\times2^0 + 1\times2^{-1} + 1\times2^{-2}$$
$$= 4 + 0 + 1 + \frac{1}{2} + \frac{1}{4}$$
$$= 5\frac{3}{4}$$

从式（3.15）可以看出，二进制小数点向左移动一位相当于这个数被 2 除。例如，101.11
表示数 5.75，而 10.111 表示数 2.875。类似地，二进制小数点向右移动一位相当于将该数
乘 2。例如，1011.1 表示数 11.5。

注意，形如 0.11…1 的二进制小数表示的刚好是小于 1 的数。例如，0.111111 表示的
是 $\frac{63}{64}$，我们将用简单的表达法 $1.0-\varepsilon$ 来表示这样的数值。

假定我们仅仅考虑有限长度的编码，那么十进制表示法不能准确地表达类似 $\frac{1}{3}$ 这样
的数。

类似地，小数的二进制表示法只能表示那些能够被写成 $x\times2^y$ 的数。其他的值只能够

被近似地表示。例如，十进制小数 0.20 可以精确表示。不过，我们并不能把它准确地表示为一个二进制小数，我们只能近似地表示它，增加二进制表示的长度可以提高表示的精度。

3.4.4　IEEE 浮点表示

3.4.1 节中谈到的定点表示法不能很有效地表示非常大的数字。例如，表达式 5×2^{100} 是用 101 后面跟随 100 个零的位模式来表示。相反，我们希望通过给定 x 和 y 的值，来表示形如 $x \times 2^y$ 的数。

IEEE 在 1985 年制定的 IEEE 754 二进制浮点运算规范，是浮点运算部件事实上的工业标准。

IEEE 浮点标准用如下的公式来表示一个数：

$$V = (-1)^s \times M \times 2^E \tag{3.16}$$

式中，符号 s（sign）决定这个数是负数（$s = 1$）还是正数（$s = 0$），而对于数值 0 的符号位解释作为特殊情况处理；尾数 M（significand）是一个二进制小数，它的范围是 $1 \sim 2-\varepsilon$，或者是 $0 \sim 1-\varepsilon$；阶码 E（exponent）的作用是对浮点数加权，这个权重是 2 的 E 次幂（可能是负数）。

将浮点数的位表示划分为三个字段，分别对这些值进行编码：

（1）一个单独的符号位 s 直接编码符号 s；

（2）k 位的阶码字段 $\mathrm{exp} = e_{k-1} \cdots e_1 e_0$ 编码阶码 E；

（3）N 位小数字段 $\mathrm{frac} = f_{N-1} \cdots f_1 f_0$。编码尾数 M，但是编码值也依赖于阶码字段的值是否为 0。

图 3-3 给出了将这三个字段装进字中两种最常见的格式。在单精度浮点格式（C 语言中的 float）中，s、exp 和 frac 字段分别为 1 位、$k = 8$ 位和 $N = 23$ 位，得到一个 32 位的表示。在双精度浮点格式（C 语言中的 double）中，s、exp 和 frac 字段分别为 1 位、$k = 11$ 位和 $N = 52$ 位，得到一个 64 位的表示。

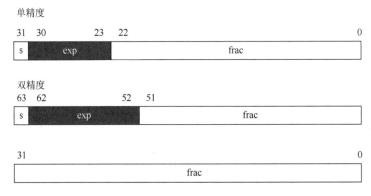

图 3-3　标准浮点格式

给定位表示，根据 exp 的值，被编码的值可以分成三种不同的情况（最后一种情况有两个变种）。图 3-4 给出了单精度浮点数值的分类。

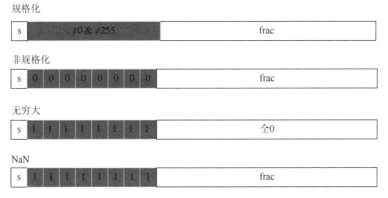

图 3-4　单精度浮点数值的分类

1. 规格化的值

这是最普遍的情况。当 exp 的位既不全为 0（数值 0）也不全为 1（单精度数值为 255，双精度数值为 2047）时，都属于这类情况。在这种情况中，阶码字段被解释为以偏置（biased）形式表示的有符号整数。也就是说，阶码的值是 $E = e-\text{Bias}$，其中 e 是无符号数，其位表示为 $e_{k-1}\cdots e_1e_0$，而 Bias 是一个等于 $2^{k-1}-1$（单精度是 127，双精度是 1023）的偏置值。由此产生指数的取值范围，对于单精度是 $-126\sim+127$，而对于双精度是 $-1022\sim+1023$。

小数字段 frac 被解释为描述小数值 f，其中 $0\leqslant f<1$，其二进制表示为 $0f_{N-1}\cdots f_1f_0$，也就是二进制小数点在最高有效位的左边。尾数定义为 $M=1+f$。有时，这种方式也称为隐含的 1 作为前导（implied leading 1）表示，因为我们可以把 M 看成一个二进制表达式为 $1f_{N-1}f_{N-2}\cdots f_0$ 的数字。既然我们总是能够调整阶码 E，使得尾数 M 在范围 $1\leqslant M<2$ 之中（假设没有溢出），那么这种表示方法是一种轻松获得一个额外精度位的技巧。

2. 非规格化的值

当阶码域为全 0 时，所表示的数是非规格化形式。在这种情况下，阶码值是 $E = 1-\text{Bias}$，而尾数的值是 $M = f$，也就是小数字段的值，不包含隐含的开头的 1。使阶码值为 1-Bias 而不是简单的 -Bias，这种方式提供了一种从非规格化值平滑地转换到规格化值的方法。

非规格化数有两个用途。首先，它们提供了一种表示数值 0 的方法，因为使用规格化数，我们必须总是使 $M\geqslant 1$，因此我们就不能表示 0。实际上，+0.0 的浮点表示的位为全 0：符号位是 0，阶码字段全为 0（表明是一个非规格化值），而小数域也全为 0，这就得到 $M=f=0$。但是，当符号位为 1，而其他域全为 0 时，我们得到值 -0.0。根据 IEEE 的浮点格式，值 +0.0 和 -0.0 在某些方面被认为是不同的，而在其他方面是相同的。

非规格化数的另外一个功能是表示那些非常接近于 0.0 的数。它们提供了一种属性，称为逐渐溢出（gradual underflow），其中，可能的数值分布均匀地接近于 0.0。

3. 特殊值

首先在图 3-4 中，NaN（not a number）代表未定义或不可表示的值。最后一类数值是当指阶码全为 1 的时候出现的。当小数域全为 0 时，得到的值表示无穷，当 $s = 0$ 时是 $+\infty$，或者当 $s = 1$ 时是 $-\infty$。当我们把两个非常大的数相乘，或者除以零时，无穷能够表示溢出的结果。当小数域为非零时，结果值被称为"NaN"。一些运算的结果不能是实数或无穷，就会返回这样的 NaN 值，如当计算 $\sqrt{-1}$ 或 $+\infty$，$-\infty$ 时。在某些应用中，表示未初始化的数据时，它们也很有用处。

3.5 十进制数的编码

如前所述，在计算机中是使用二进制代码工作的。但是由于长期的习惯，在日常生活中，人们最熟悉的数制还是十进制。为了解决这一矛盾，提出了一种比较适合于十进制系统的二进制代码的特殊形式，即将 1 位十进制的 0～9 这 10 个数字分别用 4 位二进制码的组合来表示，在此基础上，可按位对任意十进制数进行编码。这就是二进制编码的十进制数，简称 BCD（binary-coded decimal）码。BCD 码可分为两类：有权码和无权码。为什么使用 BCD 码呢？因为这种编码技巧最常用于会计系统的设计里，因为会计制度经常需要对很长的数字串作准确的计算。相对于一般的浮点式记数法，采用 BCD 码，既可保存数值的精确度，又可免去使计算机作浮点运算时所耗费的时间。此外，对于其他需要高精确度的计算，BCD 码也很常用。

3.5.1 有权码

8421 BCD 码是最基本和最常用的 BCD 码，它和四位自然二进制码相似，各位的权重为 8、4、2、1，所以称有权 BCD 码。和四位自然二进制码不同的是，它只选用了四位二进制码中前 10 组代码，即 0000～1001 分别代表它所对应的十进制数，余下的六组代码不用。

5421 BCD 码和 2421 BCD 码为有权 BCD 码，它们从高位到低位的权重分别为 5、4、2、1 和 2、4、2、1。这两种有权 BCD 码中，有的十进制数码存在两种加权方法，例如，5421 BCD 码中的数码 5，既可以用 1000 表示，也可以用 0101 表示；2421 BCD 码中的数码 6，既可以用 1100 表示，也可以用 0110 表示。这说明 5421 BCD 码和 2421 BCD 码的编码方案都不是唯一的。

3.5.2 无权码

余三码（余 3 码）是由 8421BCD 码加上 0011 形成的一种无权码，由于它的每个字符编码比相应的 8421 码多 3，所以称余三码，是 BCD 码的一种。余三码的特点：当两个十进制数的和是 10 时，相应的二进制编码正好是 16，于是可自动产生进位信号，而不需要修正。0 和 9，1 和 8，…，5 和 4 的余三码互为反码，这在求对于 10 的补码时很方便。

余三码是一种对 9 的自补代码，因而可给运算带来方便。另外，在将两个余三码表示的十进制数相加时，能正确产生进位信号，但对"和"必须修正。修正的方法是如果有进位，则结果加 3；如果无进位，则结果减 3。

在一组数的编码中，若任意两个相邻的代码只有一位二进制数不同，则称这种编码为格雷码（Gray code），另外由于最大数与最小数之间也仅一位数不同，即"首尾相连"，因此又称循环码或反射码。

表 3-3 展示了编码十进制数的常用 BCD 码。

表 3-3　常用 BCD 码

十进制数	8421 码	5421 码	2421 码	余三码	余三循环码
0	0000	0000	0000	0011	0010
1	0001	0001	0001	0100	0110
2	0010	0010	0010	0101	0111
3	0011	0011	0011	0110	0101
4	0100	0100	0100	0111	0100
5	0101	1000	1011	1000	1100
6	0110	1001	1100	1001	1101
7	0111	1010	1101	1010	1111
8	1000	1011	1110	1011	1110
9	1001	1100	1111	1100	1010

3.6　数 的 存 储

多数计算机均使用 8 位表示一个块或字节（byte），作为最小的可寻址的内存单位，而不是访问内存中单独的位。机器级程序将内存视为一个非常大的字节数组，称为虚拟内存（virtual memory）。内存的每个字节都由唯一的数字来标识，称为它的地址（address），所有可能地址的集合就称为虚拟地址空间（virtual address space）。顾名思义，这个虚拟地址空间只是一个展现给机器级程序的概念性映像。实际的实现是将动态随机访问存储器（dynamic random access memory，DRAM）、闪存、磁盘存储器、特殊硬件和操作系统软件结合起来，为程序提供一个看上去统一的字节数组。本节主要介绍在计算机中数值型数据和非数值型数据是以何种方式存储的。

每台计算机都有一个字长（word size），指明指针数据的标称大小（nominal size）。因为虚拟地址是以这样的一个字来编码的，所以字长决定的最重要的系统参数就是虚拟地址空间的最大容量。也就是说，对于一个字长为 w 位的机器而言，虚拟地址的范围为 $0 \sim 2^w - 1$，程序最多访问 2^w 字节。

近年，出现了大规模的从 32 位字长机器到 64 位字长机器的迁移。这种情况首先出现在为大型科学和数据库应用设计的高端机器上，之后是台式机和笔记本电脑，最近则出现在智能手机的处理器上。32 位字长限制虚拟地址空间为 4 千兆字节（写为 4GB），也就是说，刚刚超过 $4×10^9$ 字节。扩展到 64 位字长使得虚拟地址空间为 16EB，大约是 $1.84×10^{19}$ 字节。

大多数 64 位机器也可以运行为 32 位机器编译的程序，这是一种向后兼容。

3.6.1 数字存储

1. 整型

C 语言支持多种整型数据类型来表示有限范围的整数。这些类型如表 3-4 和表 3-5 所示，其中还给出了"典型"32 位和 64 位机器的取值范围。每种类型都能用关键字来指定大小，这些关键字包括 short（至少 16 位）、int（至少与 short 一样长，如今一般用 32 位存储）、long（至少 32 位，且至少与 int 一样长）、long long（至少 64 位，且至少与 long 一样长），同时还可以指示被表示的数字是非负数（声明为 unsigned），或者可能是负数（默认）。如表 3-5 所示，为这些不同的大小分配的字节数根据程序编译为 32 位还是 64 位而有所不同。根据字节分配，不同的大小所能表示的值的范围是不同的。这里给出的唯一一个与机器相关的取值范围是由大小指示符 long 决定的。大多数 64 位机器使用 8 字节的表示，比 32 位机器上使用的 4 字节的表示的取值范围大很多。

表 3-4 32 位程序上 C 语言整型数据类型的典型取值范围

C 数据类型	最小值	最大值
char	−128	127
unsigned char	0	255
short	−32768	32767
unsigned short	0	65535
int	−2147483648	2147483647
unsigned	0	4294967295
long	−2147483648	2147483647
unsigned long	0	4294967295
int32_t	−2147483648	2147483647
uint32_t	0	4294967295
int64_t	−9223372036854775808	9223372036854775808
uint64_t	0	18446744073709551615

表 3-4 和表 3-5 中一个很值得注意的特点是取值范围不是对称的——负数的范围比整数的范围大 1。这在前述 3.3 节数的码制中也有探讨。

C 语言标准定义了每种数据类型必须能够表示的最小的取值范围。如表 3-6 所示，它们的取值范围与表 3-4 和表 3-5 所示的典型实现一样或者小一些。特别地，除了固定大小的数据类型是例外，我们看到它们只要求正数和负数的取值范围是对称的。此外，数据类型 int 可以用 2 字节的数字来实现，而这几乎回退到了 16 位机器的时代。还可以看到，long 的大小可以用 4 字节的数字来实现，对 32 位程序来说这是很典型的。固定大小的数据类型保证数值的范围与表 3-4 给出的典型数值一致，包括负数与正数的不对称性。

表 3-5 基本 C 数据类型的典型大小（分配的字节数受程序是如何编译的影响而变化）

C 声明		字节数	
有符号	无符号	32 位	64 位
char	unsigned char	1	1
short	unsigned short	2	2
int	unsigned	4	4
long	unsigned long	4	8
int32_t	uint32_t	4	4
int64_t	uint64_t	8	8
char *		4	8
float		4	4
double		8	8

表 3-6 C 语言的整型数据类型保证的取值范围（C 语言标准要求这些数据类型至少具有这样的取值范围）

C 数据类型	最小值	最大值
char	−128	127
unsigned char	0	255
short	−32768	32767
unsigned short	0	65535
int	−2147483648	2147483647
unsigned	0	4294967295
long	−2147483648	2147483647
unsigned long	0	4294967295
int32_t	−2147483648	2147483647
uint32_t	0	4294967295
int64_t	−9223372036854775808	9223372036854775808
uint64_t	0	18446744073709551615

2. 浮点型

各种整数类型对大多数软件开发项目而言够用了。然而，面向金融和数学的程序经常使用浮点型。C 语言中的浮点类型有 float、double 和 long double 类型。它们与 FORTRAN 和 Pascal 中的 real 类型一致。前面提到过，浮点类型能表示包括小数在内的更大范围的数。浮点数的表示类似于科学记数法（即用小数乘以 10 的幂来表示数字）。该计数系统常用于表示非常大或非常小的数。表 3-7 列出了一些示例。

表 3-7　记数法示例

数字	科学记数法	指数记数法
1000000000	1.0×10^9	1.0e9
123000	1.23×10^5	1.23e5
322.56	3.2256×10^2	3.2256e2
0.000056	5.6×10^{-5}	5.6e−5

C 标准规定，float 类型必须至少能表示 6 位有效数字，且取值范围至少是 $10^{-37} \sim 10^{37}$。前一项规定指 float 类型必须至少精确表示小数点后的 6 位有效数字，如 33.333333。后一项规定用于方便地表示如太阳质量（2.0×10^{30}kg）、一个质子的电荷量（1.6×10^{-19}C）或国家债务之类的数字。通常，系统储存一个浮点数要占用 32 位。其中 8 位用于表示指数的值和符号，剩下 24 位用于表示非指数部分（也称为尾数或有效数）及其符号。

C 语言提供的另一种浮点类型是 double（意为双精度）。double 类型和 float 类型的最小取值范围相同，但至少必须能表示 10 位有效数字。一般情况下，double 占用 64 位而不是 32 位。一些系统将多出的 32 位全部用来表示非指数部分，这不仅增加了有效数字的位数（即提高了精度），而且还减少了舍入误差。另一些系统把其中的一些位分配给指数部分，以容纳更大的指数，从而增加了可表示数的范围。无论哪种方法，double 类型的值至少有 13 位有效数字，超过了标准的最低位数规定。

C 语言的第 3 种浮点类型是 long double，以满足比 double 类型更高的精度要求。不过，C 语言只保证 long double 类型至少与 double 类型的精度相同。

3.6.2　文本存储

计算机中的文本主要是以 ASCII 码、每个国家各自的编码以及 UNicode 这三种形式存储。

1. ASCII

美国信息交换标准代码（American standard code for information interchange，ASCII）是基于拉丁字母的一套计算机编码系统，主要用于显示现代英语和其他西欧语言。它是最通用的信息交换标准，并等同于国际标准 ISO/IEC 646。ASCII 第一次以规范标准的类型发表是在 1967 年，最后一次更新则是在 1986 年，到目前为止共定义了 128 个字符。其中 33 个字符无法显示（一些终端提供了扩展，使得这些字符可显示为如笑脸、扑克牌花式等 8bit 符号），且这 33 个字符多数都已是陈废的控制字符。控制字符的用途主要是用来操控已经处理过的文字。在 33 个字符之外的是 95 个可显示的字符。用键盘敲下空白键所产生的空白字符也算 1 个可显示字符（显示为空白）。

ASCII 码使用指定的 7 位或 8 位二进制数组合来表示 128 或 256 种可能的字符。标准 ASCII 码也称为基础 ASCII 码，使用 7 位二进制数（剩下的 1 位二进制为 0）来表示所有的大写和小写字母，数字 0～9、标点符号，以及在美式英语中使用的特殊控制字符。

同时还要注意，在标准 ASCII 码中，其最高位（b_7）用作奇偶校验位。所谓奇偶校验，是指在代码传送过程中用来检验是否出现错误的一种方法，一般分奇校验和偶校验两种。奇校验规定：正确的代码 1 字节中 1 的个数必须是奇数，若非奇数，则在最高位 b_7 添 1；偶校验规定：正确的代码 1 字节中 1 的个数必须是偶数，若非偶数，则在最高位 b_7 添 1。

后 128 个称为扩展 ASCII 码。许多基于 x86 的系统都支持使用扩展（或高）ASCII 码。扩展 ASCII 码允许将每个字符的第 8 位用于确定附加的 128 个特殊符号字符、外来语字母和图形符号。

ASCII 码的具体展示如表 3-8 所示。

表 3-8　ASCII 码对照表

高 3 位 $b_6b_5b_4$		0	1	2	3	4	5	6	7
低 4 位 $b_3b_2b_1b_0$		000	001	010	011	100	101	110	111
0	0000	NUL	DLE	SP	0	@	P	、	p
1	001	SOH	DC1	!	1	A	Q	a	q
2	0010	STX	DC2	"	2	B	R	b	r
3	0011	ETX	DC3	#	3	C	S	C	s
4	0100	EOT	DC4	$	4	D	T	d	t
5	0101	ENQ	NAK	%	5	E	U	e	u
6	0110	ACK	SYN	&.	6	F	V	f	v
7	0111	BEL	ETB	'	7	G	W	g	w
8	1000	BS	CAN	(	8	H	X	h	x
9	1001	HT	EM	)	9	I	Y	i	y
A	1010	LF	SUB	*	:	J	z	j	z
B	1011	VT	ESC	+	;	K	[	k	{
C	1100	FF	FS	,	<	L	\	l	|
D	1101	CR	GS	—	=	M	]	m	}
E	1110	SO	RS	·	>	N	·	n	~
F	1111	SI	US	/	?	O	—	0	DEL

2. 汉字编码字符集

汉字编码国家标准，分为双字节部分和四字节部分；双字节部分和 GBK 基本完全相同。四字节部分，比 GBK 多了 6582 个汉字（27484-20902）。

现有的汉字编码主要有以下四种。

（1）GB 2312—1980（信息交换用汉字编码字符集基本集）。

（2）GBK—1995（汉字内码扩展规范）。

（3）GB 1300.1—1993（信息技术通用多八位编码字符集）。

（4）GB 18030—2000（信息技术中文编码字符集）。

3. UNicode

统一码（UNicode），也称为万国码、单一码，是计算机科学领域里的一项业界标准，包括字符集、编码方案等。UNicode 是为了解决传统的字符编码方案的局限而产生的，它为每种语言中的每个字符设定了统一并且唯一的二进制编码，以满足跨语言、跨平台进行文本转换、处理的要求。

如果把各种文字编码形容为各地的方言，那么 UNicode 就是世界各国合作开发的一种语言。在这种语言环境下，不会再有语言的编码冲突，在同屏下，可以显示任何语言的内容，这就是 UNicode 的最大好处。就是将世界上所有的文字用 2 字节统一进行编码。像这样统一编码，2 字节就已经足够容纳世界上所有的语言的大部分文字了。UNiversal Multiple-Octet Coded Character Set（通用多字节编码字符集），简称 UCS。现在用的是 UCS-2，即 2 字节编码，而 UCS-4 是为了防止将来 2 字节不够用才开发的。UNicode 是一种在计算机上使用的字符编码。它为每种语言中的每个字符设定了统一并且唯一的二进制编码，以满足跨语言、跨平台进行文本转换、处理的要求。1990 年开始研发，1994 年正式公布。随着计算机工作能力的增强，UNicode 也在面世以来的十多年里得到普及。UNicode 是基于通用字符集（UNiversal Character Set）的标准来发展，并且同时也以书本的形式（The UNicode StaNdard，目前第五版由 AddisoN-Wesley ProfessioNal 出版，ISBN-10：0321480910）对外发表，并于 2005 年 3 月 31 日推出 UNicode 4.1.0 版本，2021 年 9 月 14 日推出 14.0 版本。

3.6.3　音频存储

声音本身是模拟信号，而计算机只能识别数字信号，要在计算机中处理声音，就需要将声音数字化，这个过程称为模数转换（A/D 转换）。最常见的数字化方式是通过脉冲编码调制（pulse code modulation，PCM）。

工作中常见的音频文件根据压缩程度可以分为三种类型：未压缩音频格式、无损压缩音频格式、有损压缩音频格式。

未压缩音频格式：音频文件是根据真实世界的声波转换成数字格式保存下来，不需要进行压缩和其他处理。未压缩音频格式优点：可以保留录制音频的详细信息、真实性很好。缺点：未压缩的原始音频文件会占用大量空间、不利于本地保存和流式多媒体的网络传输。主要的未压缩音频文件格式包括 WAV、AIFF、PCM。

无损压缩音频格式：无损压缩指的是通过使用拥有高级算法的无损压缩技术，用户可以在缩小文件体积的同时保留原始数据。理想情况下，无损压缩技术可以使文件大小减小到原始文件的 16.67% 到 33.33%，同时仍保留原始数据。常见的无损压缩音频格式包括 FLAC、ALAC、WMA。平时使用最为广泛的是 FLAC 格式。就文件自身而言，FLAC 和 ALAC 都是免版税的压缩技术，而 WMA 不是。此外，WMA 遵循严格的数字版权管理（digital rights management，DRM）限制，传播性比不上 FLAC、ALAC。

有损压缩音频格式：日常生活中，大多数人并不希望音乐文件占用大量设备空间，因此人们常常使用有损压损的音频格式。它们采用有损压缩技术，可以显著减小文件大小，但音频的原始数据也会受到损害。有时，以此格式存储的音乐文件听起来甚至与原始音频毫不相像。常见的有损压缩音频格式包括 MP3、AAC、OGG、WMA。其中 WMA 可以根据用户需求采用有损压缩技术和无损压缩技术。

各种音频文件的扩展名如表 3-9 所示。

表 3-9　各种音频文件的扩展名

音频类型	格式	扩展名后缀
未压缩音频格式	WAV	.wav
	AIFF	.aiff .aif .aifc
	PCM	.pcm .aiff .au .wav
无损压缩音频格式	FLAC	.flac
	ALAC	.m4a .caf
	WMA	.wma .wmv
有损压缩音频格式	MP3	.mp3
	OGG	.ogg .oga .mogg
	AAC	.aac

其中，WAV 格式是微软公司开发的一种声音文件格式，它符合 RIFF（resource interchange file format）文件规范，用于保存 Windows 平台的音频信息资源，被 Windows 平台及其应用程序所支持。"*.wav"格式支持多种音频位数、采样频率和声道，是 PC 上流行的声音文件格式，其文件尺寸比较大，多用于存储简短的声音片段。

PCM 格式中的 Audio 文件是 SuN Microsystems 公司推出的一种经过压缩的数字音频格式，是 Internet 中常用的声音文件格式。Audio 文件原先是 UNIX 操作系统下的数字声音文件。由于早期 Internet 上的 Web 服务器主要是基于 UNIX 的，所以*.AU 格式的文件在如今的 Internet 中也是常用的声音文件格式。

动态图像专家组（moving picture experts group，MPEG）代表运动图像压缩标准，这里的音频文件格式指的是 MPEG 标准中的音频部分，即 MPEG 音频层（MPEG audio layer），因其音质与存储空间的性价比较高，生成了 2011 年使用最多的 MP3 格式。

MP3 是一种音频压缩技术，其全称是动态影像专家压缩标准音频层面 3（moving picture experts group audio layer 3）。它被设计用来大幅度地降低音频数据量。利用 MPEG Audio Layer 3 的技术，将音乐以 1∶10 甚至 1∶12 的压缩率，压缩成容量较小的文件，而对于大多数用户来说，重放的音质与最初的不压缩音频相比没有明显的下降。它是在 1991 年由位于德国埃尔朗根的研究组织 Fraunhofer-Gesellschaft 的一组工程师发明和标准化的。用 MP3 形式存储的音乐就称为 MP3 音乐，能播放 MP3 音乐的机器就称为 MP3 播放器。MP3 是利用人耳对高频声音信号不敏感的特性，将时域波形信号转换成频域信号，并划分成多个频段，对不同的频段使用不同的压缩率，对高频信号使用大压缩比（甚至忽略信号），对低频信号使用小压缩比，保证信号不失真。这样一来就相当于抛弃人耳基本听不到的高频声音，只保留能听到的低频部分，从而将声音用 1∶10 甚至 1∶12 的压缩率压缩。

3.6.4　图像存储

在中学物理阶段我们接触到三基色（红绿蓝）。三种基色的光可以合成所有颜色的光

（如果三种基色的光都没有，就没有光，就呈现出黑色），这就是我们可以看到的彩色图片（显示器上的、发光的）的基础。

另外，物理学上还有三原色，是红黄蓝，三基色和三原色的区别是它们的原理，一种利用加色法（三基色）进行颜色合成，另一种利用减色法（三原色）进行颜色合成，通过减色法无法合成白色。三原色是我们可以看到的彩色图片（纸质照片、不发光、依靠反射光的）的基础。

物理学上喜欢将一件物体无限地往最小方向分解，直到分解不了为止，因此我们看到了原子。在图像处理上，我们也将图片进行了分解，分解到最后，只剩下一个点，这个点就称为像素点。而一张图片，由很多很多的像素点组成，以摄像头像素（1200 万像素）为例，一张照片就有 1200 万个像素点。

如图 3-5 所示，每三个发光单元构成一个像素点。

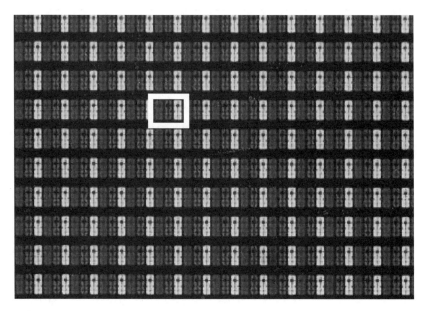

图 3-5　发光单元

有了物理基础，计算机只要通过数据控制每个像素点就可以了。前面内容提到过，每个像素点都由三种颜色构成，每张图片由很多很多的像素点组成，我们将像素点进行排列，就可以得到一个像素点矩阵（可以理解为一个二维数组）。而每个像素点需要记录这个颜色的信息，那就又回到了物理学的范畴了。三基色调整颜色是通过三种颜色的光的发光强度不同来实现光的混合的。那么我们在每个像素点中记录每个像素对应的 RGB 光的强度值，就能实现混合得到的光的颜色。

通过上述原理，数码图像最重要的模式——RGB 模式就介绍得差不多了。RGB 模式的原理就是通过一个二维数组来记录每个像素点的位置，每个像素点都有 RGB 三个属性值用来记录对应的数值（实际上应该是一个三维数组）。如图 3-6 所示的灰度图像，可以很清晰地看出它的像素矩阵。

图 3-6　灰度图像数字"8"

在 RGB 模式中，每个属性值用一个 8 位的二进制数值（也就是 1 字节，而 1 字节可以表示 256 种状态）表示，一个像素点有三个这样的属性值，就是它可以合成 256×256×256（超过 1677 万）种颜色，也就是我们所说的真彩色。

RGB 的出现是基于彩色显示屏的，在没有彩色显示屏的时代，其实使用的图片记录方式也很相似，如以下要介绍的几种模式。

位图模式：我们在 RGB 模式中介绍到，RGB 每个像素点用三个 8 位的二进制数值进行表现，而位图只用一个 1 位的二进制数值进行表现，所以位图只有两种颜色，也就是白色和黑色。

灰度模式：与 RGB 模式类似，但它采用一个 8 位的二进制数值进行表现，这个数值只控制白色的强度（也就是灰度）。

CMYK 模式：CMYK 模式是用来打印或印刷的模式，它是相减的模式。当 C、M、Y 三值达到最大值时，在理论上应为黑色，但实际上因颜料的关系，呈现的不是黑色，而是深褐色。为解决这个问题，所以加进了黑色 K。由于加了黑色，CMYK 共有四个通道，正因为如此，对于同一个图像文件来说，CMYK 模式比 RGB 模式的信息量要大 1/4。但 RGB 模式的色域范围比 CMYK 模式大。因为印刷颜料在印刷过程中不能重现 RGB 色彩。

前面内容介绍了灰度图像在计算机中的存储，接下来让我们看一个彩色图像的示例。

如图 3-7 所示，该图像由许多颜色组成，但所有颜色都可以从三种基色（红色、绿色和蓝色）混合而成。也就是说每个彩色图像都是由这三种颜色或 3 个通道（红色、绿色和蓝色）生成。这就意味着在彩色图像中，多通道矩阵的数量会更多，如图 3-8 所示的多通道矩阵，可以看出各个通道上每一位上的值（每个数字代表像素强度），这 3 个通道组合在一起就构成了一幅彩色图像。

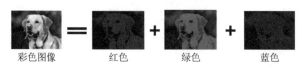

图 3-7　彩色图像示例

图 3-8　彩色图像多通道矩阵示例

接下来让我们看一些常见的图像存储格式。

联合图像专家组（joint photographic experts group，JPEG）是用于连续色调静态图像压缩的一种标准，文件后缀名为.jpg 或.jpeg，是最常用的图像文件格式。其主要是采用预测编码（DPCM）、离散余弦变换（DCT）以及熵编码的联合编码方式，以去除冗余的图像和彩色数据，属于有损压缩格式，它能够将图像压缩在很小的储存空间，一定程度上会造成图像数据的损伤。尤其是使用过高的压缩率，将使最终解压缩后恢复的图像质量降低，如果追求高品质图像，则不宜采用过高的压缩率。

然而，JPEG 压缩技术十分先进，它可以用有损压缩方式去除冗余的图像数据，换句话说，就是可以用较少的磁盘空间得到较好的图像品质。而且 JPEG 是一种很灵活的格式，具有调节图像质量的功能，它允许用不同的压缩率对文件进行压缩，支持多种压缩级别，压缩率通常在 10∶1～40∶1，压缩率越大，图像品质就越低；相反地，压缩率越小，图像品质就越高。同一幅图像，用 JPEG 格式存储的文件大小是其他类型文件的 1/20～1/10，通常只有几十 KB，质量损失较小，基本无法看出。JPEG 格式压缩的主要是高频信息，对色彩的信息保留较好，适合应用于互联网；它可缩短图像的传输时间，支持 24 位真彩色；也普遍应用于需要连续色调的图像中。

JPEG 格式可分为标准 JPEG、渐进式 JPEG 及 JPEG2000 三种格式。

（1）标准 JPEG：此类型在网页下载时只能由上而下依序显示图像，直到图像资料全部下载完毕，才能看到图像全貌。

（2）渐进式 JPEG：此类型在网页下载时，先呈现出图像的粗略外观后，再慢慢地呈现出完整的内容，而且存成渐进式 JPG 格式的文档比存成标准 JPG 格式的文档要小，所以如果要在网页上使用图像，可以多用这种格式。

（3）JPEG2000：它是新一代的影像压缩法，压缩品质更高，并可改善在无线传输时，常因信号不稳造成马赛克现象及位置错乱的情况，改善传输的品质。

GIF 格式的名称是 Graphics Interchange Format 的缩写，是在 1987 年由 Compu Serve 公司为了填补跨平台图像格式的空白而发展起来的。GIF 可以被 PC 和 MactioNtosh 等多种平台支持。

GIF 是一种位图。位图的大致原理是图片由许多的像素组成，每一个像素都被指定了一种颜色，这些像素综合起来就构成了图片。GIF 采用的是 Lempel-Zev-Welch（LZW）压缩算法，最高支持 256 种颜色。由于这种特性，GIF 比较适用于色彩较少的图片，如卡通造型、公司标志等。如果碰到需要用真彩色的场合，那么 GIF 的表现力就有限了。GIF 通常会自带一个调色板，里面存放需要用到的各种颜色。在 Web 运用中，图像的文件量的大小将会明显地影响到下载的速度，因此我们可以根据 GIF 带调色板的特性来优化调色板，减少图像使用的颜色数（有些图像用不到的颜色可以舍去），而影响不到图片的质量。

GIF 格式和其他图像格式的最大区别在于，它完全是作为一种公用标准而设计的，由于 Compu Serve 网络的流行，许多平台都支持 GIF 格式。Compu Serve 通过免费发行格式说明书推广 GIF，但要求使用 GIF 文件格式的软件要包含其版权信息的说明。

3.7 数 据 运 算

3.7.1 移位运算

1. 移位的意义

移位运算在日常生活中常见。例如，15m 可写成 1500cm，单就数字而言，1500 相当于 15 相对于小数点左移了两位，并在小数点前面添了两个 0。同样 15 也相当于 1500 相对于小数点右移了两位，并删去了小数点后面的两个 0。可见，当某个十进制数相对于小数点左移 N 位时，相当于该数乘以 10^N；右移 N 位时，相当于该数除以 10^N。

计算机中小数点的位置是事先约定的，因此二进制表示的机器数在相对于小数点作 N 位左移或右移时，其实质就是该数乘以或除以 2^n（$n = 1, 2, \cdots, N$）。

移位运算称为移位操作，对计算机来说有很大的实用价值。例如，当某计算机没有乘（除）法运算线路时，可以采用移位和加法相结合，实现乘（除）运算。

计算机中机器数的字长往往是固定的，当机器数左移 N 位或右移 N 位时，必然会使其 N 位低位或 N 位高位出现空位。那么，对空出的空位应该补 0 还是 1 呢？这与机器数采用有符号数还是无符号数有关。对有符号数的移位称为算术移位。

2. 算术移位

对于正数来说，因为$[x]_s = [x]_o = [x]_t =$ 真值（整数的原码、反码、补码一样），所以移位后出现的空位均以 0 添之。对于负数而言，由于原码、补码和反码的表示形式不同，当机器数移位时，对其空位的添补规则也不同。表 3-10 列出了三种不同码制的机器数（整数或小数均可），分别对应正数或负数移位后的添补规则。值得注意的是，无论正数还是负数，移位后其符号位均不变，这是算术移位的重要特点。

表 3-10　不同码制机器数算术移位后的空位添补规则

真值	码制	添加位
正数	原码/补码/反码	0
负数	原码	0
	补码	左移添 0
		右移添 1
	反码	1

由表 3-10 可知：

（1）在机器数为正时，无论左移还是右移，补的位都是 0；

（2）由于负数的原码在数值部分与真值相同，所以在移位时只要使最高位符号位不变，移位产生的空位均补 0 即可；

（3）由于负数的反码除符号位外，各位与负数原码正好相反，移位后所添的代码应与原码相反，即全部补 1；

（4）对于负数的补码来说，当对其由低位向高位找到第一个 1，在此 1 左边的各位均与对应的反码相同，而在此 1 右边的各位（包括该 1）均与对应的原码相同。负数的补码左移时，因空位出现在低位，则添补的位与原码相同，即补 0。右移时，因空位出现在最高位，则补的位应与反码相同，即 1。

下面来看正数移位的例子。机器数字长为 8 位（含 1 位最高位符号位）。以数字 $A = 26$ 为例。

首先，其原码、反码、补码分别表示如下：

$$[26]_s = [26]_o = [26]_t = 00011010$$

移位结果如表 3-11 所示。

表 3-11　+26 的移位结果

移位操作	机器数	对应真值
移位前	00011010	26
左移一位	00110100	52
左移两位	01101000	104
右移一位	00001101	13
右移两位	00000110	6

从表 3-11 还可以发现，在左移的时候，每次移的位数等于该数乘以移的位数。而右移刚好相反，为除以。左移两位时就等于 $26 \times 4 = 104$，右移时对应除法，但是在右移两位时可以发现对应的真值出错，这是因为是整除的关系。这样的关系在接下来我们讨论的乘除法中会有进一步介绍。

对于负数而言，表 3-12 列举了数 –26 移位的一些情况。

表 3-12　–26 的移位结果

移位操作	码制	机器数	真值
移位前		10011010	–26
左移一位		10110100	–52
左移两位	原码	11101000	–104
右移一位		10001101	–13
右移两位		10000110	–6
移位前		11100101	–26
左移一位		11001011	–52
左移两位	反码	10010111	–104
右移一位		11110010	–13
右移两位		11111001	–6
移位前		11100110	–26
左移一位		11001100	–52
左移两位	补码	10011000	–104
右移一位		11110011	–13
右移两位		11111001	–7

可见，对于负数，三种机器数算术移位后符号位均不变。负数的原码左移时，高位丢 1，结果出错；右移时，低位丢 1，影响精度。负数的补码左移时，高位丢 0，结果出错；右移时，低位丢 1，影响精度。负数的反码左移时，高位丢 0，结果出错；右移时，低位丢 0，影响精度。

另外在移位过程中，移除的最高位或者最低位会被保存至计算机的进位标志中，用 C（carry flag）表示，如图 3-9 所示。

3. 算术移位与逻辑移位的区别

有符号数的移位称为算术移位，无符号数的移位称为逻辑移位。逻辑移位的规则是逻辑左移时，高位移丢，低位添 0；逻辑右移时，低位移丢，高位添 0。例如，寄存器内容为 01010011，逻辑左移为 10100110。算术左移为 00100110（最高数位 1 移丢）。又如，寄存器内容为 10110010，逻辑右移为 01011001，若将其视为补码，算术右移为 11011001。显然，两种移位的结果是不同的。本例中为了避免算术左移时最高数位丢 1，可采用带进位 C 的移位，其示意图如图 3-10 所示。

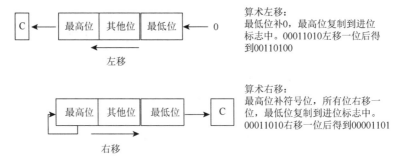

图 3-9　算术移位运算示意图

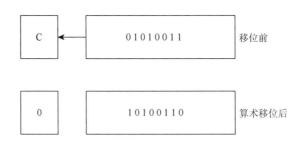

图 3-10　用带进位的移位实现算术左移

3.7.2　算术运算

1. 加法与减法运算（补码实现）

现代计算机中用二进制补码系统表示有符号整数，因为它可以将减法运算转换为对减数的补数的加法运算，所以计算机中都采用补码做加减法运算。

因为涉及补码的一些知识，本节将再给出补码的一些相关概念。一个数与它的补数之和是一个常数；例如，一个 1 位十进制数与它的补数之和总是 9；2 的补数是 7，因为 $2+7=9$。在 N 位二进制算术中，数 P 的补数为 Q，且 $P+Q=2^N$。

在二进制算术中，求一个数补数的方法是将其各位取反并加 1。例如，01100101 的补数为 $10011010+1=10011011$。人们之所以对补码算术感兴趣，就是因为减一个数等于加上这个数的补数。因此，一个二进制数减 01100101 等价于它加上补数 10011011。

补码加法的运算规则为

$$[x]_t+[y]_t=[x+y]_t \tag{3.17}$$

也就是说，两数补码的和等于两数和的补码。无论被加数、加数是正数还是负数，只要直接用它们的补码直接相加即可。当结果不超出补码所表示的范围时，计算结果便是正确的补码形式。但是当计算结果超出补码表示范围时，结果会出错，这种情况称为溢出，在后面内容中将会讨论此种情况。

同理，我们给出补码减法的运算规则：

$$[x]_t-[y]_t=[x]_t+[-y]_t=[x-y]_t \tag{3.18}$$

因此，若机器数采用补码，当求 A-B 时，只需要先求出-B 的补码（把-B 的补码称为求补后的减数），就可以按照补码加法的规则进行。要想求-B 的补码有两种方法：第一种是直接根据 B 来求，直接在 B 的补码连同符号位在内，每位取反，末位加 1；第二种就是直接写出-B 的原码，再转变为补码。这两种方法都是正确的。

也就是说，无论被减数是正数还是负数，上述补码减法的规则都是正确的。同样，由最高位向更高位的进位会自动丢失而不影响运算结果的正确性。

计算机中带符号数用补码表示时会有很多优点。可以将减法运算变为加法运算，因此可以使用同一个运算器实现加法和减法运算，简化数字电路。另外，无符号数和带符号数的加法运算可以用同一个加法器实现，结果都是正确的。

下面我们分别来看加法和减法的一些示例，以加深了解。

我们以±5 和±7 为例，首先将它们全部用补码表示：

$$+5 = 00000101, \quad -5 = 11111011, \quad +7 = 00000111, \quad -7 = 11111001$$

现在要求 7-5，其过程如下所示：

$$
\begin{array}{r}
00000111 \quad\quad 7 \\
+ \quad 11111011 \quad\quad -5 \\
\hline
100000010 \quad\quad 2
\end{array}
$$

结果为一个 9 位二进制数 100000010，如果忽略掉最左边一位（也称为进位位），结果为 00000010 = +2，这符合正确结果。

我们再来求 5-7，其过程如下所示：

$$
\begin{array}{r}
00000101 \quad\quad 5 \\
+ \quad 11111001 \quad\quad -7 \\
\hline
011111110 \quad\quad -2
\end{array}
$$

结果同样为一个 9 位二进制数 011111110，如果忽略掉进位 0，那么得到的就是-2 的补码 11111110，也符合正确结果。

再如，设机器字长为 8 位，最高位用作符号表示，A = -93，B = +45，求 A-B 的补。

同样 A、-B 的补码表示如下：

$$A = 10100011, \quad -B = 11010011$$

运算过程如下：

$$
\begin{array}{r}
10100011 \quad\quad -93 \\
+ \quad 11010011 \quad\quad -45 \\
\hline
101110110 \quad\quad 118
\end{array}
$$

当把最左边的进位 1 丢掉时，会发现结果为正数 118，两个负数相加结果得到正数，这显然发生了错误。这是因为 $A-B = -138$ 超出了 8 位机器字长下所能表示的数的范围（对于 N 位二进制补码而言，其数的表示范围是 $-2^{N-1} \sim 2^{N-1}-1$，式（3.12）也有说明）。所以对于 8 位二进制补码来说，其表示范围为 $-128 \sim 127$，共有 256 个数。所以如果是 -129，那么它实际因为循环表示应是 127，所以 -138 就对应 118。

2. 进位与溢出

所谓进位，是指运算结果的最高位向更高位的进位，用来判断无符号数运算结果是否超出了计算机所能表示的最大无符号数的范围。

溢出是指带符号数的补码运算溢出，用来判断带符号数补码运算结果是否超出了补码所能表示的范围。例如，字长为 N 位的带符号数，它能表示的补码范围为 $-2^{N-1} \sim 2^{N-1}-1$，如果运算结果超出此范围，就称为补码溢出，简称溢出。

显然，溢出只能出现在两个同号数相加，或两个异号数相减的情况下。

接下来我们将介绍溢出的判断方法。

PC 中常用的溢出判别法是双高位判别法。假设引进两个附加的符号，即：

C_s：表示最高位（符号位）的进位情况，如有进位，$C_s = 1$，否则为 0。

C_p：表示数值部分最高位的进位情况，如有进位，$C_p = 1$，否则为 0。

当符号位向前有进位时，$C_s = 1$，否则，$C_s = 0$；当数值部分最高位向前有进位时，$C_p = 1$，否则，$C_p = 0$。单符号位法就是通过该两位进位状态的异或结果来判断是否溢出的（异或运算：两个值不同结果为 1，两个值相同结果为 0，都是针对二进制数）。

$$OF = C_s \oplus C_p \tag{3.19}$$

若 $OF = 1$，说明结果溢出；若 $OF = 0$，则结果未溢出。也就是说，当符号位和数值部分最高位同时有进位或同时没有进位时，结果没有溢出，否则，结果溢出。

具体地讲，对于加运算，如果次高位（数值部分最高位）形成进位加入最高位，而最高位（符号位）相加（包括次高位的进位）却没有进位输出时；或者反过来，次高位没有进位加入最高位，但最高位却有进位输出时，都将发生溢出。因为这两种情况分别是两正数相加，结果超出了范围，结果形式上变成了负数；两负数相加，结果超出了范围，结果形式上变成了正数。

对于减运算，当次高位不需要从最高位借位，但最高位却需要借位（正数减负数，差超出范围）；或者反过来，次高位需要从最高位借位，但最高位不需要借位（负数减正数，差超出范围），也会出现溢出。

下面我们来看一个示例。

求 $73 + 98$，其过程如下，都用补码表示：

$$
\begin{array}{rr}
01001001 & 73 \\
+ \quad 01100010 & 98 \\
\hline
10101011 & -86
\end{array}
$$

它们的次高位（数值位部分最高位）是两个 1，相加有进位，$C_p = 1$，但是符号位向前无进位，$C_s = 0$，异或运算得出 OF = 1，说明发生溢出。

发生溢出一般会通过循环得出一个值，例如，在 8 位二进制情况下，如图 3-11 所示。

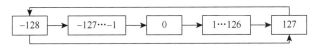

图 3-11　8 位二进制补码的循环表示

所以 73 + 98 = 171，超出了 127，那么得到的值会通过循环用负数表示，也就是 –86。

3. 乘法运算

1）无符号乘法

范围在 $0 \leqslant x, y \leqslant 2^w - 1$ 内的整数 x 和 y 可以表示为 w 位的无符号数，但是它们的乘积 $x \cdot y$ 的取值范围为 $0 \sim (2^w - 1)^2 = 2^{2w} - 2^{w+1} + 1$。这可能需要 $2w$ 位来表示。不过，C 语言中的无符号乘法被定义为产生 w 位的值，就是 $2w$ 位的整数乘积的低 w 位表示的值，我们把计算得到的值用 $x *_w^u y$ 表示（u 代表无符号，w 代表 x 和 y 的二进制位数）。

将一个无符号数截断为 w 位等价于计算该值模 2^w，得到无符号乘法的结果。

无符号数乘法原理如下。

对满足 $0 \leqslant x, y \leqslant U\text{Max}_w$ 的 x 和 y 有

$$x *_w^u y = (x \cdot y) \bmod 2^w \tag{3.20}$$

2）补码乘法

范围在 $-2^{w-1} \leqslant x, \quad y \leqslant 2^{w-1} - 1$ 内的整数 x 和 y 可以表示为 w 位的补码，但是它们的乘积 $x \cdot y$ 的取值范围为 $-2^{w-1} \cdot (2^{w-1} - 1) = -2^{2w-2} + 2^{w-1} \sim -2^{w-1} \cdot -2^{w-1} = -2^{2w-2}$，要想用补码表示这个乘积，可能需要 $2w$ 位。然而，C 语言中的有符号乘法是通过将 $2w$ 位的乘积截断为 w 位来实现的。同上面的记法一样，我们将得到的数值表示为 $x *_w^t y$（t 代表补码）。将一个补码数截断为 w 位相当于先计算该值模 2^w，再把无符号数转换为补码，得到补码乘法的结果。

补码乘法原理如下。

对满足 $T\text{Min}_w \leqslant x, y \leqslant T\text{Max}_w$ 的 x 和 y 有

$$x *_w^u y = U2T_w((x \cdot y) \bmod 2^w) \tag{3.21}$$

我们认为对于无符号和补码乘法来说，乘法运算的位级表示都是一样的，下面给出公式说明。

原理：无符号和补码乘法的位级等价性。

给长度位 w 的二进制位向量 x 和 y，用补码形式的二进制位向量表示来定义整数 x 和 y：$x = B2T_w(x), y = B2T_w(y)$（这个转换在 3.3.3 节中有过说明）。用无符号形式的二进制位向量来定义非负整数 x' 和 y'：$x' = B2U_w(x), y' = B2U_w(y)$。则有

$$T2B_w(x *_w^t y) = U2B_w(x' *_w^u y') \tag{3.22}$$

对于每一对位级运算数，我们执行无符号和补码乘法，得到 6 位的乘积，然后把这

些乘积截断到 3 位。无符号的截断后的乘积总是等于 $x \cdot y \bmod 8$。虽然无符号和补码两种乘法乘积的 6 位表示不同，但是截断后的乘积的位级表示都相同。

推导：无符号和补码乘法的位级等价性。

根据式（3.20），我们有 $x' = x + w_{w-1}2^w$ 和 $y' = y + y_{w-1}2^w$。计算这些值的乘积模 2^w 得到以下结果：

$$\left(x' \cdot y' \bmod 2^w\right) = \left(\left(x + x_{w-1}2^w\right) \cdot \left(y + y_{w-1}2^w\right)\right) \bmod 2w$$
$$= \left(x \cdot y + \left(y_{w-1}y + y_{w-1}x\right)2^w + x_{w-1}y_{w-1}2^{2w}\right) \bmod 2^w \qquad (3.23)$$
$$= (x \cdot y) \bmod 2^w$$

由于模运算符，所有带有权重 2^w 和 2^{2w} 的项都将被丢弃。根据式（3.21），我们有 $x *_w^t y = U2T_w((x \cdot y) \bmod 2^w)$。对等式两边应用操作 $T2U_w$ 有

$$T2U_w\left(x *_w^t y\right) = T2U_w\left(U2T_w((x \cdot y) \bmod 2^w)\right)$$
$$= (x \cdot y) \bmod 2^w$$

将上述结果与式（3.21）和式（3.23）结合起来得到 $T2U_w\left(x *_w^t y\right) = (x' \cdot y') \bmod 2^w = x' *_w^t y'$。然后对这个等式的两边应用 $U2B_w$，得到

$$U2B_w(T2U_w(x *_w^t y)) = T2B(x *_w^t y) = U2B(x' *_w^t y')$$

无符号与补码乘法如表 3-13 所示。

表 3-13　位无符号和补码乘法示例

模式	x		y		$x \cdot y$		截断的 $x \cdot y$	
无符号	5	101	3	011	15	001111	7	111
补码	−3	101	3	011	−9	110111	−1	111
无符号	4	100	7	111	28	011100	4	100
补码	−4	100	−1	111	4	000100	−4	100
无符号	3	011	3	011	9	001001	1	001
补码	3	011	3	011	9	001001	1	001

3）乘以常数

以往，在大多数机器上，整数乘法指令相当慢，需要 10 个或者更多的时钟周期，然而其他整数运算（如加法、减法、位运算和移位）只需要 1 个时钟周期。即使在我们的参考机器 Intel Core i7 Haswell 上，其整数乘法也需要 3 个时钟周期。因此，编译器使用了一项重要的优化，试着用移位和加法运算的组合来代替乘以常数因子的乘法。首先，我们会考虑乘以 2 的幂的情况，然后概括成乘以任意常数。

在 3.7.1 节移位运算中，对一个数左移相当于乘以 2，所以对于乘以 2 的幂的乘法，我们可以直接用算术左移来得到结果。而乘以奇数或其他偶数时，我们可以先移位，得到的结果再做加法即可。例如，有些程序员在编程时使用移位和加法等速度较快的操作来避免使用乘法。我们考虑 P 乘以 10 和乘以 9 两个例子。$10P = 2 \times (2 \times 2 \times P + P)$，即将 P 左移两次，加上 P，再将和左移一次。$9P = 2 \times 2 \times 2 \times P + P$，即将 P 左移三次，加上 P 得到结果。

第4章　数字逻辑与数字系统

4.1　基本逻辑关系

逻辑关系是生产和生活中各种因果关系的抽象概括。如果决定某一事件 F 是否发生（或成立）的条件有多个，可以用 A、B、C 等来表示，则事件 F 是否发生与条件 A、B、C 是否成立之间具有某种因果关系。基本的逻辑关系有与逻辑、或逻辑和非逻辑。其中，门电路是实现各种逻辑关系的基本电路，电子技术是组成数字电路的基本单元，和基本的逻辑关系相对应，有与门、或门、非门以及由它们组合而成的其他复杂逻辑门电路等。

门电路的输入和输出都是用电位（或称为电平）的高低来表示的，而电位的高低用 1 和 0 两种状态来区别。若用 1 表示高电平，用 0 表示低电平，则称为负逻辑系统。在本章，全部采用正逻辑系统。

与逻辑：若决定某一事件 F 的所有条件 A、B 等必须都具备，事件 F 才能发生，否则这件事就不发生，这样的逻辑关系称为与逻辑。

或逻辑：若决定某一事件 F 的条件 A、B 等，至少有一个具备，事件 F 就发生，否则事件就不发生。这样的逻辑关系称为或逻辑。

非逻辑：若决定某一事件 F 的条件只有一个 A，当 A 成立时，事件 F 不发生；当 A 不成立时，事件 F 发生。这样的逻辑关系称为非逻辑。

4.2　逻 辑 函 数

逻辑函数是研究有某种规律的变量之间的因果关系的。逻辑函数中的变量只有两种可能的取值，即 0 或 1。我们把这种二值变量称为逻辑变量（布尔变量或开关变量）或简称变量。对于 N 个逻辑变量（ $A_1, A_2, \cdots, A_N$ ）的逻辑函数，当 N 个逻辑变量取任意一组确定值后，逻辑函数 $F(A_1, A_2, \cdots, A_N)$ 的值也就被唯一地确定了，显然也只有 0 或 1 两种可能的取值。例如，一个两变量的逻辑函数 $F(A, B)$，假设对于变量 A、B 的 4 种可能取值分别为 00，01，10，11，其中，$F(1, 1)$ 表示逻辑函数在变量取值为（1，1）时的对应结果。因此，逻辑函数与变量的所有可能取值之间存在一一对应关系可以用列表方式表示，如表 4-1 所示，这种表称为真值表，它在研究数字逻辑电路中获得广泛应用。

4.2.1　基本逻辑运算

在二值逻辑函数中，最基本的逻辑运算有与逻辑、或逻辑、非逻辑等 3 种运算。

1. 与逻辑运算

与逻辑运算简称与运算，又称逻辑乘，通常用符号"·"表示，称为与。两个变量的与运算的逻辑表达式为

$$F = A + B \tag{4.1}$$

N 个变量与运算的逻辑表达式为

$$F = A_1 \cdot A_2 \cdots A_N \tag{4.2}$$

式（4.1）所表示的逻辑关系也可以用真值表来表示，如表 4-1 所示。由表 4-1 可知，只有在 A、B 取值均为 1 时，逻辑函数 F 才为 1。其他取值都使 F 为 0。

2. 或逻辑运算

或逻辑运算简称或运算，又称逻辑加，通常用符号"+"表示，称为或。两个变量的或运算逻辑表达式为

$$F = A + B \tag{4.3}$$

N 个变量的或运算逻辑表达式为

$$F = A_1 + A_2 + \cdots + A_N \tag{4.4}$$

式（4.3）所表示的或运算也可以用真值表 4-2 来表示。由表 4-2 可知，只要有一个变量取值为 1，逻辑函数 F 的值就为 1。

3. 非逻辑运算

非逻辑运算简称非运算，又称为反相运算。非运算的逻辑表达式为

$$F = \overline{A} \tag{4.5}$$

式（4.5）中的 $\overline{A}$ 读作"A 非"，通常在变量字符上方画"—"表示非，真值表如表 4-3 所示。

表 4-1	与逻辑真值表	
A	B	F
0	0	0
0	1	0
1	0	0
1	1	1

表 4-2	或逻辑真值表	
A	B	F
0	0	0
0	1	1
1	0	1
1	1	1

表 4-3	非逻辑真值表
A	F
0	1
1	0

以上定义的 3 种基本逻辑运算统称逻辑运算。3 种运算符号·、+、—统称逻辑运算符。式（4.1）～式（4.5）统称逻辑函数表达式或逻辑表达式，简称逻辑式。它是描述逻辑函数与逻辑变量之间关系的表达式，逻辑式和真值表都是描述逻辑函数的重要工具。

实际中会出现一些复杂的逻辑式，它们都是由一些基本的逻辑运算符组合而成的。当 3 种运算符混合运算时，其运算顺序依次是非→与→或，其中与运算符可以省略不写；其次若有括号则先进行括号内运算；若括号与非号下的变量一致，则括号可以省略，例如：

$$F = \overline{(A + B)} \cdot C = \overline{(A + B)} \cdot C = \overline{A + BC}$$

4.2.2　逻辑函数基本定理

在介绍逻辑函数的基本定理之前，有必要先介绍逻辑函数相等的概念，设有两个逻辑函数：

$$F_1 = f_1(A_1, A_2, \cdots, A_N)$$
$$F_2 = f_2(A_1, A_2, \cdots, A_N)$$

如果对于 $A_1 \sim A_N$ 的任何一组取值使得 F_1 和 F_2 具有相同的值，则称这两个逻辑函数相等，即 $F_1 = F_2$。例如，$F_1 = A + B$，$F_2 = A + \overline{A}$，为了判断 F_1 与 F_2 是否相等，可以列出它们的真值表，如表 4-4 所示。由表 4-4 可见，对于变量的任何一组取值，F_1 和 F_2 均有相同的值，所以有 $F_1 = F_2$。既然 $F_1 = F_2$，就可以把 F_1 和 F_2 认为是同一个逻辑函数的不同表达式。相等的逻辑函数一定有相同的真值表，反之亦然。

表 4-4　相等函数真值表

A	B	F_1	F_2
0	0	0	0
0	1	1	1
1	0	1	1
1	1	1	1

1. 关于变量与常量的定理

$$\begin{cases} A \cdot 0 = 0 \\ A + 0 = 0 \end{cases} \tag{4.6}$$

$$\begin{cases} A \cdot 1 = 1 \\ A + 1 = 1 \end{cases} \tag{4.7}$$

2. 交换律、结合律、分配律

交换律：

$$\begin{cases} A \cdot B = B \cdot A \\ A + B = B + A \end{cases} \tag{4.8}$$

结合律：

$$\begin{cases} A \cdot (B \cdot C) = (A \cdot B) \cdot C \\ A + (B + C) = (A + B) + C \end{cases} \tag{4.9}$$

分配律：

$$\begin{cases} A \cdot (B + C) = AB + AC \\ A + BC = (A + B)(A + C) \end{cases} \tag{4.10}$$

3. 逻辑函数独有的基本定理

交换律、结合律、分配律同普通数学中的公式类似，下面几条是逻辑函数独有的基本定理。

互补率：

$$\begin{cases} A \cdot \overline{A} = 0 \\ A + \overline{A} = 1 \end{cases} \qquad (4.11)$$

重叠律：

$$\begin{cases} A \cdot A = A \\ A + A = A \end{cases} \qquad (4.12)$$

非非律：

$$\overline{\overline{A}} = A \qquad (4.13)$$

吸收律：

$$\begin{cases} A \cdot AB = A \\ A \cdot (A + B) = A \end{cases} \qquad (4.14)$$

摩根定律：

$$\begin{cases} \overline{A \cdot B} = \overline{A} + \overline{B} \\ \overline{A + B} = \overline{A} \cdot \overline{B} \end{cases} \qquad (4.15)$$

4.2.3 逻辑函数基本运算规则

1. 代入规则

对于一个含有变量 A 的等式，如果将所有出现 A 的地方都用函数 G 替换，则等式仍然成立。

因为任何一个逻辑函数都同逻辑变量一样，只有两种可能取值，所以代入规则是正确的。该规则的运用可以拓展定理的应用范围。

例 4.1 已知 $A + BC = (A + B)(A + C)$，设 $G = C + D$。试证明将所有出现变量 B 的位置以 G 替换，则等式仍然成立。

解

$$A + BC = A + (C + D)C = A + C$$
$$(A + B)(A + C) = (A + C + D)(A + C) = A + C$$
$$A + BC = (A + B)(A + C)$$

2. 反演规则

若已知逻辑函数 F，则只要将 F 表达式中的所有 "·" 换为 "+"，"+" 换为 "·"，常量 0 换为 1，常量 1 换为 0，所有原变量换为反变量，反变量换为原变量，即得其反函数

$\overline{F}$。反演规则实际上是摩根定律的推广应用，它的意义在于运用反演规则可以方便地求出反函数 $\overline{F}$（补函数）。

例 4.2 已知 $F = \overline{AB} + CD$，试求 $\overline{F}$。

解 由反演规则有

$$\overline{F} = \overline{\overline{A} + \overline{B}} \cdot (\overline{C} + \overline{D})$$

应用反演规则时应注意两点：其一，对跨越两个或两个以上变量的非号应保持不变；其二，不得改变原式的运算顺序。

依据逻辑函数的二值性质，如果两个逻辑函数相等，则它们的反函数必然相等，反之亦然。

3. 对偶规则

在介绍对偶规则前有必要先定义对偶式。设 F 为一个逻辑函数式，如果将 F 中所有的 "+" 换为 "·"、"·" 换为 "+"、1 换为 0、0 换为 1，而变量保持不变，则所得的新逻辑式就称为 F 的对偶式，记为 F' 或 F^*。例如：

$$F = A(B + \overline{C}), \qquad F' = A + B \cdot \overline{C}$$
$$F = (A + \overline{B})(A + C \cdot 1), \qquad F' = A \cdot \overline{B} + A \cdot (C + 0)$$

如果两个逻辑函数 F 和 G 相等，则它们的对偶式 F' 和 G' 也必然相等，反之亦然，这就是对偶规则。逻辑函数基本定理的两组表达式就是互为对偶式，也证明了该规则的正确性。

除以上 3 条基本运算规则外，还有一条在简化函数中运用十分广泛的添加项规则：如果两个乘积项中分别包含一个变量及其反变量，则用它们的系数（剩余变量）组成一个新乘积项，该乘积项加入原函数后不会改变函数的值，反之亦然，下面举例证明。

例 4.3 求证 $AB + \overline{A}C = AB + \overline{A}C + BC$。

证明

$$AB + \overline{A}C + BC = AB + \overline{A}C + \left(A + \overline{A}\right)BC$$
$$= AB + \overline{A}C + ABC + \overline{A}BC$$
$$= AB + \overline{A}C$$

例 4.4 求证 $AB + \overline{A}C + BCDE = AB + \overline{A}C$。

证明

$$AB + \overline{A}C + BCDE = AB + \overline{A}C + BC + BCDE$$
$$= AB + \overline{A}C + BC$$
$$= AB + \overline{A}C$$

4.3 逻辑函数标准型

一个逻辑函数可以有多种等效的表达式，但其标准形式是唯一的。逻辑函数有两种标准型，即标准与或式和标准或与式。

4.3.1　逻辑函数的两种标准形式

1. 最小项及标准与或式

设有 N 个变量为 $A_1 \sim A_N$，P 是由这 N 个变量组成的与项。若与项 P 中的每一个变量都以 A_i 或者 $\overline{A_i}$ 的形式出现一次且仅一次，则称 P 是最小项。例如，由 A_1、A_2、A_3 这 3 个变量构成的最小项有 $\overline{A_1}\,\overline{A_2}\,\overline{A_3}$、$\overline{A_1}\,A_2\,A_3$、$\overline{A_1}A_2A_3$、$\overline{A_1}A_2A_3$、$A_1\,\overline{A_2}\,A_3$、$A_1\overline{A_2}A_3$、$A_1A_2\overline{A_3}$、$A_1A_2A_3$ 这 8 个。

N 个变量构成的最小项共有 2^N 个，为了叙述和书写方便，通常用 m_i 来表示最小项。下标 i 按如下规则确定。

将变量 $A_1 \sim A_N$ 按顺序排列，与项中文字以原变量出现时记为 1，以反变量形式出现记为 0。它们按序排列成一个二进制数，其对应的十进制数即为 i 的值。

例如，三变量的最小项表示为 $\overline{A_1}\,\overline{A_2}\,\overline{A_3} = m_0$，$A_1A_2A_3 = m_7$；四变量的最小项表示为 $\overline{A_1}\,\overline{A_2}\,\overline{A_3}\,\overline{A_4} = m_0$，…，$A_1A_2A_3A_4 = m_{15}$。为了区分 m_i 是多少变量的最小项，通常在 m_i 的上方加一个上角标来注明变量数。例如，m_0^3 和 m_0^4 分别表示最小项 $\overline{A_1}\,\overline{A_2}\,\overline{A_3}$ 和 $\overline{A_1}\,\overline{A_2}\,\overline{A_3}\,\overline{A_4}$。在变量数已经明确的条件下，上角标可以省略。

由最小项的逻辑和所构成的逻辑函数式称为逻辑函数的标准与或式，又称最小项之和标准型。例如，三变量的逻辑函数为

$$F = \overline{ABC} + ABC$$

显然，F 便是标准与或式。

2. 最大项及标准或与式

设有 N 个变量为 $A_1 \sim A_N$，假如 Q 是由这 N 个变量构成的或项（和项），若 Q 中的每一个变量都以 A_i 或者 $\overline{A_i}$ 的形式出现一次且仅一次，则称 Q 是 N 变量的最大项。

N 个变量构成的最小项共有 2^N 个。例如，由 A_1、A_2、A_3 这 3 个变量构成的最大项有 $A_1 + A_2 + A_3$，$A_1 + A_2 + \overline{A_3}$，…，$\overline{A_1} + \overline{A_2} + \overline{A_3}$ 等 8 个。

最大项通常用 M_i 表示，但是，下角标 i 的确定规则与最小项不同。它是把最大项中以原变量出现记为 0，以反变量出现记为 1，它们按序排列成一个二进制数，其对应的十进制数即为 i 的值。

例如，$A_1 + A_2 + A_3 = M_0$，…，$\overline{A_1}\,\overline{A_2}\,\overline{A_3} = M_7$。

由最大项的逻辑乘构成的逻辑函数式称为逻辑函数的标准或与式，又称最大项之积标准型。例如，三变量的逻辑函数为

$$F = (A + \overline{B} + C)(\overline{A} + B + C)$$

显然，F 是逻辑函数的标准或与式。

3. 最小项与最大项的性质

1）最小项性质

性质 1　对于任意一个最小项，仅有一组变量取值，使它的值为 1，而变量的其他组取值，皆使它的值为 0；最小项不同，使其值为 1 的变量取值也不同。

例如，两个变量 A_1、A_2 组成的最小项为 $\overline{A_1}\,\overline{A_2}$、$\overline{A_1}A_2$、$A_1\overline{A_2}$、$A_1A_2$ 等 4 种。

使 $\overline{A_1}\,\overline{A_2}=1$ 时变量的取值为 00；使 $\overline{A_1}A_2=1$ 时变量的取值为 01；

使 $A_1\overline{A_2}=1$ 时变量的取值为 10；使 $A_1A_2=1$ 时变量的取值为 11。

性质 2　N 个变量组成的全体最小项的逻辑和为 1，即有

$$\sum_{i=0}^{2^n-1} m_i = 1 \tag{4.16}$$

其中，$\sum$ 为连或符号。因为对于 N 个变量的任意一组取值总对应着一个最小项为 1，所以全体最小项的逻辑和恒为 1。

2）最大项性质

性质 1　对于任意一个最大项，变量只有一组取值使它的值为 0，而变量的其他组取值使它的值皆为 1；并且最大项不同，使其为 0 的变量取值也不同。

仍以两变量为例说明。A_1、A_2 两变量共有 4 个最大项：

使 $A_1+A_2=0$ 时，变量的取值为 00；使 $A_1+\overline{A_2}=0$ 时，变量的取值为 01；

使 $\overline{A_1}+A_2=0$ 时，变量的取值为 10；使 $\overline{A_1}+\overline{A_2}=0$ 时，变量的取值为 11。

性质 2　N 个变量全体最大项的逻辑乘恒为 0，即有

$$\prod_{i=0}^{2^n-1} M_i \tag{4.17}$$

其中，$\prod$ 为连与符号。因为对于 N 个变量的任一组取值总对应着一个最大项为 0，所以全体最大项之和的逻辑乘恒为 0。

3）最小项与最大项的关系

设逻辑变量 A、B、C，则有 $m_5 = A\overline{B}C$。利用摩根定律对 m_5 求补，即有

$$\overline{m_5} = \overline{A\overline{B}C} = \overline{A} + B + \overline{C} = M_5$$

同理可得

$$\overline{M_5} = \overline{\overline{A} + B + \overline{C}} = A\overline{B}C = m_5$$

由此可见，m_5 和 M_5 是互补的，这个性质对于 N 个变量中任意一堆最小项 m_i 及最大项 M_i 都是适用的，即有

$$\overline{m_1} = M_i, \quad \overline{M_1} = m_i \tag{4.18}$$

4.3.2　将逻辑函数化为标准型

有时候需要将任意逻辑函数变换为标准型，实现该变换的方法很多，如借助逻辑运算或者借助真值表等工具来完成这种变换。下面我们将介绍这两种常用的变换方法。

1. 利用真值表将逻辑函数变换为标准型

利用真值表能方便地将逻辑函数变换为两种标准型，下面我们将结合例子来进行讨论。

例 4.5 将逻辑函数 $F = A\overline{C} + \overline{BC} + \overline{A}BC$ 变换为两种标准型。

解 首先作出函数的真值表，如表 4-5 所示。

表 4-5 例 4.5 真值表

A	B	C	F	$N\overline{F}$
0	0	0	1	0
0	0	1	0	1
0	1	0	0	1
0	1	1	1	0
1	0	0	1	0
1	0	1	0	1
1	1	0	1	0
1	0	1	0	1

由表 4-5 可知

$$F = (A,B,C) = \overline{ABC} + \overline{A}BC + A\overline{BC} + AB\overline{C}$$
$$= m_0 + m_3 + m_4 + m_6$$

或者简写为

$$F(A,B,C) = \sum m(0,3,4,6)$$

又由真值表可以写出

$$\overline{F}(A,B,C) = \overline{A}\overline{B}C + \overline{A}B\overline{C} + A\overline{B}C + ABC$$
$$= m_1 + m_2 + m_5 + m_7$$
$$= \sum m(1,2,5,7)$$

所以

$$F(A,B,C) = \overline{\overline{F}}(ABC) = \overline{m_1 + m_2 + m_5 + m_7}$$
$$= \overline{m_1} \cdot \overline{m_2} \cdot \overline{m_5} \cdot \overline{m_7}$$
$$= M_1 \cdot M_2 \cdot M_5 \cdot M_7$$

或者简写为

$$F(A,B,C) = \prod M(1,2,5,7)$$

由本例可以总结出利用真值表求逻辑函数标准型的方法。

标准与或式：由真值表确定 F 为 1 的项作为函数的最小项。若输入变量为 1，则取其变量本身；若输入变量为 0，则取其反变量。它们构成最小项，然后取这些最小项之和。

标准或与式：由真值表确定 F 为 0 的项作为函数的最大项。若输入变量为 1，则取其反变量；若输入变量为 0，则取其变量本身。它们构成最大项，然后取这些最大项之积。

2. 利用公式将逻辑函数变换为标准型

包含 N 个变量的任何一个逻辑函数，都可通过公式 $A + \overline{A} = 1(A \cdot \overline{A} = 0)$ 将非标准与或式（或与式）中的每一个与项（或项）所缺的变量逐步补齐，变换为标准与或式（或与式）。

例 4.6　将 $F = \overline{\overline{A}\overline{B}}(A + C)$ 变换成两种标准型。

解　标准与或式：

$$F = \overline{\overline{A}\overline{B}}(A + C) = (\overline{A} + B)(A + C) = \overline{A}C + AB + BC = \overline{A}C + AB$$
$$= \overline{A}(B + \overline{B})C + AB(C + \overline{C}) = \overline{A}BC + \overline{A}\overline{B}C + ABC + AB\overline{C}$$
$$= m_1 + m_3 + m_6 + m_7$$

标准或与式：

$$F = (\overline{A} + B)(A + C) = (\overline{A} + B + C \cdot \overline{C})(A + B \cdot \overline{B} + C)$$
$$= (\overline{A} + B + C)(\overline{A} + B + \overline{C})(A + B + C)(A + \overline{B} + C)$$
$$= M_0 \cdot M_2 \cdot M_4 \cdot M_5$$

3. 两种逻辑函数标准型之间的关系

在将一个 N 变量的标准与或式改写成标准或与式时，其最大项的编号（下标 i 的值）必定都不是最小项的编号，而且最小项与最大项的总个数为 2^N。

由 m 个最小项构成的 N 变量函数的标准与或式，其反函数可以用 m 个最大项构成的标准或与式表示，这 m 个最大项的编号同 m 个最小项的编号全部一致。

第三篇　计算机系统（系统思维）

1969 年 7 月美国"阿波罗 11 号"载人宇宙飞船按照预定时间在月球表面着陆，这是人类有史以来第一次踏上月球，"阿波罗计划"的目的是实现载人登月飞行和人对月球的实地考察，为后续航天任务进行技术准备，它是世界航天史上具有划时代意义的成就。

"阿波罗计划"始于 1961 年 5 月，直至 1972 年 12 月"阿波罗 17 号"第 6 次登月成功结束，历时约 11 年。"阿波罗计划"的成功，在很大程度上要归功于系统思维方法的运用。

首先，这次登月飞行的准备工作就构成了一个规模极其庞大的系统，在工程高峰期它要组织 200 多所大学、80 多个大大小小的科研机构和 2 万多家工厂企业参加研制，总人数超过了 30 万人，美国以举国的精英参与其中，"阿波罗计划"所需资金也达到了一个天文数字。当"阿波罗计划"结束时，美国人核算成本，每艘阿波罗飞船的造价是等重量黄金的 15 倍。怎样安排如此庞大的人力、物力和财力，这些问题本身就构成了一个系统，只有运用系统思维方法才能获得最佳的技术和经济效果。

其次，这次登月飞行的设施装备，也构成了一个规模极为庞大的系统，"阿波罗计划"中飞船包括：火箭推进系统、飞船运载系统、制导控制系统、通信遥测系统、生命维持系统等一系列"子系统"，还需要将这些"子系统"有机地联系在一起，构成一个规模更大的技术系统，并使它的任何一个环节都能按指令正常运行，不发生任何差错。这除了运用系统思维方法，以往任何一种传统的方法都无法胜任。

系统思维是原则性与灵活性有机结合的基本思维方式。只有系统思维，才能抓住整体，抓住要害，才能不失原则地采取灵活有效的方法处置事务。系统思维就是人们运用系统观点，把对象的互相联系的各个方面及其结构和功能进行系统认识的一种思维方法。领导者思考和处理问题的时候，必须从整体出发，把着眼点放在全局，注重整体效益和整体结果。只要合于整体、全局的利益，就可以充分利用灵活的方法来处置事务。

第5章 计算机硬件

5.1 引 言

计算机硬件（computer hardware）是指计算机系统中由电子、机械和光电元件等组成的各种物理装置的总称。计算机硬件包括计算机中所有物理的部件（如 CPU、内存条、硬盘、光驱、键盘、显示器、鼠标等），它的功能是输入并存储程序和数据，以及执行程序，把数据加工成可以利用的形式。

计算机硬件是支撑软件工作的基础，没有硬件的支持，软件将无法正常工作；反过来没有软件的硬件像没有大脑的人一样，不知道该做什么工作。例如，我们从键盘输入数据或文字，通过显示器显示文字或图像，通过打印机打印文件等，都需要相应的软件告诉硬件该完成什么具体的操作任务。

计算机存储与处理的都是二进制数字数据，即 0、1 代码，所以计算机硬件能执行的软件也必须是二进制（0、1）代码编写的，否则计算机将无法识别。这种计算机硬件能够直接识别的程序一般使用机器语言来编写，程序全部由 0、1 代码组成（如图 5-1 中右边方框图内所示），但是这样的程序不利于程序员编写和阅读，所以现在的程序大多使用高级语言编写（如 C 语言、Java 语言），然而用高级语言编写的程序计算机硬件是不能直接识别的，必须通过翻译程序，翻译成机器语言后才能正确执行。

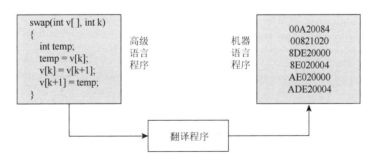

图 5-1　计算机硬件执行的机器语言程序

5.2 冯·诺依曼模型

当代计算机的体系结构是由冯·诺依曼等提出的。他的一篇"EDVAC 的报告书的第一份草案"的报告广泛而具体地介绍了制造电子计算机和程序设计的新思想。这份报告是计算机发展史上一个划时代的文献，它向世界宣告：电子计算机的时代开始了。

EDVAC 报告中阐明了计算机由 5 个部分组成，包括运算器、控制器、存储器、输入设备和输出设备，同时还描述了这 5 部分的职能和相互关系。到目前为止大多数计算机仍沿用这一模型。

冯·诺依曼对计算机的贡献精髓有两点：二进制思想与程序内存思想。

冯·诺依曼建议在电子计算机中采用二进制，并预言二进制的采用将极大地简化计算机的逻辑线路。原始的计算机只存储数据，程序是由程序员现场逐行输入的，计算机的整体工作效率非常低，于是冯·诺依曼提出了程序内存的思想：把程序事先存放在计算机的存储器中，程序设计员只需要在存储器中寻找运算指令，机器就会自行计算。这样，就不必每个问题都重新编程。从而显著加快了运算进程。这一思想标志着自动运算的实现，标志着电子计算机的成熟，成为电子计算机设计的基本原则。鉴于冯·诺依曼在发明电子计算机中起到的关键性作用，他被西方人誉为"计算机之父"。

计算机进行解题的过程和我们用算盘解题的情况类似。运算器类似于算盘，是计算机中具有计算功能的部件；存储器相当于纸，是计算机中具有记忆功能的部件；输入设备或者输出设备相当于笔，是把原始解题数据送到计算机或者把运算结果显示出来的设备；控制器则相当于人的大脑，是能够自动控制整个计算过程的部件。下面分别介绍五大部件的基本功能与组成。

5.2.1　五个部件

基于冯·诺依曼模型建造的计算机分为 5 个部件：运算器、存储器、控制器、输入设备和输出设备（图 5-2）。

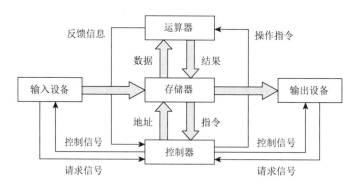

图 5-2　冯·诺依曼模型

1. 存储器

存储器（memory）是用来存储的区域，在计算机的处理过程中存储器用来存储数据和程序，是计算机中各种信息存储和交流的中心。使用时，可以从存储器中获取信息，而不破坏原有信息，这种操作称为存储器的读操作；也可以将信息放入存储器，原有的信息被抹掉，这种操作称为存储器的写操作。

2. 运算器

运算器又被称为算术逻辑单元（ALU），是用来进行算术运算和逻辑运算的部件。在控制器的控制下，它对取自存储器中的数据进行算术运算或逻辑运算，再将运算结果送到存储器。在计算机中，算术运算是指加、减、乘、除等基本运算；逻辑运算是指逻辑判断、关系比较以及其他基本逻辑运算，包括逻辑与、逻辑或、逻辑非等。

3. 控制器

控制器（control unit）也称控制单元，是对存储器、运算器、输入设备、输出设备等部件进行控制操作的单元，是计算机的神经中枢和指挥中心。执行程序时，控制器首先从存储器中取出一条指令，其次对指令进行分析，根据对指令的分析得到指令的功能，最后按指令的功能要求向有关部件发出控制命令，从而完成该指令所规定的任务。计算机依次执行一系列指令，按照一系列指令所组成的程序的要求自动、连续地处理一个事务。

4. 输入设备

输入设备（input device）负责从计算机外部接收用户输入的原始数据和程序，并将它们转变为计算机能够识别的形式（二进制编码）存放内存中，以便于计算机进行进一步处理。常用的输入设备有鼠标、键盘、话筒、扫描仪、游戏手柄、触摸板等。

5. 输出设备

输出设备（output device）负责将计算机的处理结果输出到计算机外部，将计算机处理得到的结果数据转变为用户可以接受的形式。常用的输出设备有显示器、打印机、音响等。

5.2.2　存储的程序概念

冯·诺依曼模型中要求程序必须存储在内存中。这和早期只有数据才存储在存储器中的计算机结构完全不同。完成某一任务的程序是通过操作一系列的开关或改变其配线来实现的。

现代计算机的存储单元主要用来存储程序及其相应数据。这意味着数据和程序应该具有相同的格式，这是因为它们都储存在存储器中。实际上它们都是以位模式（0 和 1 序列）存储在内存中的。

5.2.3　指令的顺序执行

冯·诺依曼模型中的一段程序是由一组数量有限的指令组成的。按照这个模型，控制单元从内存中提取一条指令，解释指令，接着执行指令。换句话说，指令就一条接着一条按顺序执行，当然，一条指令可能会请求控制单元以便跳转到其前面或者后面的指令去执行，但是这并不意味着指令没有按照顺序来执行。指令的顺序执行是基于冯·诺依曼模型的计算机的初始条件。当今的计算机以最高效的顺序来执行程序。

5.3　中央处理单元

中央处理单元（CPU）用于数据的运算。在大多数体系结构中，它有三个组成部分：算术逻辑单元（ALU）、控制单元、寄存器组（快速存储单元），如图 5-3 所示。

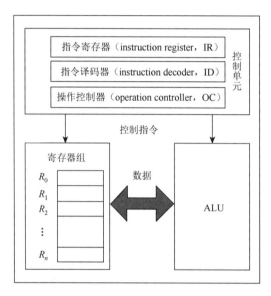

图 5-3　中央处理单元

5.3.1　算术逻辑单元

算术逻辑单元（ALU）对数据进行逻辑、移位和算术运算。

1. 逻辑运算

计算机中的数据是以位模式进行存储的，逻辑运算是指那些应用于模式中的一个二进制位，或在两个模式中相应的两个二进制位的相同基本运算。这意味着我们可以在位层次上和模式层次上定义逻辑运算。模式层次上的逻辑运算是具有相同类型的位层次上的 n 个逻辑运算，这里的 n 就是模式中的位的数目。

2. 移位运算

移位运算移动模式中的位，改变位的位置。它们能向左或向右移动位。我们可以把移位运算分成两大类：逻辑移位运算和算术移位运算。逻辑移位运算用来对二进制位模式进行向左或右的移位，而算术移位运算应用于整数。它们的主要用途是用 2 除或乘一个整数。

3. 算术运算

算术运算包括加、减、乘、除等，适用于整数和浮点数。

5.3.2　寄存器组

寄存器是用来临时存放数据的高速独立的存储单元。CPU 的运算离不开多个寄存器。其中的一些寄存器可参见图 5-3。

1. 数据寄存器

过去，计算机只有几个数据寄存器用来存储输入数据和运算结果。现在，由于越来越多的复杂运算改由硬件设备实现（而不是使用软件），所以计算机在 CPU 中使用几十个寄存器来提高运算速度，并且需要一些寄存器来保存这些运算的中间结果。在图 5-3 中数据寄存器被命名为 $R_1 \sim R_n$。

2. 指令寄存器

现在，计算机存储的不仅是数据，还有存储在内存中相对应的程序。CPU 的主要职责是从内存中逐条地取出指令，并将取出的指令存储在指令寄存器（图 5-3 中的 IR）中，解释并执行指令。

3. 程序计数器

CPU 中另一个通用寄存器是程序计数器。程序计数器中保存着当前正在执行的指令。当前的指令执行完后，计数器将自动加 1，指向下一条指令的内存地址。

5.3.3　控制单元

CPU 的第 3 个部分是控制单元，控制单元（control unit）负责程序的流程管理。正如工厂的物流分配部门，控制单元是整个 CPU 的指挥控制中心，由指令寄存器 IR、指令译码器 ID 和操作控制器 OC 三个部件组成，对协调整个计算机有序工作极为重要。其基本功能是从内存取指令、分析指令和执行指令。

5.4　分层存储体系

主存储器是计算机中的第 2 个主要子系统（图 5-4）。它是存储单元的集合，每一个存储单元都有唯一的标识，称为地址。数据以称为字的位组的形式在内存中传入和传出。字可以是 8 位、16 位、32 位，甚至有时是 64 位（还在增长），如果字是 8 位，一般称为 1 字节。术语字节在计算机科学中使用相当普遍，因此有时也称 16 位为 2 字节，32 位为 4 字节。

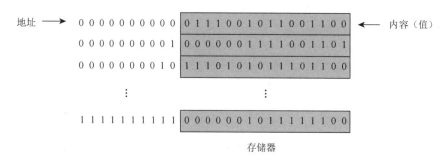

图 5-4　主存储器

5.4.1　地址空间

在存储器中存取每个字都需要有相应的标识符。尽管程序员使用命名的方式来区分字（或一组字的集合），但在硬件层次上，每个字都是通过地址来标识的。所有在存储器中标识的独立的地址单元的总数称为地址空间。例如，一个 64KB、字长为 1 字节的内存的地址空间的范围为 0～65535。

表 5-1 给出了经常用来表示存储大小的单位名称。注意这些专用术语可能有误导，好像以 10 的幂的形式来近似地表示字节数，而实际上字节的数目是 2 的幂。采用 2 的幂形式为单位使得寻址更为方便。

表 5-1　存储单位

单位	字节数的准确值	近似值
千字节	2^{10}（1024）字节	10^{3} 字节
兆字节	2^{20}（1048576）字节	10^{6} 字节
千兆字节	2^{30}（1073741824）字节	10^{9} 字节
兆兆字节	2^{40} 字节	10^{12} 字节

由于计算机都是以位模式存储数，并进行运算，因此存储地址也是用位模式表示的。如果一个内存是 64KB（2^{16}），字长为 1 字节，那么就需要 16 位的位模式来确定地址。内存地址用无符号二进制整数表示（不用负的地址）。或者说，起始地址通常是 00000000000000（地址 0），最后一个地址通常是 1111111111111（地址 65535）。如果一个计算机有 N 个字的存储空间，那就需要有 $\log_2 N$ 位的无符号整数来确定每一个存储单元。

5.4.2　存储器的类型

主要有两种类型的存储器：RAM 和 ROM。

1. RAM

随机存取存储器（RAM）是计算机中主存的主要组成部分。在随机存取设备中，可以使用存储单元地址来随机存取一个数据项，而不需要存取位于它前面的所有数据项。该术语有时因为 ROM 也能随机存取而与 ROM 混淆，RAM 和 ROM 的区别在于，用户可读写 RAM，即用户可以在 RAM 中写信息，然后可以方便地通过覆盖来擦除原有信息。

RAM 的另一个特点是易失性。当系统断电后信息（程序或数据）将丢失。换句话说，当计算机断电后，储存在 RAM 中的信息将被删除。RAM 技术又可以分为两大类：SRAM 和 DRAM。

1）SRAM

静态 RAM（SRAM）技术是用传统的触发器门电路（有 0 和 1 两个状态的门）来保存数据。这些门保持状态（0 或 1），这也就是说当通电的时候数据始终存在，不需要刷新。SRAM 速度快，但是价格昂贵。

2）DRAM

动态 RAM（DRAM）技术使用电容器。如果电容器充电，则这时的状态是 1；如果放电，则状态是 0。因为电容器会随时间而漏掉一部分电，所以内存单元需要周期性地刷新。DRAM 速度比较慢，但是比较便宜。

2. ROM

只读存储器（ROM）的内容是由制造商写进去的。用户只能读但不能写，它的优点是非易失性：当切断电源后，数据也不会丢失。通常用来存储那些关机后也不能丢失的程序或数据。例如，用 ROM 来存储那些在开机时运行的程序。

1）PROM

它是称为可编程只读存储器（PROM））的一种 ROM。这种存储器在计算机发货时是空白的。计算机用户借助一些特殊的设备可以将程序存储在上面。当程序被存储后，它就会像 ROM 一样不能重写。也就是说计算机用户可以用它来存储一些特定的程序。

2）EPROM

它是称为可擦除的可编程只读存储器（EPROM）的一种 PROM。用户可以对它进行编程，但是得用一种可以发出紫外光的特殊仪器对其擦写。EPROM 存储器需要拆下来擦除再重新安装。

3）EEPROM

它是称为电可擦除的可编程只读存储器（EEPROM）的一种 EPROM。对它的编程和擦除用电子脉冲即可，无须从计算机上拆下来。

5.4.3　存储器的层次结构

计算机用户需要许多的存储器，尤其是速度快且价格低廉的存储器。但这种要求并不总能得到满足。存取速度快的存储器通常都不便宜，而价格低廉的存储器速度又较慢。解决的办法就是采用存储器的层次结构（图 5-5）。该层次结构图具体如下所述。

（1）当对速度要求很苛刻时，可以使用少量高速存储器。CPU 中的寄存器就是这种存储器。

（2）用适量的中速存储器来存储经常需要访问的数据。例如，下面将要讨论的高速缓冲存储器，就属于这一类。

（3）用大量的低速存储器存储那些不经常访问的数据。主存就属于这一类。

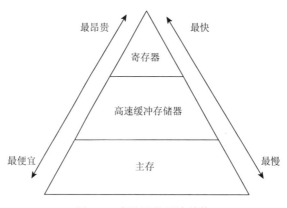

图 5-5　存储器的层次结构

5.4.4　高速缓冲存储器

高速缓冲存储器的存取速度要比主存快，但是比 CPU 及其内部的寄存器慢。高速缓冲存储器通常容量较小，且常被置于 CPU 和主存之间（图 5-6）。

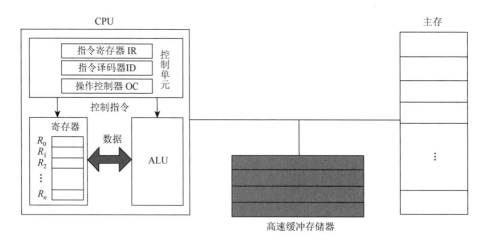

图 5-6　高速缓冲存储器

高速缓冲存储器在任何时间都含有主存中一部分内容的副本。当 CPU 要存取主存中的一个字时，将按以下步骤进行。

（1）CPU 首先检查高速缓冲存储器。

（2）如果要存取的字存在，CPU 就将它复制；如果不存在，CPU 将从主存中复制一份从需要读取的字开始的数据块。该数据块将覆盖高速缓冲存储器中的内容。

（3）CPU 存取高速缓冲存储器并复制该字。

这种方式将提高运算的速度：如果字在高速缓冲存储器中，就立即存取它。如果字不在高速缓冲存储器中，字或整个数据块就会被复制到高速缓冲存储器中。因为很有可能 CPU 在下次存取中需要存取上次存取的第一个字的后续字，所以高速缓冲存储器可以显著提高处理的速度。

可能有人会好奇：为什么虽然高速缓冲存储器存储容量小，但效率却很高。这是由于 80-20 规则。据观察，通常计算机花费 80%的时间来读取 20%的数据。换句话说，相同的数据往往被存取多次。高速缓冲存储器，凭借其高速，可以存储这 20%的数据而使存取至少快 80%。

5.5　输入/输出系统

计算机中的第 3 个子系统是称为输入/输出（I/O）子系统的一系列设备。这个子系统可以使计算机与外界通信，并在断电的情况下存储程序和数据。输入/输出设备可以分为两大类：非存储设备和存储设备。

5.5.1　非存储设备

非存储设备使得 CPU/内存可以与外界通信，但它们不能存储信息。

1. 键盘和监视器

两个最常见的非存储输入/输出设备是键盘和监视器。键盘提供输入功能，监视器显示输出并同时响应键盘的输入。程序、命令和数据的输入或输出都是通过字符串进行的。字符则是通过字符集（如 ASCII 码）进行编码的。此类中其他的设备有鼠标、操纵杆等。

2. 打印机

打印机是一种用于产生永久记录的输出设备。它是非存储设备，因为要打印的材料不能直接由打印机输入计算机中，而且也不能再次利用，除非有人通过打字或扫描的方式再次输入计算机中。

3. 触摸屏

我们已经知道了二级存储设备如何为 CPU 使用的数据和程序提供存储单元。使用其他输入/输出设备则允许用户与正在执行的程序进行交互。有许多常见的例子，如上面提到的鼠标和键盘，它们提供信息，还有通常阅读显示器显示的信息。其他的输入设备包括条形码阅读器和图像扫描仪，输出设备则包括打印机和绘图仪。

　　我们这里要详细介绍的是一种特殊的 I/O 设备——触摸屏，它显示文本和图形的方式与常规的显示器相同，此外，它还能探测到用户在屏幕上用手指或书写笔的触摸，并做出响应。通常，一个 I/O 设备只能担任输入设备或者输出设备，但是触摸屏兼具两者的功能。

　　读者可能在各种情况下见过触摸屏，如在银行、餐馆和博物馆。图 5-7 展示了一位用户正在使用触摸屏。在需要复杂的输入的情况下，触摸屏非常有用，它还有一个好处，就是被保护得相当好。餐厅中的服务生如果用触摸屏点菜，则比用键盘好得多，键盘上的按键远远多于完成点菜这样的任务所必需的数量，而且食物和饮料很容易使键盘损毁。

图 5-7　触摸屏

　　触摸屏并非只能检测到触摸，它还能知道触摸屏幕的位置。通常用图形化的按钮来表示选项，让用户通过触摸屏幕上的按钮做出选择。这个方面，触摸屏与鼠标没什么区别。跟踪鼠标的移动可以得到鼠标的位置，当单击鼠标时，鼠标指针的位置将决定按下的是哪一个图形化按钮。在触摸屏上，触摸屏幕的位置决定了按下的按钮。

　　那么，触摸屏是如何检测到触摸的呢？此外，它如何知道触摸屏幕的位置呢？目前用来实现触摸屏的技术有几种，我们来简短地探讨一下这些技术。

　　电阻式触摸屏由两个分层构成，每个分层由导电材料制成，一层是水平线，一层是竖直线，两个分层之间有非常小的空隙。当上面的分层被按下后，它将与下面的分层接触，使电流流通，接触的竖直线和水平线说明了触摸屏幕的位置。

　　电容式触摸屏在玻璃屏幕上附加了一个层压板，它可以把电流导向任何方向，而且屏幕的四角还有等量的微弱电流。当屏幕被触摸时，电流将流向手指或书写笔。电流流动得非常缓慢，用户甚至感觉不到这种电流。触摸屏幕的位置是靠比较来自每个角的电流的强弱确定的。

　　红外触摸屏把十字交叉的水平和竖直红外光束投射到屏幕的表面。屏幕反面的传感器将探测光束。用户触摸屏幕时，会打断光束，此时能够确定断点的位置。

　　表面声波（surface acoustic wave，SAW）触摸屏与红外触摸屏相似，只不过它投射的是在水平和垂直坐标轴上相交的高频声波。当手指触摸到屏幕时，相应的传感器将检测到断点，并确定触摸的位置。

注意，可以用戴手套的手指触摸电阻式触摸屏、红外触摸屏和表面声波触摸屏，但不能用到电容式触摸屏上，因为它依靠的是流向触摸点的电流。

5.5.2　存储设备

尽管存储设备被分为输入/输出设备，但它可以存储大量的信息以备后用。它们要比主存便宜得多，而且存储的信息也不易丢失（即使断电，信息也不会丢失）。有时称它们为辅助存储设备。

1. 磁介质存储设备

磁介质存储设备使用磁性来存储位数据。如果一点有磁性则表示 1，如果没有磁性则表示 0。

1）磁盘

它是由一张一张的磁片叠加而成的。这些磁片由薄磁膜封装起来。信息是通过盘上每一个磁片的读/写磁头读写磁介质表面来进行读取和存储的。图 5-8 给出了磁盘驱动的物理布局和磁盘的组织。

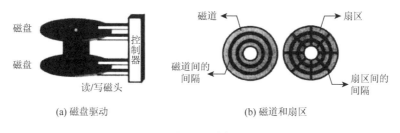

(a) 磁盘驱动　　　　　　　(b) 磁道和扇区

图 5-8　磁盘

为了将数据存储在磁盘的表面，每个盘面都被划分成磁道，每个磁道又分成若干个扇区（图 5-8）。磁道间通过磁道内部间隔隔开，扇区间通过扇区内部间隔隔开。

磁盘是一个随机存取设备。在随机存取设备中，数据项可以被随机存取，而不需要存取放置在其前的所有其他数据。但是，在某一时间可以读取的最小的存储区域只能是一个扇区。数据块可以存储在一个或多个扇区上，而且该信息的获取不需要通过读取磁盘上的其他信息。

磁盘的性能取决于以下几个因素：角速度、寻道时间和传送时间。角速度定义了磁盘的旋转速度。寻道时间定义了读/写磁头寻找数据所在磁道的时间。传送时间定义了将数据从磁盘移到 CPU/内存所需要的时间。

2）磁带

磁带大小不一。最普通的一种是用厚磁膜封装的半英寸塑料磁带。磁带用两个滚轮承接起来，当转动的磁带通过读/写磁头的时候，就可以通过磁头来读写磁带上的数据。图 5-9 展示了磁带的机械构造。

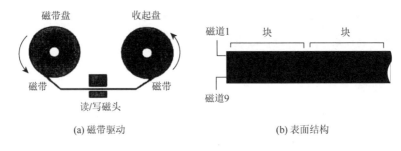

图 5-9　磁带

　　根据磁带的宽度可以将其分为 9 个磁道；磁道上的每个点可存储 1 位的信息。垂直切面的 9 个点可以存储 8 位（即 1 字节）的信息，还有 1 位用作错误检测（图 5-9）。

　　磁带是顺序存取设备。尽管磁带的表面可能会分成若干块，但是却没有寻址装置来读取每个块。要想读取指定的块就需要按照顺序通过其前面所有的块。

　　尽管磁带的速度比磁盘慢，但它非常廉价。

2. 光存储设备

　　光存储设备使用光（激光）技术来存储和读取数据。在发明了 CD（光盘）后人们利用光存储技术来保存音频信息。现在，相同的技术（稍作改进）被用于存储计算机上的信息。使用这种技术的设备有只读光盘（CD-ROM）、可刻录光盘（CD-R）、可重写光盘（CD-RW）、数字化多功能光盘（digital versatile disc，DVD）。

　　CD 是光盘（compact disc）的缩写，CD 驱动器使用激光读取存储在塑料盘片上的信息。CD 上面没有同心磁道，而只有一个从里向外盘旋的螺旋磁道。与磁盘一样，这个磁道被划分为扇区。CD 中的数据是均匀分布在整个光盘上的，因此外边缘处磁道存储的信息比较多，一转读到的信息也比较多。为了使整个光盘的传送速率一致，盘片的旋转速度会根据光束的位置而变化。

　　附加在 CD 后面的其他字母说明了光盘的各种性质，如格式或其上的信息是否可以更改等。CD-DA 是数字音频光盘（compact disc digital audio）的缩写，说明了录音采用的格式。这种格式中的某些域用于时间安排信息。CD-DA 中的一个扇区可以存放 1s 音乐的 1/75。

　　CD-ROM 与 CD-DA 一样，只是格式不同。在 CD-DA 中，存储在扇区中的数据是为时间安排信息预留的。ROM 是只读存储器的缩写。在介绍广告中的 CD-ROM 时提到过，只读存储器中的数据是永久存储在光盘上的，不能改变。CD-ROM 上的一个扇区能存放 2KB 数据，容量大约为 600MB。

　　CD-R 代表了可记录的光盘，它允许写入数据。CD-R 的内容在数据记录一次后就不能再进行改变。CD-RW 代表可重写的光盘，意味着这种 CD 能够多次写入数据。

　　目前最常见的一种复制电影的形式是 DVD，它代表了数字化多功能光盘（虽然现在通常只使用简称）。由于它具有大容量存储能力，DVD 光盘非常适合记录音频和视频结合的多媒体文件。

DVD 存在多种形式：DVD＋R、DVD–R、DVD＋RW、DVD–RW，每一种都可能带有 DL 前缀。"＋""–"代表两种格式。如同 CD 一样，R 表示可记录的，RW 表示可重写的。DL 代表双层，它几乎具有普通 DVD 两倍的容量。DVD–R 的容量是 4.7GB，而 DL DVD–R 的容量为 8.5GB。随后，出现了蓝光格式，普通蓝光盘容量是 25GB，双层蓝光盘容量是 50GB。"蓝光"指的是 CD 或 DVD 驱动器中使用的是蓝色激光而不是红色激光。

注意，CD-ROM 和 DVD-ROM 的速度单位是 X，它表示标准的音频 CD 和 DVD 播放器的速度。在评估这类设备时，列出的速度是一个最大值，表示读取光盘上的某些部分数据的速度。它们并非平均值。因此，在衡量性价比时，读盘速度越快并不一定表示越好。

3. 电存储设备

电存储设备是指半导体存储器，其采用超大规模集成电路工艺制成存储芯片，每个芯片中包含相当数量的存储单元，再由相当数量的芯片构成存储器。

闪存是一种非易失性存储器，即断电数据也不会丢失。因为闪存不像 RAM（随机存取存储器）一样以字节为单位改写数据，因此不能取代 RAM。

闪存卡（flash card）是利用闪存（flash memory）技术达到存储电子信息的存储器，一般应用在数码相机、掌上电脑、MP3 等小型数码产品中作为存储介质，所以样子小巧，犹如一张卡片，所以称为闪存卡。根据不同的生产厂商和不同的应用，闪存卡大概有 SmartMedia（SM）卡、CompactFlash（CF）卡、MultiMediaCard（MMC）卡、SecureDigital（SD）卡、Memory Stick（记忆棒）、XD-PictureCard（XD）卡和微硬盘（Microdrive）这些闪存卡虽然外观、规格不同，但是技术原理都是相同的。

IBM 公司在 1998 年引进了闪存，将其作为软盘的替代品。图 5-10 展示了一个闪存（或称为 U 盘），闪存是一种可写入可擦除的非易失性计算机存储器。驱动器集成在一个 USB（通用串行总线）中。现今大多数计算机已经不支持软盘，但是它们都有 USB 端口。

图 5-10　闪存（U 盘）

闪存也被用于制作固态硬盘（SSD），固态硬盘能够直接取代普通硬盘。由于固态硬盘是全电子的且没有运动部件，它比普通硬盘速度更高、功耗更低。即使是这样，它的存储介质也会最终被磨损，这意味着固态硬盘也会像普通硬盘一样出故障。

5.6　计算机硬件扩展技术

5.6.1　多核技术

多核计算机也称为单芯片多处理器，指在一个单独的硅片上结合两个或多个处理器（称为核）。典型地，每个核由一个独立处理器的所有组件构成，如寄存器组、ALU、流水线硬件以及控制单元，加上 L1 指令和数据 Cache。除了多个核，当代多核芯片也包括 L2 Cache，并在一些例子中，还有 L3 Cache。

现存的多核处理器架构有两种：一种是 AMD 架构，另一种是 Intel 架构。

Intel 架构每个核心采用独立式缓存设计，在处理器内部两个核心之间是互相隔绝的，处理器外部（主板北桥芯片）的仲裁器负责两个核心之间的任务分配以及缓存数据的同步等协调工作。两个核共享前端总线，并依靠前端总线在两个核心之间传输缓存同步数据。

与 Intel 架构不同，基于 AMD 架构的 Athlon 64 X2 的两个内核并不需要经过 MCH 进行相互之间的协调。AMD 在 Athlon 64 X2 双核心处理器的内部提供了一个称为系统请求队列（system request queue，SRQ）的技术，在工作的时候每一个核心都将其请求放在 SRQ 中，当获得资源后请求将会被送往相应的执行核心，也就是说所有的处理过程都在 CPU 核心范围内完成，并不需要借助外部设备。

从流行的两种架构可以看到，每个核有独立的 L2 缓存资源以及执行单元，而它们共享 L1 缓存资源和内存资源，这个共同点决定了每个核可独立地进行指令译码和运算，还有自己的 CU，所以多核处理器是典型的 MIMD 体系结构，即在同一时刻可以执行多条指令，本质上，是用硬件上的资源重复来实现并行，这与传统的并发技术是不同的。

由于多核处理器的各个核执行的程序之间有时需要进行数据共享与同步，因此其硬件结构必须支持核间通信，目前主流的核间通信机制有两种，一种是通过共享总线来连接，另一种是通过交叉开关或片上网络连接，后者的扩展性好，而前者则可能随着核数目的增加而陷入争用总线资源的瓶颈。

随着处理器性能的提升，处理的延迟时间减少，同时处理的吞吐量也提高了。试想一下，以前我们各种数字处理，无论图像处理、3D 动画，还是电影生产，在相同时间内我们的数据处理量得到了成倍的增长，必然呈现给我们更逼真的图像，更流畅的动画，更高质量的电影。

目前，我们的 8 核乃至更多核的技术很好地运用于客户机——服务器领域，使服务器的响应时间、数据吞吐量方面的瓶颈问题得到很好的改善，我们通过负载均衡技术对任务进行合理划分，实现多线程并行处理。

5.6.2　高性能计算机

高性能计算机主要是指具有高运算能力、大存储容量、强大计算和处理数据能力，可以处理一般计算机无法处理的大量数据资料，还包括功能丰富的软件系统、多样的外部设备的计算机。

高性能计算机主要运用在科学研究及军工领域，为国家的信息化建设提供了根本性的保障，它对国家安全、经济和社会发展具有举足轻重的意义。因此高性能计算机研究发展，不仅推动科技的发展、改善人民生活水平、推进社会进步、加强信息化建设及国民经济建设，而且在加强国防建设与国家安全等方面催生大量相关产业的发展。

高性能计算机从 20 世纪 70 年代开始发展，向向量机、大规模并行处理计算机（massively parallel processing，MPP）、集群等阶段逐步发展。1982 年克雷公司生产世界上第一台并行向量机 CrayX-MP/2，采用先行控制和重叠操作技术、运算流水线、交叉访问的并行存储器等并行处理结构。

美国等发达国家在 20 世纪 90 年代重点研究高性能计算机，并取得不少重要成果。其中，美国橡树岭国家实验室（Oak Ridge National Laboratory，ORNL）所属美国能源部，以面向国家的科研服务为主，在计算科学、地球科学、生物科学、物理学、材料科学等领域都有该实验室的高性能计算能力的应用。美国劳伦斯·利弗莫尔国家实验室（Lawrence Livermore National Laboratory，LLNL）则是运用先进的科学技术确保国家核武器的安全可靠，将高性能的计算能力应用到国防与全球安全、光子科学、工程学、物理与生命科学等多个科研领域。德国于利希超级计算中心则不对外提供服务，在环境科学、网络技术、能源科学、生物医学等领域为德国核物理研究所的科学研究提供计算服务。

国外的高性能计算机高速发展的同时，国内的高性能计算机发展也在奋起直追，逐步减小与世界先进水平的差距，其中中国科学院超算中心（Supercomputer Center of Chinese Academy of Sciences，SCCAS）是我国最早的计算科学机构，主要研究并行计算的实现及应用服务。其不仅为院内各类科研院提供科学计算服务，也为院外单位和高等院校提供科学计算服务。

国家超级计算天津中心（National Super Computer Center in Tianjin，NSCC-TJ）于 2009 年正式批准建设，这是一个具有交叉性质的超级计算中心，虽然它与美国等发达国家的超级计算中心仍有着一定的差距，但也为国内众多科研机构提供高性能计算服务，包括人类基因、海洋生态环境、可控核聚变等研究，取得不少高水平的成果。"天河二号"超级计算机系统由国防科技大学于 2013 年研制而成，是一个应用于国家级超算中心的高性能计算机，而且它在交叉性质上更胜一筹，尤其在智慧城市、基因测序、生物医药、云计算和信息服务等领域都应用了高性能计算能力。

近年来，我国高性能计算机发展迅速，取得不错的成果。《2021 年中国高性能计算机发展现状分析与展望》中的分析指出，我国发布的"神威·太湖之光"（图 5-11）和"天河二号"两台超级计算机的 Linpack 性能就占到了中国 TOP100 的总性能的 24%，如何用好"神威·太湖之光"和"天河二号",发挥其巨大的计算能力,做好中国的超级计算应用软件和应用,成为未来中国超级计算行业面临的挑战性问题。

图 5-11　　"神威·太湖之光"超级计算机

5.6.3　并行计算机

在只有一个处理器的计算机上(冯·诺依曼机),如果一个问题能在 n 次时间单位内解决,那么它能在 $n/2$ 的时间单位内被拥有两个处理器的计算机解决吗?或者在 $n/3$ 的时间单位内被有三个处理器的计算机解决?这个问题引出了并行计算体系结构的概念。

并行计算有四种一般的形式:比特级、指令级、数据级和任务级。

比特级的并行是基于增加计算机的字长。在一个 8 位处理器中,要处理一个 16 位长的数值需要两个操作:一个操作用于高 8 位;另一个操作用于低 8 位。对于 16 位的处理器一条指令就能完成以上操作。因此增加字长能减少处理比字长更长的数值所需的操作。现今的趋势是使用 64 位的处理器。

指令级的并行是基于程序中的某些指令能够同时独立地进行。例如,如果一个程序需要处理相互无关的数据,那么对无关数据的处理操作能同时完成。超标量体系结构是一种处理器,它能识别并利用这种情况,方法是向功能不同的处理器单元发送不同的指令。注意超标量体系结构机器并没有多个处理器而是有多个执行资源。例如,它可能包含对整数和实数分别进行运算的独立的算术/逻辑单元,使它能够同时计算两个整数的和以及两个实数的乘积。像这样的资源称为执行单元。

数据级并行基于同一组指令集能同时对不同的数据集执行。这种并行称为 SIMD(single instruction multiple data,单指令多数据),它依赖于一个控制单元来指导在不同的操作数集合上执行相同的操作(如加法)。例如,对不同的操作数同时执行加法。这种方法也被称为同步处理,在需要对不同数据集实施同一处理时,这种方法十分有效。举例说明,增加图片亮度需要对几百万像素中的每个像素点都增加亮度,这些增加过程可以并行完成,见图 5-12。

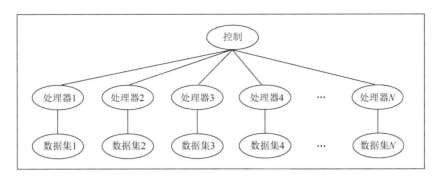

图 5-12　同步计算环境中的处理器

任务级的并行是基于不同的处理器能在相同或不同的数据集上执行不同的操作。如果不同的处理器在操作同一数据集，那么这一过程类似于冯·诺依曼机中的流水线。当这种组织结构应用在数据上时，第 10 个处理器进行第 1 项任务，接下来第 2 个处理器开始处理第 1 个处理器的输出结果，此时第 1 个处理器开始对下一个数据集执行计算。最终，每个处理器都在进行着某一个阶段的工作，每个处理器都是从前一个处理阶段得到材料或数据，每一个处理器也会将自己处理完成的数据交给下一个处理器，见图 5-13。

图 5-13　流水线模式中的处理器

在数据级环境中，每一个处理器对不同的数据集执行着相同的处理。例如，每个处理器可能在计算不同班级的成绩。而如果是在任务级流水线中，每个处理器则是在计算同一个班级的成绩。另一个任务级并行的方法是，让不同的处理器对不同的数据集进行不同的处理。这种配置使处理器能够在大部分时间内独立工作，但是也会带来对多个处理器之间的协调问题，解决的方法是采用为不同的处理器同时分配本地内存和共享内存的配置。不同的处理器通过共享内存进行通信，这种配置也称为共享内存并行处理器，见图 5-14。

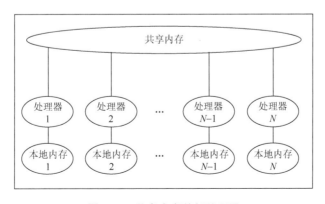

图 5-14　共享内存并行处理器

　　并行硬件的类别反映了并行计算的不同类型。多核处理器有多个独立的核心，它们通常是中央处理器（CPU）。超标量处理器能向执行单元发出多条指令，而多核心处理器能向不同的执行单元发出不同的指令。也就是说，每个独立的核心能够包含多个执行单元。

　　对称多处理器（symmetric multiprocessing，SMP）包含多个相同的核心。它们共享内存，并且通过一个总线相连。一个对称多处理器的核心数量通常限制在 32 个以内。分布式计算机包含多个内存单元，它们通过网络相连。集群是由一组独立的机器通过已有的网络相连而形成的。大规模并行处理器是由许多能访问网络的处理器通过专用网络相连而形成的计算机。这种设备通常包含超过 1000 个处理器。

　　不同类别并行硬件之间的区别已经因为现代系统的发展而变得模糊。现在一个典型的处理器芯片包含 2～8 个核心，它们的工作方式类似对称多处理器。它们通过网络连接，以形成一个集群。因此，共享和分布式内存的混合在并行处理中变得十分常见。此外，支持一般用途的数据并行处理的图像处理器可能也与任意一个多核处理器相连。考虑到每一个核心同样适用于指令级的并行，现在的并行计算机不再属于哪 4 个特别的类别。相反，它们通常同时包含了所有类别。它们的不同是通过对其支持的不同类型的并行计算的平衡性体现出来的。一个用于科学的并行计算机可能更强调数据级并行，而用于因特网搜索引擎的计算机可能更强调任务级并行。

5.6.4　分布式系统

　　计算机网络无处不在。互联网也是其中之一，因为它是由许多种网络组成的。移动电话网、协作网、企业网、校园网、家庭网、车内网等，所有这些，既可单独使用，又可相互结合，它们具有相同的本质特征，这些特征使得它们可以放在分布式系统的主题下来研究。

　　我们把分布式系统定义成一个其硬件或软件组件分布在联网的计算机上，组件之间通过传递消息进行通信和动作协调的系统。这个简单的定义覆盖了所有可有效部署联网计算机的系统。

　　由一个网络连接的计算机可能在空间上的距离不等。它们可能分布在地球上不同的洲，也可能在同一栋楼或同一个房间里。我们定义的分布式系统有如下显著特征。

　　并发：在一个计算机网络中，执行并发程序是常见的行为。用户可以在各自的计算机上工作，在必要时共享如 Web 页面或文件之类的资源。系统处理共享资源的能力会随着网络资源（如计算机）的增加而提高。对共享资源的并发执行程序的协调也是一个重要和重复提及的主题。

　　缺乏全局时钟：在程序需要协作时，它们通过交换消息来协调它们的动作。密切的协作通常取决于对程序动作发生的时间的共识。但是，事实证明，网络上的计算机与时钟同步所达到的准确性是有限的，即没有一个正确时间的全局概念。这是通信仅仅是通过网络发送消息这个事实带来的直接结果。

　　故障独立性：所有的计算机系统都可能出故障，一般由系统设计者负责为可能的故障设计结果。分布式系统可能以新的方式出现故障。网络故障导致网上互联的计算机的隔离，但这并不意味着它们停止运行，事实上，计算机上的程序不能够检测到网络是出现故障还是网络运行得比通常慢。类似地，计算机的故障或系统中程序的异常终止（崩溃），其他组件并不能及时了解存在的故障。系统的每个组件会单独地出现故障，而其他组件还在运行。

构造和使用分布式系统的主要动力来源于对共享资源的期望。"资源"一词是相当抽象的，但它很好地描述了能在联网的计算机系统中共享的事物的范围。它涉及的范围从硬件组件（如硬盘、打印机）到软件定义的实体（如文件、数据库和所有的数据对象）。它包括来自数字摄像机的视频流和移动电话呼叫所表示的音频连接。

我们看一下现代分布式系统的几个例子，包括 Web 搜索、多人在线游戏和金融交易系统，也考察今天推动分布式系统发展的关键趋势：现代网络的泛在特性，移动和无处不在计算的出现，分布式多媒体系统不断增加的重要性，以及把分布式系统看成一种实用系统的趋势。资源共享是构造分布式系统的主要动机。资源可以被服务器管理，由客户访问，或者它们被封装成对象，由其他客户对象访问。

构造分布式系统的挑战是处理其组件的异构性、开放性（允许增加或替换组件）、安全性、可伸缩性（用户的负载或数量增加时能正常运行的能力）、故障处理、组件的并发性、透明性和提供服务质量的问题。

第6章　计算机软件

6.1　引　言

图灵或冯·诺依曼模型的主要特征是程序的概念。尽管早期的计算机并没有在计算机的存储器中储存程序，但它们还是使用了程序的概念。编程在早期的计算机中体现为对系列开关的开闭合和配线的改变。编程在数据实际开始处理前是由操作员或工程师完成的一项工作。

1. 存储程序

在冯·诺依曼模型中这些程序被存储在计算机的存储器中，内存中不仅仅需要存储数据，还要存储程序（图6-1）。

2. 指令的序列

这个模型还要求程序必须是有序的指令集。每一条指令操作一个或者多个数据项。因此，一条指令可以改变它前面指令的作用。例如，图6-2显示了一个输入两个数据，将它们相加，最后打印出结果的程序。这段程序包含4个独立的指令集。

存储器

图6-1　存储器中的程序和数据

```
1. 输入第一个数据到存储器中
2. 输入第二个数据到存储器中
3. 将两数相加并将结果存在存储器中
4. 输出结果
```

图6-2　由指令组成的程序

也许我们会问为什么程序必须由不同的指令集组成，答案是重用性。如今，计算机完成成千上万的任务，如果每一项任务的程序都是相对独立而且和其他程序之间没有任何的公用段，编程将会变成一件很困难的事情。图灵和冯·诺依曼模型通过仔细地定义计算机可以使用的不同指令集，从而使得编程变得相对简单。程序员通过组合这些不同的指令来创建任意数量的程序。每个程序可以由指令任意组合而成。

3. 算法

要求程序包含一系列指令使得编程变得可能，但也带来了另外一些使用计算机方面的问题。程序员不仅要了解每条指令所完成的任务，还要知道怎样将这些指令结合起来完成一些特定的任务。对于一些不同的问题，程序员首先应该以循序渐进的方式来解决问题，接着尽量找到合适的指令（指令序列）来解决问题。这种按步骤解决问题的方法就是所谓的算法。算法在计算机科学中起到了重要的作用，我们将在第 8 章讨论。

4. 语言

在计算机时代的早期，只有一种称为机器语言的计算机语言。程序员依靠写指令的方式（使用位模式）来解决问题。但是随着程序越来越复杂，采用这种模式来编写很长的程序变得单调乏味。计算机科学家研究出利用符号来代表二进制模式，就像人们在日常中用符号（单词）来代替一些常用的指令一样。当然人们在日常生活中所用的一些符号并不等同于计算机中所用的符号。这样计算机语言的概念诞生了。自然语言（如英语）是丰富的语言，并有许多正确组合单词的规则；相对而言，计算机语言只有比较有限的符号和单词。

5. 软件工程

在冯·诺依曼模型中没有定义软件工程，软件工程是指结构化程序的设计和编写。今天，它不仅仅被用来描述完成某一任务的应用程序，还包括程序设计中所要严格遵循的原理和规则。我们所讨论的这些原理和规则综合起来就是 6.7 节中要说明的软件工程。

6. 操作系统

在计算机发展演变过程中，科学家发现有一系列指令对所有程序来说是公用的。例如，告诉计算机在哪接收和发送数据的指令几乎在所有的程序中都要用到。如果这些指令只编写一次就可以用于所有程序，那么效率将会显著提高。这样，就出现了操作系统（operating system，OS）的概念。计算机操作系统最初是为程序访问计算机部件提供方便的一种管理程序。今天，操作系统所完成的工作远不止这些，具体内容将在 6.2 节介绍。

6.2　操作系统基本概念

操作系统是配置在计算机硬件上的第一层软件，是对硬件系统的首次扩充。其主要作用是管理好这些设备，提高它们的利用率和系统的吞吐量，并为用户和应用程序提供一个简单的接口，便于用户使用。操作系统是现代计算机系统中最基本和最重要的系统软件，而其他如编译程序、数据库管理系统等系统软件，以及大量的应用软件，都直接依赖于操作系统的支持，取得它所提供的服务。事实上操作系统已成为现代计算机系统、多处理机系统、计算机网络中都必须配置的系统软件。

6.2.1　操作系统的目标

在计算机系统上配置操作系统，其主要目标是方便性、有效性、可扩充性和开放性。

1. 方便性

一个未配置操作系统的计算机系统是极难使用的。用户如果想直接在计算机硬件（裸机）上运行自己所编写的程序，就必须用机器语言书写程序。但如果在计算机硬件上配置了操作系统，系统便可以使用编译命令将用户采用高级语言书写的程序翻译成机器代码，或者直接通过操作系统所提供各种命令操纵计算机系统，极大地方便了用户，使计算机变得易学易用。

2. 有效性

有效性所包含的第一层含义是提高系统资源的利用率。在早期未配置操作系统的计算机系统中，如处理机、I/O 设备等都经常处于空闲状态，各种资源无法得到充分利用，所以在当时，提高系统资源利用率是推动操作系统发展最主要的动力。有效性的另一层含义是，提高系统的吞吐量。操作系统可以通过合理地组织计算机的工作流程，加速程序的运行，缩短程序的运行周期，从而提高系统的吞吐量。

方便性和有效性是设计操作系统时最重要的两个目标。在过去很长的一段时间内，由于计算机系统非常昂贵，有效性显得特别重要。然而，近十多年来，随着硬件越来越便宜，在设计配置在计算机上的操作系统时，似乎更加重视如何提高用户使用计算机的方便性。因此，在计算机操作系统中都配置了深受用户欢迎的图形用户界面，以及为程序员提供了大量的系统调用，方便了用户对计算机的使用和编程。

3. 可扩充性

为适应计算机硬件、体系结构以及计算机应用发展的要求，操作系统必须具有很好的可扩充性。可扩充性与操作系统的结构有着十分紧密的联系，由此推动了操作系统结构的不断发展：从早期的无结构发展成模块化结构，进而又发展成层次化结构，近年来操作系统已广泛采用了微内核结构。微内核结构能方便地增添新的功能和模块，以及对原有的功能和模块进行修改，具有良好的可扩充性。

4. 开放性

随着计算机应用的日益普及，计算机硬件和软件的兼容性问题便提上了议事日程。世界各国相应地制定了一系列的软、硬件标准，使得不同厂家按照标准生产的软、硬件都能在本国范围内很好地相互兼容。这无疑给用户带来了极大的方便，也给产品的推广、应用铺平了道路。近年来，随着 Internet 的迅速发展，计算机操作系统的应用环境由单机环境转向了网络环境，其应用环境就必须更为开放，进而对操作系统的开放性提出了更高的要求。

所谓开放性，是指系统能遵循世界标准规范，特别是遵循开放系统互联 OSI（open

systems interconnection）国际标准。事实上，凡遵循国际标准所开发的硬件和软件，都能彼此兼容，方便地实现互联。开放性已成为 20 世纪 90 年代以后计算机技术的一个核心问题，也是衡量一个新推出的系统或软件能否被广泛应用的至关重要的因素。

6.2.2　操作系统的作用

操作系统在计算机系统中所起的作用，可以从用户、资源管理及资源抽象等多个不同的角度来进行分析和讨论。

1. 操作系统作为用户与计算机硬件系统之间的接口

操作系统作为用户与计算机硬件系统之间接口的含义是操作系统处于用户与计算机硬件系统之间，用户通过操作系统来使用计算机系统。或者说，用户在操作系统帮助下能够方便、快捷、可靠地操纵计算机硬件和运行自己的程序。图 6-3 是操作系统作为接口的示意图。由图可以看出，用户可通过三种方式使用计算机，即通过命令方式、系统调用方式和图标-窗口方式来实现与操作系统的通信，并取得它的服务。

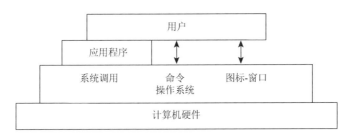

图 6-3　操作系统作为接口的示意图

2. 操作系统作为计算机系统资源的管理者

在一个计算机系统中，通常都含有多种硬件和软件资源。归纳起来可将这些资源分为四类：处理机、存储器、I/O 设备以及文件（数据和程序）。相应地，操作系统的主要功能也正是对这四类资源进行有效的管理。处理机管理用于分配和控制处理机；存储器管理主要负责内存的分配与回收；I/O 设备管理负责 I/O 设备的分配（回收）与操纵；文件管理用于实现对文件的存取、共享和保护。可见，操作系统的确是计算机系统资源的管理者。

值得进一步说明的是，当一台计算机系统同时供多个用户使用时，诸多用户对系统中共享资源的需求（包括数量和时间）有可能发生冲突。为此，操作系统必须对使用资源的请求进行授权，以协调各用户对共享资源的使用。

3. 操作系统实现了对计算机资源的抽象

对于一台完全无软件的计算机系统（即裸机），由于它向用户提供的仅是硬件接口（物理接口），因此，用户必须对物理接口的实现细节有充分的了解，这就致使该物理机器难以广泛使用。为了方便用户使用 I/O 设备，人们在裸机上覆盖一层 I/O 设备管理软件，如图 6-4 所示，由它来实现对 I/O 设备操作的细节，并向上将 I/O 设备抽象为一组数据结构以及一组 I/O 操作命令，如 read 和 write 命令，这样用户即可利用这些数据结构及操作命令来进行数据输入或输出，而无须关心 I/O 是如何具体实现的。此时用户所看到的机器是一台比裸机功能更强、使用更方便的机器。换言之，在裸机上铺设的 I/O 软件隐藏了 I/O 设备的具体细节，向上提供了一组抽象的 I/O 设备。

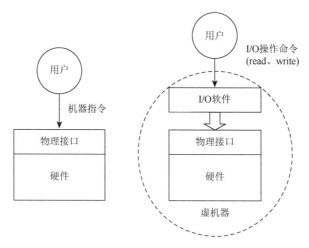

图 6-4　I/O 软件隐藏了 I/O 操作实现的细节

通常把覆盖了上述软件的机器称为扩充机器或虚机器。它向用户提供了一个对硬件操作的抽象模型。用户可利用该模型提供的接口使用计算机，无须了解物理接口实现的细节，从而使用户更容易地使用计算机硬件资源。即 I/O 设备管理软件实现了对计算机硬件操作的第一个层次的抽象。

同理，为了方便用户使用文件系统，又可在第一层软件（I/O 管理软件）上再覆盖一层用于文件管理的软件，由它来实现对文件操作的细节，并向上层提供一组实现对文件进行存取操作的数据结构及命令。这样，用户可以利用该软件提供的数据结构及命令对文件进行存取。此时用户所看到的是一台功能更强、使用更方便的虚机器。即文件管理软件实现了对硬件资源操作的第二个层次的抽象。以此类推，如果在文件管理软件上再覆盖一层面向用户的窗口软件，则用户可在窗口环境下方便地使用计算机，从而形成一台功能更强的虚机器。

由此可知，操作系统是铺设在计算机硬件上的多层软件的集合，它们不仅增强了系统的功能，还隐藏了对硬件操作的具体细节，实现了对计算机硬件操作的多个层次的抽象模型。值得说明的是，不仅可在底层对一个硬件资源加以抽象，还可以在高层对该资源底层已抽象的模型再次进行抽象，成为更高层的抽象模型。随着抽象层次的提高，抽象接口所提供的功能就越强，用户使用起来也越方便。

6.2.3　推动操作系统发展的主要动力

操作系统自 20 世纪 50 年代诞生后，经历了由简单到复杂、由低级到高级的发展。至今 70 多年间，操作系统在各方面都有了长足的进步，能够很好地适应计算机硬件和体系结构的快速发展，以及应用需求的不断变化。下面我们对推动操作系统发展的主要推动力做具体阐述。

1. 不断提高计算机资源利用率

在计算机发展的初期，计算机系统特别昂贵，人们必须千方百计地提高计算机系统中各种资源的利用率，这就是操作系统最初发展的推动力。由此形成了能自动地对一批作业进行处理的多道批处理系统。20 世纪六七十年代又分别出现了能够有效提高 I/O 设备和 CPU 利用率的 SPOOLing 系统，以及极大地改善了存储器系统利用率的虚拟存储器技术。此后在网络环境下，通过在服务器上配置网络文件系统和数据库系统的方法，将资源提供给全网用户共享，又进一步提高了资源的利用率。

2. 方便用户

当资源利用率不高的问题得到基本解决后，用户在上机、调试程序时的不方便性便成为主要矛盾。这又成为继续推动操作系统发展的主要因素。20 世纪 60 年代分时系统的出现，不仅提高了系统资源的利用率，还能实现人-机交互，使用户能像早期使用计算机时一样，感觉自己是独占全机资源，对其进行直接操控，极大地方便了程序员对程序进行调试和修改的操作。90 年代初，图形用户界面的出现受到用户的广泛欢迎，进一步方便了用户对计算机的使用，这无疑又加速推动了计算机的迅速普及和广泛应用。

3. 器件的不断更新换代

随着 IT 技术的飞速发展，尤其是计算机芯片的不断更新换代，计算机的性能快速提高，从而也推动了操作系统的功能和性能迅速增强和提高。例如，当计算机芯片由 8 位发展到 16 位、32 位，进而又发展到 64 位时，相应的计算机操作系统也就由 8 位操作系统发展到 16 位和 32 位，进而又发展到 64 位，此时，相应操作系统的功能和性能也都有了显著的增强和提高。

与此同时，外部设备也在迅速发展，操作系统所能支持的外部设备也越来越多，如现在的计算机操作系统已能够支持种类繁多的外部设备，除了传统的外设外，还可以支持光盘、移动硬盘、闪存盘、扫描仪、数码相机等。

4. 计算机体系结构的不断发展

计算机体系结构的发展，也不断推动着操作系统的发展，并产生新的操作系统类型。例如，当计算机由单处理机系统发展为多处理机系统时，相应地，操作系统也由单处理机操作系统发展为多处理机操作系统。又如当出现了计算机网络后，配置在计算机网络上的网络操作系统也应运而生。它不仅能有效地管理好网络中的共享资源，而且向用户提供了许多网络服务。

5. 不断提出新的应用需求

操作系统能如此迅速发展的另一个重要原因是，人们不断提出新的应用需求。例如，为了提高产品的质量和数量，需要将计算机应用于工业控制中，此时在计算机上就需要配置能进行实时控制的操作系统，由此产生了实时操作系统。此后，为了能满足用户在计算机上听音乐、看电影和玩游戏等需求，又在操作系统中增添了多媒体功能。另外，在计算机系统中保存了越来越多的宝贵信息，致使能够确保系统的安全性也成为操作系统必须具备的功能。尤其是随着超大规模集成电路（very large scale integration，VLSI）的发展，计算机芯片的体积越来越小，价格也越来越便宜，大量智能设备应运而生，这样，嵌入式操作系统的产生和发展也成了一种必然。

6.3 操作系统的发展历程

20 世纪 50 年代中期，出现了第一个简单的批处理操作系统；60 年代中期开发出多道程序批处理系统；不久又推出分时系统，与此同时，用于工业和武器控制的实时操作系统也相继问世。20 世纪 70～90 年代，是 VLSI 和计算机体系结构大发展的年代，促进了微型机、多处理机和计算机网络的诞生和发展，相应地，也相继开发出了微机操作系统、多处理机操作系统和网络操作系统，并得到极为迅猛的发展。

6.3.1 未配置操作系统的计算机系统

从 1945 年诞生的第一台计算机，到 50 年代中期的计算机，都属于第一代计算机。这时还未出现操作系统，对计算机的全部操作都是由用户采取人工操作方式进行的。

1. 人工操作方式

早期的操作方式是由程序员将事先已穿孔的纸带（或卡片），装入纸带输入机（或卡片输入机），再启动它们将纸带（或卡片）上的程序和数据输入计算机，然后启动计算机运行。仅当程序运行完毕并取走计算结果后，才允许下一个用户上机。这种人工操作方式有以下两方面的缺点。

（1）用户独占全机，即一台计算机的全部资源由上机用户所独占。

（2）CPU 等待人工操作。当用户进行装带（卡）、卸带（卡）等人工操作时，CPU 及内存等资源是空闲的。

可见，人工操作方式严重降低了计算机资源的利用率，此即所谓的人机矛盾。虽然 CPU 的速度在迅速提高，但 I/O 设备的速度却提高缓慢，这使 CPU 与 I/O 设备之间速度不匹配的矛盾更加突出。为此，曾先后出现了通道技术、缓冲技术，然而都未能很好地解决上述矛盾，直至后来引入了脱机输入/输出（off-line I/O）技术，才获得了较为满意的结果。

2. 脱机输入/输出方式

为了解决人机矛盾及 CPU 和 I/O 设备之间速度不匹配的矛盾，20 世纪 50 年代末出现了脱机输入/输出技术。该技术是事先将装有用户程序和数据的纸带（卡片）装入纸带（卡片）输入机，在一台外围机的控制下，把纸带（卡片）上的数据（程序）输入磁带。当 CPU 需要这些程序和数据时，再从磁带高速地调入内存。

　　类似地，当 CPU 需要输出时，可先由 CPU 把数据直接从内存高速地输送到磁带，然后在另一台外围机的控制下，再将磁带上的结果通过相应的输出设备输出。如图 6-5 所示为脱机输入/输出示意图。由于程序和数据的输入和输出都是在外围机的控制下完成的，或者说，它们是在脱离主机的情况下进行的，故称为脱机输入/输出方式。反之，把在主机的直接控制下进行输入/输出的方式称为联机输入/输出（on-line I/O）方式。这种脱机输入/输出方式的主要优点如下。

　　（1）减少了 CPU 的空闲时间。装带、卸带，以及将数据从低速 I/O 设备送到高速磁带上（或反之）的操作，都是在脱机情况下由外围机完成的，并不占用主机时间，从而有效地减少了 CPU 的空闲时间。

　　（2）提高了输入/输出速度。当 CPU 在运行中需要输入数据时，是直接从高速的磁带上将数据输入内存的，这便极大地提高了输入/输出速度，从而进一步减少了 CPU 的空闲时间。

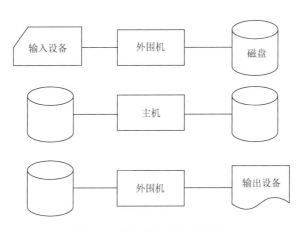

图 6-5　脱机输入/输出示意图

6.3.2　单道批处理系统

　　20 世纪 50 年代中期出现了第二代晶体管计算机，此时计算机虽已具有推广应用的价值，但计算机系统仍然非常昂贵。为了能充分提高它的利用率，应尽量保持系统的连续运行，即在处理完一个作业后，紧接着处理下一个作业，以减少机器的空闲等待时间。

1. 单道批处理系统的处理过程

　　为实现对作业的连续处理，需要先把一批作业以脱机方式输入磁带上，并在系统中配上监督程序（monitor），在它的控制下，使这批作业能一个接一个地连续处理。其处理过程是首先由监督程序将磁带上的第一个作业装入内存，并把运行控制权交给该作业；当该作业处理完成时，又把控制权交还给监督程序，再由监督程序把磁带上的第二个作业调入内存。计算机系统就这样自动地一个作业紧接一个作业地进行处理，直至磁带上的所有作业全部完成，这样便形成了早期的批处理系统。虽然系统对作业的处理是成批进行的，但在内存中始终只保持一道作业，故称为单道批处理系统（simple batch processing system）。如图 6-6 所示为单道批处理系统的处理流程。

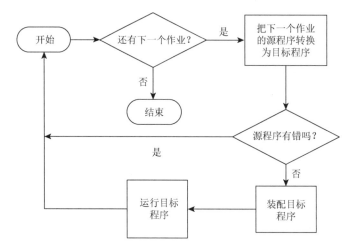

图 6-6　单道批处理系统的处理流程

综上所述不难看出，单道批处理系统是在解决人机矛盾和 CPU 与 I/O 设备速度不匹配矛盾的过程中形成的。换言之，单道批处理系统旨在提高系统资源的利用率和系统吞吐量。但这种单道批处理系统仍然不能充分地利用系统资源，故现已很少使用。

2. 单道批处理系统的缺点

单道批处理系统最主要的缺点是，系统中的资源得不到充分的利用。这是因为在内存中仅有一道程序，每逢该程序在运行中发出 I/O 请求后，CPU 便处于等待状态，必须在其 I/O 完成后才能继续运行。又因 I/O 设备的低速性，更使 CPU 的利用率显著降低。如图 6-7 所示为单道程序的运行情况。由图可以看出，在 $t_2 \sim t_3$、$t_6 \sim t_7$ 时间间隔内 CPU 空闲。

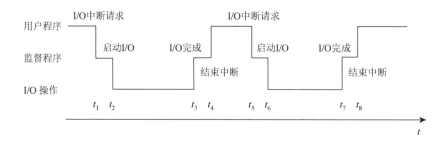

图 6-7　单道程序的运行情况

为了能在系统中运行较大的作业，通常在计算机中都配置了较大容量的内存，但实际情况是有 80% 以上的作业都属于中小型，因此在单道程序环境下，也必定造成内存的浪费。类似地，为了满足各种类型的作业需要，在系统中将会配置多种类型的 I/O 设备。显然在单道程序环境下也不能充分利用系统资源。

6.3.3　多道批处理系统

20 世纪 60 年代中期，IBM 公司生产了第一台小规模集成电路计算机 IBM 360（第三代计算机系统）。它较之晶体管计算机无论在体积、功耗、速度和可靠性上都有了显著的改善，因而获得了极大的成功。IBM 公司为该机开发的 OS/360 操作系统是第一个能运行多道程序的批处理系统。

1. 多道程序设计的基本概念

为了进一步提高资源的利用率和系统吞吐量，在 20 世纪 60 年代中期引入了多道程序设计技术，由此形成了多道批处理系统（multiprogrammed batch processing system）。在该系统中，用户所提交的作业先存放在外存上，并排成一个队列，称为后备队列。然后由作业调度程序按一定的算法，从后备队列中选择若干个作业调入内存，使它们共享 CPU 和系统中的各种资源。由于同时在内存中装有若干道程序，这样便可以在运行程序 A 时，利用其因 I/O 操作而暂停执行时的 CPU 空当时间，再调度另一道程序 B 运行，同样可以利用程序 B 在 I/O 操作时的 CPU 空当时间，再调度程序 C 运行，使多道程序交替地运行，这样便可以保持 CPU 处于忙碌状态。如图 6-8 所示为四道程序时的运行情况。

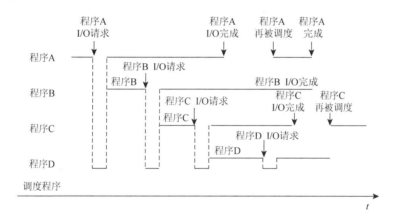

图 6-8　多道程序的运行情况

2. 多道批处理系统的优缺点

多道批处理系统的优缺点如下所述。

（1）资源利用率高。引入多道批处理能使多道程序交替运行，以保持 CPU 处于忙碌状态；在内存中装入多道程序可提高内存的利用率；此外还可以提高 I/O 设备的利用率。

（2）系统吞吐量大。能提高系统吞吐量的主要原因可归结为：①CPU 和其他资源保持"忙碌"状态；②仅当作业完成时或运行不下去时才进行切换，系统开销小。

（3）平均周转时间长。由于作业要排队依次进行处理，作业的周转时间较长，通常需要几个小时，甚至几天。

（4）无交互能力。用户一旦把作业提交给系统，直至作业完成，都不能与自己的作业进行交互，修改和调试程序极不方便。

3. 多道批处理系统需要解决的问题

多道批处理系统是一种十分有效，但又非常复杂的系统，为使系统中的多道程序间能协调地运行，系统必须解决下述一系列问题。

（1）处理机争用问题。既要能满足各道程序运行的需要，又要能提高处理机的利用率。

（2）内存分配和保护问题。系统应能为每道程序分配必要的内存空间，使它们"各得其所"，且不会因某道程序出现异常情况而破坏其他程序。

（3）I/O 设备分配问题。系统应采取适当的策略来分配系统中的 I/O 设备，以达到既能方便用户对设备的使用，又能提高设备利用率的目的。

（4）文件的组织和管理问题。系统应能有效地组织存放在系统中的大量的程序和数据，使它们既便于用户使用，又能保证数据的安全性。

（5）作业管理问题。系统中存在着各种作业（应用程序），系统应能对系统中所有的作业进行合理的组织，以满足这些作业用户的不同要求。

（6）用户与系统的接口问题。为使用户能方便地使用操作系统，操作系统还应提供用户与操作系统之间的接口。

为此，应在计算机系统中增加一组软件，用来对上述问题进行妥善、有效的处理。这组软件应包括：能有效地组织和管理四大资源的软件、合理地对各类作业进行调度和控制它们运行的软件，以及方便用户使用计算机的软件。正是这样一组软件构成了操作系统。据此，我们可把操作系统定义为一组能有效地组织和管理计算机硬件和软件资源，合理地对各类作业进行调度，以及方便用户使用的程序的集合。

6.3.4　分时系统

1. 分时系统的引入

如果说推动多道批处理系统形成和发展的主要动力是提高资源利用率和系统吞吐量，那么，推动分时系统（time sharing system）形成和发展的主要动力，则是为了满足用户对人-机交互的需求，由此形成了一种新型操作系统。用户的需求具体表现在以下几个方面。

（1）人-机交互。每当程序员写好一个新程序时，都需要上机进行调试。由于新编程序难免存在一些错误或不当之处，需要进行修改，因此用户希望能像早期使用计算机时一样，独占全机并对它进行直接控制，以便能方便地对程序中的错误进行修改。即用户希望能进行人-机交互。

（2）共享主机。20 世纪 60 年代，计算机还十分昂贵，一台计算机要同时供很多用户共享使用。显然，用户在共享一台计算机时，每人都希望能像独占时一样，不仅可以随时与计算机进行交互，而且不会感觉到其他用户的存在。

综上所述不难得知，分时系统是指，在一台主机上连接了多个配有显示器和键盘的终端并由此所组成的系统，该系统允许多个用户同时通过自己的终端，以交互方式使用计算机，共享主机中的资源。

2. 分时系统实现中的关键问题

在多道批处理系统中，用户无法与自己的作业进行交互的主要原因是作业都先驻留在外存上，即使以后被调入内存，也要经过较长时间的等待才能运行，用户无法与自己的作业进行交互。为了能够实现人-机交互，必须解决的关键问题是，如何使用户能与自己的作业进行交互。为此，系统首先必须能提供多个终端，同时给多个用户使用；其次，当用户在自己的终端上键入命令时，系统应能及时接收，并及时处理该命令，再将结果返回给用户。此后，用户可根据系统返回的响应情况，再继续键入下一条命令，即人-机交互。也就是说，允许有多个用户同时通过自己的键盘键入命令，系统也应能全部及时接收并处理。

1）及时接收

要做到及时接收多个用户键入的命令或数据，只需在系统中配置一个多路卡即可，多路卡的作用是使主机能同时接收用户从各个终端上输入的数据。例如，当主机上需要连接 64 个终端时，就配置一个 64 用户的多路卡，实现分时多路复用。即主机以很快的速度周期性地扫描各个终端，在每个终端处停留很短的时间，如 30ms，用于接收从终端发来的数据。对于 64 用户的多路卡，用不到 2s 的时间便可完成一次扫描，即主机能用不到 2s 的时间分时接收各用户从终端上输入的数据一次。此外，为了能使从终端上输入的数据被依次逐条地进行处理，还需要为每个终端配置一个缓冲区，用来暂存用户键入的命令（或数据）。

2）及时处理

人-机交互的关键在于用户键入命令后，能对自己的作业及其运行及时地实施控制，或进行修改。因此，各个用户的作业都必须驻留在内存中，并能频繁地获得处理机运行。否则，用户键入的命令将无法作用到自己的作业上。由此可见，为实现人-机交互，必须彻底地改变原来批处理系统的运行方式，转而采用下面的方式。

（1）作业直接进入内存。因为作业在磁盘上是不能运行的，所以作业应直接进入内存。

（2）采用轮转运行方式。如果一个作业独占 CPU 连续运行，那么其他作业就没有机会被调度运行。为避免一个作业长期独占处理机，引入了时间片的概念。一个时间片，就是一段很短的时间（如 30ms）。系统规定每个作业每次只能运行一个时间片，然后就暂停该作业的运行，并立即调度下一个作业运行。如果在不长的时间内能使所有的作业都执行一个时间片的时间，便可以使每个用户都能及时地与自己的作业进行交互，从而可使用户的请求得到及时响应。

3. 分时系统的特征

分时系统与多道批处理系统相比，具有非常明显的不同特性，可以归纳为以下四个方面。

（1）多路性。该特性是指系统允许将多台终端同时连接到一台主机上，并按分时原则为每个用户服务。多路性允许多个用户共享一台计算机，显著地提高了资源利用率，降低了使用费用，从而促进了计算机更广泛的应用。

（2）独立性。该特性是指系统提供了这样的用机环境，即每个用户在各自的终端上进行操作，彼此之间互不干扰，给用户的感觉就像是他一人独占主机进行操作。

（3）及时性。及时性是指用户的请求能在很短时间内获得响应。这一时间间隔是根据人们所能接受的等待时间确定的，通常仅为 1～3s。

（4）交互性。交互性是指用户可通过终端与系统进行广泛的人机对话。其广泛性表现在：用户可以请求系统提供多方面的服务，如进行文件编辑和数据处理，访问系统中的文件系统和数据库系统，请求提供打印服务等。

6.3.5　实时系统

所谓"实时"，是表示"及时"，而"实时计算"，则可以定义为这样一类计算：系统的正确性，不仅由计算的逻辑结果来确定，而且还取决于产生结果的时间。事实上实时系统最主要的特征，是将时间作为关键参数，它必须对所接收到的某些信号做出"及时"或"实时"的反应。由此得知，实时系统（real time system）是指系统能及时响应外部事件的请求，在规定的时间内完成对该事件的处理，并控制所有实时任务协调一致地运行。

1. 实时系统的类型

随着计算机应用的普及，实时系统的类型也相应增多，下面列出当前常见的几种。

（1）工业（武器）控制系统。当计算机被用于生产过程的控制，形成以计算机为中心的控制系统时，该系统应具有能实时采集现场数据，并对所采集的数据进行及时处理，进而能够自动地控制相应的执行机构，使之具有按预定的规律变化的功能，确保产品的质量和产量。类似地，也可将计算机用于对武器的控制，如火炮的自动控制系统、飞机的自动驾驶系统以及导弹的制导系统等。

（2）信息查询系统。该系统接收从远程终端上发来的服务请求，根据用户提出的请求，对信息进行检索和处理，并能及时地对用户做出正确的回答。实时信息处理系统有飞机或火车的订票系统等。

（3）多媒体系统。随着计算机硬件和软件的快速发展，已可将文本、图像、音频和视频等信息集成在一个文件中，形成一个多媒体文件。例如，在用 DVD 播放器所播放的数字电影中就包含了音频、视频和横向滚动的文字等信息。为了保证有好的视觉和听觉感受，用于播放音频和视频的多媒体系统等，也必须是实时信息处理系统。

（4）嵌入式系统。随着集成电路的发展，已经可以制作出各种类型的芯片，可将这些芯片嵌入各种仪器和设备中，用于对设备进行控制或对其中的信息做出处理，这样就构成了所谓的智能仪器和设备。此时还需要配置嵌入式操作系统，它同样需要具有实时控制或处理的功能。

2. 实时任务的类型

（1）周期性实时任务和非周期性实时任务。周期性实时任务是指这样一类任务：外部设备周期性地发出激励信号给计算机，要求它按指定周期循环执行，以便周期性地控制某外部设备。反之，非周期性实时任务并无明显的周期性，但都必须联系着一个截止时间（deadline），或称最后期限。它又可分为开始截止时间，指某任务在某时间以前必须开始执行；完成截止时间，指某任务在某时间以前必须完成。

（2）硬实时任务和软实时任务。硬实时任务（hard real-time task，HRT）是指系统必须满足任务对截止时间的要求，否则可能出现难以预测的后果。用于工业和武器控制的实时系统，通常它所执行的是硬实时任务。软实时任务（soft real-time task，SRT）也联系着一个截止时间，但并不严格，若偶尔错过了任务的截止时间，对系统产生的影响也不会太大。例如，用于信息查询系统和多媒体系统中的实时系统，通常是软实时任务。

3. 实时系统与分时系统特征的比较

（1）多路性。信息查询系统和分时系统中的多路性都表现为系统按分时原则为多个终端用户服务；实时控制系统的多路性则是指系统周期性地对多路现场信息进行采集，以及对多个对象或多个执行机构进行控制。

（2）独立性。信息查询系统中的每个终端用户在与系统交互时，彼此相互独立互不干扰；同样在实时控制系统中，对信息的采集和对对象的控制也都是彼此互不干扰的。

（3）及时性。信息查询系统对实时性的要求是依据人所能接受的等待时间确定的，而多媒体系统实时性的要求是，播放出来的音乐和电视能令人满意。实时控制系统的实时性则是以控制对象所要求的截止时间来确定的，一般为秒级到毫秒级。

（4）交互性。在信息查询系统中，人与系统的交互性仅限于访问系统中某些特定的专用服务程序。它并不像分时系统那样，能向终端用户提供数据处理、资源共享等服务。而多媒体系统的交互性也仅限于用户发送某些特定的命令，如开始、停止、快进等，由系统立即响应。

（5）可靠性。分时系统要求系统可靠，实时系统要求系统高度可靠，因为任何差错都可能带来无法预料的灾难性后果。因此，在实时系统中，往往都采取了多级容错措施来保障系统的安全性及数据的安全性。

6.3.6 微机操作系统的发展

随着 VLSI 和计算机体系结构的发展，以及应用需求的不断扩大，操作系统仍在继续发展。由此先后形成了微机操作系统、网络操作系统等，本小节对微机操作系统的发展作简要的介绍。

配置在微型机上的操作系统称为微机操作系统，最早诞生的微机操作系统是配置在 8 位微机上的 CP/M。后来出现了 16 位微机，相应地，16 位微机操作系统也就应运而生，当微机发展为 32 位、64 位时，32 位和 64 位微机操作系统也应运而生。可见微机操作系统可按微机的字长来分，但也可将它按运行方式分为如下几类。

1. 单用户单任务操作系统

单用户单任务操作系统的含义是，只允许一个用户上机，且只允许用户程序作为一个任务运行，这是最简单的微机操作系统，主要配置在 8 位和 16 位微机上，最有代表性的单用户单任务微机操作系统是 CP/M 和 MS-DOS。

1）CP/M

1974 年第一代通用 8 位微处理机芯片 Intel 8080 出现后的第二年，Digital Research 公司就开发出带有软盘系统的 8 位微机操作系统。1977 年 Digital Research 公司对 CP/M 进行了重写，使其可配置在以 Intel 8080、8085、Z80 等 8 位芯片为基础的多种微机上。1979 年又推出带有硬盘管理功能的 CP/M2.2 版本。由于 CP/M 具有较好的体系结构，可适应性强，可移植性以及易学易用等优点，使其在 8 位微机中占据了统治地位。

2）MS-DOS

1981 年 IBM 公司首次推出了 IBM-PC 个人计算机（16 位微机），在微机中采用了微软公司开发的 MS-DOS（disk operating system）操作系统，该操作系统在 CP/M 的基础上进行了较大的扩充，使其在功能上有很大的提高。1983 年 IBM 推出 PC/AT（配有 Intel 80286 芯片），相应地微软又开发出 MS-DOS 2.0 版本，它不仅能支持硬盘设备，还采用了树形目录结构的文件系统。1987 年又宣布了 MS-DOS 3.3 版本。从 MS-DOS 1.0 到 3.3 为止的版本都属于单用户单任务操作系统，内存被限制在 640KB。1989～1993 年又先后推出了多个 MS-DOS 版本，它们都可以配置在 Intel 80386、80486 等 32 位微机上。20 世纪 80～90 年代初，由于 MS-DOS 性能优越受到当时用户的广泛欢迎，成为事实上的 16 位单用户单任务操作系统标准。

2. 单用户多任务操作系统

单用户多任务操作系统的含义是，只允许一个用户上机，但允许用户把程序分为若干个任务，使它们并发执行，从而有效地改善了系统的性能。目前在 32 位微机上配置的操作系统，基本上都是单用户多任务操作系统。其中最有代表性的是由微软公司推出的 Windows 系统。1985 年和 1987 年微软公司先后推出了 Windows 1.0 和 Windows 2.0 版本操作系统，由于当时的硬件平台还只是 16 位微机，对 1.0 和 2.0 版本不能很好地支持。1990 年微软公司又发布了 Windows 3.0 版本，随后又宣布了 Windows3.1 版本，它们主要是针对 386 和 486 等 32 位微机开发的，较之以前的操作系统有着重大的改进，引入了友善的图形用户界面，支持多任务和扩展内存的功能。使计算机使用更方便，从而成为 386 和 486 等微机的主流操作系统。

1995 年微软公司推出了 Windows 95，较之以前的 Windows3.1 有许多重大改进，采用了全 32 位的处理技术，并兼容以前的 16 位应用程序，在该系统中还集成了支持 Internet 的网络功能。1998 年微软公司又推出了 Windows 95 的改进版 Windows 98，它是最后一个仍然兼容以前的 16 位应用程序的 Windows 系统。其最主要的改进是把微软公司自己开发的 Internet 浏览器整合到系统中，显著方便了用户上网浏览；另一个改进是增加了对多媒体的支持。2001 年微软又发布了 Windows XP 系统，同时提供了家用和商业工作站两种版本，在此后相当长的一段时间里，成为使用最广泛的个人操作系统之一。

在开发上述 Windows 操作系统的同时，微软公司又开始对网络操作系统 Windows NT 进行开发，它是针对网络开发的操作系统，在系统中融入许多面向网络的功能，从 2006 年后推出的一系列内核版本号为 NT6.X 的桌面及服务器操作系统，包括 Windows Vista、Windows Server 2008、Windows 7、Windows Server 2008 R2、Windows 8 和 Windows Server 2012 等，这里不对它们进行介绍。

3. 多用户多任务操作系统

多用户多任务操作系统的含义是，允许多个用户通过各自的终端，使用同一台机器，共享主机系统中的各种资源，而每个用户程序又可进一步分为几个任务，使它们能并发执行，从而可进一步提高资源利用率和系统吞吐量。在大、中和小型机中所配置的大多是多用户多任务操作系统，而在 32 位微机上，也有不少配置的是多用户多任务操作系统，其中最有代表性的是 UNIX OS。

UNIX OS 是美国电报电话公司的 Bell 实验室在 1969～1970 年开发的，1979 年推出的 UNIX V.7 已被广泛应用于多种中小型机上。随着微机性能的提高，人们又将 UNIX 移植到微机上。1980 年前后，将 UNIX 第 7 版本移植到 Motorola 公司的 MC 680xx 微机上，后来又将 UNIX V7.0 版本进行简化，移植到 Intel 8080 上，把它称为 Xenix。现在最有影响的两个能运行在微机上的 UNIX 操作系统变形是 Solaris OS 和 Linux OS。

（1）Solaris OS：SUN 公司于 1982 年推出的 SUN OS 1.0，是一个运行在 Motorola 680X0 平台上的 UNIX OS，1988 年宣布的 SUN OS 4.0，把运行平台从早期的 Motorola 680X0 平台迁移到 SPARC 平台，并开始支持 Intel 公司的 Intel 80X86；1992 年 SUN 发布了 Solaris 2.0。从 1998 年开始，SUN 公司推出 64 位操作系统 Solaris 2.7 和 2.8，这几款操作系统在网络特性、互操作性、兼容性以及易于配置和管理方面均有很大的提高。

（2）Linux OS：Linux 是 UNIX 的一个重要变种，最初是由芬兰学者 Torvalds 针对 Intel 80386 开发的，1991 年，在 Internet 上发布第一个 Linux 版本，由于源代码公开，因此有很多人通过 Internet 与之合作，使 Linux 的性能迅速提高，其应用范围也日益扩大，相应地，源代码也急剧膨胀，此时它已是具有全面功能的 UNIX 系统，大量在 UNIX 上运行的软件（包括 1000 多种实用工具软件和大量网络软件），被移植到 Linux 上，而且可以在主要的微机上运行，如 Intel 80X86 Pentium 等。

6.4　操作系统的组成

前面所介绍的多道批处理系统、分时系统和实时系统这三种基本操作系统都具有各自不同的特征，例如，多道批处理系统有着高的资源利用率和系统吞吐量；分时系统能获得及时响应；实时系统具有实时特征。除此之外，它们还共同具有并发、共享、虚拟和异步四个基本特征。

6.4.1　并发

正是系统中的程序能并发执行这一特征，使得操作系统能有效地提高系统中的资源利用率，增加系统的吞吐量。

1. 并行与并发

并行性和并发性是既相似又有区别的两个概念。并行性是指两个或多个事件在同一时刻发生。而并发性是指两个或多个事件在同一时间间隔内发生。在多道程序环境下，并发性是指在一段时间内宏观上有多个程序在同时运行，但在单处理机系统中，每一时刻却仅能有一道程序执行，故微观上这些程序只能是分时地交替执行。例如，在 1min 时间内，0～15s 程序 A 运行；15～30s 程序 B 运行；30～45s 程序 C 运行；45～60s 程序 D 运行，因此可以说，在 1min 时间间隔内，宏观上有四道程序在同时运行，但微观上，程序 A、B、C、D 是分时地交替执行的。

倘若在计算机系统中有多个处理机，这些可以并发执行的程序便可被分配到多个处理机上，实现并行执行，即利用每个处理机来处理一个可并发执行的程序。这样，多个程序便可同时执行。

2. 引入进程

在一个未引入进程（process）的系统中，在属于同一个应用程序的计算程序和 I/O 程序之间只能是顺序执行，即只有在计算程序执行告一段落后，才允许 I/O 程序执行；反之，在程序执行 I/O 操作时，计算程序也不能执行。但在为计算程序 I/O 程序分别建立一个进程后，这两个进程便可并发执行。若对内存中的多个程序都分别建立一个进程，它们就可以并发执行，这样便能极大地提高系统资源的利用率，增加系统的吞吐量。

所谓进程，是指在系统中能独立运行并作为资源分配的基本单位，它是由一组机器指令、数据和堆栈等组成的，是一个能独立运行的活动实体。多个进程之间可以并发执行和交换信息。事实上，进程和并发是现代操作系统中最重要的基本概念，也是操作系统运行的基础。

6.4.2　共享

一般情况下的共享与操作系统环境下的共享其含义并不完全相同。前者只是说明某种资源能被大家使用，例如，图书馆中的图书能提供给大家借阅，但并未限定借阅者必须在同一时间（间隔）和同一地点阅读。又如，学校中的计算机机房供全校学生上机，或者说，全校学生共享该机房中的计算机设备，虽然所有班级的上机地点是相同的，但各班的上机时间并不相同。对于这样的资源共享方式，只要通过适当的安排，用户之间并不会产生对资源的竞争，因此资源管理是比较简单的。

在操作系统环境下的资源共享或称为资源复用，是指系统中的资源可供内存中多个并发执行的进程共同使用。这里在宏观上既限定了时间（进程在内存期间），也限定了地点（内存）。对于这种资源共享方式，其管理就要复杂得多，因为系统中的资源远少于多道程序需求的总和，会形成它们对共享资源的争夺。所以，系统必须对资源共享进行妥善管理。由于资源属性的不同，进程对资源复用的方式也不同，目前主要实现资源共享的方式有如下两种。

1. 互斥共享方式

系统中的某些资源，如打印机、磁带机等，虽然可以提供给多个进程（线程）使用，但应规定在一段时间内，只允许一个进程访问该资源。为此，在系统中应建立一种机制，以保证多个进程对这类资源的互斥访问。

当进程 A 要访问某个资源时，必须先提出请求。若此时该资源空闲，系统便可将之分配给请求进程 A 使用。此后若再有其他进程也要访问该资源，只要 A 未用完就必须等待。仅当 A 进程访问完并释放系统资源后，才允许另一进程对该资源进行访问。这种资源共享方式称为互斥式共享，把这种在一段时间内只允许一个进程访问的资源，称为临界资源（或独占资源）。系统中的大多数物理设备，以及栈、变量和表格，都属于临界资源，都只能被互斥地共享。为此，在系统中必须配置某种机制，用于保证诸多进程互斥地使用临界资源。

2. 同时访问方式

系统中还有另一类资源，允许在一段时间内由多个进程"同时"对它们进行访问。这里所谓的"同时"，在单处理机环境下是宏观意义上的，而在微观上，这些进程对该资源的访问是交替进行的。典型的可供多个进程"同时"访问的资源是磁盘设备。一些用可重入码（reentrant code）编写的文件也可以被"同时"共享，即允许若干个用户同时访问该文件。

并发和共享是多用户（多任务）操作系统的两个最基本的特征。它们又是互为存在的条件。即一方面资源共享是以进程的并发执行为条件的，若系统不允许并发执行也就不存在资源共享问题；另一方面，若系统不能对资源共享实施有效管理，以协调好诸多进程对共享资源的访问，也必然会影响到诸多进程间并发执行的程度，甚至根本无法并发执行。

6.4.3　虚拟

用于实现"虚拟"的技术最早出现在通信系统中。早期，每一条物理信道只能供一对用户通话，为了提高通信信道的利用率而引入了"虚拟"技术。该技术是通过空分复用或时分复用技术，将一条物理信道变为若干条逻辑信道，使原来只能供一对用户通话的物理信道，变为能供多个用户同时通话的逻辑信道。

在操作系统中，把通过某种技术将一个物理实体变为若干个逻辑上的对应物的功能称为"虚拟"。前者是实的，即实际存在的，而后者是虚的，是用户感觉上的东西。相应地，把用于实现虚拟的技术称为虚拟技术。在操作系统中也是利用时分复用和空分复用技术来实现"虚拟"的。

1. 时分复用技术

在计算机领域中，广泛利用时分复用技术来实现虚拟处理机、虚拟设备等，使资源的利用率得以提高。时分复用技术能提高资源利用率的根本原因在于，它利用某个设备为一个用户服务的空闲时间，又转去为其他用户服务，使设备得到最充分的利用。

（1）虚拟处理机技术。利用多道程序设计技术，为每道程序建立至少一个进程，让多道程序并发执行。此时虽然系统中只有一台处理机，但通过时分复用的方法，能实现同时（宏观上）为多个用户服务，使每个终端用户都认为是有一个处理机在专门为他服务。也就是说，利用多道程序设计技术，可将一台物理上的处理机虚拟为多台逻辑上的处理机，在每台逻辑处理机上运行一道程序，我们把用户所感觉到的处理机称为虚拟处理器。

（2）虚拟设备技术。我们还可以利用虚拟设备技术，也通过时分复用的方法，将一台物理 I/O 设备虚拟为多台逻辑上的 I/O 设备，并允许每个用户占用一台逻辑上的 I/O 设备。这样便可使原来仅允许在一段时间内由一个用户访问的设备（即临界资源），变为允许多个用户"同时"访问的共享设备，即宏观上能"同时"为多个用户服务。例如，原来的打印机属于临界资源，而通过虚拟设备技术又可以把它变为多台逻辑上的打印机，供多个用户"同时"打印。

2. 空分复用技术

空分复用技术利用多路空间上的正交信道来同时传输信号达到扩容的目的，其概念最早应该是在无线通信领域被提出并被推广应用的，如我们常听说的 beam forming、Massive MIMO 等或多或少都与之相关。再后来在计算机中也把空分复用技术用于对存储空间的管理，用以提高存储空间的利用率。

如果说，多道程序技术（时分复用技术）是通过利用处理机的空闲时间运行其他程序，提高了处理机的利用率，那么，空分复用技术则是利用存储器的空闲空间分区域存放和运行其他的多道程序，以此来提高内存的利用率。

但是，单纯的空分复用存储器只能提高内存的利用率，并不能实现在逻辑上扩大存储器容量的功能，还必须引入虚拟存储技术才能达到此目的。虚拟存储技术本质上是实现内存的时分复用，即它可以通过时分复用内存的方式，使一道程序仅在远小于它的内存空间中运行。例如，一个 100MB 的应用程序之所以可以运行在 30MB 的内存空间，实质上就是每次只把用户程序的一部分调入内存运行，运行完成后将该部分换出，再换入另一部分到内存中运行，通过这样的置换功能，便实现了用户程序的各个部分分时地进入内存运行。

应当着重指出，虚拟的实现，如果是采用时分复用的方法，即对某一物理设备进行分时使用，设 N 是某物理设备所对应的虚拟的逻辑设备数，则每台虚拟设备的平均速度必然等于或低于物理设备速度的 $1/N$。类似地，如果是利用空分复用方法来实现虚拟，此时一台虚拟设备平均占用的空间必然也等于或低于物理设备所拥有空间的 $1/N$。

6.4.4 异步

在多道程序环境下，系统允许多个进程并发执行。在单处理机环境下，由于系统中只有一台处理机，因而每次只允许一个进程执行，其余进程只能等待。当正在执行的进程提出某种资源要求时，如打印请求，而此时打印机正在为其他进程打印，由于打印机属于临界资源，因此正在执行的进程必须等待，并释放出处理机，直到打印机空闲，并再次获得处理机时，该进程方能继续执行。可见，由于资源等因素的限制，进程的执行通常都不可能"一气呵成"，而是以"走走停停"的方式运行。

对于内存中的每个进程，在何时能获得处理机运行，何时又因提出某种资源请求而暂停，以及进程以怎样的速度向前推进，每道程序总共需要多少时间才能完成等，都是不可预知的。由于各用户程序性能的不同，例如，有的侧重于计算而较少需要 I/O；而有的程序其需要的计算较少而 I/O 多，这样，很可能是先进入内存的作业后完成，而后进入内存的作业先完成。或者说，进程是以人们不可预知的速度向前推进的，此即进程的异步性。尽管如此，但只要在操作系统中配置有完善的进程同步机制，且运行环境相同，则作业即便经过多次运行，也都会获得完全相同的结果。因此异步运行方式是允许的，而且是操作系统的一个重要特征。

6.5 操作系统的功能

引入操作系统的主要目的是，为多道程序的运行提供良好的运行环境，以保证多道程序能有条不紊地、高效地运行，并能最大限度地提高系统中各种资源的利用率，方便用户的使用。为此，在传统的操作系统中应具有处理机管理、存储器管理、设备管理和文件管理等基本功能。此外，为了方便用户使用操作系统，还需向用户提供方便的用户接口。图 6-9 显示了操作系统的组成部分。

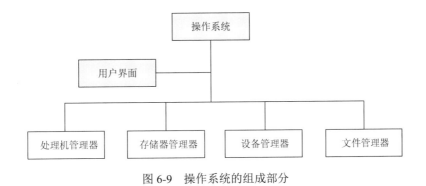

图 6-9 操作系统的组成部分

6.5.1 处理机管理功能

在传统的多道程序系统中，处理机的分配和运行都是以进程为基本单位的，因而对处理机的管理可归结为对进程的管理。处理机管理的主要功能有创建和撤销进程，对各进程的运行进行协调，实现进程之间的信息交换，以及按照一定的算法把处理机分配给进程。

1. 进程控制

在多道程序环境下为使作业能并发执行，必须为每道作业创建一个或几个进程，并为之分配必要的资源。当进程运行结束时，应立即撤销该进程，以便能及时回收该进程所占用的各类资源，供其他进程使用。在设置有线程的操作系统中，进程控制还应包括为一个进程创建若干个线程，以提高系统的并发性。因此，进程控制的主要功能也就是为作业创建进程、撤销（终止）已结束的进程，以及控制进程在运行过程中的状态转换。

2. 进程同步

为使多个进程能有条不紊地运行，系统中必须设置相应的进程同步机制。该机制的主要任务是为多个进程（含线程）的运行进行协调。常用的协调方式有两种：①进程互斥方式，这是指诸进程在对临界资源进行访问时，应采用互斥方式；②进程同步方式，指在相互合作去完成共同任务的诸进程间，由同步机构对它们的执行次序加以协调。最简单的用于实现进程互斥的机制是为每一个临界资源配置一把锁，当锁打开时，进程可以对该临界资源进行访问；而当锁关上时，则禁止进程访问该临界资源。而实现进程同步时，最常用的机制是信号量机制。

3. 进程通信

当有一组相互合作的进程去完成一个共同的任务时，在它们之间往往需要交换信息。例如，有输入进程、计算进程和打印进程三个相互合作的进程，输入进程负责将所输入的数据传送给计算进程；计算进程利用输入数据进行计算，并把计算结果传送给打印进程；最后由打印进程把计算结果打印出来。进程通信的任务是实现相互合作进程之间的信息交换。

当相互合作的进程处于同一计算机系统时，通常在它们之间采用直接通信方式，即由源进程利用发送命令直接将消息（message）挂到目标进程的消息队列上，以后由目标进程利用接收命令从其消息队列中取出消息。

4. 调度

在传统操作系统中，调度包括作业调度和进程调度两步。

（1）作业调度。作业调度的基本任务是从后备队列中按照一定的算法选择出若干个作业，为它们分配运行所需的资源，在将这些作业调入内存后，分别为它们建立进程，使它们都成为可能获得处理机的就绪进程，并将它们插入就绪队列中。

（2）进程调度。进程调度的任务是从进程的就绪队列中按照一定的算法选出一个进程，将处理机分配给它，并为它设置运行现场，使其投入执行。

6.5.2 存储器管理功能

存储器管理的主要任务，是为多道程序的运行提供良好的环境，提高存储器的利用率，方便用户使用，并能从逻辑上扩充内存。为此，存储器管理应具有内存分配、内存保护、地址映射和内存扩充等功能。

1. 内存分配

内存分配的主要任务包括以下几点。

（1）为每道程序分配内存空间，使它们"各得其所"。

（2）提高存储器的利用率，尽量减少不可用的内存空间（碎片）。

（3）允许正在运行的程序申请附加的内存空间，以适应程序和数据动态增长的需要。

操作系统在实现内存分配时，可采取静态和动态两种方式。

（1）静态分配方式。每个作业的内存空间是在作业装入时确定的，在作业装入后的整个运行期间不允许该作业再申请新的内存空间，也不允许作业在内存中"移动"。

（2）动态分配方式。每个作业所要求的基本内存空间虽然也是在装入时确定的，但允许作业在运行过程中继续申请新的附加内存空间，以适应程序和数据的动态增长，也允许作业在内存中"移动"。

2. 内存保护

内存保护的主要任务是：①确保每道用户程序都仅在自己的内存空间内运行，彼此互不干扰；②绝不允许用户程序访问操作系统的程序和数据，也不允许用户程序转移到非共享的其他用户程序中去执行。

为了确保每道程序都只在自己的内存区中运行，必须设置内存保护机制。一种比较简单的内存保护机制是设置两个界限寄存器，分别用于存放正在执行程序的上界和下界。在程序运行时，系统须对每条指令所要访问的地址进行检查，如果发生越界，便发出越界中断请求，以停止该程序的执行。

3. 地址映射

在多道程序环境下，由于每道程序经编译和链接后所形成的可装入程序其地址都是从 0 开始的，但不可能将它们从"0"地址（物理）开始装入内存，致使（各程序段的）地址空间内的逻辑地址与其在内存空间中的物理地址并不一致。为保证程序能正确运行，存储器管理必须提供地址映射功能，即能够将地址空间中的逻辑地址转换为内存空间中与之对应的物理地址。该功能应在硬件的支持下完成。

4. 内存扩充

内存扩充并非从物理上扩大内存的容量，而是借助虚拟存储技术，从逻辑上扩充内存容量，使用户感觉到的内存容量比实际内存容量大得多，以便让更多的用户程序能并发运行。这样既满足了用户的需要，又改善了系统的性能。为了能在逻辑上扩充内存，系统必须设置内存扩充机制（包含少量的硬件），用于实现下述各功能。

（1）请求调入功能，系统允许在仅装入部分用户程序和数据的情况下，便能启动该程序运行。在程序运行过程中，若发现要继续运行时所需的程序和数据尚未装入内存，可向操作系统发出请求，由操作系统从磁盘中将所需部分调入内存，以便继续运行。

（2）置换功能，若发现在内存中已无足够的空间来装入需要调入的程序和数据时，系统应能将内存中的一部分暂时不用的程序和数据调至硬盘上，以腾出内存空间，然后再将所需调入的部分装入内存。

6.5.3　设备管理功能

设备管理的主要任务如下所述。

（1）完成用户进程提出的 I/O 请求，为用户进程分配所需的 I/O 设备，并完成指定的 I/O 操作。

（2）提高 CPU 和 I/O 设备的利用率，提高 I/O 速度，方便用户使用 I/O 设备。

为实现上述任务，设备管理应具有缓冲管理、设备分配和设备处理三种功能。

1. 缓冲管理

如果在 I/O 设备和 CPU 之间引入缓冲，则可有效地缓和 CPU 和 I/O 设备速度不匹配的矛盾，提高 CPU 的利用率，进而提高系统吞吐量。因此在现代操作系统中，无一例外地在内存中设置了缓冲区，而且还可通过增加缓冲区容量的方法来改善系统的性能。不同的系统可采用不同的缓冲区机制。最常见的缓冲区机制有单缓冲机制、能实现双向同时传送数据的双缓冲机制、能供多个设备同时使用的公用缓冲池机制。上述这些缓冲区都由操作系统缓冲管理机制管理起来。

2. 设备分配

设备分配的基本任务是根据用户进程的 I/O 请求、系统现有资源情况以及按照某种设备分配策略，为之分配其所需的设备。如果在 I/O 设备和 CPU 之间还存在着设备控制器和 I/O 通道，则还需为分配出去的设备分配相应的控制器和通道。为实现设备分配，系统中应设置设备控制表、控制器控制表等数据结构，用于记录设备及控制器等的标识符和状态。

根据这些表格可以了解指定设备当前是否可用，是否忙碌，以供进行设备分配时参考。在进行设备分配时，应针对不同的设备类型采用不同的设备分配方式。对于独占设备的分配还应考虑到该设备被分配出去后系统是否安全。设备使用完后，应立即由系统回收。

3. 设备处理

设备处理程序又称设备驱动程序。其基本任务是用于实现 CPU 和设备控制器之间的通信，即由 CPU 向设备控制器发出 I/O 命令，要求它完成指定的 I/O 操作；反之，由 CPU 接收从控制器发来的中断请求，并给予迅速的响应和相应的处理。

设备处理过程：首先检查 I/O 请求的合法性，了解设备状态是否是空闲的，读取有关的传递参数及设置设备的工作方式；然后向设备控制器发出 I/O 命令，启动 I/O 设备完成指定的 I/O 操作。此外设备驱动程序还应能及时响应由控制器发来的中断请求，并根据该中断请求的类型，调用相应的中断处理程序进行处理。对于设置了通道的计算机系统，设备处理程序还应能根据用户的 I/O 请求自动地构成通道程序。

6.5.4　文件管理功能

文件管理的主要任务是对用户文件和系统文件进行管理以方便用户使用，并保证文件的安全性。为此，文件管理应具有对文件存储空间的管理、目录管理、文件的读/写管理以及文件的共享与保护等功能。

1. 文件存储空间的管理

在多用户环境下，若由用户自己对文件的存储进行管理，不仅非常困难，而且也必然十分低效。因而需要由文件系统对诸多文件及文件的存储空间实施统一的管理。其主要任务是为每个文件分配必要的外存空间，提高外存的利用率，进而提高文件系统的存取速度。为此，系统中应设置相应的数据结构，用于记录文件存储空间的使用情况，以供分配存储空间时参考。还应具有对存储空间进行分配和回收的功能。

2. 目录管理

目录管理的主要任务是为每个文件建立一个目录项，目录项包括文件名、文件属性、文件在磁盘上的物理位置等，并对众多的目录项加以有效的组织，以实现方便的按名存取。即用户只需提供文件名，即可对该文件进行存取。目录管理还应能实现文件共享，这样，只需在外存上保留一份该共享文件的副本。此外，还应能提供快速的目录查询手段，以提高对文件检索的速度。

3. 文件的读/写管理和保护

（1）文件的读/写管理。该功能是根据用户的请求，从外存中读取数据，或将数据写入外存。在进行文件读/写时，系统先根据用户给出的文件名去检索文件目录，从中获得文件在外存中的位置。然后，利用文件读/写指针，对文件进行读/写。一旦读/写完成，便修改读/写指针，为下一次读/写做好准备。由于读和写操作不会同时进行，所以可合用一个读/写指针。

（2）文件保护。为了防止系统中的文件被非法窃取和破坏，在文件系统中必须提供有效的存取控制功能，以实现下述目标：①防止未经核准的用户存取文件；②防止冒名顶替存取文件；③防止以不正确的方式使用文件。

6.5.5　操作系统与用户之间的接口

为了方便用户对操作系统的使用，操作系统向用户提供了"用户与操作系统的接口"。该接口通常可分为如下两大类。

1. 用户接口

为了便于用户直接或间接地控制自己的作业，操作系统向用户提供了命令接口。用户可通过该接口向作业发出命令以控制作业的运行。该接口又进一步分为联机用户接口、脱机用户接口和图形用户接口三种。

（1）联机用户接口。这是为联机用户提供的，它由一组键盘操作命令及命令解释程序组成。当用户在终端或控制台上键入一条命令后，系统便立即转入命令解释程序，对该命令加以解释执行。完成指定功能后系统又返回到终端或控制台上，等待用户键入下一条命令。这样，用户便可通过先后键入不同命令的方式来实现对作业的控制，直至作业完成。

（2）脱机用户接口。这是为批处理作业的用户提供的。用户用作业控制语言（job control language，JCL）把需要对作业进行的控制和干预的命令事先写在作业说明书上，然后将它与作业一起提供给系统。当系统调度到该作业运行时，通过调用命令解释程序去对作业说明书上的命令逐条解释执行，直至遇到作业结束语句时系统才停止该作业的运行。

（3）图形用户接口。通过联机用户接口取得操作系统的服务既不方便又花时间，用户必须熟记所有命令及其格式和参数，并逐个字符地键入命令，于是图形用户接口便应运而生。图形用户接口采用了图形化的操作界面，用非常容易识别的各种图标（icon）来将系统的各项功能、各种应用程序和文件直观、逼真地表示出来。用户可通过菜单（和对话框）用移动鼠标选择菜单项的方式取代命令的键入，以方便、快捷地完成对应用程序和文件的操作，从而把用户从烦琐且单调的操作中解脱出来。

2. 程序接口

程序接口是为用户程序在执行中访问系统资源而设置的，是用户程序取得操作系统服务的唯一途径。它是由一组系统调用组成的，每一个系统调用都是一个能完成特定功能的子程序。每当应用程序要求操作系统提供某种服务（功能）时，便调用具有相应功能的系统调用（子程序）。

早期的系统调用都是用汇编语言提供的，只有在用汇编语言书写的程序中才能直接使用系统调用。但在高级语言以及 C 语言中，往往提供了与各系统调用一一对应的库函数，这样，应用程序便可通过调用对应的库函数来使用系统调用。但在近几年所推出的操作系统中，如 UNIX、OS/2 版本中，其系统调用本身已经采用 C 语言编写，并以函数形式提供，故在用 C 语言编制的程序中，可直接使用系统调用。

6.5.6　现代操作系统的新功能

现代操作系统是在传统操作系统的基础上发展起来的，它除了具有传统操作系统的功能外，还增加了面向安全、面向网络和面向多媒体等功能。

1. 系统安全

通常，政府机关和企事业单位有大量的、重要的信息，必须高度集中地存储在计算机系统中。这样，如何确保在计算机系统中存储和传输数据的保密性、完整性和系统可用性，便成为信息系统等待解决的重要问题，而保障系统安全性的任务也责无旁贷地落到了现代操作系统的身上。

虽然在传统的操作系统中也采取了一些保障系统安全的措施，但随着计算技术的进步和网络的普及，传统的安全措施已远不能满足要求。为此，在现代操作系统中采取了多种有效措施来确保系统的安全。本节我们仅局限于介绍保障系统安全的几个技术问题，包括以下几点。

（1）认证技术。这是一个用来确认被认证的对象是否名副其实的过程，以确定对象的真实性，防止入侵者进行假冒和篡改等。如身份认证，是通过验证被认证对象的一个或多个参数的真实性和有效性来确定被认证对象是否名副其实的；因此，在被认证对象与要验证的那些参数之间应存在严格的对应关系。

（2）密码技术。即对系统中所需存储和传输的数据进行加密，使之成为密文，这样，攻击者即使截获到数据，也无法了解到数据的内容。只有指定的用户才能对该数据予以解密，了解其内容，从而有效地保护了系统中信息资源的安全性。近年来，国内外广泛应用数据加密技术来保障计算机系统的安全性。

（3）访问控制技术。可通过两种途径来保障系统中资源的安全：①通过对用户存取权限的设置，可以限定用户只能访问被允许访问的资源，这样也就限定了用户对系统资源的访问范围；②访问控制还可以通过对文件属性的设置来保障指定文件的安全性，如设置文件属性为只读时，该文件就只能被读而不能被修改等。

（4）反病毒技术。对于病毒的威胁，最好的解决方法是预防，不让病毒侵入系统，但要完全做到这一点是十分困难的，因此还需要非常有效的反病毒软件来检测病毒。在反病毒软件被安装到计算机后，便可对硬盘上所有的可执行文件进行扫描，检查盘上的所有可执行文件，若发现有病毒，便立即将它清除。

2. 网络的功能和服务

在现代操作系统中，为支持用户联网取得各类网络所提供的服务，如电子邮件服务、Web 服务等，应在操作系统中增加面向网络的功能，用于实现网络通信和资源管理，以及提供用户取得网络服务的手段。作为一个网络操作系统，应当具备多方面的功能。

（1）网络通信，用于在源主机和目标主机之间，实现无差错的数据传输，如建立和拆除通信链路、传输控制、差错控制和流量控制等。

（2）资源管理，即对网络中的共享资源（硬件和软件）实施有效的管理，协调诸用户对共享资源的使用，保证数据的安全性和一致性。典型的共享硬件资源有硬盘、打印机等，软件资源有文件和数据。

（3）应用互操作，即在一个由若干个不同网络互联所构成的互联网络中，必须提供应用互操作功能，以实现信息的互通性和信息的互用性。信息的互通性是指在不同网络中的用户之间，能实现信息的互通。信息的互用性是表示用户可以访问不同网络中的文件系统和数据库系统中的信息。

3. 支持多媒体

一个支持多媒体的操作系统必须能像一般操作系统处理文字、图形信息那样去处理音频和视频信息等多媒体信息，为此，现代操作系统增加了多媒体的处理功能。

（1）接纳控制功能。在多媒体系统中，为了确保多个实时进程能够同时满足截止时间，需要对在系统中运行的软实时任务，即 SRT 任务的数目、驻留在内存中的任务数目加以限制，为此设置了相应的接纳控制功能，如媒体服务器的接纳控制、存储器接纳控制和进程接纳控制。

（2）实时调度。多媒体系统中的每一个任务，往往都是一些要求较严格的、周期性的软实时任务 SRT，为了保证动态图像的连续性，图像更新的周期必须在 40ms 内，因此在 SRT 调度时，不仅需要考虑进程的调度策略，还要考虑进程调度的接纳度等，这相比传统的操作系统就要复杂得多。

（3）多媒体文件的存储。为了存放多媒体文件，对操作系统最重要的要求是能把硬盘上的数据快速地传送到输出设备上。因此，对于在传统文件系统中数据的离散存放方式以及磁盘寻道方式都要加以改进。

6.6　主流操作系统

本节将介绍一些常用的操作系统，以促进将来的学习。我们选择四种计算机用户熟悉的操作系统：UNIX、Linux、Windows 和 MAC OS。

6.6.1　UNIX

UNIX 是由贝尔实验室的计算机科学研究小组的汤普森（Thomson）和里奇（Ritchie）在 1969 年首先开发出来的。从那时起，UNIX 经历了许多版本。它是一个在程序设计员和计算机科学家中较为流行的操作系统。是一个非常强大的操作系统，有三个显著的特点。第一，UNIX 是一个可移植的操作系统，它可以不经过较大的改动而方便地从一个平台移植到另一个平台。原因是它主要是用 C 语言编写的（而不是特定于某种计算机系统的机器语言）。第二，UINX 拥有一套功能强大的工具（命令），它们能够组合起来（在可执行文件中被称为脚本）去解决许多问题，而这一工作在其他操作系统中则需要通过编程来完成。第三，它具有设备无关性，因为操作系统本身就包含了设备驱动程序，这意味着它可以方便地配置来运行任何设备。

　　UNIX 是多用户、多道程序、可移植的操作系统，它被设计来方便编程、文本处理、通信和其他许多希望操作系统来完成的任务。它包含几百个简单、单一目的的函数，这些函数能组合起来完成任何可以想象的处理任务。它的灵活性通过它可以用在三种不同的计算环境中而得到证明，这三种环境为单机个人环境、时分系统和客户/服务器系统。

　　UNIX 由四个主要部分构成：内核、命令解释器、一组标准工具和应用程序。这些组成显示在图 6-10 中。

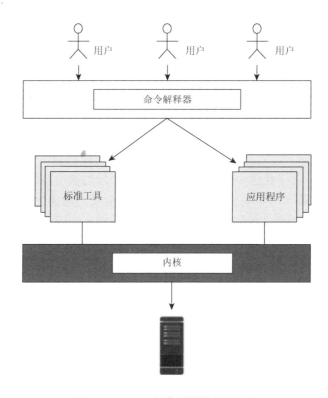

图 6-10　UNIX 操作系统的组成部分

1. 内核

内核是 UNIX 系统的"心脏"。它包含操作系统最基本的部分：内存管理、进程管理、设备管理和文件管理。系统所有其他部分均调用内核来执行这些服务。

2. 命令解释器

命令解释器是 UNIX 中对用户最可见的部分。它接收和解释用户输入的命令。在许多方面，这使其成为 UNIX 结构的最重要的组成部分。它肯定也是用户最了解的部分。为了在系统做任何事情，我们必须向命令解释器输入命令。如果命令需要一个工具，命令解释器会请求内核来执行该工具；如果命令需要一个应用程序，命令解释器则会请求内核启动该应用程序。有些操作系统有几种不同的命令解释器，UNIX 就是这样。

3. 标准工具

UNIX 中有几百个工具。工具是 UNIX 标准程序，它为用户提供支持过程。常用的三个工具是文本编辑器、搜索程序和排序程序。

许多系统工具实际上是复杂的应用程序。例如，UNIX 的电子邮件系统被看成一个工具，就像三种常见文本编辑器：vi、emacs 和 pico。这几个工具本身都是很大的系统。其他工具是简短函数。例如，list (ls)工具显示磁盘目录中的文件。

4. 应用程序

UNIX 的应用是指一些程序，它们不是操作系统发布中的标准部分。它们是由系统管理员、专职程序员或用户编写的，提供了对系统的扩展能力。事实上，许多标准工具自多年前都是作为应用出现的，后来被证明非常有用，现在就成了系统的一部分。

6.6.2　Linux

1991 年，芬兰学者托瓦兹（Torvalds）开发了一个新的操作系统，这就是今天我们所说的 Linux。初始内核（与 UNIX 小子集相似）如今成长为全面的操作系统。1997 年发布的 Linux 2.0 内核成为商业操作系统，它具有传统 UNIX 的所有特性。

1. 组成

Linux 由下列三部分组成：内核、系统库、系统工具。
1）内核
内核负责处理所有属于内核的职责，如内存管理、进程管理、设备管理和文件管理。
2）系统库
系统库含有一组被应用程序使用的函数（包括命令解释器），用于与内核交互。
3）系统工具
系统工具是使用系统库提供的服务，执行管理任务的各个程序。

2. 网络功能

Linux 支持标准因特网协议。它支持三层：套接字接口、协议驱动和网络设备驱动。

3. 安全

Linux 的安全机制提供了传统上为 UNIX 定义的安全特性，如身份验证和访问控制。
Linux 的发行版说简单点就是将 Linux 内核与应用软件做一个打包。目前市面上较知名的发行版有 Ubuntu、RedHat、CentOS（图 6-11）、Debian、Fedora、SuSE、OpenSUSE、Arch Linux、SolusOS 等。

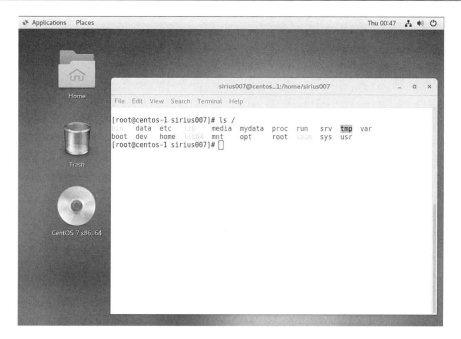

图 6-11　CentOS 发行版的 Linux

6.6.3　Windows

20 世纪 80 年代后期，在戴夫·卡特勒（Dave Cutler）的领导下，微软开始开发替代 MS-DOS（微软磁盘操作系统）的新的单用户操作系统。Windows NT（NT 代表 new technology）就应运而生了。后来又有几个 Windows NT 的版本，名字被改成 Windows 2000。Windows XP（XP 代表 eXPerience）是 2001 年发布的。我们统称这些版本为 Windows NT，或简称 NT。

1. 设计目标

微软发布的设计目标是可扩展性、可移植性、可靠性、兼容性等性能。

1）可扩展性

Windows NT 被设计成具有多层的模块化体系结构。意图是允许高层随时间而改变，而不影响底层。

2）可移植性

像 UNIX 一样，NT 是用 C 或 C++编写的，这个语言是独立于它所运行的计算机的机器语言的。

3）可靠性

Windows NT 被设计成能处理包括防止恶意软件的错误条件。NT 使用 NT 文件系统，能从文件-系统错误中恢复。

4）兼容性

NT 被设计成能运行为其他操作系统或 Windows NT 早期版本编写的程序。

5）性能

NT 的设计要为运行在操作系统之上的应用程序提供快速响应。

2. 体系结构

NT 使用分层体系结构，如图 6-12 所示。

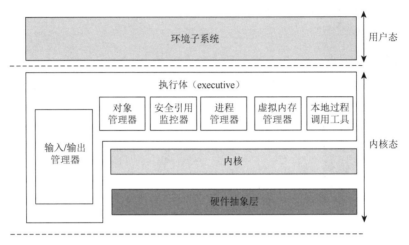

图 6-12　Windows NT 体系结构

1）HAL

硬件抽象层（hardware abstraction layor，HAL）为上层隐藏了硬件的差异。

2）内核

内核是操作系统的心脏。它是面向对象软件的一个片段。该面向对象的软件把任何实体都看成对象。

3）执行体

NT 执行体为整个操作系统提供服务。它由六个子系统构成：对象管理器、安全引用监控器、进程管理器、虚拟内存管理器、本地过程调用工具和输入/输出管理器。大多子系统是我们前面讨论的操作子系统中所熟悉的。有些子系统（如对象管理器）被加到 NT 中，是因为它的面向对象的本质。执行者运行在内核态（特权）。

4）环境子系统

这些子系统被设计用来允许 NT 运行那些为 NT、其他操作系统或 NT 早期版本设计的应用程序。运行为 NT 设计的应用的本地子系统称为 Win32。环境子系统运行在用户态（无特权）。

6.6.4　Mac OS

Mac OS 是基于 XNU 混合内核的图形化操作系统，是一套由苹果公司开发的运行于 Macintosh 系列计算机上的操作系统。Mac OS 是首个在商用领域成功应用的图形用户界面操作系统。

Mac OS 可以被分成操作系统的两个系列。

一个是老旧并且已不被支持的 Classic Mac OS（系统搭载在 1984 年销售的首部 Mac 与其后代上，终极版本是 Mac OS 9）。采用 Mach 作为内核，在 Mac OS 7.6 以前用 System x.xx 来称呼。

新的 Mac OS X 结合了 BSD Unix、OpenStep 和 Mac OS 9 的元素。它最底层是基于 UNIX 操作系统，其代码被称为 Darwin，实行的是部分开放源代码。

1. Classic Mac OS

Classic Mac OS 的特点是完全没有命令行模式，它是一个 100%的图形操作系统。预示它容易使用，也被指责为几乎没有内存管理、协同式多任务（cooperative multitasking）和对扩展冲突敏感。功能扩展（Extensions）是扩充操作系统的程序模块，例如，附加功能性（如网络）或为特殊设备提供支持。某些功能扩展倾向于不能在一起工作，或只能按某个特定次序载入。解决 Mac OS 的功能扩展冲突可能是一个耗时的过程。

Mac OS 也引入了一种新型的文件系统，一个文件包括了两个不同的分支（forks）。它分别把参数存在资源分支（resource fork），而把原始数据存在数据分支（data fork）里，这在当时是非常创新的。但是，因为不能识别此系统，让它与其他操作系统的沟通成为挑战。

Mac OS 9 使用 B+树结构的文件系统进行文件管理。

图 6-13 所示为 Mac OS 图形化界面。

图 6-13　Mac OS 图形化界面

2. Mac OS X

为了避免这种情况，Mac OS X 使用基于 BSD Unix 的内核，并引入 UNIX 风格的内存管理和抢占式多任务（pre-emptive multitasking）。显著改进内存管理，允许同时运行更多软件，而且实质上消除了一个程序崩溃导致其他程序崩溃的可能性。这也是首个包括"命令行"

模式的 Mac OS，除非运行单独的终端（terminal）程序，否则你可能永远无法看到这个模式。

但是，这些新特征需要更多的系统资源，按官方的说法 Mac OS X 只能支持 G3 以上的新处理器（它在早期的 G3 处理器上执行起来比较慢）。Mac OS X 有一个兼容层，负责执行老旧的 Mac 应用程序，名为 Classic 环境，也就是程序员所熟知的"蓝盒子"（the blue box）。它把老的 Mac OS 9.x 系统的完整副本作为 Mac OS X 里一个程序执行，但执行应用程序的兼容性只能保证程序在写得很好的情况下在当前的硬件中不会产生意外。

6.7　计算机软件设计方法

6.7.1　软件工程基本概念

概括地说，软件工程是指导计算机软件开发和维护的一门工程学科。采用工程的概念、原理、技术和方法来开发与维护软件，把经过时间考验而证明正确的管理技术和当前能够得到的最好的技术方法结合起来，以经济地开发出高质量的软件并有效地维护它，这就是软件工程。

人们曾经给软件工程下过许多定义，下面给出两个典型的定义。

1968 年在第一届 NATO 会议上曾经给出了软件工程的一个早期定义："软件工程就是为了经济地获得可靠的且能在实际机器上有效地运行的软件，而建立和使用完善的工程原理。"这个定义不仅指出了软件工程的目标是经济地开发出高质量的软件，而且强调了软件工程是一门工程学科，它应该建立并使用完善的工程原理。

1993 年 IEEE 进一步给出了一个更全面更具体的定义："软件工程是，①把系统的、规范的、可度量的途径应用于软件开发、运行和维护过程，也就是把工程应用于软件；②研究①中提到的途径。"

虽然软件工程的不同定义使用了不同词句，强调的重点也有差异，但是，人们普遍认为软件工程具有下述的本质特性。

1. 软件工程关注于大型程序的构造

"大"与"小"的分界线并不十分清晰。通常把一个人在较短时间内写出的程序称为小型程序，而把多人合作用时半年以上才写出的程序称为大型程序。传统的程序设计技术和工具是支持小型程序设计的，不能简单地把这些技术和工具用于开发大型程序。

事实上，在此处使用术语"程序"并不十分恰当，现在的软件开发项目通常构造出包含若干个相关程序的"系统"。

2. 软件工程的中心课题是控制复杂性

通常，软件所解决的问题十分复杂，以致不能把问题作为一个整体通盘考虑。人们不得不把问题分解，使得分解出的每个部分是可理解的，而且各部分之间保持简单的通信关系。用这种方法并不能降低问题的整体复杂性，但是却可使它变成可以管理的。注意，许多软件的复杂性主要不是由问题的内在复杂性造成的，而是由必须处理的大量细节造成的。

3. 软件经常变化

绝大多数软件都模拟了现实世界的某一部分，例如，处理读者对图书馆提出的需求或跟踪银行中的资金的流通过程。现实世界在不断变化，软件为了不很快被淘汰，必须随着所模拟的现实世界一起变化。因此，在软件系统交付使用后仍然需要耗费成本，而且在开发过程中必须考虑软件将来可能发生的变化。

4. 开发软件的效率非常重要

目前，社会对新应用系统的需求超过了人力资源所能提供的限度，软件供不应求的现象日益严重。因此，软件工程的一个重要课题就是，寻求开发与维护软件的更好、更有效的方法和工具。

5. 和谐地合作是开发软件的关键

软件处理的问题十分庞大，必须多人协同工作才能解决这类问题。为了有效地合作，必须明确地规定每个人的责任和相互通信的方法。事实上仅有上述规定还不够，每个人还必须严格地按规定行事。为了迫使大家遵守规定，应该运用标准和规程。通常，可以用工具来支持这些标准和规程。总之，纪律是成功地完成软件开发项目的一个关键。

6. 软件必须有效地支持它的用户

开发软件的目的是支持用户的工作。软件提供的功能应该能有效地协助用户完成他们的工作。如果用户对软件系统不满意，可以弃用该系统，或者立即提出新的需求。因此，仅仅用正确的方法构造系统还不够，还必须构造出正确的系统。

有效地支持用户意味着必须仔细地研究用户，以确定适当的功能需求、可用性要求及其他质量要求（如可靠性、响应时间等）。有效地支持用户还意味着，软件开发不仅应该提交软件产品，而且应该写出用户手册和培训材料，此外，还必须注意建立使用新系统的环境。例如，一个新的图书馆自动化系统将影响图书馆的工作流程，因此应该适当地培训用户，使他们习惯于新的工作流程。

7. 软件开发的背景可能横跨不同领域

这个特性与前两个特性紧密相关。软件工程师是如 Java 程序设计、软件体系结构、测试或统一建模语言（unified modeling language，UML）等方面的专家，他们通常并不是图书馆管理、航空控制或银行事务等领域的专家，但是他们却不得不为这些领域开发应用系统。缺乏应用领域的相关知识，是软件开发项目出现问题的常见原因。

软件工程师不仅缺乏应用领域的实际知识，他们还缺乏该领域的文化知识。例如，软件开发者通过访谈、阅读书面文件等方法了解到用户组织的"正式"工作流程，然后用软件实现这个工作流程。但是，决定软件系统成功与否的关键问题是，用户组织是否真正遵守这个工作流程。对于局外人来说，这个问题更难回答。

6.7.2 软件开发模型

软件开发模型（software development model）是指软件开发全部过程、活动和任务的结构框架。软件开发包括需求、设计、编码和测试等阶段，有时也包括维护阶段。软件开发模型能清晰、直观地表达软件开发全过程，明确规定了要完成的主要活动和任务，用来作为软件项目工作的基础。对于不同的软件系统，可以采用不同的开发方法、使用不同的程序设计语言以及各种不同技能的人员参与工作、运用不同的管理方法和手段等，以及允许采用不同的软件工具和不同的软件工程环境。

1. 瀑布模型

20 世纪 80 年代之前，瀑布模型一直是唯一被广泛采用的生命周期模型，现在它仍然是软件工程中应用得最广泛的过程模型。传统软件工程方法学的软件过程，基本上可以用瀑布模型来描述。

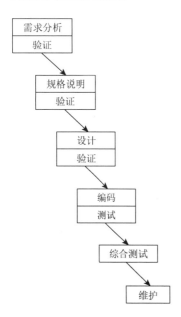

图 6-14 传统的瀑布模型

如图 6-14 所示为传统的瀑布模型。按传统的瀑布模型开发软件，有以下几个特点。

1）阶段间具有顺序性和依赖性

阶段间具有顺序性和依赖性，这个特点有两重含义：①必须等前一阶段的工作完成后，才能开始后一阶段的工作；②前一阶段的输出文档就是后一阶段的输入文档，因此，只有前一阶段的输出文档正确，后一阶段的工作才能获得正确的结果。

2）推迟实现的观点

缺乏软件工程实践经验的软件开发人员，接到软件开发任务后常常急于求成，总想尽早开始编写程序。但是，实践表明，对于规模较大的软件项目来说，往往编码开始得越早，最终完成开发工作所需要的时间反而越长。这是因为，前面阶段的工作没做或做得不扎实，过早地考虑进行程序实现，往往导致大量返工，有时甚至出现无法弥补的问题，带来灾难性后果。

瀑布模型在编码之前设置了系统分析与系统设计的各个阶段，分析与设计阶段的基本任务规定，在这两个阶段主要考虑目标系统的逻辑模型，不涉及软件的物理实现。

清楚地区分逻辑设计与物理设计，尽可能推迟程序的物理实现，是按照瀑布模型开发软件的一条重要的指导思想。

3）质量保证的观点

软件工程的基本目标是优质、高产。为了保证所开发的软件的质量，在瀑布模型的每个阶段都应坚持两个重要做法。

（1）每个阶段都必须完成规定的文档，没有交出合格的文档就是没有完成该阶段的任务。完整、准确的合格文档不仅是软件开发时期各类人员之间相互通信的媒介，也是运行时期对软件进行维护的重要依据。

（2）每个阶段结束前都要对所完成的文档进行评审，以便尽早发现问题，改正错误。事实上，越是早期阶段犯下的错误，暴露出来的时间就越晚，排除故障改正错误所需付出的代价也越高。因此，及时审查，是保证软件质量、降低软件成本的重要措施。

传统的瀑布模型过于理想化了，事实上，人在工作过程中不可能不犯错误。在设计阶段可能发现规格说明文档中的错误，而设计上的缺陷或错误可能在实现过程中显现出来，在综合测试阶段将发现需求分析、设计或编码阶段的许多错误。因此，实际的瀑布模型是带"反馈环"的，如图 6-15 所示。当在后面阶段发现前面阶段的错误时，需要沿图中左侧的反馈线返回前面的阶段，修正前面阶段的产品后再回来继续完成后面阶段的任务。

瀑布模型有许多优点：可强迫开发人员采用规范的方法（如结构化技术）；严格地规定了每个阶段必须提交的文档；要求每个阶段交出的所有产品都必须经过质量保证小组的仔细验证。

各个阶段产生的文档是维护软件产品时必不可少的，没有文档的软件几乎是不可能维护的。遵守瀑布模型的文档约束，将使软件维护变得容易一些。绝大部分软件预算都花费在软件维护上，因此，使软件变得比较容易维护就能显著降低软件预算。可以说，瀑布模型的成功在很大程度上是由于它基本上是一种文档驱动的模型。

但是，"瀑布模型是由文档驱动的"这个事实也是它的一个主要缺点。在可运行的软件产品交付给用户之前，用户只能通过文档来了解产品是什么样的。但是，仅仅通过写在纸上的静态的规格说明，很难全面正确地认识动态的软件产品。而且事实证明，一旦一个用户开始使用一个软件，在他的头脑中关于该软件应该做什么的想法就会

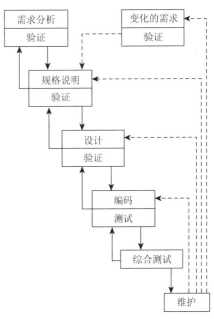

图 6-15 实际的瀑布模型

图中实线箭头表示开发过程；虚线箭头表示维护过程

或多或少地发生变化，这就使得最初提出的需求变得不完全适用了。事实上，要求用户不经过实践就提出完整准确的需求，在许多情况下都是不切实际的。总之，由于瀑布模型几乎完全依赖于书面的规格说明，很可能导致最终开发出的软件产品不能真正满足用户的需要。

2. 快速原型模型

所谓快速原型是快速建立起来的可以在计算机上运行的程序，它所能完成的功能往往是最终产品能完成的功能的一个子集。如图 6-16 所示，快速原型模型的第一步是快速建立一个能反映用户主要需求的原型系统，让用户在计算机上试用它，通过实践来了解

目标系统的概貌。通常，用户试用原型系统后会提出许多修改意见，开发人员按照用户的意见快速地修改原型系统，然后再次请用户试用。一旦用户认为这个原型系统确实能做他们所需要的工作，开发人员便可据此书写规格说明文档，根据这份文档开发出的软件便可以满足用户的真实需求。

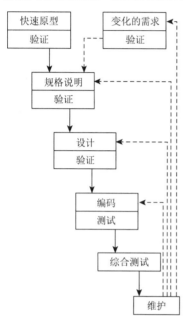

图 6-16　快速原型模型

图中实线箭头表示开发过程；虚线箭头表示
维护过程

从图 6-16 可以看出，快速原型模型是不带反馈环的，这正是这种过程模型的主要优点：软件产品的开发基本上是线性顺序进行的。能基本上做到线性顺序开发的主要原因如下所述。

（1）原型系统已经通过与用户交互而得到验证，据此产生的规格说明文档正确地描述了用户需求，因此，在开发过程的后续阶段不会因为发现了规格说明文档的错误而进行较大的返工。

（2）开发人员通过建立原型系统已经学到了许多东西（至少知道了"系统不应该做什么，以及怎样不去做不该做的事情"），因此，在设计和编码阶段发生错误的可能性也比较小，这自然减少了在后续阶段需要改正前面阶段所犯错误的可能性。

软件产品一旦交付给用户使用，维护便开始了。根据所需完成的维护工作种类的不同，可能需要返回到需求分析、规格说明、设计或编码等不同阶段，如图 6-16 中虚线箭头所示。

快速原型的本质是"快速"。开发人员应该尽可能快地建造出原型系统，以加速软件开发过程，节约软件开发成本。原型的用途是获知用户的真正需求，一旦需求确定了，原型将被抛弃。因此，原型系统的内部结构并不重要，重要的是，必须迅速地构建原型，然后根据用户意见迅速地修改原型。UNIX Shell 和超文本都是广泛使用的快速原型语言，最近的趋势是，广泛地使用第四代语言构建快速原型。

当快速原型的某个部分是利用软件工具由计算机自动生成的时候，可以把这部分用到最终的软件产品中。例如，用户界面通常是快速原型开发的一个关键部分，当使用屏幕生成程序或者报表生成程序去自动生成用户界面时，可以将生成的用户界面直接用在最终的软件产品中。

3. 增量模型

增量模型也称渐增模型，如图 6-17 所示。使用增量模型开发软件时，把软件产品作为一系列的增量构件来设计编码、集成和测试。每个构件由多个相互作用的模块构成，并且能够完成特定的功能。使用增量模型时，第一个增量构件往往实现软件的基本需求，提供最核心的功能。例如，使用增量模型开发字处理软件时，第 1 个增量构件提供基本的文件管理、编辑和文档生成功能；第 2 个增量构件提供更完善的编辑和文档生成功能；第 3 个增量构件实现拼写和语法检查功能；第 4 个增量构件完成高级的页面排版功能。

把软件产品分解成增量构件时，应该使构件的规模适中，规模过大或过小都不好。最佳分解方法因软件产品特点和开发人员的习惯而异。分解时唯一必须遵守的约束条件是，当把新构件集成到现有软件中时，所形成的产品必须是可测试的。

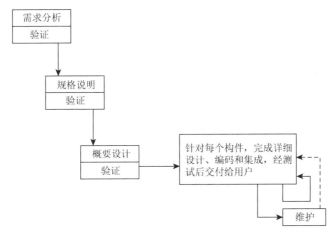

图 6-17　增量模型

采用瀑布模型或快速原型模型开发软件时，目标都是一次把一个满足所有需求的产品提交给用户。增量模型则与之相反，它分批地逐步向用户提交产品，整个软件产品被分解成许多个增量构件，开发人员一个构件接一个构件地向用户提交产品。从第一个构件交付之日起，用户就能做一些有用的工作。显然，能在较短时间内向用户提交可完成部分工作的产品，是增量模型的一个优点。

增量模型的另一个优点是，逐步增加产品功能可以使用户有较充裕的时间学习和适应新产品，从而减少一个全新的软件可能给客户组织带来的冲击。

使用增量模型的困难是，在把每个新的增量构件集成到现有软件体系结构中时，必须不破坏原来已经开发出的产品。此外，必须把软件的体系结构设计得便于按这种方式进行扩充，向现有产品中加入新构件的过程必须简单、方便，也就是说，软件体系结构必须是开放的。但是，从长远观点看，具有开放结构的软件拥有真正的优势，这样的软件的可维护性明显好于封闭结构的软件。因此，尽管采用增量模型比采用瀑布模型和快速原型模型需要更精心的设计，但在设计阶段多付出的劳动将在维护阶段获得回报。如果一个设计非常灵活而且足够开放，足以支持增量模型，那么，这样的设计将允许在不破坏产品的情况下进行维护。事实上，使用增量模型时开发软件和扩充软件功能（完善性维护）并没有本质区别，都是向现有产品中加入新构件的过程。

从某种意义上说，增量模型本身是自相矛盾的。它一方面要求开发人员把软件看作一个整体，另一方面又要求开发人员把软件看作构件序列，每个构件本质上都独立于另一个构件。除非开发人员有足够的技术能力协调好这一明显的矛盾，否则用增量模型开发出的产品可能并不令人满意。

如图 6-17 所示的增量模型表明，必须在开始实现各个构件前就全部完成需求分析、规格说明和概要设计的工作。由于在开始构建第一个构件前已经有了总体设计，因此风险较小。图 6-18 描绘了一种风险更大的增量模型：一旦确定了用户需求，就着手拟订第一个构件的规格说明文档，完成后规格说明组将转向第二个构件的规格说明，与此同时设计组开始设计第一个构件。采用这种方式开发软件时，不同的构件可以并行构建，从而有可能加快工程进度。但是，使用这种方法将冒构件无法集成到一起的风险，除非密切地监控整个开发过程，否则整个工程可能毁于一旦。

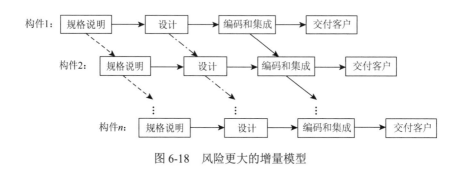

图 6-18　风险更大的增量模型

4. 螺旋模型

软件开发几乎总要冒一定风险，例如，产品交付给用户后用户可能不满意，到了预定的交付日期软件可能还未开发出来，实际的开发成本可能超过预算，产品完成前一些关键的开发人员可能"跳槽"了，产品投入市场前竞争对手发布了一个功能相近、价格更低的软件等。软件风险是任何软件开发项目中都普遍存在的实际问题，项目越大，软件越复杂，承担该项目所冒的风险也越大。软件风险可能在不同程度上损害软件开发过程和软件产品质量。因此，在软件开发过程中必须及时识别和分析风险，并且采取适当措施以消除或减少风险的危害。

构建原型是一种能使某些类型的风险降至最低的方法。正如快速原型模型中所述，为了降低交付给用户的产品不能满足用户需要的风险，一种行之有效的方法是在需求分析阶段快速地构建一个原型。在后续阶段也可以通过构造适当的原型来降低某些技术风险。当然，原型并不能"包治百病"，对于某些类型的风险（例如，聘请不到需要的专业人员或关键的技术人员在项目完成前"跳槽"），原型方法是无能为力的。

螺旋模型的基本思想是，使用原型及其他方法来尽量降低风险。理解这种模型的一个简便方法，是把它看作在每个阶段之前都增加了风险分析过程的快速原型模型，如图 6-19 所示。

完整的螺旋模型如图 6-20 所示。图中带箭头的点划线的长度代表当前累计的开发费用，螺旋线的角度代表开发进度。螺旋线每个周期对应于一个开发阶段。每个阶段开始时（左上象限）的任务是确定该阶段的目标、为完成这些目标选择方案及设定这些方案的约束条件。接下来的任务是从风险角度分析上一步的工作结果，努力排除各种潜在的风险，通常用建造原型的方法来排除风险。如果风险不能排除，则停止开发工作或大幅度地削减项目规模。如果成功地排除了所有风险，则启动下一个开发步骤（右下象限），这个步骤的工作过程相当于纯粹的瀑布模型。最后是评价该阶段的工作成果并计划下一个阶段的工作。

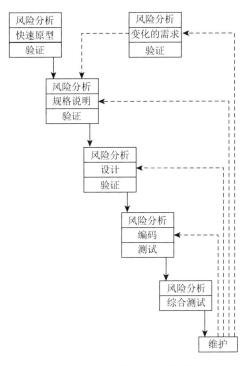

图 6-19 简化的螺旋模型

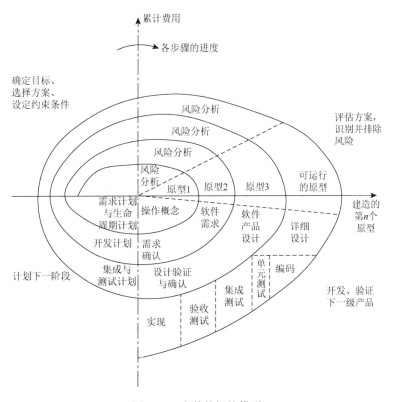

图 6-20 完整的螺旋模型

螺旋模型有许多优点:对可选方案和约束条件的强调有利于已有软件的重用,也有助于把软件质量作为软件开发的一个重要目标;减少了过多测试(浪费资金)或测试不足(产品故障多)所带来的风险;更重要的是,在螺旋模型中维护只是模型的另一个周期,在维护和开发之间并没有本质区别。

螺旋模型主要适用于内部开发的大规模软件项目。如果进行风险分析的费用接近整个项目的经费预算,则风险分析是不可行的。事实上,项目越大,风险也越大,因此,进行风险分析的必要性也越大。此外,只有内部开发的项目,才能在风险过大时方便地中止项目。

螺旋模型的主要优势在于,它是风险驱动的,但是,这也可能是它的一个弱点。除非软件开发人员具有丰富的风险评估经验和这方面的专门知识,否则将出现真正的风险:当项目实际上正在走向灾难时,开发人员可能还认为一切正常。

5. 喷泉模型

迭代是软件开发过程中普遍存在的一种内在属性。经验表明,在面向对象范型中,各个阶段之间的迭代或一个阶段内各个工作步骤之间的迭代,比在结构化范型中更为常见。

一般说来,使用面向对象方法学开发软件时,工作重点应该放在生命周期中的分析阶段。这种方法在开发的早期阶段定义了一系列面向问题的对象,并且在整个开发过程中不断充实和扩充这些对象。由于在整个开发过程中都使用统一的软件概念"对象",所有其他概念(如功能、关系、事件等)都是围绕对象组成的,目的是保证分析工作中得到的信息不会丢失或改变,因此,对生命周期各阶段的区分自然就不重要、不明显了。分析阶段得到的对象模型也适用于设计阶段和实现阶段。由于各阶段都使用统一的概念和表示符号,因此,整个开发过程都是吻合一致的,或者说是"无缝"连接的,这自然就很容易实现各个开发步骤的多次反复迭代,达到认识的逐步深化。每次反复都会增加或明确一些目标系统的性质,但却不是对先前工作结果的本质性改动,这样就减少了不一致性,降低了出错的可能性。

如图 6-21 所示的喷泉模型,是典型的面向对象的软件开发模型之一。"喷泉"这个词体现了面向对象软件开发过程迭代和无缝的特性。图中代表不同阶段的圆圈相互重叠,这明确表示两个活动之间存在交迭;而面向对象方法在概念和表示方法上的一致性,保证了在各项开发活动之间的无缝过渡,事实上,用面向对象方法开发软件时,在分析、设计和编码等开发活动之间并不存在明显的边界。图

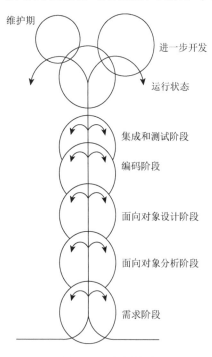

图 6-21　喷泉模型

中在一个阶段内的向下箭头代表该阶段内的迭代（或求精）。图中较小的圆圈代表维护，圆圈较小象征着采用了面向对象范型后维护时间缩短了。

为避免使用喷泉模型开发软件时开发过程过分无序，应该把一个线性过程（如快速原型模型或图中的中心垂线）作为总目标。但是，同时也应该记住，面向对象范型本身要求经常对开发活动进行迭代或求精。

6.7.3　软件开发步骤

1. 问题定义

问题定义阶段必须回答的关键问题是"要解决的问题是什么？"如果不知道问题是什么就试图解决这个问题，显然是盲目的，只会白白浪费时间和金钱，最终得出的结果很可能是毫无意义的。尽管确切地定义问题的必要性是十分明显的，但是在实践中它却可能是最容易被忽视的一个步骤。

通过对客户的访问调查，系统分析员扼要地写出关于问题性质、工程目标和工程规模的书面报告，经过讨论和必要的修改之后这份报告应该得到客户的确认。

2. 可行性研究

这个阶段要回答的关键问题是"对于上一个阶段所确定的问题有行得通的解决办法吗？"为了回答这个问题，系统分析员需要进行一次显著压缩和简化了的系统分析和设计过程，也就是在较抽象的高层次上进行的分析和设计过程。可行性研究应该比较简短，这个阶段的任务不是具体解决问题，而是研究问题的范围，探索这个问题是否值得去解，是否有可行的解决办法。

可行性研究的结果是客户做出是否继续进行这项工程的决定的重要依据，一般说来，只有投资可能取得较大效益的那些工程项目才值得继续进行下去。可行性研究以后的那些阶段将需要投入更多的人力、物力。及时终止不值得投资的工程项目，可以避免更大的浪费。

3. 需求分析

这个阶段的任务仍然不是具体地解决问题，而是准确地确定"为了解决这个问题，目标系统必须做什么"，主要是确定目标系统必须具备哪些功能。

用户了解他们所面对的问题，知道必须做什么，但是通常不能完整准确地表达出他们的要求，更不知道怎样利用计算机解决他们的问题；软件开发人员知道怎样用软件实现人们的要求，但是对特定用户的具体要求并不完全清楚。因此，系统分析员在需求分析阶段必须和用户密切配合，充分交流信息，以得出经过用户确认的系统逻辑模型。通常用数据流图、数据字典和简要的算法表示系统的逻辑模型。

在需求分析阶段确定的系统逻辑模型是以后设计和实现目标系统的基础，因此必须准确完整地体现用户的要求。这个阶段的一项重要任务，是用正式文档准确地记录对目标系统的需求，这份文档通常称为规格说明书。

4. 总体设计

这个阶段必须回答的关键问题是"概括地说，应该怎样实现目标系统？"总体设计又称概要设计。

首先，应该设计出实现目标系统的几种可能的方案。通常至少应该设计出低成本、中等成本和高成本 3 种方案。软件工程师应该用适当的表达工具描述每种方案，分析每种方案的优缺点，并在充分权衡各种方案利弊的基础上，推荐一个最佳方案。此外，还应该制订出实现最佳方案的详细计划。如果客户接受所推荐的方案，则应该进一步完成下述的另一项主要任务。

上述设计工作确定了解决问题的策略及目标系统中应包含的程序，但是，怎样设计这些程序呢？软件设计的一条基本原理就是，程序应该模块化，也就是说，一个程序应该由若干个规模适中的模块按合理的层次结构组织而成。因此，总体设计的另一项主要任务就是设计程序的体系结构，也就是确定程序由哪些模块组成以及模块间的关系。

5. 详细设计

总体设计阶段以比较抽象概括的方式提出了解决问题的办法。详细设计阶段的任务就是把解法具体化，也就是回答下面这个关键问题"应该怎样具体地实现这个系统呢？"

这个阶段的任务还不是编写程序，而是设计出程序的详细规格说明。这种规格说明的作用很类似于其他工程领域中工程师经常使用的工程蓝图，它们应该包含必要的细节，程序员可以根据它们写出实际的程序代码。

详细设计也称模块设计，在这个阶段将详细地设计每个模块，确定实现模块功能所需要的算法和数据结构。

6. 编码和单元测试

这个阶段的关键任务是写出正确的容易理解、容易维护的程序模块。

程序员应该根据目标系统的性质和实际环境，选取一种适当的高级程序设计语言（必要时用汇编语言），把详细设计的结果翻译成用选定的语言书写的程序，并且仔细测试编写出的每一个模块。

7. 综合测试

这个阶段的关键任务是通过各种类型的测试（及相应的调试）使软件达到预定的要求。

最基本的测试是集成测试和验收测试。所谓集成测试是根据设计的软件结构，把经过单元测试检验的模块按某种选定的策略装配起来，在装配过程中对程序进行必要的测试。所谓验收测试则是按照规格说明书的规定（通常在需求分析阶段确定），由用户（或在用户积极参与下）对目标系统进行验收。必要时还可以再通过现场测试或平行运行等方法对目标系统进一步测试检验。

为了使用户能够积极参加验收测试，并且在系统投入生产性运行以后能够正确有效地使用这个系统，通常需要以正式的或非正式的方式对用户进行培训。

通过对软件测试结果的分析可以预测软件的可靠性；反之，根据对软件可靠性的要求，也可以决定测试和调试过程什么时候可以结束。

应该用正式的文档资料把测试计划、详细测试方案以及实际测试结果保存下来，作为软件配置的一个组成部分。

8. 软件维护

维护阶段的关键任务是，通过各种必要的维护活动使系统持久地满足用户的需要。

通常有 4 类维护活动：改正性维护，也就是诊断和改正在使用过程中发现的软件错误；适应性维护，即修改软件以适应环境的变化；完善性维护，即根据用户的要求改进或扩充软件使它更完善；预防性维护，即修改软件，为将来的维护活动预先做准备。

虽然没有把维护阶段进一步划分成更小的阶段，但是实际上每一项维护活动都应该经过提出维护要求（或报告问题）、分析维护要求、提出维护方案、审批维护方案、确定维护计划、修改软件设计、修改程序、测试程序、复查验收等一系列步骤，因此实质上是经历了一次压缩和简化了的软件定义和开发的全过程。

每一项维护活动都应该准确地记录下来，作为正式的文档资料加以保存。

以上根据应该完成的任务的性质，把软件开发过程划分成 8 个阶段。在实际从事软件开发工作时，软件规模、种类、开发环境及开发时使用的技术方法等因素，都影响阶段的划分。事实上，承担的软件项目不同，应该完成的任务也有差异，没有一个适用于所有软件项目的任务集合。适用于大型复杂项目的任务集合，对于小型简单项目而言往往就过于复杂了。

第四篇　程序基础及算法（算法思维）

棋与麦子的故事

传说古代一位智者为他的国王发明了国际象棋，国王要重赏这位智者，智者说："我不要您的重赏，只要您在我的棋盘上赏一些麦子就行了。按棋盘的格子数计算放的小麦数量，具体算法是第 1 个格子放 1 粒，第 2 个格子放 2 粒，第 3 个格子放 4 粒，第 4 个格子放 8 粒，依此类推，以后每一个格子对应的麦粒数都是前一个格子的麦粒数的 2 倍，直到算到最后一个格子数，即第 64 个格子就行了。"国王觉得这要求很简单，于是答应了智者。计算麦子的工作开始了，没多久一袋麦子数完了也不够，于是一袋又一袋的麦子被搬出来。随着麦粒数量的快速增加，国王很快就看出来，即使拿出全国的粮食，也无法达到所要求的麦子数。那么按照智者的要求到底是多少粒麦子呢？

假设总和是 S，那么计算表达式是这样的：

$$S = 2^0 + 2^1 + 2^2 + 2^3 + \cdots + 2^{63} = 2^{64} - 1 = 18446744073709551615$$

如果一粒小麦的重量取平均数 0.041 克，$18446744073709551615 \times 0.041 = 756316507022091616.215$（克）$\approx 7563$（亿吨）。

近几年，我国小麦每年的产量都在 1 亿多吨，相当于我国小麦数千年以上的产量！这种函数也被称为爆炸增量函数，其时间复杂度是 $O(2^n)$，这样的指数级复杂度其运行效率极差，所以指数级复杂度算法在强调效率的地方要谨慎使用。

第7章 高级程序设计基础

7.1 程序设计简介

现代计算机具有计算速度快、计算精度高、自动化程度好以及通用性强等特点，在我们的生活中扮演着越来越重要的角色，被广泛应用于数值计算、数据处理、自动控制、计算机辅助设计以及人工智能等众多领域。然而计算机并不能自主地实现这些任务，其每一步的操作都是在计算机程序的指挥下完成的，可以说计算机程序就是计算机的灵魂。

"程序"一词来源于生活，通常指完成某项工作的一整套活动过程及活动方式。有了程序这个概念，人们就可以对一系列步骤的执行过程进行翔实的描述。

同样的道理，计算机要正确地运行并且完成相应的任务，也需要按照计算机程序的安排去执行。在计算机当中，程序是指使计算机完成某一特定任务而编写的若干条指令的有序集合。计算机程序简称程序，这是计算机系统中最基本的概念。

一个计算机程序具有如下性质。

（1）目的性：程序有明确的目的，在运行时能正确完成赋予它的功能。

（2）分步性：程序为完成其复杂的功能，由一系列计算机能执行的步骤组成。

（3）有限性：程序中所包含的步骤是有限的。

（4）有序性：程序的执行步骤是有序的，不能随意改变这些步骤的执行顺序。

（5）操作性：程序是对某些对象的操作，能完成有意义的功能。

7.1.1 程序设计范型

程序设计范型是计算机编程中的基本风格和典范模式，是编程者在其创造的虚拟世界中自觉或不自觉采用的世界观和方法论。范型引导人们带着其特有的倾向和思路去分析和解决问题，以不同的计算模型来对计算进行描述就形成了不同的程序设计范型。目前存在若干种程序设计范型，典型的程序设计范型有过程式（面向过程）、对象式（面向对象）、函数式以及逻辑式等。

1. 过程式

过程式程序设计是一种以功能为中心、基于功能分解的程序设计范型。一个过程式程序由一些子程序构成，每个子程序对应一个子功能，它实现了功能抽象。子程序描述了一系列的操作，它是操作的封装体。过程式程序的执行过程体现为一系列子程序调用。在过程式程序中，数据处于附属地位，它独立于子程序，在子程序调用时作为参数传给子程序使用。著名的计算机科学家 Nicklaus Wirth 提出了如下的经典公式，刻画了过程式程序设计的本质特征。

$$程序 = 数据结构 + 算法$$

上述公式中的算法是指对数据的加工步骤的描述，而数据结构则是对算法所加工的对象的数据描述。早期的程序设计都采用了过程式程序设计范型，它与冯·诺依曼计算机模型直接对应。过程式程序设计对程序功能的描述比较清晰，所描述的计算过程容易理解。过程式程序设计不足之处在于：数据与操作分离，缺乏对数据的保护；功能会随着需求的改变而发生变化，而功能的变化往往会导致整个程序结构的变动，使得程序难以维护；子程序往往是针对某个应用而设计的，很难用于其他应用程序，导致程序难以复用。

2. 对象式

对象式程序设计是一种以数据为中心、基于数据抽象的程序设计范型。对象式程序设计通常称为面向对象程序设计。一个面向对象的程序由一些对象构成，对象是由一些数据及施加于这些数据上的操作所构成的封装体。对象的特征由相应的类来描述，一个类可以从其他的类继承。面向对象的程序执行过程体现为各个对象之间相互发送和处理消息。面向对象程序可简单地表示成下面的公式：

$$程序 = 对象 / 类 + 对象 / 类 + \cdots$$

$$对象 / 类 = 数据 + 操作$$

在面向对象程序设计中，把数据和对数据的操作封装在一起，对数据的操作必须通过相应的对象来进行，从而加强了对数据的保护。对象是相对稳定的实体，由对象构成的程序能够适应软件需求的变化，易于维护。某个领域中的对象往往具有通用性，它们可以用于该领域类似的系统中，因此面向对象程序设计对软件复用有较好的支持。另外，面向对象程序设计范型是对问题领域活动的直接模拟，其中的对象往往对应着问题空间中的有形或无形的实体，它使得解题空间有自然的对应关系，从而有利于对大型复杂问题给出解决方案，使得程序容易设计、容易理解、容易维护。面向对象程序设计的不足之处在于：对程序的整体功能描述不明显；程序会包含较多冗余信息，这对小型应用系统有时不适合；程序效率有时不高。

3. 函数式与逻辑式

函数式程序设计是围绕函数及函数应用来进行的，它基于递归函数理论和 λ 演算（λ 演算即一套用于研究函数定义、函数应用和递归的形式系统），其中，函数也被作为值来看待。逻辑式程序设计是把程序组织成一组事实和一组推理规则，它基于谓词演算。上述两种程序设计范型常用于人工智能领域的程序开发。

目前，使用较广泛的是过程式和对象式这两种程序设计范型。它们已成为现在的主流程序设计范型，适合于解决大部分的实际应用问题，已被广大的程序设计者所熟悉和采用。本章只围绕过程式程序设计范型展开，介绍过程式程序设计的基本思想。

7.1.2　程序设计语言

程序设计的结果必然要用一种能被计算机接受的语言表示出来，即编程实现。计算机程序设计语言是一个能完整、准确和规则地表达人们的意图，并用以指挥或控制计算机工作的"符号系统"。简单地说，计算机程序设计语言是人与计算机进行信息通信的工具。

1. 程序设计语言分类

按照计算机语言的发展过程，程序设计语言可以分为机器语言、汇编语言和高级语言三大类。

1）机器语言

机器语言是由 0、1 组成的机器指令的集合。机器语言可以被计算机直接执行。然而不同型号的计算机上执行的机器指令是不能通用的，即按照某种计算机的机器指令编写的程序，不能在另一种计算机上执行，所以机器语言是一种面向机器的语言，也被称为低级语言。机器语言程序具有计算机能够直接识别、执行效率高的优点，但其具有书写难、记忆难、编程困难以及可读性差等缺点。目前，除了计算机生产厂家的专业人员外，绝大多数程序员已经不再去学习机器语言了。

例 7.1　用机器语言程序实现"6＋8"的运算。

```
1010000000110:将 6 送入累加器 AL 中
00001000001000:8 与累加器 AL 中的值相加，并将结果放在 AL 中
1110100:停机结束
```

2）汇编语言

汇编语言克服了机器语言的一些缺点，采用助记符和符号地址来表示机器指令，因此也称符号语言。在例 7.2 中，用助记符"MOV"表示数据传送，代替了例 7.1 中的机器指令"101000"；用助记符"ADD"表示加法运算，代替了例 7.1 中的机器指令"0000100"；用助记符"HLT"表示停机结束，代替了例 7.1 中的机器指令"1110100"，这样使程序的可读性有了很大的提高。

例 7.2　用汇编语言程序实现"6＋8"的运算。

```
MOV AL,06
ADD AL,08
HLT
```

汇编语言增加了程序的可读性，但其还是低级语言，也是面向机器的语言。用汇编语言编写的程序不能被计算机直接识别和执行，必须要经过"汇编程序"（一种能把用汇编语言编写的程序翻译成机器语言程序的软件）将其转换成机器语言后才能执行，这一过程称为汇编。由于汇编语言比机器语言可读性好、执行效率高，所以，许多系统软件的核心部分仍采用汇编语言编制。

3）高级语言

高级语言是一种接近于自然语言的程序设计语言，它按照人们的语言习惯，使用日常用语、数学公式和符号，按照一定的语法规则来编写程序。

例 7.3　用 C 语言程序实现"6 + 8"的运算。

```
#include<stdio.h>
int main()/*主函数*/
{int a;/*定义整型变量 a*/
a=6+8;/*6+8 的结果赋给 a*/
printf("a=%d\n",a);/*显示结果*/
return 0;
}
```

高级语言与自然语言更接近，而与硬件功能相分离（彻底脱离了具体的指令系统），编程者不必了解过多的计算机专业知识便可掌握和使用。高级语言的通用性强，兼容性好，且便于移植。高级语言的产生，有力地推动了计算机软件产业的发展，进一步扩展了计算机的应用范围。

2. 程序翻译方式

使用高级语言编写的程序称为高级语言源程序，但计算机不能直接接受和执行源程序，必须通过"翻译程序"将其翻译成机器语言形式才能执行。这种"翻译"通常有两种方式：编译方式和解释方式。

1）编译方式

编译方式需要事先编好一个被称为"编译程序"的程序，将其放在计算机中。当高级语言源程序输入计算机时，编译程序便把源程序全部翻译成机器指令表示的目标程序；然后执行该目标程序，得到计算结果，如图 7-1 所示。

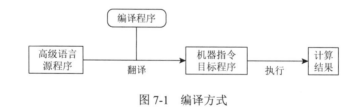

图 7-1　编译方式

2）解释方式

解释方式需要事先编好一个被称为"解释程序"的程序，将其放在计算机中。当高级语言源程序输入计算机时，解释程序将源程序的每一条语句逐句翻译，逐句执行，也就是边解释边执行，如图 7-2 所示。需要注意的是，解释方式并不产生目标程序。

图 7-2　解释方式

现在用于编程的语言有很多，目前流行的 Python 语言属于解释方式，其简单易学，开发高效，可移植，可扩展，可嵌入；而 C 语言属于编译方式。目前，高级语言正朝着面向问题和面向对象的设计方向发展，相信未来的高级语言将会更加便于编程人员的使用。

7.1.3　程序设计步骤

因为计算机的本质是程序的机器，所以只有通过对程序设计的学习才能更好地掌握和使用计算机。程序设计就是设计和编制程序的过程，是将实际问题用计算机方法解决的一个转化过程。尽管不同规模的程序因其复杂程度不同，设计步骤有所差异，但是一些基本步骤是相同的。

（1）问题分析：一般来说程序要解决的是一个具体的问题，所以程序设计人员需要具体问题具体分析，在把任务交给计算机处理之前必须对问题做出明确的分析与定义，确定问题的条件及期望的结果，找出解决问题的规律。

（2）算法设计：算法是解决问题的步骤及其描述，是程序设计的核心内容。算法是根据问题分析中的具体要求而设计的，是对问题处理过程的进一步细化。算法设计过程中，要求采用某种算法描述工具来表示程序运行的具体步骤。

（3）程序编码：编码就是使用计算机编程语言编写源程序代码的过程。在这个过程中，首先应当选择编程语言，然后用该语言来实现步骤（2）中设计好的算法。应当注意，对于相同的算法，采用不同的编程语言会对程序的执行效率产生影响。

（4）调试运行：指在计算机上调试程序。调试运行程序有两个目的：一是消除由于疏忽而引起的语法错误或逻辑错误等；二是用各种可能的输入数据对程序进行测试，验证程序是否对各种合理的数据都能得到正确的结果，而对不合理的数据也能做适当的处理。

（5）文档编制：指整理并写出文字材料。文档包括程序说明文件和用户操作手册。程序说明文件记录了程序使用的算法、实现过程，用以保证程序的可读性和可维护性。用户操作手册则需要包含程序功能、运行环境、程序的安装与启动、基本参数的输入等内容。对于开发、维护周期较长的程序来说，适时地编制相应的文档显得尤为重要。

7.2　程序的编译过程

7.2.1　源程序、目标程序和可执行程序的概念

1. 程序

程序是一组计算机可以识别和执行的指令，每一条指令使计算机执行特定的操作。

2. 源程序

程序可以用高级语言或汇编语言编写，用高级语言或汇编语言编写的程序称为源程序。C 语言源程序的扩展名为.c。

源程序不能直接在计算机上执行，需要用"编译程序"将源程序翻译为二进制数形式的代码。

3. 目标程序

源程序经过"编译程序"翻译所得到的二进制代码称为目标程序。目标程序的扩展名为.obj。

目标代码尽管已经是机器指令，但还不能运行，因为目标程序还没有解决函数调用问题，因此需要将各个目标程序与库函数连接起来，才能形成完整的可执行程序。

4. 可执行程序

目标程序与库函数连接，形成完整的、可在操作系统下独立执行的程序称为可执行程序。可执行程序的扩展名为.exe（在 DOS/Windows 环境下）。

7.2.2　程序开发步骤

本节以 C 语言程序开发为例讲解程序开发步骤。程序的开发过程包括编辑、编译、连接和执行几个步骤，如图 7-3 所示。

1. 编辑

将编写完成的源程序输入计算机中，并保存为磁盘文件，扩展名为.c。编辑的对象是源程序，它以 ASCII 代码的形式输入和存储，不能被计算机执行。常用的编辑软件是VisualC++6.0、Codeblocks、DevC、TurboC、BorlandC 等，也可以使用 Windows 下的记事本等字处理软件。

2. 编译

编译具体分为执行预处理和编译两个阶段。

（1）执行预处理：如果程序中有预处理命令（如#include 命令或#define 命令），则首先要处理预处理指令，然后进行下面的编译过程；如果源程序中无预处理指令，则直接进行下面的编译过程。

（2）编译：编译是将源程序代码翻译为二进制目标代码的形式，即目标程序，扩展名为.obj。在编译过程中，如果发现语法错误，会显示出错误信息并中止编译。此时应对源程序的错误进行修改，重新进行编译，如此反复进行，直到完全正确为止，最后生成目标代码程序。

应当指出，经编译后得到的二进制目标代码是不能直接执行的，因为每一个模块往往是单独编译的，必须把经过编译的各个模块的目标代码与系统提供的标准模块（如 C 语言中的标准库函数）连接后才能运行。

3. 连接

将各模块的二进制目标代码与系统标准模块连接在一起，生成扩展名为.exe 的可执行文件。

4. 执行

执行经过编译和连接的可执行文件。一般在显示器上显示运行结果，可根据运行结果来判断程序是否有错，如果有错误，则必须改正，并重新进行编译和连接，然后运行。这样反复运行，直到得到正确的运行结果。

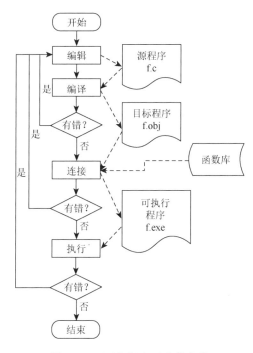

图 7-3　C 语言程序开发的步骤

7.3　数据的组织结构

数据是计算机程序的重要组成部分，它是实际问题属性在计算机中的某种抽象表示。为了解决多种多样的实际应用问题，计算机程序必须能存储和处理多种不同的数据类型（data type）。然而，在更一般的数学和物理问题求解中，程序可能还需要处理实数类型数据，如圆周率为 3.14159、地球表面的标准重力加速度为 9.80m/s^2 等。当我们使用记事本软件 Notepad 或字处理软件 Word 等编辑文档时，计算机程序则要处理由大量字符类型数据构成的文字和段落。另外，现代计算机程序还需要处理声音、图像和视频等多媒体数据。而多媒体数据类型需要用户在基本数据类型之上自行构造和定义，其具体表示形式比较复杂，已超出本书的范围。

无论怎样，在计算机中，对于任何一种数据类型，都要严格规定该类数据的存储结构、取值范围和能对其进行的操作（运算）。只有这样，程序才能对各种数据类型进行正确的处理，得到用户想要的结果。例如，短整型数据占用 2 字节内存、取值范围是–32768～32767、能进行的操作有加、减、乘、除等。

7.3.1　基本数据类型

本文以 C 语言为例，基本数据类型是 C 语言预定义的数据类型，包括以下几类。
（1）整型（int）。
（2）实型：单精度型（float）、双精度型（double）。
（3）字符型（char）。

1. 整型常量

在 C 语言中，整型（integer）常量可以用十进制、八进制、十六进制三种形式来表示，其表示方式如表 7-1 所示。

表 7-1　整型常量的表示方式

进制数	表示方式	举例
八进制整型	有数字 0 开头	034，065，057
十进制整型	如同数学中的数字	123，–78，90
十六进制整型	由 0X 或 0x 开头	0x23，0Xff，0xac

此外，对于带修饰符的整型常量可以通过加后缀的方式表示，具体如下所述：
（1）长整型常量的后缀是大写字母 L 或小写字母 l，如 125L、–56l 等；
（2）无符号整型常量的后缀是大写字母 U 或小写字母 u，如 60U、256u 等；
（3）无符号长整型常量的后缀显然是 LU、Lu、lU 或 lu，如 360LU 等。

2. 实型常量

实型（floating-point，也称为浮点型）常量只采用十进制表示，其表示方式分为小数形式（decimal format）和指数形式（exponent format）两种，如表 7-2 所示。

表 7-2　实型常量的表示方式

形式	表示方式	举例
小数形式	数字 0～9 和小数点组成，数字前可带正负号	3.14，–0.123，10.，.98
指数形式	尾数、e 或 E 和指数三部分组成，即科学记数法，其中，尾数可表示成整数或小数形式，且不能省略；指数必须是整数	3.0e8，6.8E–5，9.9e + 20 等，但 e2，3e2.0 不合法

对于小数形式的实数，小数点一定不能省略，小数点的左边或右边数字可以缺省，但不能两边都缺省。对于指数形式的实数，除了在形式上保证正确，注意实型数的范围，不超出正常范围才是正确的实数。

另外，由于实型包括单精度（float）和双精度（double）两种类型，上述实型常量默认状态下为 double 类型；float 类型常量需有后缀大写字母 F 或小写字母 f（如 3.14f、6.8e−5F 等）；而长双精度（long double）类型的后缀为大写字母 L 或小写字母 l（如 3.1415926L 等）。

3. 字符常量

C 语言中，字符（character）常量的表示方式是用一对单引号将一个字符括起来，例如，'A'、'b'、'5'、'#'等。最常用的字符定义由 ASCII 码表给出。ASCII 码表为每一个字符都定义了唯一的整数编码——ASCII 码，例如，'A'的 ASCII 码是 65，'5'的 ASCII 码是 53 等。

在 ASCII 码表中，字符可分为可打印字符（如字母、数字、运算符等）和控制字符（如回车、换行、响铃等）。上述字符常量的表示方式适用于大多数可打印字符，但是对于无法从键盘输入的控制字符就不适用了。因此，字符常量还可以用转义字符（escape character）——用单引号括起的以反斜杠"\"开头的字符序列来表示，例如，'\n'表示换行符，'\a'表示响铃符，'\t'表示制表符等。常用的转义字符如表 7-3 所示。

表 7-3　常用的转义字符

字符	含义	字符	含义
'\n'	换行（newline）	'\a'	响铃报警（alert or bell）
'\r'	回车（不换行）（carriage return）	'\"'	一个双引号（double quotation mark）
'\0'	空字符（null）	'\''	单引号（single quotation mark）
'\t'	水平制表（horizontal tabulation）	'\\'	一个反斜线（backslash）
'\v'	垂直制表（vertical tabulation）	'\?'	问号（question mark）
'\b'	退格（backspace）	'\dd'	1～3 位八进制 ASCII 码值所代表的字符
'\f'	走纸换页（form feed）	'\xhh'	1～2 位十六进制 ASCII 码值所代表的字符

7.3.2　运算符和表达式

C 语言的特点之一就是运算符多，涉及的运算范围广。C 语言把控制语句和输入/输出以外的几乎所有的基本操作都作为运算处理。例如，将赋值符"="作为赋值运算符，将方括号作为下标运算符等。C 语言的运算符在使用时形式和规则也是多样的。

1. 运算符及表达式简介

（1）根据运算符所需要操作对象（操作数）的个数，运算符分类如表 7-4 所示。

表 7-4　运算符按所需操作对象的个数分类

类型	作用	运算符举例
单目运算符	仅对一个运算对象进行操作	!、~、+、−、sizeof
双目运算符	对两个运算对象进行操作	+、−、*、/、%、<
三目运算符	对三个运算对象进行操作	?、:

（2）根据运算符的功能分类可分为算术运算符、关系运算符、逻辑运算符等，详细内容如表 7-5 所示。

表 7-5　运算符功能分类

类型	作用	运算符
算术运算符	用于各类数值运算	正值（+）、负值（−）、加（+）、减（−）、乘（*）、除（/）、求余（或称模运算，%）
自增、自减运算符	自增 1、自减 1	自增（++）、自减（−−）
关系运算符	用于比较运算	大于（>）、小于（<）、等于（==）、大于等于（>=）、小于等于（<=）、不等于（! =）
逻辑运算符	用于逻辑运算	与（&&）、或（||）、非（!）
位操作运算符	数据按二进制位进行运算	位与（&）、位或（|）、位非（~）、位异或（^）、左移（<<）、右移（>>）
赋值运算符	用于赋值运算	简单赋值（=）、复合算术运算赋值（+=、−=、*=、/=、%=）、复合位运算赋值（&=、|=、^=、>>=、<<=）
条件运算符	用于条件求值	条件求值（? :）
逗号运算符	用于把若干表达式组合成一个表达式	,
指针运算符	用于取内容和取地址	*、&
特殊运算符	用于特殊运算	括号（）、下标[]、成员（->、.）

（3）表达式和运算符的优先级、结合性。

①表达式：是由常量、变量、函数和运算符组合起来的式子，是求值的规则。表达式求值按运算符的优先级和结合性规定的顺序进行。一个表达式有一个值及其类型，它们等于计算表达式所得结果的值和类型。

②运算符的优先级：在 C 语言中，运算符的运算优先级共分为 15 级。其中，1 级最高，15 级最低。在表达式中，优先级较高的先于优先级较低的进行运算。而在一个操作数两侧的运算符优先级相同时，按运算符的结合性所规定的结合方向处理。

③运算符的结合性：C 语言中各运算符的结合性分为两种，即左结合性（自左至右）和右结合性（自右至左）。例如，算术运算符的结合性是自左至右，即先左后右。如有表达式"a−b + c"，则 b 应先与"−"号结合，执行"a−b"运算，然后执行"+c"的运算。这种自左至右的结合方向就称为"左结合性"。而自右至左的结合方向称为"右结合性"。最典型的右结合性运算符是赋值运算符。例如，"a=b=c"，由于"="的右结合性，应先执行"b = c"，再执行"a = (b = c)"运算。一般单目运算符、三目运算符、赋值运算符及

其扩展运算符的结合性是"右结合";其余运算符的结合性是"左结合"。使用时要注意区别，避免理解错误。

2. 算术运算符及算术表达式

1）算术运算符

（1）正值运算符"+"：为单目运算，如+a、+1 等。

（2）负值运算符"−"：为单目运算，如−a、−1 等。

（3）加法运算符"+"：为双目运算符，即应有两个量参与加法运算，如 a＋b、1＋2 等。

（4）减法运算符"−"：为双目运算符，即应有两个量参与减法运算，如 a−b、5−3 等。

（5）乘法运算符"*"：为双目运算。注意乘号用"*"表示，且不能省略。例如，数学式 4ac 应该写成 4*a*c。

（6）除法运算符"/"：为双目运算。参与运算量均为整型时，结果也为整型——向下取整。

例如，1/2 的值是 0，而不是 0.5，不会四舍五入，只取整数部分的值（整除）。如果运算量中至少有一个是实型，则结果为双精度实型。例如，1.0/2 的值是 0.5。

（7）求余运算符（模运算符）"%"：为双目运算。求余运算的结果等于两数相除后的余数。要求参与运算的量均为整型。有负整数参与运算的情况下，一般的处理原则为先按其绝对值求余数（|r|%|s|），然后取被除数 r 的符号作为余数的符号。

算术运算符优先级别从高到低的顺序：单目运算符（+、−）、双目运算符（*、/、%）、双目运算符（+、−）。

2）算术表达式

用算术运算符和括号将运算对象（也称操作数）连接起来的、符合 C 语法规则的式子，称为算术表达式。在表达式中可以使用一对"（）"或多对"（）"运算符改变运算的优先顺序。运算对象可以是常量、变量、函数等。例如：

a*b/(c-(1.5+a)) 是合法的 C 算术表达式；

a*b/[c-(1.5+a)] 是不合法的 C 算术表达式。

3. 自增、自减运算符及自增、自减表达式

自增（++）、自减（−−）运算符是单目运算符，具有右结合性。其作用是使变量的值加 1 或减 1。它的优先级高于双目算术运算符，与单目算术运算符同级，如表 7-6 所示。

表 7-6 自增、自减运算符

运算符	名称	用法	含义
++	自增运算符（单目）	i++	后置自增，先使表达式的值为 i 的值，i 的值再加 1
		++i	前置自增，i 的值先加 1，再使表达式的值为 i 的值
−−	自减运算符（单目）	i−−	后置自减，先使表达式的值为 i 的值，i 的值再减 1
		−−i	前置自减，i 的值先减 1，再使表达式的值为 i 的值

实际上 i++和++i 就相当于"i = i + 1"，i—和—i 就相当于"i = i-1"。在做 i = i + 1 或 i = i-1 这两种操作时，变量 i 被称为"计数器"，用来记录完成某一操作的次数。C 语言为这种计数器操作提供了两个更为简洁的运算符，即 i = i + 1 可写成 i++或++i，i = i-1 可写成 i—或—i。

使用自增、自减运算符时应注意以下几点。

（1）注意运算符的操作对象。

自增、自减运算符的操作对象只能是变量，而不能是常量或表达式。例如，6—、++(a*2)、++(-i)都是错误的。

因为自增、自减运算符具有对操作对象重新赋值的功能，而常量、表达式无存储单元可言，当然不能被赋值做自增、自减运算。

（2）区分前置形式、后置形式的意义。

即前置运算是"先变后用"，而后置运算是"先用后变"。

①若不赋值，则变量前置自增自减和后置自增自减结果相同。例如：

int x=8；x++；printf（"x=%d"，x）；/*运算结果：x=9*/

int x=8；++x；printf（"x=%d"，x）；/*运算结果：x=9*/

②若有赋值，则被赋值的变量的值不同。例如：

int x=8，y；y=x++；printf（"x=%d, y=%d"，x，y）；/*运算结果：x=9，y=8*/

int x=8，y；y=++x；printf（"x=%d, y=%d"，x，y）；/*运算结果：x=9，y=8*/

（3）自增、自减运算常用于循环语句中，使循环变量自动加（减）1；也常用于指针变量，使指针指向下一个地址。

（4）注意运算符的副作用。

如 i+++j，是理解为(i++) + j 呢？还是理解为 i + (++j)呢？初学者应谨慎使用++和—运算符。

4. 赋值运算符和赋值表达式

在 C 程序中最常用到的是赋值运算，赋值运算中的赋值运算符用于给变量赋值，它是双目运算符，优先级仅高于逗号运算符，具有右结合性。赋值运算符包括基本赋值运算符和复合赋值运算符两种。

（1）基本赋值运算符。

赋值符号"="就是基本赋值运算符。赋值运算符的作用：将运算符右端的值赋给运算符左边的变量，实际上是将特定的值写到变量所对应的内存单元中。例如，a = 3，就是把 3 赋给变量 a。

（2）复合赋值运算符。

在赋值符号"="前加上其他运算符，可以构成复合赋值运算符，如表 7-7 所示。C 语言采用这种复合运算符可以简化程序，以便提高效率。

表 7-7　复合赋值运算符

运算符	名称	用法	等价于
+=	加赋值运算符	a+=3	a=a+3
-=	减赋值运算符	a-=4	a=a-4
*=	乘赋值运算符	a*=9	a=a*9
/=	除赋值运算符	a/=5	a=a/5
%=	取余赋值运算符	a%=6	a=a%6

使用复合赋值运算符时要注意以下几点。

①复合运算符在书写时，两个运算符之间不能有空格。

②如果运算符右边是一个表达式，则相当于它有括号。例如，以下 3 种写法是等价的，$x\% = y + 3$ 等价于 $x\% = (y + 3)$ 等价于 $x = x\%(y + 3)$，不要理解成 $x = x\%y + 3$。

（3）赋值表达式。

由赋值运算符将一个变量和一个表达式连接起来的式子称为"赋值表达式"。

赋值表达式的一般形式为

$$变量 = 表达式$$

说明如下。

①运算符的左侧只能是一个变量或赋值表达式，不能是常量或其他表达式，而右侧可以是常量、赋过值的变量或表达式。赋值表达式的作用是将运算符右端表达式的值赋给运算符左边的变量。因此赋值表达式具有计算和赋值的双重功能。例如，下列表达式是错误的：

$$5 = a,\ 3 = a + b,\ x + y = 5*6,\ c = a + b = 3$$

②一个变量可以先后被多次赋值，后来赋的值总将变量中原有的值覆盖，变量仅保存最后一次的赋值。

③赋值表达式不同于数学上的"等式"。$a = b$ 和 $b = a$ 在数学上是等价的，但在 C 语言中 $a = b$ 表示将变量 b 的值赋给变量 a，而 $b = a$ 正相反。

④赋值运算符的优先级和结合性决定了赋值表达式的值。

例如，$a = 3 + 2$ 表达式中有"＋"和"＝"两个运算符，因为"＋"的优先级高于"＝"，所以先完成加法，再将 5 赋值给 a。

又如，$a = (b = 5)/(c = 2)$ 表达式中有（）、＝、/运算符，其中"（）"优先级最高，先算 $b = 5$，再算 $c = 2$，然后进行除法运算，结果为 2，最后把 2 赋给 a。运算完后，b 的值为 5，c 的值为 2，a 的值为 2，赋值表达式的值为 2。

再如，$(x = 4*5) = 8 + 9$ 先执行括号内的表达式，将 20 赋给 x，然后计算表达式 $8 + 9$，值为 17，然后，17 赋给 x。最后整个表达式的结果为 17。注意：赋值表达式在运算符左侧时必须加括号。

⑤在赋值表达式中的"表达式"又可以是一个赋值表达式。

例如，a = b = 8 表达式中有两个"="运算符，优先级相同，因为具有右结合性，所以先算 b = 8，赋值表达式 b = 8 的值为 8，再将 8 赋给 a。

5. 逗号运算符及其表达式

在 C 语言中逗号","也是一种运算符，称为逗号运算符，它是 C 语言特有的双目运算符。逗号运算符优先级最低，具有左结合性。其功能是把两个表达式连接起来组成一个表达式，称为逗号表达式。两个表达式的值分别计算，整个表达式的值是最后一个表达式的值。

当以多个逗号将多个表达式分开时，就形成复合逗号表达式。这些表达式的值自左向右依次分别计算，最后一个表达式的值是整个逗号表达式的值，其类型是整个逗号表达式的类型。

逗号表达式一般形式为

表达式 1，表达式 2，…，表达式 n

使用逗号表达式时需要注意以下几点。

①逗号表达式又可以和另一个表达式组成一个新的逗号表达式。例如：

（m = 5, 3*m），m + 6

表达式 1 是（m = 5, 3*m），表达式 2 是 m + 6。先将 5 赋值给 m，再计算 3*m 得 15，m 的值不变，最后计算 m + 6，得 11。整个表达式的值是 11。

②并不是所有出现的逗号都作为逗号运算符。函数的参数之间也是用逗号分隔的。例如：

printf（"%d, %d, %d\n", (a, b, c), a, b）

其中"(a, b, c)"是一个逗号表达式，它的值是变量 c 的值，而后面的两个逗号是参数的分隔符。

③程序中使用逗号表达式，通常是要分别求逗号表达式内各表达式的值，并不一定要求整个逗号表达式的值。例如，a, b 两数交换算法：t = a，a = b，b = t，这样可以简化书写，提高程序运行效率。

7.3.3　数组

数组是一种构造型的数据类型，用户根据不同的实际需求，将属于同一数据类型的一组数据按一定规律组织在一起。数组可以整体引用，其中的每个元素又可以独立引用。数组可以分为一维数组和多维数组，在程序设计中较为常用的是一维数组和二维数组。本小节主要介绍一维数组、二维数组的定义、引用和初始化方法以及数组在字符串中的运用。

1. 一维数组

一维数组的定义方式为：

数据类型数组名［整型常量表达式］

例如，"int a[10]；"，表示数组名为 a，此数组有 10 个元素。

说明如下。

（1）数据类型是指数组中元素的数据类型，所有元素必须是同一数据类型。

（2）数组名的命名规则遵循标识符的命名规则，数组名与其后的方括号（[]）之间不能有空格分隔。

（3）只能使用方括号（[]），并且方括号中只能是常量表达式，不能使用变量。所谓整型常量表达式，就是由整型常量或整型符号常量组成的表达式，并且表达式的值必须是正整数。常量表达式的值代表这一数组最多可以存放元素的个数，也称数组的大小。

一维数组的元素按照下标的顺序存放在内存中。所谓下标，就是数组方括号中的数值。例如，有一数组"int a[5];"，该数组可以存放 5 个整型数据，数据按照下标从 0 开始依次存放，这 5 个数据分别是 a[0]、a[1]、a[2]、a[3] 和 a[4]。计算机将分配一片连续的内存空间给数组，前面讲述过计算机是以字节为单位来存放数据的，因此，分配给数组的内存大小可以通过以下计算公式得出：

$$数组所占内存总字节数 = sizeof(数据类型) × 数组大小$$

其中，关键字 sizeof 的功能是计算得出相应数据类型在当前计算机系统中所占字节数。如对于"int a[5];"定义的数组，计算机将分配给数组的内存大小是 sizeof(int)×5 字节。

对于普通变量而言，我们已经知道必须先定义再引用，引用时变量的名字就代表变量本身，在变量名前加上取地址符"&"，就代表变量在内存中的地址。例如：

```
int a;                //定义部分:定义一整型变量,变量名为 a,此时变量没有确切的值

scanf("%d",&a);       //引用部分:通过键盘给变量 a 输入值,&a 表示变量的地址

printf("%d",a);       //引用部分:输出变量 a 的值,变量名就代表变量本身
```

那么，对于数组又该如何引用呢？数组是同数据类型的一组数，其中的每个元素都是一个普通变量，元素之间通过下标来加以区分，因此"数组名[下标]"就代表一个数组元素，"&数组名[下标]"就代表元素在内存中的地址。例如：

```
int a[5];             //定义部分：定义一整型数组,数组名为 a,数组名也是数
                        组在内存中的首地址

scanf("%d",&a[1]);    //引用部分：通过键盘给变量 a[1]输入值,&a[1]表示变
                        量 a[1]的地址

printf("%d",a[1]);    //引用部分：输出变量 a[1]的值,a[1]就代表数组中第 2
                        个元素
```

变量初始化就是在定义变量的同时赋初值，如"int a = 5;"。

对于数组而言，初始化就意味着给整个数组中的所有元素赋初值。对一维数组初始化的方法有以下几种，举例说明。

（1）char a[5] = {'h', 'e', 'l', 'l', 'o'}。

说明：定义一个"一维字符数组 a，数组大小为 5，a[0]～a[4]的初值依次是字符常量'h'、'e'、'l'、'l'、'o'。数组中的每个元素都赋了初值，属于"完全赋值"。

（2）int a[6] = {1, 2, 3}。

说明：数组 a 有 6 个整型元素，初始值只有三个，此种情况属于"不完全赋值"，根据规定，未赋初值的数组元素默认为"0"。该语句等价于"int a[6] = {1, 2, 3, 0, 0, 0}；"。

（3）int a[] = {1, 2, 3}。

说明：数组没有给出数组的大小，但赋了三个初值，此种情况属于通过初始值的个数来约定数组的大小。该语句等价于"int a[3] = {1, 2, 3}；"，数组的大小为 3。需要注意，数组定义时必须指出数组的大小，换句话说，在定义时"[]"中的值不能为空，只有当有初始值进行初始化时，才可省略，利用初始值的个数作为数组的大小。

综上所述，一维数组初始化的一般形式为

类型说明符数组名[整型常量表达式] = {值 1, 值 2, …, 值 n}；

其中，初始值之间用逗号分隔开，只能使用一对花括号（{}），并且不能省略。

2. 二维数组

二维数组的定义形式为

类型说明符数组名[整型常量表达式][整型常量表达式]；

例如，"int a[3][4]；"，表示数组名为 a，第一个方括号中的值代表二维数组的行数，第二个方括号中的值代表二维数组的列数。其中数组 a 可以存放 3 行 4 列共 12 个整型数据。在语法格式上，二维数组的要求与一维数组相同，只是比一维数组多一个下标。

类似于一维数组元素的引用方式，二维数组元素的引用方式也是"数组名[下标]"。有所区别的是，二维数组是"有行有列"，因此比一维数组多一个下标，即

数组名[下标][下标]

例如，"int a[3][4]；"定义了一个具有 3 行 4 列的整型数组 a，数组可以存放 12 个整数。可以将数组 a 看成由 3 个一维数组组成的，每个一维数组中又含有 4 个元素。这 3 个一维数组的名称分别是 a[0]、a[1]和 a[2]，第一个数组 a[0]的各元素为 a[0][0]、a[0][1]、a[0][2]、a[0][3]，第二个数组、第三个数组以此类推。数组 a 各成员变量如下：

```
a[0][0],a[0][1],a[0][2],a[0][3],
a[1][0],a[1][1],a[1][2],a[1][3],
a[2][0],a[2][1],a[2][2],a[2][3],
```

可以看出，引用时无论"行"还是"列"，下标都是从 0 开始的。

在内存中二维数组是否也是这样"有行有列"存放？答案是否定的。计算机内存没有什么所谓的"行"与"列"，都是以字节为单位的连续空间，二维数组在内存存放时，采用"逐行存放"，行是"从上到下"，每行是"从左至右"。例如，上例中的数组 a[3][4]在内存中存放元素的顺序是 a[0][0]→a[0][1]→a[0][2]→a[0][3]→a[1][0]→…→a[2][2]→a[2][3]。

对二维数组初始化的方法有以下几种，举例说明。

1）int a[3][4] = {{1, 2, 3, 4}, {5, 6, 7, 8}, {9, 10, 11, 12}}；

说明：定义一个二维整型数组 a，有 3 行 4 列。初始化时给 12 个元素分别赋值，属

于"完全赋值"。数组的行数决定了外层花括号内有几个花括号（本例中有 3 个），并用逗号分开。内层中的每个花括号代表一行，内部的数值分别赋给所在行的每列元素。

2）int a[3][4] = {1, 2, 3, 4, 5, 6, 7, 8, 9, 10, 11, 12};

说明：本例也属于"完全赋值"，与 1）的不同之处是内部没有花括号，系统按照二维数组的存储顺序依次给元素赋值，形式更简单，但不够清楚直观。

3）int a[3][4] = {1, 2}, {5};

说明：本例属于"不完全赋值"，未给出初值的元素默认为 0。

```
int a[3][4]={{1,2,0,0},{5,0,0,0},{0,0,0,0}};
```

4）int a[3][4] = {1, 2, 5};

说明：本例与 3）的形式区别在于花括号内部没有再用花括号，但结果却是截然不同的。本例数组初始化相当于：

```
int a[3][4]={{1,2,5,0},{0,0,0,0},{0,0,0,0}};
```

5）int a[][4] = {1, 2, 3, 4, 5, 6, 7, 8, 9, 10, 11, 12};

说明：二维数组也可以通过初始值的个数来约定数组和"行数"。特别注意，只能省略"行数"，不能省略"列数"。原因在于二维数组是按行进行存放的，若省略列数，就无法控制何时转入下一行。本例中的初始化形式等价于：

```
int a[3][4]={1,2,3,4,5,6,7,8,9,10,11,12};
```

6）int a[][4] = {1, 2, 3, 4, 5, 6};

说明：此种情况属于不完全赋值的情况，等价于：

```
int a[2][4]={1,2,3,4,5,6,0,0};或
int a[2][4]={{1,2,3,4},{5,6,0,0}};
```

3. 字符数组

通过前面的知识，我们知道 C/C+语言中有字符常量（如'A'），也有利用关键字 char 定义的字符变量（如 char a;），还有字符串常量（如"china"），但没有可以定义字符串变量的关键字。在 C/C++语言中利用字符数组来存放字符串，数组中的每个元素用于存放字符串的一个字符。

C/C++语言规定字符串存放内存时，除了要将其中的每个字符存入内存，还要在最后加一个'\0'字符存入内存，'\0'字符是字符串结束标志，它的 ASCII 码值为 0。计算机在对字符串进行操作时，也是根据这个结束标志来判断字符串是否结束的。因此，在定义用于存放字符串的字符数组时，数组的大小应该是"字符串的长度+1"，其中的字符串的长度是指字符串中所包含的字符总数，"+1"就是给"结束标志"所保留的。

1）用一维数组存放一个字符串

一个一维数组可以存放 1 个字符串，但字符数组完成赋值后，存放的内容并不一定就是字符串，字符串要求数组必须留有一位放置结束标志'\0'，如果没有'\0'就是"一组字符"。下面列举几种一维字符数组初始化的情况来加以说明。

（1）char a[4] = {'a', 'b', 'c', 'd'};

说明：定义了一个一维字符数组 a，数组的大小是 4，最多可以存放 4 个字符。由初

始化的结果可知，数组 a 存放了 4 个字符'a'、'b'、'c'、'd'，而不能说数组 a 存放了一个字符串"abcd"，因为没有'\0'。注意只有字符串常量才能使用双引号。

（2）char a[5] = {'a', 'b', 'c', 'd', '\0'};

说明：有字符串结束标志'\0'，可以说数组 a 中存放了一个字符串"abcd"。

（3）char a[5] = {"abcd"};

说明：花括号中没有出现'\0'，但出现了双引号，"双引号"是字符串常量的标志。表示用一个字符串常量对该数组进行初始化赋值。需要注意的是，数组的大小要为结束标志'\0'保留一位。

（4）char a[5] = "abcd";

说明：此种形式与情况（3）等价，省去了一对花括号，也是合法的。

（5）char a[] = "abcd";

说明：初始化赋值时，可以由初始值来约定数组的大小，例如，此例中用一个字符串常量"abcd"给数组赋初值，因此数组的大小为 5（留有 1 位放'\0'）。

（6）char a[] = {'a', 'b', 'c', 'd'};

说明：注意与（5）的对比，此时利用初始值来约定数组的大小，大小为 4，说明数组 a 存放了 4 个字符'a'、'b'、'c'、'd'。

综上所述，一位数组可以存放"一组字符"，也可以存放"字符串"。当用字符串做初始化赋值操作时主要有三种方式，分别如情况（2）、（3）和（4）所示。注意总结书写规律，当用单个字符赋初值时，一定要有'\0'，并且花括号不能省略；当用一个字符串常量整体赋值时，没有'\0'，但一定是双引号，花括号可以省略。

2）用二维数组存放多个字符串

例如，"char s[3][10] = {"456", "ab", "M"};"表示二维数组 s 可以存放三个字符串，每个串的长度最大为 9，留有一位放置结束符'\0'。本例经过初始化后的结果是：

第 1 个串：s[0][0]的值为'4'，s[0][1]的值为'5'，s[0][2]的值为'6'，s[0][3]的值为'\0'；

第 2 个串：s[1][0]的值为'a'，s[1][1]的值为'b'，s[1][2]的值为'\0'；

第 3 个串：s[2][0]的值为'M'，s[2][1]的值为'\0'。

综上所述，二维数组可以用于存放多个字符串，数组的"行数"代表存放多少个字符串；数组的"列数"代表每个字符串的长度＋1。注意，"列数"应该是所有需要存放的字符串中最长的一个串的长度＋1。

3）字符串的相关函数

字符串的输出可以通过使用 printf 函数和 puts 函数来实现。字符串的输入可以通过使用 scanf( )函数和 gets( )函数来实现。使用时必须添加头文件#include<stdio.h>。

C/C++的库函数，提供了字符串处理函数，使用前只要包含对应的头文件 string.h，这些处理函数即可直接使用。下面介绍几个常用字符串处理函数的使用方法。

（1）测字符串长度函数——strlen（字符数组）。

功能：计算指定字符串的实际长度（不含字符串结束标志'\0'），并返回字符串的长度。

（2）字符串连接函数——strcat（字符数组 1，字符数组 2）。

功能：将字符数组 2 中存放的字符串连接到字符数组 1 中存放的字符串尾部，同时删去字符串 1 的结束标志'\0'，组成新的字符串，存入字符数组 1 中，该函数返回值是字符串 1 的首地址。注意：字符数组 1 要足够大。

（3）字符串比较函数——strcmp（字符数组 1，字符数组 2）。

功能：按照从左至右的顺序依次比较字符数组 1 和字符数组 2 对应位置字符的 ASCII 码值，并返回比较结果，比较结果对应的返回值如下：

当 s1＜s2 时，返回负数；

当 s1 = s2 时，返回值 = 0；

当 s1＞s2 时，返回正数。

（4）字符串复制函数——strcpy（字符数组 1，字符数组 2）。

功能：把字符数组 2 中的字符复制到字符数组 1 中，结束标志也一同复制进去。注意，数组 1 的大小应该能放下数组 2 中的字符串，否则可能发生系统内存被覆盖的危险。另外，如果数组 1 原来存放有字符串，复制操作后原有的字符串将被覆盖。

（5）小写变大写函数——strupr（字符串）。

功能：将指定字符串中所有小写字母均换成大写字母。

（6）大写换小写函数——strlwr（字符串）。

功能：将指定字符串中所有大写字母均换成小写字母。

7.3.4　指针

指针是 C/C++语言中一个重要的概念，也是其最具特色的组成部分。对于初学者来说，是较难理解的一部分内容。但指针的功能性很强，借助它可以更灵活、高效地处理数据，进而提高编写程序的质量。本小节将先介绍指针的基本概念，在此基础上主要讲述指针与数组、字符串以及函数之间的结合使用。

前面讲述过普通变量必须先定义后引用。例如，定义整型变量 x 通过 "int x;" 实现，变量名 x 就代表变量本身，因此在引用变量时，可以直接访问变量，例如，给变量 x 赋值 10，可通过语句 "x = 10;" 实现。此种访问变量的方式被称为直接访问。

除此之外，还有一种访问方式，即间接访问。如图 7-4 所示，变量 p 的值是 "&x"，即变量 x 的内存地址，因此通过变量 p 可以找到内存中的变量 x（如图中的箭头示意），通过变量 p 的操作，就可以间接地操作变量 x。这里的变量 p 就是本节要讲述的 "指针"。

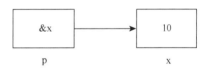

图 7-4　指针指向普通变量示例

指针也是一个变量，它和普通变量一样占用一定的存储空间。不同的是，指针变量内存放的是地址，而不是普通数据。因此，指针是一个地址变量。如图 7-4 所示的指针变量 p 的值是变量&x，等价于语句 "p=&x;"。

1. 指针变量定义

指针变量的定义形式为：

类型*指针变量名

说明：

（1）"*"是指针变量的标志；指针变量名的命名规则遵循标识符的命名规则；

（2）"类型"限制该指针指向的变量的数据类型，一经定义，指针只能指向该类型的变量。

例如：

```
int *p;          //p是指向整型变量的指针变量
char *cp;         //cp是指向字符型变量的指针变量
float *fp;        //fp是指向单精度实型变量的指针变量
double *dp;       //dp是指向双精度实型变量的指针变量
```

需要特别注意，定义指针变量后，其值是随机的，是不确定的，只是表明该指针可以指向哪种类型的变量，但此时并没有确切地指向哪个变量。

2. 指针变量的引用

像普通变量一样，指针变量也必须先定义、后引用。除此之外，指针变量在使用前必须赋值，换言之，指针在使用前必须有确切的指向。

例如：

```
#include<stdio.h>
void main()
{
    int *p,i;  //定义部分
    p=&i;    //引用部分,将变量i的地址赋值给p,指针有了确切的指向
    *p=100; //指针p指向的变量的内容赋值10
    printf("*p=%d\n",*p);
    printf("i=%d\n",i );
}
    运行结果：
*p=100
i=100
```

分析：指针在使用时要注意区分"定义"和"引用"两个阶段形式上的不同，在定义阶段，严格按照指针变量定义的格式要求，"*"一定不能缺少；而在引用阶段，首要工作就是给指针变量赋值（赋地址），让指针有确切的指向，如本例中的语句"p = &i;"。指针变量本身就是"地址"，而"*指针变量"则表示所指向地址空间的内容。如本例中，语句"*p = 100;"等价于"i = 100;"，因此最后输出变量i的值时与"*p"的值完全一样。

3. 指针变量的初始化

在定义指针变量的同时给它赋地址值，这种做法称为指针变量初始化。初始化形式为：

```
类型*指针变量名=&变量名;
```

例如，下面两条语句：

```
int x,*p;                //定义部分
p=&x;                    //引用部分
```

等价于：

```
int x,*p=&x;             //初始化
```

注意：初始化时，变量 x 的定义应位于指针变量 p 的定义之前。如果改写为"int *p = &x, x;"，系统就会报错。因为机器阅读程序是从左至右的，系统会报错"int *p = &x"中的 x 没有定义。

4. 指针变量的运算

由于指针变量存放的是内存地址，因此在运算时不能像普通变量那样相对自由，必须受到严格的限制，以保证内存地址的安全性。指针可以参加的运算有以下几种。

1）赋值运算

在讲述指针变量的引用时，曾提到指针使用之前，必须有确切的指向，即指针必须指向某一变量的地址。这一操作就是利用赋值运算完成的，即将某一地址赋值给指针变量。例如，以下赋值语句：

```
int *p,i;                //定义变量
p=&i;                    //赋值语句,将变量 i 的地址赋值给指针变量 p

int *p1,*p2,a;           //定义两个指针变量 p1 和 p2
p2=&a;                   //变量 a 的地址赋值给指针变量 p2
p1=p2;                   //p1=p2;

int *p;                  //定义指针变量 p
p=2000;                  //不合法!不允许把一个数赋值给指针变量
```

说明：以上列举了几种赋值运算的情况，需要注意的是，不允许将一个数赋值给指针变量。例如，"2000"不再单纯意味着整数，它代表的是内存地址为 2000 的空间，而且并不知道这块地址中保存的是什么数据，可能是计算机系统数据，一旦后续对指针进行操作，就意味着对内存中这块地址的数据进行操作，这是危险的。

2）算术运算

指针的算术运算运用在指针与数组结合使用时才是有意义的，对于指针指向其他类型变量时，指针做算术运算是毫无意义的。指针可以参加的算术运算仅限于以下两种情况。

（1）指针变量加上或减去一个整数 N。

所表示的含义是，让指针的指向从当前位置向前或向后移动 N 个位置。注意这里的"N 个位置"并不是在原地址上加上数字 N，因为不同数据类型所占内存的字节数是不同的，到底是多少字节，将取决于指针变量的数据类型，相当于"$N \times$ 数据类型所占字节数"字节。在编程时，我们不用考虑到底移动了多少字节，系统会自动转换，只用关心移动了多少个位置。例如：

```
int *p,a[10];        //定义指针变量 p 和一维数组 a
p=a;                 //数组名即是数组的首地址,该语句意味指针 p 指向数组的
                       首地址,等价于 p=&a[0]
p=p+2;               //算术运算,即指针 p 指向数组元素 a[2],等价于 p=&a[2]
```

（2）指针变量的自增和自减运算。

所表示的含义是让指针相对于现在的位置向前或向后移动 1 个位置。运算后指针地址值的变化量取决于指针的数据类型。

例如：

```
char *p="hello world!";    //定义字符指针 p,指向字符串的首地址
while(*p)                  //*p 表示当前位置内存放的字符,进行判断当
                            前字符不为 0,即字符串未结束
putchar(*p++);            //输出当前位置的字符,指针自增向后移 1 个
                            位置,指向下一字符
```

指针变量在自增自减时，根据其类型的长度确定增减量，从而保证指针变量总是指向后一个或前一个元素。在编程时，不必考虑其实际增量是多少字节。

此外，要注意*与+、–结合使用时，它们属于同一优先级，但结合性是"自右向左"结合的，例如：

p++等价于(p++)，其含义是取出 p 当前所指向位置的内容，然后 p 指向下一个元素。

++p 等价于(++p)，其含义是移动 p 指向下一个元素，然后取出 p 所指向位置的内容。

++*p 等价于++(*p)，其含义是把 p 所指向位置的内容增 1。

(*p)++的含义是取出 p 所指向位置的内容，然后该内容加 1。

3）关系运算

指针的关系运算仅限于以下两种情况。

（1）指向同一数据类型的两个指针变量之间可以进行<、<=、>、>=、==和！=等关系运算，这一运算常用于指针与数组的结合使用中，判断两指针的位置关系，例如：

```
p1=p2   //两指针指向同一位置
p1>p2   //p1 相对 p2 位于高地址位置
p1<p2   //p1 相对 p2 位于低地址位置
```

（2）指针变量与 0 之间也可以进行关系运算，用来判断指针是否是空指针，例如：

```
p==0 或 p!=0
```

7.3.5　结构体与共用体

在前面的章节，我们学习和使用了基本数据类型——整型（int）、实型（float、double）、字符型（char）等，这些代表数据类型的关键字不需要定义，可以直接使用。本小节将介绍结构体、共用体，这些类型本身必须先定义，然后才能使用该类型的变量。

1. 结构体类型的定义

结构体类型是由不同数据类型的数据组成的，这些数据称为该结构体类型的成员项。在程序中使用结构体时，必须先定义结构体类型。结构体类型定义的格式为：

```
struct   结构体类型名{
        数据类型成员名1;
        数据类型成员名2;
            …
        数据类型成员名n;
};
```

说明如下。

（1）struct 是定义结构体类型的关键字，其后的"结构体类型名"由程序员命名，命名规则遵循标识符的命名规则。

（2）其中，各成员项的数据类型可以是基本数据类型，也可以是数组、指针等类型，还可以是其他结构体类型，即实现结构体类型的"嵌套定义"。

（3）不同数据类型在系统中所占内存空间是不同的，结构体类型所占内存空间的大小是其所包含的各个成员项所占内存大小之和。需要注意的是，像其他数据类型一样，系统是不会给数据类型分配内存空间的，只有用类型定义了变量之后才分配相应的内存空间。

2. 结构体变量的定义

变量必须先定义再引用，结构体变量也是如此。结构体变量定义的格式有以下三种。

1）先定义结构体类型，再定义结构体变量

例如：

```
struct student{
    int number;             //学号
    char name[10];          //姓名
    int age;                //年龄
    char sex[2];            //性别
};
struct student stu1,stu2;   //定义结构体变量 stu1 和 stu2,为
                              student 结构类型
```

说明：此种形式最为常用，结构体类型的定义可以放在所有函数之外，结构体变量的定义可以出现在任意需要的地方。

2）定义结构体类型的同时定义结构体变量

例如：

```
struct student{
    int number;                 //学号
```

```
    char name[10];                    //姓名
    int age;                          //年龄
    char sex[2];                      //性别
    } stu1,stu2;
```

说明：结构体类型的定义一般放在所有函数之外，那么上例中的结构体变量 stu1 和 stu2 就会成为全局变量，相比较不如第 1 种方式灵活。

3）定义结构类型的同时定义结构体变量，且省略结构体类型名

例如：

```
struct {
    int number;                       //学号
    char name[10];                    //姓名
    int age;                          //年龄
    char sex[2];                      //性别
} stu1,stu2;
```

说明：省略了结构体类型名，每次定义变量时都必须重新书写结构体成员项，较为烦琐，因此虽然合法，但不常用。

3. 共用体

前面所讲述的结构体是将不同数据类型的变量作为成员项组合在一起，构成一个新的结构体类型，各个成员项拥有自己独立的内存空间，结构体类型所占内存空间大小等于各成员所占内存空间之和。这里讲述的共用体也是将不同数据类型的变量作为成员项组合在一起，构成一个新的共用体类型，但各成员项没有独立的内存空间，而是共用一个内存空间，以成员项中所需空间最大的变量所占内存空间的大小作为共用体空间的大小。

1）共用体类型的定义

与结构体类型定义相类似，共用体类型的定义格式为：

```
union 共用体类型名{
    数据类型成员名 1;
    数据类型成员名 1;
        …
    数据类型成员名 1;
};
```

可以看出，共用体与结构体的定义在形式上非常相似，只是关键字不再是 struct，而是 union。

2）共用体变量的定义

定义了共用体类型，就可以用该类型定义共用体变量。与结构体定义变量的形式类似，共用体变量的定义形式有以下几种。

（1）先定义共用体类型，再定义变量。例如：

```
union num{                          //共用体类型名为 num
```

```
    char ch;
    int a;
    float f;
};
union num data;                    //定义共用体变量data
```

（2）定义共用体类型的同时定义变量。例如：

```
union num{
    char ch;
    int a;
    float f;
    }data, *p;              //定义了共用体变量data和共用体指针p
```

（3）直接定义共用体变量，省略类型名。例如：

```
union{
    char ch;
    int a;
    float f;
    }data,*p;
```

7.4 程序的组织结构

结构化程序设计的思想，即把一个复杂的大问题分解成若干个独立的小问题，分而治之。结构化程序设计有三大基本结构：顺序结构、选择结构、循环结构。

7.4.1 顺序结构

顺序结构程序是最简单的程序，由计算机硬件直接支持，自上而下顺序执行，无分支、无转移、无循环。顺序结构程序主要由定义语句、表达式语句、复合语句和空语句等语句构成。其格式为：

```
语句1；
语句2；
语句3；
…
语句n；
```

程序执行时先执行语句1，然后执行语句2，接着执行语句3，…，最后执行语句n。

顺序结构实例：有长方形，边长a为5，宽b为3，求该长方形的周长。

程序：

```
#include<stdio.h>
```

```
int main()
{
    int  a=5;
    int  b=3;
    int  c;
    c=2*a+2*b;
    printf("周长 c=%d",c);
}
```

输出：

　　周长 c=16

7.4.2　选择结构

　　选择结构又称分支结构，是结构化程序设计的三种基本结构之一。C 语言和 C++语言的结构控制语句是完全一致的，本节例题中的输入/输出语句采用 C 语言语句进行描述。C/C++语言提供了两种选择结构语句：条件语句（if 语句）和开关语句（switch 语句），还有条件运算符"？:"，也可以实现选择的功能。

1. if 语句

if 语句有三种基本结构形式：单分支、双分支和多分支。
1）单分支 if 语句
语句的格式：
```
if(表达式)
    {
        语句
    }
```

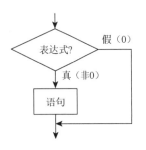

图 7-5　单分支 if 语句的执行过程

　　语句执行过程如图 7-5 所示。首先执行表达式，如果表达式结果为真，则执行花括号中的语句（语句可以是一条或若干条）；否则，执行下一条语句。
　　2）双分支 if 语句
　　语句的格式：
```
if(表达式)
    {语句 1}
else
    {语句 2}
```
　　语句执行过程如图 7-6 所示。如果表达式为真，则执行语句 1；否则，执行语句 2。

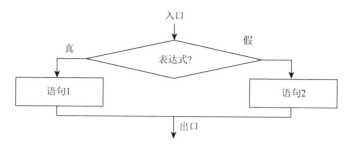

图 7-6　双分支 if 语句的流程图

实例：求 2 个数的较大值：

```
if(a>b)
{    max=a; }
else
{    max=b; }
```

3）多分支 if 语句

多分支 if 语句的格式：

```
if(表达式 1){语句 1}
else if(表达式 2){语句 2}
else if(表达式 3){语句 3}
…
else if(表达式 n-1){语句 n-1}
else{语句 n}
```

语句执行过程如图 7-7 所示，首先执行表达式 1，如果表达式 1 结果为真，则执行语句 1；否则执行表达式 2，如果表达式 2 结果为真，执行语句 2；以此类推，如果表达式都不成立，则执行语句 n。

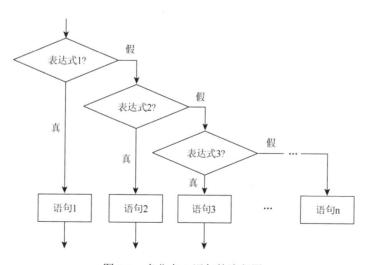

图 7-7　多分支 if 语句的流程图

例子：输入数字 1～7 中的任意 1 个数，就打印对应的星期数。如果输入的不是 1～7，打印"输入错误"。

```
int n=0;
scanf("%d",&n);
if(n==1)
    printf("星期一\n");
else if(n==2)
    printf("星期二\n");
 //…
else if(n==7)
    printf("星期天\n");
else
    printf("输入错误\n");
```

2. switch 语句

C/C++语言提供了实现多路选择的另一个语句 switch 语句，也称开关语句。switch 语句的基本格式如下：

```
switch(表达式)
{
    case 常量表达式 1:语句序列 1
    case 常量表达式 2:语句序列 2
    …
    case 常量表达式 n:语句序列 n
    default:语句
}
```

实例：把上面多分支的例子用 switch 语句实现：

```
int n=0;
scanf("%d",&n);
switch(n)
{
case 1:
    printf("星期一\n");
    break;
case 2:
    printf("星期二\n");
    break;
 //...
case 7:
```

```
    printf("星期天\n");
    break;
default:
    printf("输入错误\n");
}
```

7.4.3　循环结构

循环结构是结构化程序设计基本的三种结构之一。在 C/C++语言中，可以通过 while 语句、do-while 语句、for 语句以及 goto 语句来实现循环结构。需要注意，这里所指的循环是有条件、有限度的循环，不支持无止境的循环，即不允许出现死循环。

1. while 语句

语句格式为：
```
while(表达式)
循环体；
```
从格式上，关键字 while 后紧跟一对圆括号，其中的表达式是循环控制条件；其后是"循环体 + 分号结束"。所谓循环体就是指一系列反复执行的操作，对应到程序中可以由一条或若干条语句构成；当多于一条语句时，一定要加花括号，将所有构成循环体的语句括起来。

从执行步骤上，先计算表达式，当表达式的值为假（0）时，不执行循环体，直接执行循环体后面的语句；当表达式的值为真（非零）时，执行循环体，执行完毕再转去计算表达式；直到表达式的值为假（0）时终止循环体的执行，执行循环体后面的语句。其基本流程可用图 7-8 来表示。

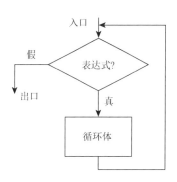

图 7-8　while 循环的执行过程

实例：打印 1～10 的整数：
```
int i=1;
while(i<=10)
{
    printf("%d",i++);
}
```

2. do-while 语句

语句格式为：
```
do 循环体
while(表达式);
```
从格式上，关键字 do 后面紧跟循环体，同样，当循环体由多条语句构成时，也需要加上花括号。随后是关键字 while 后紧跟一对圆括号，其中的表达式是循环控制条件，最后是分号结束。注意与 while 语句格式对比分号的位置。

从执行步骤上，先无条件地执行循环体一次，然后计算表达式，当表达式的值为假（0）时，不再执行循环体，直接执行后面的语句；当表达式的值为真（非零）时，再执行循环体，执行完毕再转去计算表达式；直到表达式的值为假（0）时终止循环体的执行，执行后面的语句。其基本流程可用图 7-9 来表示。值得注意的是，do-while 语句最初会无条件地执行一次循环体。

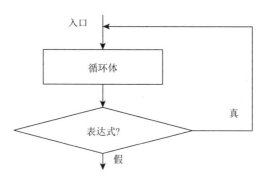

图 7-9　do-while 循环的执行过程

实例：将打印 1～10 的整数用 do-while 语句实现：

```
int i=1;
do{
    printf("%d ",i++);
 }while(i<=10);
```

3. for 语句

语句格式为：

```
for(表达式 1;表达式 2;表达式 3)
循环体
```

从格式上，关键字 for 后紧跟一对圆括号，其中是三个表达式，用两个分号分隔，分号不可省略，三个表达式本身可以由多个表达式组成，用逗号分隔；随后是循环体，当循环体由多条语句构成时，也需要加上花括号。

从执行步骤上，首先计算表达式 1，然后判断表达式 2，若表达式 2 为真，则执行循环体 1 次，接着计算表达式 3，再判断表达式 2 的真假，直到表达式 2 为假，结束循环执行循环体后面的语句；若表达式 2 的初始值为假，则不执行循环体，直接执行循环体后面的语句。

实例：打印 1～10 的整数用 for 循环实现：

```
for(int i=1;i<=10;i++)
{
    printf("%d ",i);
 }
```

4. goto 语句

语句格式为:

goto 语句标号;

格式上较为简单, 关键字 goto 加上语句标号, 之间用空格分隔, 最后用分号结束。语句标号是任意合法的标识符 (遵循标识符命名规则), 当在标识符后面加一个冒号, 如 "loop:" "step1:" 时, 该标识符就成了一个语句标号。

执行过程也较为简单, 当程序执行到 goto 语句时, 程序无条件地转移到语句标号所标识的语句处, 并从该语句继续执行。看似简单, 但存在风险, 因为是无条件地进行转移, 初学者要慎用。

5. break 语句和 continue 语句在循环体中的应用

1) 语句格式

break 语句和 continue 语句的格式如下:

break;

continue;

两者的语句格式类似, break 语句由关键字 break 加上分号构成; continue 语句由关键字 continue 加上分号构成。

2) 在循环体中的应用

前面提到用 break 语句可以跳出 switch 语句体, 程序继续执行 switch 语句体后面的程序。在循环结构中, 也可以用 break 语句跳出本层循环体, 从而提前结束本层循环。

而 continue 语句也是 "跳出", 但它只是结束本次循环体的执行, 转而继续判断循环控制条件是否为真, 从而决定是否继续执行循环体, 而不像 break 语句直接结束整个循环。

7.4.4　函数

前面提到过, C/C++语言在设计程序时采用结构化程序设计的方式, 就是将一个复杂的大问题分解成若干个独立的小问题, 分而治之。每个小问题可以通过编写各自对应的程序段来分别加以解决, 每个程序段都会用一个名字来加以区分, 这种带有名字的程序段就是 C/C++语言所指的函数。

C/C++语言所编写的程序由一个主函数 (main 函数) 和若干个其他函数组成, 并且主函数是程序运行的起始点。那么函数具体是如何定义的? 本节将主要讲述函数的相关概念。

1. 函数的概念

结构化程序设计使得编写程序时, 分解成各自独立的函数, 便于程序的阅读和维护。因为随着问题复杂度的加大, 程序的代码规模必然增大, 如果将语句简单罗列在一个主函数中, 层次关系必然会非常复杂, 程序的可读性和可维护性必然显著降低。

函数从使用的角度可以分成两类: 库函数和自定义函数。

1）库函数

库函数是 C/C++系统提供的，无须程序员进行定义或说明。在编写程序时，只要在程序的开头加上相应的头文件，就可直接使用。例如，在前面的例题中使用的 printf 函数、scanf 函数，在使用时加上相应的头文件#include<stdio.h>即可。再如，sqrt 函数（求开方），加上相应头文件#include<math.h>即可直接使用。

2）自定义函数

自定义函数，顾名思义就是程序员在开发程序时，根据问题的具体需要，自行设计的具备一定功能的函数。

2. 函数的定义

函数定义采用如下固定格式：

函数类型 函数名（[形式参数列表]）

```
{
    函数体
}
```

1）定义格式

函数定义在格式上由两部分组成：函数头＋函数体。函数头从左至右依次是函数类型、函数名、圆括号括起的形式参数（简称形参）列表。函数体由一系列语句组成，无论语句有几条，哪怕没有语句，也需要用花括号括起，不可省略。函数头和函数体紧密相连，之间不允许插入任何语句。

2）函数类型

函数从函数类型上可以分成两类：无返回值的函数和有返回值的函数。

如函数类型是 void，关键字 void 表明此函数是无返回值的。

如函数类型是 int，表明此函数将会利用 return 语句返回一个整型数据。需要说明的是，返回变量的类型与函数类型不一致时，例如，若类型是单精度实型（float），而函数类型是整型（int），返回时系统会自动进行类型转换，以函数返回值的类型为最终结果，即将变量 c 的值转换成整型返回，变量 c 本身的类型不变。

根据实际需要，函数返回值可以是 float 型、double 型、char 型等，如果函数类型是默认的，则系统规定为 int 型，不要误以为默认即是无返回值 void 型。

3）函数名

函数名是函数的标志，由程序员命名，命名规则符合标识符的命名规则，需要注意的是，不能与库函数重名，最好能表达函数功能。

4）形参

形参代表函数的自变量，用一对圆括号括起，若包含多个形参，其间必须用逗号隔开。根据形参的有无，函数分成无参函数和有参函数。

5）函数体

函数体必须用花括号括起，不可省略，其中是实现函数功能的语句列表。

3. 函数调用

1）普通调用

对于一个包含多个函数的程序，主函数是程序执行的起点，那么其他函数该按照什么顺序执行呢？程序是通过"函数调用"来决定各个函数的执行顺序的。

在使用函数调用时应注意两个问题：一是函数调用的格式；二是实参与形参之间的传递，下面将分别介绍。

（1）函数调用的格式。

函数调用的格式取决于被调函数是否有返回值。对于无返回值（void）的被调函数，主调函数中只需书写被调函数的函数名，若被调函数是有参函数，则调用语句中还需加上实参。对于有返回值的被调函数，主调函数中的调用格式是：定义一个与被调函数返回值类型相同的变量，采用"变量 = 被调函数名（实参）"的形式。

（2）参数的传递。

当被调函数是有参函数时，在调用函数语句中一定要书写相同个数的实参，发生函数调用时，主调函数把实际参数的值传送给被调用函数的形参，从而实现主调函数向被调函数的数据传送。

注意：若形参是普通变量，发生函数调用时，是实参传递值给形参，形参的任何变化不会回传给实参。换言之，实参向形参传递的是值，而且是单向传递。

在函数调用时，形参的类型决定了实参传递过去的内容和传递方式。当形参是普通变量时，实参的类型也是普通变量，并且将实参的值单向地传递给形参，形参做任何变化，例如，交换值的大小、改变值的大小等，都不会影响到实参。那么，会不会有形参的变化可以影响到实参的这种情况发生呢？答案是肯定的。这种情况下，形参的类型就不单是普通变量了。

2）嵌套调用

在讲述函数的定义时，函数是由函数头 + 函数体构成的。各个函数是独立的，一个函数内不能包含另一个函数，换言之，函数是不可以嵌套定义的。但是，调用函数是可以嵌套调用的。也就是说，在调用一个函数的过程中调用另一个函数。如图 7-10 所示为两层嵌套调用，整个程序的执行顺序从 main 函数开始执行（步骤①），过程中调用 a 函数，转去（步骤②）执行 a 函数（步骤③），过程中有发生调用 b 函数，转去（步骤④）

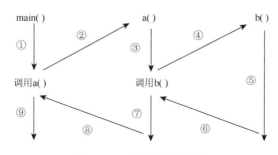

图 7-10　函数的嵌套调用

执行 b 函数（步骤⑤）返回（步骤⑥）邻近的调用点，继续执行 a 函数中其余程序（步骤⑦），执行完 a 函数，返回（步骤⑧）上一层调用点，继续执行主函数中其余程序（步骤⑨）直至结束。以此类推，无论嵌套多少层，函数调用的执行方式是不变的。

3）递归调用

所谓递归调用，就是在调用函数的过程中又出现调用该函数本身，称为函数的递归调用。递归调用如果不加约束限制，将无休止地执行下去，这显然是不正确的。因此，在递归调用中，往往带有条件判断，来限制调用的执行次数。

实例 1：写一个函数找出两整数的最大值：

```c
int get_max(int x,int y)
{
    return(x>y?x:y);
}
int main()
{
    int a,b;
    scanf("%d%d",&a,&b);
    int max=get_max(a,b);
    printf("max=%d\n",max);
    return 0;
}
```

实例 2：打印前 10 个斐波那契数列 1 1 2 3 5 8 13 21 34 55：

```c
#include<stdio.h>
int fibonacci(int n)
{
    if(n==1||n==2)
    {   return 1;}
    return fibonacci(n-1)+fibonacci(n-2);
}
int main()
{
    for(int i=1;i<=10;i++)
        printf("%5d",fibonacci(i));
}
```

第 8 章　数据结构与算法

8.1　数据结构简介

数据结构是程序设计的重要基础，它所讨论的内容和技术对软件项目的开发有重要作用。一般来说，当我们使用计算机解决一个具体问题时，大致需要经过下列步骤：①建立数学模型；②构造求解方法；③选择存储结构；④编写程序；⑤数据测试。如图 8-1 所示，在建立数学模型阶段，重点关注描述问题的共性（寻求数学模型的实质是分析问题，从中提取操作对象，并找出这些操作对象之间的关系）；在构造求解方法阶段，重点关注描述问题的求解方法；在选择存储结构阶段，重点关注如何将问题涉及的数据存储到计算机中；在编写程序阶段，重点关注如何提高编程的技术；最后进行数据测试。在上述五阶段中，数据结构在第一阶段有助于更好地进行问题分析，在第二阶段有助于进行更为复杂的算法设计，在第三阶段有助于选择合理的存储结构，最终依据基于数据结构的设计，实现程序编写。

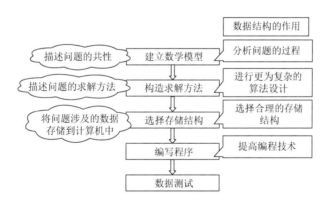

图 8-1　计算机解决问题的过程

值得注意的是，数据结构并不是教你怎样编程，编程语言的精炼也不在数据结构的管辖范围之内。数据结构就是教你怎样用最精简的语言，利用最少的资源（包括时间和空间）编写出最优秀、最合理的程序，它改变的是程序的存储运算结构而不是程序语言本身。

在学习数据结构知识前，应先对一些基本概念和术语赋予其确切的含义。

数据（data）是信息的载体，在计算机科学中是指能输入计算机中并能被计算机程序识别和处理的符号集合，它是计算机操作对象的总称，是计算机处理的信息的某种特定的符号表示形式。数据可以分为两大类：一类是整数、实数等数值型数据；另一类是图形、图像、声音、文字等非数值型数据。数据是计算机程序加工的"原料",例如,一个利用数值分析方法解决代数方程的程序,其处理的对象是整数和实数;一个编译程序或文字处理程序的操作对象是字符串。因此,从计算机科学的角度讲,数据的含义极为广泛,图像、声音等信息都可以通过编码而归结到数据的范畴中。

数据元素(data element)是数据的基本单位,在计算机程序中,通常作为一个整体进行考虑和处理,是数据结构中讨论的基本单位。数据元素具有广泛的含义,一般来说,能独立、完整地描述问题的一切实体都是数据元素。例如,学生登记表是数据,每一个学生的记录就是一个数据元素。

数据项(data item)是构成数据元素的不可分割的最小单位,一个数据元素可以由若干数据项组成。例如,学生登记表中的学号、姓名、出生日期都是数据元素的数据项,但在实际问题中,数据元素才是数据结构中建立数据模型的着眼点。

数据对象(data object)是具有相同性质的数据元素的集合,是数据的一个子集。在实际应用中处理的数据元素通常具有相同性质,例如,学生选课系统中每个数据元素具有相同数目和类型的数据项,所有数据元素(课程)的集合就构成了一个数据对象。

数据结构(data structure)是指相互之间存在一种或多种特定关系的数据元素的集合。数据元素都不是孤立存在的,在它们之间存在着某种关系,这种数据元素之间的关系称为结构(structure)。由此可见,计算机所处理的数据并不是数据的杂乱堆积,而是具有内在联系的数据集合。数据元素间的这种相互关系具体应包括三个方面:数据的逻辑结构、数据的物理结构、数据的运算集合。

逻辑结构(logical structure)是指数据元素之间逻辑关系的整体。所谓的逻辑关系是指数据元素之间的关联方式或邻接关系。数据的逻辑结构可以看作对操作对象的一种数学描述,换句话说,是从具体问题中抽象出来的数学模型,它与数据自身的存储无关。研究数据结构是为了在计算机中实现对它的操作,为此还需要研究如何在计算机中存储表示数据的逻辑结构。

根据数据元素之间关系的不同特性,数据结构通常分为以下4类基本结构。

(1)集合:数据元素之间就是"属于同一个集合",除此之外没有任何关系。

(2)线性结构:数据元素之间存在着一对一的线性关系。

(3)树形结构:数据元素之间存在着一对多的层次关系。

(4)图状结构或网状结构:数据元素之间存在着多对多的任意关系。

如图8-2所示为上述4类基本结构的关系图。集合是一种数据元素关系松散的结构,因此在实际解决问题中,往往用其他结构来表示。

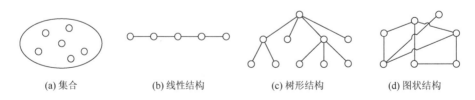

(a)集合　　　　　　(b)线性结构　　　　　　(c)树形结构　　　　　　(d)图状结构

图8-2　4类基本关系结构图

由上述数据结构的概念可知，一个数据结构有两个要素：数据元素的集合和数据元素之间关系的集合。在形式上，数据结构通常可以采用一个二元组来表示，记为

$$Data\_Structure = (D, R)$$

其中，D 是数据元素的有限集；R 是 D 上关系的有限集。

物理结构（physical structure）是指数据的逻辑结构在计算机存储空间中的存放形式（也称存储结构）。由于数据元素在计算机存储空间中的位置关系可能与逻辑关系不同，因此，为了表示存放在计算机存储空间中的各数据元素之间的逻辑关系（即前后继关系），在数据的存储结构中，不仅要存放各数据元素的信息，还需要存放各数据元素之间前后继关系的信息。

逻辑结构与物理结构的关系为物理结构是逻辑关系的映像与元素本身映像。逻辑结构是抽象，物理结构是实现，两者综合起来建立了数据元素之间的结构关系。

数据元素存储结构形式有两种：顺序存储和链式存储。

（1）顺序存储结构。

顺序存储结构是把数据元素存放在地址连续的存储单元里，其数据间的逻辑关系和物理关系是一致的，如图 8-3 所示。

顺序存储就排队按顺序站好，每个人占一小段空间。在学习 C 语言时，数组就是这样的顺序存储结构。要建立一个 8 个整型元素的数组，计算机就会在内存中开辟一段连续的能存储 8 个整型数据的空间，数组一个一个存放到空间里。

（2）链式存储结构。

链式存储结构是把数据元素放在任意的存储单元里，这组存储单元可以是连续的，也可以是不连续的。数据元素的存储关系并不能反映其逻辑关系，因此需要用一个指针存放数据元素的地址，这样通过地址就可以找到相关联的数据元素的位置，如图 8-4 所示。

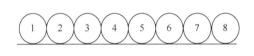

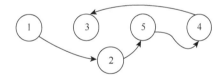

图 8-3　顺序存储结构　　　　　　　　　　图 8-4　链式存储结构

显然，链式存储就灵活多了，数据存在哪里不重要，只要有一个指针存放了相应的地址就能找到它。

数据的存储不同决定了数据的运算不同。通常，一个数据结构中的元素结点可能是动态变化的。根据需要或在处理过程中，可以在一个数据结构中增加一个新结点，也可以删除数据结构中的某个结点（称为删除运算）。插入与删除是对数据结构的两种基本运算。除此之外，对数据结构的运算还有查找、分类、合并、分解、复制和修改等。在对数据结构的处理过程中，不仅数据结构中的结点（即数据元素）个数在动态地变化，而且各数据元素之间的关系也有可能在动态地变化。

如果在一个数据结构中一个数据元素都没有，则称该数据结构为空的数据结构。在

一个空的数据结构中插入一个新的元素后就变为非空；在只有一个数据元素的数据结构中，将该元素删除后就变为空的数据结构。

8.2　三大基本数据结构

8.2.1　线性表

线性结构是简单且常用的一种数据结构，而线性表是一种典型的线性结构，主要用于对客观世界中具有单一前驱和后继的数据关系进行描述。线性结构的特点是数据元素之间呈现一种线性关系，即元素"一个接一个地排列"。一般情况下，如果需要在程序中存储数据，最简单有效的方法就是把它们存放在一个线性表中。只有当需要组织和搜索大量更为复杂的数据时，才考虑使用更为复杂的数据结构。

1. 线性表的定义

线性表是具有相同数据类型的 n（$n \geq 0$）个类型相同的数据元素组成的有限序列。至于每个数据元素的具体含义，在不同的情况下各不相同，它可以是一个数或一个符号，也可以是一页书，甚至其他更复杂的信息。

线性表通常记为（$a_1, \cdots, a_{i-1}, a_i, a_{i+1}, \cdots, a_n$），其中 n 为表长，$n = 0$ 时称为空表。

表中相邻元素之间存在着顺序关系，a_{i-1} 领先于 a_i，a_i 领先于 a_{i+1}，称 a_{i-1} 是 a_i 的直接前驱元素，a_{i+1} 是 a_i 的直接后继元素。当 $i = 1, 2, \cdots, n-1$ 时，a_i 有且仅有一个直接后继；当 $i = 2, 3, \cdots, n$ 时，a_i 有且仅有一个直接前驱 a_{i-1}；当 $i = 1, 2, \cdots, n-1$ 时，a_i 有且仅有一个直接后继 a_{i+1}，而 a_1 是表中第一个元素，它没有前驱，a_n 是最后一个元素，无后继。线性关系可以用图 8-5 表示。

| a_1 | a_2 | ... | a_{i-1} | a_i | a_{i+1} | ... | a_n |

图 8-5　线性表

线性表是一个相当灵活的数据结构，它的长度可以根据需要增长或缩短，即对线性表的数据元素不仅可以进行访问，还可以进行插入和删除等。

2. 线性表的基本运算

数据结构的运算是定义在逻辑结构层次上的，而运算的具体实现是建立在存储结构上的，因此下面定义的线性表的基本运算作为逻辑结构的一部分，每一个操作的具体实现只有在确定了线性表的存储结构后才能完成。

线性表上的基本操作如下。

（1）线性表初始化：Init_List（L）。

初始条件：表 L 不存在。

操作结果：构造一个空的线性表。

（2）求线性表的长度：Length_List（L）。

初始条件：表 L 存在。

操作结果：返回线性表中所含元素的个数。

（3）取表元：Get_List（L, i）。

初始条件：表 L 存在且 $1 \leqslant i \leqslant$ Length_List（L）。

操作结果：返回线性表 L 中第 i 个元素的值或地址。

（4）按值查找：Locate_List（L, x），x 是给定的一个数据元素。

初始条件：线性表 L 存在。

操作结果：在表 L 中查找值为 x 的数据元素，其结果返回在 L 中首次出现的值为 x 的那个元素的序号或地址，称为查找成功；否则，在 L 中未找到值为 x 的数据元素，返回一特殊值表示查找失败。

（5）插入操作：Insert_List（L, ix）。

初始条件：线性表 L 存在，插入位置正确（$1 \leqslant i \leqslant n+1$，$n$ 为插入前的表长）。

操作结果：在线性表 L 的第 i 个位置上插入一个值为 x 的新元素，这样使原序号为 $i, i+1, \cdots, n$ 的数据元素的序号变为 $i+1, i+2, \cdots, n+1$，插入后表长 = 原表长 + 1。

（6）删除操作：Delet_List（L, i）。

初始条件：线性表 L 存在，$1 \leqslant i \leqslant n$。

操作结果：在线性表 L 中删除序号为 i 的数据元素，删除后使序号为 $i+1, i+2, \cdots, n$ 的元素变为序号为 $i, i+1, \cdots, n-1$，新表长 = 原表长–1。

需要说明以下两点。

（1）某数据结构上的基本运算不是它的全部运算，而是一些常用的基本的运算，而每一个基本运算在实现时也可能根据不同的存储结构派生出一系列相关的运算。如线性表的查找在链式存储结构中还会有按序号查找；再如插入运算，也可能是将新元素 x 插入适当位置上等，不可能也没有必要全部定义出它的运算集，读者掌握了某一数据结构上的基本运算后，其他的运算可以通过基本运算来实现，也可以直接去实现。

（2）在上面各操作中定义的线性表 L 仅仅是一个抽象在逻辑结构层次的线性表，尚未涉及它的存储结构，因此每个操作在逻辑结构层次上尚不能用某种程序语言写出具体的算法，而算法的实现只有在存储结构确立之后。

3. 线性表的存储结构

在计算机内，可以用不同的方式来存储线性表，其中最常用的方式有顺序表（sequential list）和链表（linked list）两种。选择存储方式时，必须考虑在该表上将要进行何种运算。因为对于同一运算来说，不同的存储方式，执行的效果是不同的。对于选定的存储结构，必要时还应估算算法执行的时间和所需要的存储空间。

1）线性表的顺序存储结构

计算机内存储器是由有限个存储单元组成的，每个存储单元都有对应的整数地址，各存储单元的地址是连续编号的。若用一组地址连续的存储单元依次存储线性表里各元素就构成线性表的顺序存储结构，即顺序表，如图 8-6 所示。它的特点是逻辑上相邻的数据元素，其物理位置也是相邻的。线性表的顺序存储结构又常称为向量（vector）。

在图 8-6 的存储结构中，假设每个数据元素占用 1 个存储单元，b 为第一个元素的存储首址，则线性表中任意相邻的两个数据元素 a_i 与 a_{i+1} 的存储首址 $\text{Loc}(a_i)$ 与 $\text{Loc}(a_{i+1})$ 将满足下面的关系：

$$\text{Loc}(a_{i+1}) = \text{Loc}(a_i) + 1$$

一般来说，线性表的第 i 个数据元素 a_i 的存储位置为

$$\text{Loc}(a_i) = b + (i-1) \times 1$$

上面公式表明，线性表中每个元素的存储首址都与第一个元素的存储首址 b 相差一个与序号成正比的常数。由于表中每个元素的存储首址可由上面简单的公式计算求得，且计算所需要的时间也是相同的，所以访问表中任意元素的时间都相等，并且可以随机存取。

在电话号码簿中，每个元素由 3 个数据项组成，即姓名、住址和电话号码，其顺序存储的表示如图 8-7 所示。

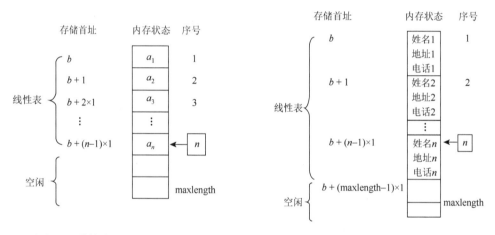

图 8-6　线性表的顺序存储结构　　　　图 8-7　电话号码簿的顺序存储结构

由于记录中各数据项不能通过下标值进行访问，若假设姓名需要占用 x 个存储单元，地址需要占用 y 个存储单元，整个元素需要占用 l 个存储单元，则第 i 个元素的地址和电话号码的存储首址可分别由下面的两个公式求得：

$$\text{LocA}(i) = b + (i-1) \times l + x$$

$$\text{LocP}(i) = b + (i-1) \times l + x + y$$

由前面内容可见顺序表的特点是逻辑关系上相邻的两个数据元素在物理位置上也相邻。因此，顺序表的优点如下所述。

（1）节省存储空间。由于结点之间的相邻逻辑关系可以用物理位置上的相邻关系表示，因此不需增加额外的存储空间来表示此关系（如链表则需利用指针来表示逻辑相邻关系）。

（2）随机存取。由于表中任意数据元素的存储位置可通过公式计算得到，因此可直接访问表中任一位置的数据元素进行存取。

顺序表的缺点如下所述。

（1）插入和删除操作需移动大量数据元素，平均需要移动表中一半的数据元素。

（2）表容量固定。由于逻辑关系上相邻的两个数据元素在物理位置上也相邻，因此顺序表要求占用连续的空间。采用第一种方式定义数组时，如果表长度变化幅度较大，往往会按可能达到的最大容量预先分配表的空间，因此造成部分空间的闲置和浪费；采用第二种方式定义数组时，程序运行过程中可根据需要重新申请一个更大的数组来代替原来的数组，虽然解决了空间不足的问题，但是时间开销较大。

2）线性表的链式存储结构

线性表的顺序存储结构的特点是逻辑关系上相邻的两个数据元素在物理位置上也相邻，因此可以随机存取表中任意一个数据元素。但是，该特点也造成这种存储结构的弱点——做插入或删除操作时，需要移动大量数据元素。这里将讨论线性表的另一种存储结构——链式存储结构。由于链式存储结构不要求逻辑上相邻的数据元素在物理位置上也相邻，因此它没有顺序存储结构所具有的缺点，但同时也失去了顺序表可随机存取的优点。

线性表的链式存储结构是指用一组地址任意的存储单元来依次存放线性表中的数据元素，这组存储单元既可以是连续的，也可以是不连续的，甚至可以零散分布在内存中的任意位置上。因此，链式存储结构中的数据元素的逻辑次序和物理次序不一定相同。

由于数据元素的逻辑次序和物理次序不一定相同，因此在线性表的链式存储结构中，为了表示数据元素之间的逻辑关系，对于每个数据元素 a_i 来说，除了存储其结点本身的信息，还需存储指示其前驱或后继结点的信息。因此，链式存储结构中的每个数据结点都需要保存以下两部分信息。

（1）存储数据元素自身信息的部分，称为数据域。

（2）存储与前驱或后继结点的逻辑关系，称为指针域。

这样，链式存储结构中数据元素间的逻辑顺序便可以通过链表中的指针链接次序实现了。表中的结点可以在运行时动态生成，也允许插入和删除表中任意位置上的结点。

根据结点中指针域存储的指针个数和类型的不同，线性表的链式存储还可细分为单链表（只有一个指针）、静态链表、循环链表以及双向链表（两个指针）。

（1）单链表。在链式存储结构中，如果结点只包含一个指针域，则称该线性表为单链表（singly linked list）。单链表的结点结构如下：

其中，data 为数据域，用来存储数据元素自身的信息；next 为指针域（也称链域），用来存放结点的后继结点的地址。

单链表正是通过每个结点的链域 next 将线性表的 n 个结点按其逻辑次序链接在一起的。显然，单链表中每个结点的存储地址是存放在其前驱结点的 next 域中，而表中的第一个结点无前驱，故应设置一个头指针（head pointer）head 指向。此外，由于最后一个结点无后继，所以指针域为空，即 NULL（在图示中常用符号"∧"表示）。单链表的结构示意图如图 8-8 所示。

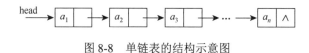

图 8-8　单链表的结构示意图

在链式存储结构中，逻辑上相邻的两个数据元素其存储的物理位置不一定相邻，因此，这种存储结构称为非顺序映像或链式映像。

（2）静态链表。静态链表（static linked list）是指用一维数组表示的单链表。在静态链表中，用数据元素在数组中的下标作为单链表的指针。

静态链表的特点如下所述：①静态的含义是指静态链表采用一维数组表示，表的容量是一定的，因此称为静态；②静态链表中结点的指针域 next 存放的是其后继结点在数组中的位置（即数组下标）。

静态链表虽然用数组来存储线性表，但增加了空闲链，使得数据元素无须按顺序存放，在插入和删除操作时，只需修改下标，不需要移动表中的数据元素，从而改进了顺序表中插入和删除操作需要大量移动数据元素的缺点，但它没有解决连续存储分配带来的表长度难以确定的问题。

（3）循环链表。循环链表（circular linked list）是一种头尾相接的链表。其特点是无须增加存储量，仅对表的链接方式稍作改变，即可使表处理更加方便灵活。

单循环链表（single circular linked list）是指在单链表中，将终端结点的指针域 NULL 改为指向表头结点或开始结点，得到的单链形式的循环链表，并简称单循环链表。从单循环链表中任意结点出发均可找到表中其他结点。类似地，还可以有多重链的循环链表（multiple circular linked list）。

为了使空表和非空表的处理一致，循环链表中也可设置一个头结点。这样，空单循环链表仅由一个自成循环的头结点表示，如图 8-9（a）所示，非空单循环链表则如图 8-9（b）所示。

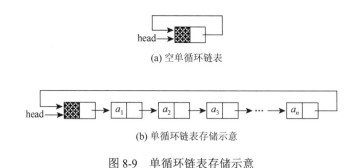

(a) 空单循环链表

(b) 单循环链表存储示意

图 8-9　单循环链表存储示意

在用头指针表示的单循环链表中，找到开始结点的时间复杂度是 $O(1)$，然而，要找到尾结点，则需从头指针开始遍历整个链表，其时间复杂度是 $O(n)$。

　　在很多实际问题中，表的操作常常是在表的尾位置上进行的，此时头指针表示的单循环链表就显得不太方便。为提高此类应用的效率，可改用尾指针 rear 来表示单循环链表，则查找开始结点和尾结点都将很方便。用尾指针表示的单循环链表如图 8-10 所示。此时，头结点的地址是尾指针 rear 的值，显然，查找头结点和尾结点的时间复杂度都是 $O(1)$。

图 8-10　带尾指针的循环链表

　　循环链表给结点查找带来方便，但由于链表中没有 NULL 指针，即链表中没有明显的尾端，可能会使循环链表的操作进入死循环，因此需格外注意。在涉及遍历操作时，单循环链表的终止条件不再像非循环链表那样判断某个指针是否为空，而是判断该指针是否等于某一指定指针（如头指针或尾指针）。

　　循环链表的类定义与单链表的一样，只是使用时将尾结点的指针域由空改为指向头结点。循环链表基本操作的实现与单链表类似，不同之处是循环条件不一样。

　　（4）双向链表。在单循环链表中，虽然从任意结点出发可以扫描到其他结点，但平均时间复杂度是 $O(n)$，而要找到其前驱结点，则需要遍历整个单循环链表。如果希望快速确定表中任一结点的前驱结点，可以在单链表的每个结点中再设置一个指向其前驱结点的指针域，这样形成的链表中有两个方向不同的链，故称为双向链表（double linked list），简称双链表，其结点结构如图 8-11 所示。其中，data 为数据域，用来存储数据元素自身的信息；prior 为前驱指针域，存放该结点的前驱结点的地址；next 为后继指针域，存放该结点的后继结点的地址。

图 8-11　双向链表的结点结构

　　和单链表类似，双链表一般也是由头指针唯一确定，增加头结点也能使双链表的某些操作变得方便，将头结点和尾结点链接起来也能构成双循环链表，这样，无论插入还是删除操作，对链表中的头结点、尾结点和中间任意结点的操作过程相同。实际应用中常采用带头结点的双循环链表，如图 8-12 所示。

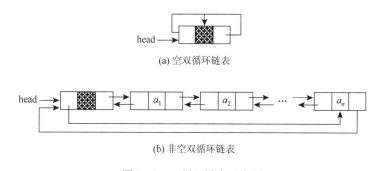

(a) 空双循环链表

(b) 非空双循环链表

图 8-12　双循环链表示意图

设指针 p 指向双循环链表中的某一结点，则双循环链表具有如下的对称性：

$$p \to prior \to next = p = p \to next \to prior$$

即结点 p 的存储地址既存放在其前驱结点的后继指针域中，也存放在其后继结点的前驱指针域中。

在双循环链表中求表长、按序号查找等操作的实现与单链表基本相同，不同的只是插入和删除操作的实现。由于双循环链表是一种对称结构，因此对其进行插入和删除操作都很容易实现。

8.2.2 树

8.2.1 小节介绍的线性表是典型的线性结构，而本小节的树形结构是一类重要的非线性结构。所谓非线性结构是指，在该结构中至少存在一个数据元素，有两个或两个以上的直接前驱（或直接后继）元素，如树形结构，就可用来描述客观世界中广泛存在的层次结构。在计算机领域中，最为人们所熟悉的树形结构就是系统的文件目录，其中包含的文件夹、子文件夹和文件之间存在明显的层次关系；又如源程序的类层次图等。

1. 树的定义

树是一种常用的非线性结构，如图 8-13 所示。我们可以这样定义：树是结点的有限集合。若 $n = 0$，则称为空树；否则，有且仅有一个特定的结点被称为根，当时，其余结点被分成互不相交的子集……每个子集又是一棵树。由此可以看出，树是一种递归结构。

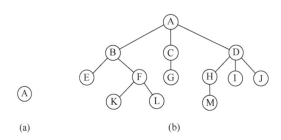

图 8-13 树的实例

结点：数据元素的内容及其指向其子树根的分支统称为结点。

结点的度：结点的分支数。

终端结点（叶子）：度为 0 的结点。

非终端结点：度不为 0 的结点。

结点的层次：树中根结点的层次为 1，根结点子树的根为第 2 层，依次类推。

树的度：树中所有结点度的最大值。

树的深度：树中所有结点层次的最大值。

有序树、无序树：如果树中每棵子树从左向右的排列拥有一定的顺序，不得互换，则称为有序树，否则称为无序树。

森林：是 m（$m \geqslant 0$）棵互不相交的树的集合。

在树结构中，结点之间的关系又可以用家族关系描述，定义如下所述。

（1）孩子、双亲：结点子树的根称为这个结点的孩子，而这个结点又被称为孩子的双亲。

（2）子孙：以某结点为根的子树中的所有结点都被称为该结点的子孙。

（3）祖先：从根结点到该结点路径上的所有结点。

（4）兄弟：同一个双亲的孩子之间互为兄弟。

（5）堂兄弟：双亲在同一层的结点互为堂兄弟。

2. 树的基本运算

常用操作如下：

（1）构造一棵树 CreateTree(T)；

（2）清空以 T 为根的树 ClearTree(T)；

（3）判断树是否为空 TreeEmpty(T)；

（4）获取给定结点的第 i 个孩子 Child(T，linklist，i)；

（5）获取给定结点的双亲 Parent(T，linklist)；

（6）遍历树 Traverse(T)。

对树遍历的主要目的是将非线性结构通过遍历过程线性化，即获得一个线性序列。树的遍历通常有三种：第一种是先序遍历，即先访问根结点，然后依次用同样的方法访问每棵子树；第二种是后序遍历，即先依次从左到右按左右根的顺序访问每棵子树，最后访问根结点；第三种是层次遍历，即从根节点开始，按从上到下、从左到右的顺序依次访问树中的每一个结点。

3. 树的应用

1）二叉树

二叉树（binary tree）是个有限元素的集合，该集合或者为空，或者由一个称为根（root）的元素及两个不相交的、被分别称为左子树和右子树的二叉树组成。当集合为空时，称该二叉树为空二叉树。在二叉树中，一个元素也称为一个结点。

二叉树是有序的，即若将其左、右子树颠倒，就成为另一棵不同的二叉树。即使树中结点只有一棵子树，也要区分它是左子树还是右子树。因此二叉树具有五种基本形态，如图 8-14 所示。

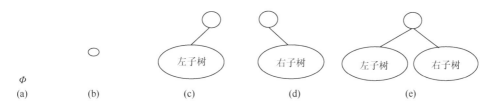

ϕ
(a)　　　(b)　　　(c)　　　(d)　　　(e)

图 8-14　二叉树的五种基本形态

（a）空二叉树；（b）只有一个根结点的二叉树；（c）右子树为空的二叉树；（d）左子树为空的二叉树；
（e）左、右子树都非空的二叉树

2）二叉树的相关概念

（1）结点的度。结点所拥有的子树的个数称为该结点的度。

（2）叶结点。度为 0 的结点称为叶结点，或者称为终端结点。

（3）分枝结点。度不为 0 的结点称为分支结点，或者称为非终端结点。一棵树的结点除叶结点外，其余的都是分支结点。

（4）左孩子、右孩子、双亲。树中一个结点的子树的根结点称为这个结点的孩子。这个结点称为它孩子结点的双亲。具有同一个双亲的孩子结点互称兄弟。

（5）路径、路径长度。如果一棵树的一串结点 n_1，n_2，…，n_k 有如下关系：结点 n_i 是 n_{i+1} 的父结点 $(1 \ll i < k)$，就把 n_1，n_2，…，n_k 称为一条由 $n_1 \sim n_k$ 组成的路径。这条路径的长度是 $k-1$。

（6）祖先、子孙。在树中，如果有一条路径从结点 M 到结点 N，那么 M 就称为 N 的祖先，而 N 称为 M 的子孙。

（7）结点的层数。规定树的根结点的层数为 1，其余结点的层数等于它的双亲结点的层数加 1。

（8）树的深度。树中所有结点的最大层数称为树的深度。

（9）树的度。树中各结点度的最大值称为该树的度。

（10）满二叉树。在一棵二叉树中，如果所有分支结点都存在左子树和右子树，并且所有叶子结点都在同一层上，这样的一棵二叉树称为满二叉树。如图 8-15 所示，图 8-15（a）就是一棵满二叉树，图 8-15（b）是非满二叉树，因为虽然其所有结点要么是含有左右子树的分枝结点，要么是叶子结点，但由于其叶子结点在同一层上，故不是满二叉树。

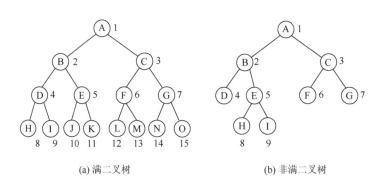

(a) 满二叉树   (b) 非满二叉树

图 8-15　满二叉树和非满二叉树示意图

（11）完全二叉树。一棵深度为 k、有 n 个结点的二叉树，对树中的结点按从上至下、从左到右的顺序进行编号，如果编号为 $i(1 \ll i \ll n)$ 的结点与满二叉树中编号为 i 的结点在二叉树中的位置相同，则这棵二叉树称为完全二叉树。完全二叉树的特点是叶子结点只能出现在最下层和次下层，且最下层的叶子结点集中在树的左部。显然，一棵满二叉树必定是一棵完全二叉树，而完全二叉树未必是满二叉树。如图 8-16（a）为一棵完全二叉树，图 8-15（b）和图 8-16（b）是非完全二叉树。

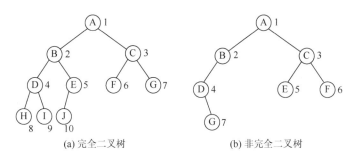

(a) 完全二叉树　　　　　　　　　　(b) 非完全二叉树

图 8-16　完全二叉树和非完全二叉树示意图

3）二叉树遍历

二叉树遍历是指按照某种顺序访问二叉树中的每个结点，使每个结点被访问一次且仅被访问一次。遍历是二叉树中经常要用到的一种操作。因为在实际应用问题中，常常需要按一定顺序对二叉树中的每个结点逐个进行访问，查找具有某一特点的结点，然后对这些满足条件的结点进行处理。通过一次完整的遍历，可使二叉树中结点信息由非线性排列变为某种意义上的线性序列。也就是说，遍历操作使非线性结构线性化。由二叉树的定义可知，一棵二叉树由根结点、根结点的左子树和根结点的右子树三部分组成，因此只要依次遍历这三部分，就可以遍历整个二叉树。若以 D、L、R 分别表示访问根结点、遍历根结点的左子树、遍历根结点的右子树，则二叉树的遍历方式有六种：DLR、LDR、LRD、DRL、RDL 和 RLD。如果限定先左后右，则只有前三种方式，即 DLR（先序遍历）、LDR（中序遍历）和 LRD（后序遍历）。基于二叉树的递归定义，可得下述遍历二叉树的递归算法定义。

先序遍历二叉树的操作定义如下。

若二叉树为空，则空操作；否则：

（1）访问根结点；

（2）先序遍历左子树；

（3）先序遍历右子树。

中序遍历二叉树的操作定义如下。

若二叉树为空，则空操作；否则：

（1）中序遍历左子树；

（2）访问根结点；

（3）中序遍历右子树。

后序遍历二叉树的操作定义如下。

若二叉树为空，则空操作；否则：

（1）后序遍历左子树；

（2）后序遍历右子树；

（3）访问根结点。

4）哈夫曼树

哈夫曼树（Huffman tree），又称最优二叉树，是指一类带权路径长度最小的二叉树。哈夫曼树定义中涉及的术语含义如下所述。

结点的权：对结点赋予的一个有着某种意义的数值。

结点的带权路径长度：从树根结点到该结点之间的路径长度与该结点权值的乘积。

叶子结点：树中度为 0 的结点，也称终端结点。

树的带权路径长度：树中所有叶子结点的带权路径长度之和。

树的带权路径长度 WPL 可记为

$$\text{WPL} = \sum_{k=1}^{n} W_k \cdot L_k$$

其中，W_k 为第 k 个叶子结点的权值；L_k 为第 k 个叶结点的路径长度。如图 8-17 所示为树的带权路径长度的计算示意图。

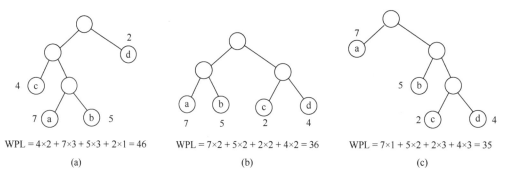

图 8-17　带权路径长度计算

根据一组具有确定权值的叶子结点，可以构造出不同的带权二叉树。例如，二叉树有 4 个叶子结点，其权值分别为 1、3、5、7，可以构造出形状不同的多个二叉树。这些形状不同的二叉树的带权路径长度往往各不相同。图 8-18 给出了其中 5 个不同形状的二叉树。其中，如图 8-18（b）所示的二叉树就是一棵哈夫曼树。

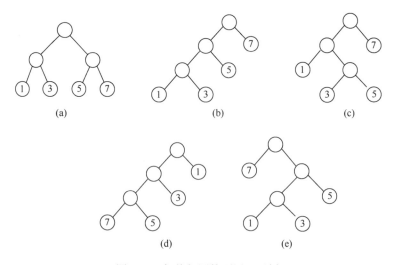

图 8-18　权值相同的不同二叉树

根据哈夫曼树的定义，一棵二叉树要使其带权路径长度最小，必须让权值大的结点靠近根结点，而权值小的结点远离根结点。据此，哈夫曼树的构造算法如下所述。

（1）根据给定 n 个权值 $\{W_1, W_2, \cdots, W_n\}$ 构造 n 棵二叉树的集合 $F=(T_1, T_2, \cdots, T_n)$，其中每棵二叉树 T_i 中只有一个权值为 W_i 的根结点，其左、右子树均空。

（2）在 F 中选取两棵根结点的权值最小的树分别作为左、右子树构造一棵新的二叉树，且将新的二叉树的根结点的权值置为其左、右子树上根结点的权值之和。

（3）在 F 中删除作为左、右子树的两棵二叉树，同时将新得到的二叉树加入 F 中。

（4）重复步骤（2）和步骤（3），直到 F 只含一棵树为止，这棵树便是哈夫曼树。
图 8-19 给出了叶子结点权值集合为 $W=\{5, 29, 7, 8, 14, 23, 3, 11\}$ 的哈夫曼树的构造过程，其带权路径长度为 100。哈夫曼树的形状可以不同，但不同形状的哈夫曼树的带权路径长度一定相同，且是所有带权路径长度的最小值。

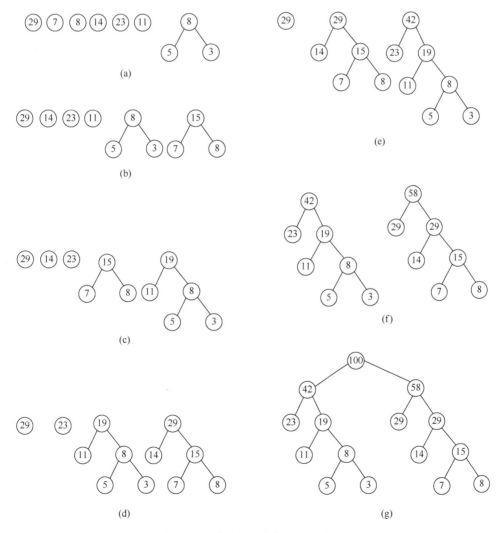

图 8-19　哈夫曼树的构造过程示例

8.2.3　图

图（graph）通常用来表示和存储具有"多对多"关系的数据，是数据结构中非常重要的一种结构。图同树一样，也是一种非线性结构。树中结点间具有分枝层次关系，每个结点最多有一个双亲，但可能有零个或多个孩子。而在图中，任意两个结点之间都可能相关，即结点之间的邻接关系可以是任意的，图中每个结点可以有零个或多个前驱，也可以有零个或多个后继。因此，图的应用更为广泛。

1. 图的定义

1）图的概念

图是由有穷非空的顶点集合和顶点之间边的集合组成的，可表示为

$$G = (V, E)$$

其中，G 表示图，图中的数据元素通常称为顶点（vertex）；V 是顶点的有穷非空集合；E 是图 G 中顶点之间边的集合。

（1）若顶点 v 和 w 间的边没有方向，则称这条边为无向边，用 (v, w) 表示，此时的图称为无向图（un-directed graph）。

（2）若顶点 v 和 w 间的边有方向，则称这条边为有向边（也称为弧），用 $\langle v, w \rangle$ 表示，且称 v 为弧尾（tail）或初始点（initial node），称 w 为弧头（head）或终端点（terminal node），此时的图称为有向图（digraph）。

如图 8-20 所示的图的示例，G_1 是一个无向图，G_2 是一个有向图。其中，G_1 的顶点集合为 $V = \{v_1, v_2, v_3, v_4, v_5\}$，边的集合为 $E = \{(v_1, v_2), (v_1, v_3), (v_2, v_4), (v_2, v_5), (v_4, v_5), (v_3, v_5),\}$。$G_2$ 的顶点集合为 $V = \{v_1, v_2, v_3, v_4\}$，边的集合为 $E = \{(v_1, v_2), (v_1, v_3), (v_3, v_4), (v_4, v_1)\}$。

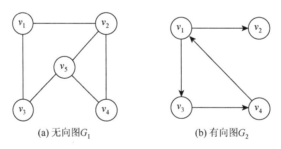

(a) 无向图 G_1　　　　　　　　(b) 有向图 G_2

图 8-20　图的示例

2）图的基本术语

在讨论图时，需要如下一些限制。

（1）不考虑顶点有直接与自身相连的边，即自环（self loop）。就是说不应有形如 (x, x) 或 $\langle x, x \rangle$ 的边。图 8-21（a）中存在自环，但这类图不属于本书的讨论范围。

（2）在无向图中，任意两个顶点之间不能有多条边直接相连。如图 8-21（b）所示的图称为多重图（multi graph），这类图也不属于本书的讨论范围。

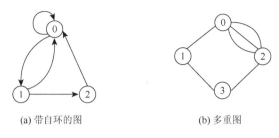

(a) 带自环的图　　　　　(b) 多重图

图 8-21　本书不予讨论的图

有关图的常用术语如下所述。

完全图（complete graph）：在由 n 个顶点组成的无向图中，若有 $n(n-1)/2$ 条边，则称为无向完全图，图 8-22（a）所示的 G_3 就是无向完全图。以此类推，在由 n 个顶点组成的有向图中，若有 $n(n-1)$ 条边，则称为有向完全图。完全图中的边数达到最大。

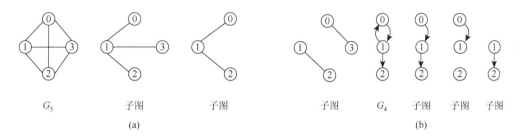

G_3　　　　子图　　　　子图　　　　　子图　　　G_4　　子图　　子图　　子图

(a)　　　　　　　　　　　　　　　　　　　(b)

图 8-22　图与子图

权（weight）：在某些图中，边或弧上具有与它相关的数据信息称为权。在实际应用中，权值可以有某种含义。例如，在反映城市交通线路的图中，边上的权值可以表示该条线路的长度；在反映工程进度的图中，边上的权值可以表示从前一个工程到后一个工程所需要的时间。这种带权的图称为网或网络（network）。分别称带权的有向图和带权的无向图为有向网和无向网。

邻接顶点（adjacent vertex）：对于无向图 $G=(V,E)$，如果边 $(u,v) \in E$，则称顶点 u、v 互为邻接点，即 u、v 相邻接。边 (u,v) 依附于顶点 u 和 v，或者说边 (u,v) 与顶点 u 和 v 相关联。在图 8-20（a）的 G_1 中，与顶点 v_5 相邻接的顶点有 v_2、v_3、v_4，依附于顶点 v_5 的边有 (v_2,v_5)、(v_3,v_5) 和 (v_4,v_5)。对于有向图而言，若弧 $\langle u,v \rangle \in E$，则称顶点 u 邻接到顶点 v，顶点 v 邻接自顶点 u，或者说弧 u,v 与顶点 u,v 相关联。例如，在图 8-20（b）的 G_2 中，顶点 v_1 通过有向边 $\langle v_1,v_2 \rangle$ 邻接到顶点 v_2，顶点 v_3 邻接自 v_1，顶点 v_1 邻接自 v_4，顶点 v_1 与边 $\langle v_1,v_2 \rangle$、$\langle v_1,v_3 \rangle$ 和 $\langle v_4,v_1 \rangle$ 相关联。

子图（sub graph）：设图 $G=(V,E)$ 和 $G'=(V',E')$，若 $V' \subseteq V$ 且 $E' \subseteq E$，则称图 G' 是图 G 的子图。图 8-22（a）给出了无向图 G_3 及其部分子图，图 8-22（b）给出了有向图 G_4 及其部分子图。

度（degree）：与顶点 v 关联的边的数目，称为 v 的度，记为 $\deg(v)$。在有向图中，顶点的度等于其入度与出度之和。其中，顶点 v 的入度是以顶点 v 为弧头的弧的数目，记为 indeg(v)；顶点 v 的出度是以顶点 v 为弧尾的弧的数目，记为 outdeg(v)。顶点 v 的度 deg(v) = indeg(v) + outdeg(v)。一般地，无论有向图还是无向图，若图 G 中有 n 个顶点和 e 条边，则有

$$e = \frac{1}{2}\left\{\sum_{i=1}^{n} \deg(v_i)\right\}$$

路径（path）：在图 $G = (V, E)$ 中，若从顶点 v_i 出发，沿一些边经过若干顶点 v_{p1}，v_{p2}，…，v_{pm} 到达顶点 v_j，则称顶点序列为从顶点 v_i 到顶点 v_j 的一条路径。它经过的边 (v_i, v_{p1})，(v_{p1}, v_{p2})，…，(v_{pm}, v_j) 都属于 E。如果 G 是一个有向图，则其路径也是有向的，顶点序列 $(v_i, v_{p1}, v_{p2}, \cdots, v_{pm}, v_j)$ 满足它所经过的弧 $\langle v_i, v_{p1}\rangle$，$\langle v_{p1}, v_{p2}\rangle$，…，$\langle v_{pm}, v_j\rangle$，都属于 E。

路径长度（path length）：一条路径上经过的边或弧的数目。

简单路径与回路（simple path & cycle）：若路径上各顶点 v_1，v_2，…，v_m 均不重复，则称这样的路径为简单路径。若路径上第一个顶点 v_1 与最后一个顶点 v_m 重合，则称这样的路径为回路或环。图 8-22（b）所示的有向图 G_4 中包含回路。在解决实际应用问题时，通常只考虑简单路径。

连通图与连通分量（connected graph & connected component）：在无向图中，若存在从顶点 v_1 到顶点 v_2 的路径，则称顶点 v_1 与 v_2 是连通的。如果图中任意一对顶点都是连通的，则称此图是连通图。非连通图的极大连通子图称为连通分量。如图 8-23 所示为无向连通图 G 及其 3 个连通分量的示意图。

强连通图与强连通分量（strongly connected graph & strongly connected component）：在有向图中，若在每一对顶点 v_i 和 v_j 之间都存在一条 $v_i \sim v_j$ 的路径，也存在一条 $v_j \sim v_i$ 的路径，则称此图是强连通图。而非强连通图的极大强连通子图称为强连通分量。如图 8-24 所示为非强连通图 G 及其两个强连通分量的示意图。

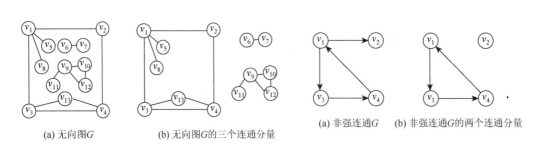

(a) 无向图 G　　　　(b) 无向图 G 的三个连通分量　　　　(a) 非强连通 G　　(b) 非强连通 G 的两个连通分量

图 8-23　无向连通图及其连通分量　　　　图 8-24　非强连通图及其强连通分量

生成树（spanning tree）：具有 n 个顶点的连通图 G 的生成树是包含 G 中全部顶点的一个极小连通子图，如图 8-25 所示。在生成树中添加任意一条属于原图中的边必定会产生回路或环，因为新添加的边使其所依附的两个顶点之间有了第二条路径；生成树中减少任意一条边必然会成为非连通图。因此，一棵具有 n 个顶点的生成树有且仅有 $n-1$ 条边。

生成森林（spanning forest）：非连通图的每个连通分量都可以得到一棵生成树，这些连通分量的生成树构成了森林，称为生成森林，如图 8-26 所示。

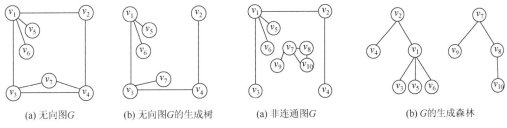

(a) 无向图 *G*　　　　(b) 无向图 *G* 的生成树	(a) 非连通图 *G*　　　　(b) *G* 的生成森林
图 8-25　无向图及其生成树	图 8-26　非连通图及其生成森林

稀疏图（sparse graph）和稠密图（dense graph）：边数很少的图称为稀疏图，反之称为稠密图。稀疏和稠密本是模糊的概念，稀疏图和稠密图常常是相对而言的。

2. 图的存储结构

图的存储结构除了要存储图中各个顶点本身的信息外，还要存储各个顶点之间的关系（边或弧的信息）。常用的图的存储结构有邻接矩阵和邻接表。

1）图的顺序存储结构——邻接矩阵

邻接矩阵（adjacency matrix）存储结构是指用两个数组表示图。一个一维数组存储图中顶点（数据元素）的信息，一个二维数组存储图中顶点之间的关系（边或弧的信息）。

设图 $G = (V, E)$ 包含 n 个顶点，则 G 的邻接矩阵是一个二维数组 $G.\text{Edge}[n][n]$。

若 G 是一个无权图，则 G 的邻接矩阵定义为

$$G.\text{Edge}[i][j] = \begin{cases} 1, & (v_i, v_j) \in E \text{或者} v_i, v_j \in E \\ 0, & \text{其他} \end{cases}$$

若 G 是一个网，则 G 的邻接矩阵定义为

$$G.\text{Edge}[i][j] = \begin{cases} w_{i,j}, & (v_i, v_j) \in E \text{或者} v_i, v_j \in E \\ \infty, & \text{其他} \end{cases}$$

无权图采用邻接矩阵的表示如图 8-27 所示，其中包括有向图 G_1 和无向图 G_2 的表示方法；网采用邻接矩阵的表示如图 8-28 所示。

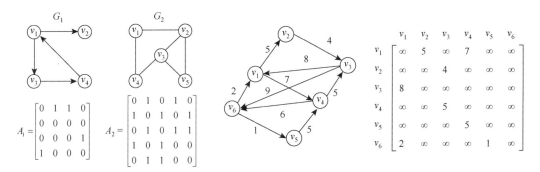

图 8-27　无权图的邻接矩阵表示　　　　　　　　图 8-28　网的邻接矩阵表示

图的邻接矩阵存储结构具有如下特点。

（1）无向图的邻接矩阵是对称的，采用压缩矩阵进行存储。

（2）有向图的邻接矩阵不一定对称，因此采用邻接矩阵存储具有 n 个顶点的有向图时，需要 n^2 个存储单元。

（3）无向图邻接矩阵的第 i 行（或第 i 列）中非零元素的个数就是顶点 i 的度。

（4）有向图邻接矩阵的第 i 行中非零元素的个数就是顶点 i 的出度，第 i 列中非零元素的个数就是顶点 i 的入度。

（5）利用邻接矩阵可以较容易地确定图中两顶点之间是否有边。但若要确定图中一共有多少条边，则要逐行逐列进行检测，耗费的时间代价较大，这也是邻接矩阵存储结构的局限性。

2）图的链式存储结构——邻接表

邻接表（adjacency list）是图的一种链式存储结构。

基本思想：邻接表只存储有关联的信息，对于图中存在的相邻顶点之间边的信息进行存储，而对于不相邻的顶点则不保留信息。设图 G 具有 n 个顶点，则用顶点数组表和边表（弧表）来表示图 G。

顶点数组表：用于存储顶点 v_i 的名或其他有关信息的数组，也称为数据域。该数组的大小为图中的顶点个数 n。顶点数组表中的数据元素也称为表头结点，其形式如图 8-29（a）所示。

(a) 表头结点　　　　　(b) 边结点

图 8-29　邻接表的结点结构

每个表头结点由 2 个域组成，其中，data 为结点的数据域，用于保存结点的数据值（如顶点编号）；firstarc 为结点的指针域，也称为链域，指向自该结点出发的第一条边（弧）的边（弧）结点。

边表（弧表）：图中每个顶点建立一个单链表，第 i 个单链表中的结点表示依附于顶点 v_i 的边（对有向图是以顶点 v_i 为尾的弧）。该单链表中的结点也称为边结点，其形式如图 8-29（b）所示。

每个边结点由 3 个域组成，其中，adjvex 为指示该边（弧）所指向的顶点在图中的位置（如顶点在顶点数组表中的下标），也称为邻接点域；nextarc 为边（弧）结点的指针域，指向下一条边（弧）结点；info 为存储和边（弧）相关的信息，如权值等，若不是网，则 info 域可省去。

如图 8-30 所示为图的邻接表示，其中，图 8-30（a）和图 8-30（b）分别表示有向图 G_1 和无向图 G_2 及其各自的邻接表。

若无向图中有 n 个顶点、e 条边，则它的邻接表需 n 个头结点和 $2e$ 个表结点。显然，在 $e \ll \dfrac{n(n-1)}{2}$ 的边稀疏的情况下，用邻接表表示图比用邻接矩阵节省存储空间。

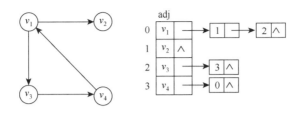

(a) 有向图G_1及其邻接表

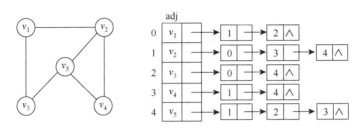

(b) 无向图G_2及其邻接表

图 8-30　图的邻接表示

在无向图的邻接表中，顶点v_i的度恰恰为第i个单链表中的结点数；而在有向图中，第i个单链表中的结点数只是顶点v_i的出度，为求顶点v_i的入度，必须遍历整个邻接表，然后在所有单链表中查找邻接点的值为i的结点并计数求和。由此可见，对于用邻接表存储的有向图，求顶点v_i的入度并不方便，需要扫描整个邻接表才能得到结果。

因此，为了便于确定顶点的入度，可以建立有向图的逆邻接表，即为每个顶点v_i建立一个所有以顶点v_i为弧头的边链表。这样求顶点v_i的入度即是计算逆邻接表中第i个顶点的边链表中结点的个数。如图 8-31 所示即为图 8-30（a）中G_1的逆邻接表表示。

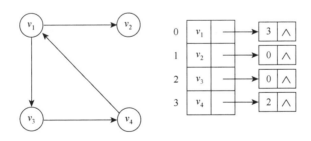

图 8-31　有向图G_1的逆邻接表表示

在建立邻接表或逆邻接表时，若输入的顶点信息为顶点的编号，则建立邻接表的时间复杂度为$O(n+e)$；否则需要通过查找才能得到顶点在图中的位置，此时建立邻接表的时间复杂度为$O(n \cdot e)$。

在邻接表上，容易找到任一顶点的第一个邻接点和下一个邻接点，但要判定任意两个顶点v_i和v_j之间是否有边或弧相连，则需要搜索第i个或第j个链表，相比之下，不如在邻接矩阵上操作方便。

3. 图的遍历

图的遍历（graph traversal）是指给定一个图 G 和其中任意一个顶点 v_0，从 v_0 出发，沿着图中各边访遍图中所有顶点，且每个顶点仅被访问一次。这里说的"访问"因具体的应用问题而异，可以指输出顶点的信息，也可以指修改顶点的某个属性，还可能指对所有顶点的某个属性进行统计，如累计所有顶点的权值等。图的遍历是求解图的连通性问题、拓扑排序和求关键路径等算法的基础，通过遍历可以找出某个顶点所在的极大连通子图，也可以消除图中的所有回路等。

然而，图的遍历比树的遍历要复杂得多。因为图的任一顶点都可能和其余顶点相邻接。所以若图中存在回路，则回路上的任一顶点在被访问后，都有可能会沿着回路再次被访问。为了避免此类重复，需要利用一个标志数组 visited[$0\cdots n-1$] 记录顶点是否已被访问过。在开始遍历之前，将该数组的所有数据元素全部置为"假"或者"零"；在遍历的过程中，顶点 v_i 一旦被访问，就立即将 visited[i] 置为"真"或者被访问时的次序号。这样，无论到达哪个顶点，只要检查对应的 visited 标志就可以判断是否应该访问该顶点，从而防止一个顶点被重复访问。另外，对于非连通图来说，从一个顶点出发，每次遍历只能遍访其中的一个连通分量，还需要考虑如何选取下一个出发点以访问图中其余的连通分量。为了保证所有的顶点都能被访问到，需要检测所有顶点的访问标志，一旦没有被访问过，就可以从这个顶点出发，再开始实施新的图的遍历。

与树结构类似，图的遍历算法也有很多种。不同的算法，确定各顶点接受访问次序的原则也不尽相同。图的遍历通常有深度优先搜索（depth-first search，DFS）和广度优先搜索（breadth-first search，BFS）两种方式，这两种方式既适用于无向图，也适用于有向图，以下以无向图为例讨论。

1）深度优先搜索

深度优先搜索遍历类似于树的先根遍历，是树的先根遍历的推广。

深度优先搜索是个不断探查和回溯的过程。假设初始状态是图中所有顶点未曾被访问，则深度优先搜索可从图中的某个顶点 v 出发，作为当前顶点。访问此顶点，并设置该顶点的访问标志，接着从 v 的未被访问的邻接点中找出一个作为下一步探查的当前顶点。倘若当前顶点的所有邻接点都被访问过，则退回一步，将前一步访问的顶点重新取出，作为当前探查顶点。重复上述过程，直至图中的最初指定起点的所有邻接顶点都被访问到，此时连通图中所有顶点也必然都被访问过了。

图 8-32（a）给出了一个深度优先搜索遍历图的实例。从顶点 A 出发做深度优先搜索，可以遍历该连通图的所有顶点。各顶点旁边的数字是各顶点被访问的次序，这个访问次序与树的先根遍历次序类似。图 8-32（b）给出了在深度优先搜索的过程中所有访问过的顶点和经过的边，它们构成一个连通的无环图，也就是树，称为原图的深度优先搜索生成树（DFS tree），简称 DFS 树。既然遍历覆盖了图中的所有 n 个顶点，故 DFS 树包含 $n-1$ 条边。

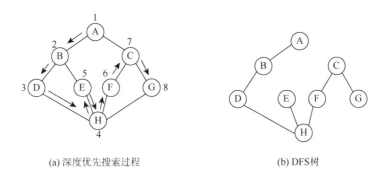

(a) 深度优先搜索过程　　　　　　　　(b) DFS 树

图 8-32　深度优先搜索及其 DFS 树

2）广度优先搜索

广度优先搜索遍历类似于树的按层次遍历的过程。假设从图中某顶点 v 出发作为当前顶点，在访问了 v 之后设置访问标志。接着依次访问 v 的各个未曾访问过的邻接点，然后分别从这些邻接点出发依次访问它们的邻接点，并使"先被访问的顶点的邻接点"先于"后被访问的顶点的邻接点"被访问，直至图中所有已被访问的顶点的邻接点都被访问到。若此时图中尚有顶点未被访问，则另选图中一个未曾被访问过的顶点作为起始点，重复上述过程，直至图中所有顶点都被访问到为止。换句话说，广度优先搜索遍历图的过程是以 v 为起始点，由近至远，依次访问和 v 有路径相通且路径长度分别为 1, 2, … 的顶点。

图 8-33（a）给出了一个进行广度优先搜索的无向连通图的实例。该图的广度优先访问顺序为 v_1, v_2, v_{12}, v_{11}, v_3, v_6, v_7, v_{10}, v_4, v_5, v_8, v_9，图 8-33（b）给出了经过广度优先搜索得到的广度优先搜索生成树（BFS tree），简称 BFS 树。BFS 树由遍历时访问过的 n 个顶点和所经历的 $n-1$ 条边组成。

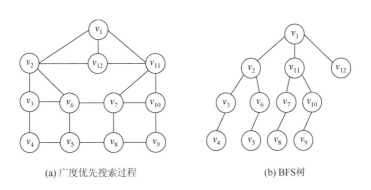

(a) 广度优先搜索过程　　　　　　　　(b) BFS树

图 8-33　广度优先搜索及其 BFS 树

广度优先搜索不是一个递归的过程，其算法也不是递归的。为了实现逐层访问，算法中使用了一个队列，以记忆正在访问的这一层和上一层的顶点，以便对下一层进行访问。另外，与深度优先搜索过程一样，为避免重复访问，需要一个标志数组 visited[]，对访问过的顶点进行标记。

4. 图的应用

1）最小生成树

一个有 n 个结点的连通图的生成树是原图的极小连通子图，且包含原图中的所有 n 个结点，并且有保持图连通的最少的边。在一个连通网的所有生成树中，各边的代价之和最小的那棵生成树称为该连通网的最小代价生成树（minimum cost spanning tree），简称最小生成树。

许多应用问题都是一个求无向连通图的最小生成树问题。例如，要在 n 个城市之间铺设光缆，主要目标是要使这 n 个城市的任意两个之间都可以通信。但铺设光缆的费用很高，且各个城市之间铺设光缆的费用不同，故另一个目标是使铺设光缆的总费用最低。

找连通网的最小生成树，有两种经典算法，分别是普利姆（Prim）算法和克鲁斯卡尔（Kruskal）算法。

2）有向无环图

有向无环图是指一个无环的有向图，简称 DAG（directed acyclic graph）。有向无环图可用来描述工程或系统的进行过程，如一个工程的施工图、学生课程间的制约关系图等。这一节要介绍的是有向无环图的一个应用。

在一个表示工程的有向图中，用顶点表示活动，用弧表示活动之间的优先关系，这样的有向图称为顶点表示活动的网（activity on vertex network），简称 AOV 网。

设 $G = (V, E)$ 是一个具有 N 顶点的有向图，V 中的顶点序列 v_1，v_2，v_3，…，v_n，满足若顶点 $v_i \sim v_j$ 有一条路径，则在顶点序列中顶点 v_i 必须在顶点 v_j 之前，则称这样的顶点序列为一个拓扑序列。

例如，计算机系学生的一些必修课程及其先修课程的关系如图 8-34 所示，用顶点表示课程，弧表示先决条件，则图 8-34 所描述的关系可用一个有向无环图表示，如图 8-35 所示。图 8-35 的 AOV 网的拓扑序列不止一条。序列 C_1，C_9，C_2，C_4，C_{10}，C_{11}，C_3，C_{12}，C_6，C_5，C_7，C_8 是一条拓扑序列，序列 C_9，C_1，C_{10}，C_{11}，C_{12}，C_2，C_4，C_3，C_6，C_5，C_7，C_8 也是一条拓扑序列。

编号	课程名称	预修课
C_1	程序设计基础	无
C_2	离散数学	C_1
C_3	数据结构	C_1, C_2
C_4	汇编语言	C_1
C_5	语言设计分析	C_3, C_4
C_6	计算机原理	C_{11}
C_7	编译原理	C_5, C_3
C_8	操作系统	C_3, C_6
C_9	高等数学	无
C_{10}	线性代数	C_9
C_{11}	普通物理	C_9
C_{12}	数值分析	C_1, C_9, C_{10}

图 8-34　课程关系表

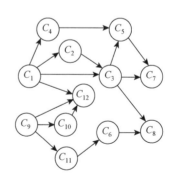

图 8-35　有向无环图

所谓拓扑排序，就是对一个有向图构造拓扑序列的过程。构造时会有两个结果，如果此网的全部顶点都被输出，则说明它是不存在回路的 AOV 网；如果输出顶点少了，说明这个网存在回路，不是 AOV 网。

拓扑排序的基本思想为从有向图中选一个无前驱的节点输出，然后删去此顶点，并删除以此结点为尾的弧，继续重复此步骤，直到输出全部顶点或者 AOV 网中不存在入度为 0 的顶点为止。若此时输出的结点数小于有向图中的顶点数，则说明有向图中存在回路，否则输出的顶点的顺序即为一个拓扑序列。

若要算法实现拓扑排序，因为要删除顶点，所以用邻接表存储比较方便。入度为零的顶点即没有前趋的顶点，因此我们可以附设一个存放各顶点入度的数组 indegree[]，于是有：

（1）找 G 中无前驱的顶点——查找 indegree[i] 为零的顶点 i；

（2）删除以 i 为起点的所有弧——对链在顶点 i 后面的所有邻接顶点 k，将对应的 indegree[k] 减 1。

为了避免重复检测入度为零的顶点，可以再设置一个辅助栈，若某一顶点的入度减为 0，则将它入栈。每当输出某一顶点时，便将它从栈中删除。该算法的时间复杂度为 $O(n+e)$。

3）最短路径

我们时常会面临对路径选择问题，例如，公交车的最优行驶路线和旅游线路的选择，如何乘坐地铁从 A 处到达 B 处等。在现实生活中，每个人需求不同，有人希望时间最短，有人希望换乘少，有人希望花的钱少，简单的路线可以靠人的感觉和经验，复杂的网络就需要计算机通过算法来提供最佳方案。本节就要研究这个问题，即最短路径。

如果将交通网络画成带权图，结点代表地点，边代表城镇间的路，边权表示路的长度，则经常会遇到如下问题：两给定地点间是否有通路？如果有多条通路，哪条路最短？我们还可以根据实际情况给各个边赋以不同含义的值。例如，对司机来说，里程和速度是他们最感兴趣的信息；而对于旅客来说，他们可能更关心交通费用。有时，还需要考虑交通图的有向性，如航行时顺水和逆水的情况。

在网络图和非网络图中，最短路径的含义是不同的。由于非网络图的边上没有权值，所谓最短路径，就是指两个顶点之间经过的边数最少的路径；对于网络图来说，最短路径是指两个顶点之间经过的边上权值之和最少的路径，并且我们称路径上的第一个顶点是源点，最后一个顶点是终点。显然，研究网络图更有实际意义。

求最短路径的方法有两种：①求一结点到其他结点的最短路径；②求任意两点间的最短路径。

（1）求某一顶点到其他各顶点的最短路径。

设有带权的有向图 $D = (V, \{E\})$，D 中的边权为 $W_{(e)}$。已知源点为 v_0，求 v_0 到其他各顶点的最短路径。例如，在如图 8-36（a）所示的带权有向图中，v_0 为源点，则 v_0 到其他各顶点的最短路径如图 8-36（b）所示，其中各最短路径按路径长度从小到大的顺序排列。

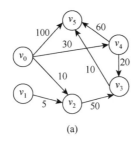

源点	终点	最短路径	路径长度
	v_1	无	
	v_2	(v_0, v_2)	10
v_0	v_3	(v_0, v_4, v_3)	50
	v_4	(v_0, v_4)	30
	v_5	(v_0, v_4, v_3, v_5)	60

(a)　　　　　　　　　　　(b)

图 8-36　最短路径

　　求解单源最短路径的经典算法是 Dijkstra 算法。

　　基本思想：设置一个集合 S 存放已经找到最短路径的顶点，S 的初始状态只包含源点 v，对 $v_i \in V-S$，假设从源点 v 到 v_i 的有向边为最短路径。以后每求得一条最短路径 $v, \cdots, v_k$，就将 v_k 加入集合 S 中，并将路径 $v, \cdots, v_k, v_i$ 与原来的假设相比较，取路径长度较小者为最短路径。重复上述过程，直到集合 V 中全部顶点加入集合 S 中。

　　下一条最短路径（设其终点为 v_i）或者是弧（v_0，v_i），或者是中间经过 S 中的顶点而最后到达顶点 v_i 的路径。

　　算法步骤如下。

　　①令 $S=\{v_s\}$，用带权的邻接矩阵表示有向图，对图中每个顶点 v_i 按以下原则置初值：

$$\text{dist}[i] \begin{cases} 0, & i = s \\ W_{si}, & i \neq s \text{ 且} \langle v_s, v_t \rangle \in E, W_{si} \text{为弧上的权值} \\ \infty, & i \neq s \text{ 且} \langle v_s, v_t \rangle \in E \end{cases}$$

　　②选择一个顶点 v_j，使得 $\text{dist}[j] = \text{Min}\{\text{dist}[k] | v_k \in V-S\}$，$v_j$ 就是求得的下一条最短路径终点，将 v_j 并入 S 中，即 $S = S \cup \{v_j\}$。

　　③对 $V-S$ 中的每个顶点 v_k，修改 $\text{dist}[k]$，方法是：若 $\text{dist}[j] + W_{jk} < \text{dist}[k]$，则修改为

$$\text{dist}[k] = \text{dist}[j] + W_{jk}, \quad v_k \in V - S$$

　　④重复步骤②和步骤③，直到 $S = V$ 为止。

　　算法实例如图 8-37 所示。

　　（2）求任意一对顶点间的最短路径。

　　上述方法只能求出源点到其他顶点的最短路径，欲求任意一对顶点间的最短路径，只能重复调用 Dijkstra 算法 n 次，其时间复杂度为 $O(n^3)$。下面介绍一种形式更简洁的方法，即弗洛伊德算法，其时间复杂度也是 $O(n^3)$。

　　基本思想：对于从 v_i 到 v_j 的弧，进行 n 次试探，首先考虑路径 v_i，v_0，v_j 是否存在，如果存在，则比较 v_i，v_j 和 v_i，v_0，v_j 的路径长度，取较短者为 $v_i \sim v_j$ 的中间顶点的序号不大于 0 的最短路径。在路径上再增加一个顶点 v_1，依次类推，在经过 n 次比较后，最后求得的必是从顶点 v_i 到顶点 v_j 的最短路径。

　　算法实现如下。

　　图的存储结构：带权的邻接矩阵存储结构。

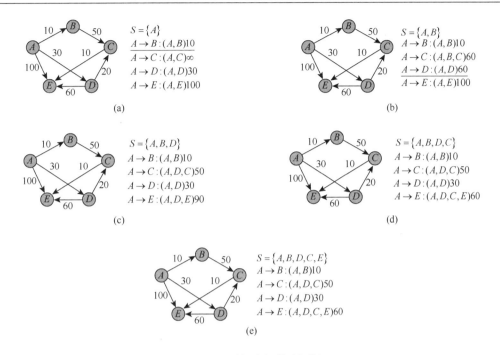

图 8-37　最短路径算法图例

数组 dist[n][n]：存放在迭代过程中求得的最短路径长度。迭代公式为

$$
\begin{cases}
\mathrm{dist}_{-1}[i][j] = \mathrm{arc}[i][j] \\
\mathrm{dist}_k[i][j] = \min\left\{\mathrm{dist}_{k-1}[i][j], \mathrm{dist}_{k-1}[i][k] + \mathrm{dist}_{k-1}[k][j]\right\}, \quad 0 \ll k \ll n-1
\end{cases}
$$

数组 path[n][n]：存放 $v_i \sim v_j$ 的最短路径，初始为 path[i][j] = v_iv_j。

算法示例如图 8-38 所示。

初始化

(a)

$$\mathrm{dist}_{-1} = \begin{bmatrix} 0 & 4 & 11 \\ 6 & 0 & 2 \\ 3 & \infty & 0 \end{bmatrix}$$

$$\mathrm{path}_{-1} = \begin{bmatrix} & ab & ac \\ ba & & bc \\ ca & & \end{bmatrix}$$

第1次迭代

(b)

$$\mathrm{dist}_{-1} = \begin{bmatrix} 0 & 4 & 11 \\ 6 & 0 & 2 \\ 3 & \infty & 0 \end{bmatrix} \quad \mathrm{dist}_0 = \begin{bmatrix} 0 & 4 & 11 \\ 6 & 0 & 2 \\ 3 & 7 & 0 \end{bmatrix}$$

$$\mathrm{path}_{-1} = \begin{bmatrix} & ab & ac \\ ba & & bc \\ ca & & \end{bmatrix} \quad \mathrm{path}_0 = \begin{bmatrix} & ab & ac \\ ba & & bc \\ ca & cab & \end{bmatrix}$$

第2次迭代

(c)

$$\mathrm{dist}_0 = \begin{bmatrix} 0 & 4 & 11 \\ 6 & 0 & 2 \\ 3 & 7 & 0 \end{bmatrix} \quad \mathrm{dist}_1 = \begin{bmatrix} 0 & 4 & 6 \\ 6 & 0 & 2 \\ 3 & 7 & 0 \end{bmatrix}$$

$$\mathrm{path}_0 = \begin{bmatrix} & ab & ac \\ ba & & bc \\ ca & cab & \end{bmatrix} \quad \mathrm{path}_1 = \begin{bmatrix} & ab & abc \\ ba & & bc \\ ca & cab & \end{bmatrix}$$

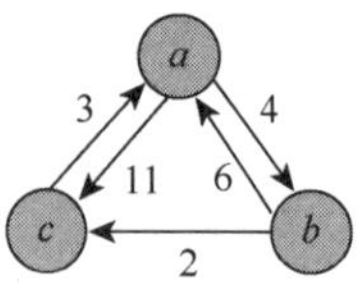

$$dist_1 = \begin{bmatrix} 0 & 4 & 6 \\ 6 & 0 & 2 \\ 3 & 7 & 0 \end{bmatrix} \quad dist_2 = \begin{bmatrix} 0 & 4 & 6 \\ 5 & 0 & 2 \\ 3 & 7 & 0 \end{bmatrix}$$

第3次迭代

$$path_1 = \begin{bmatrix} & ab & abc \\ ba & & bc \\ ca & cab & \end{bmatrix} \quad path_2 = \begin{bmatrix} & ab & abc \\ bca & & bc \\ ca & cab & \end{bmatrix}$$

(d)

图 8-38　算法示例

8.3　数　据　操　作

8.3.1　查找

查找是一种为了得到某个"信息"而进行的操作。例如，在人才档案中查找某个人的资料、在购买车票时查找自己所需要的车次、在上网时查找一个网页、在图书馆的书目文件中查找某编号的图书元素等。为了实现查找的目的，人们首先会对待查找的信息进行处理并存储在计算机系统中，实现这步操作最常见的做法是将待查找信息按其作用和类型存储到被称为"查找表"（search table）的数据表中。然后通过有关的算法，根据查找的关键词从查找表获取所需信息。

1. 查找的基本概念

查找表是由同一类型的数据元素（或记录）构成的集合。因此，它是一种以集合为逻辑结构、以查找为核心的数据结构。由于集合中的数据元素之间是没有"关系"的，因此查找表的实现就不受"关系"的约束，而是根据实际应用对查找的具体要求去组织查找表，以便实现高效率的查找。

对查找表经常进行的操作有：①查询某个"特定的"数据元素是否在查找表中；②检索某个"特定的"数据元素的各种属性；③在查找表中插入一个数据元素；④从查找表中删去某个数据元素。

若对查找只进行前两种统称为"查找"的操作，则称此类查找表为静态查找表（static search table）。若在查找过程中同时插入查找表中不存在的数据元素，或者从查找表中删除已存在的某个数据元素，则称此类表为动态查找表（dynamic search table）。

关键字是数据元素（或记录）中某个数据项的值，用它可以标识一个数据元素（或记录）。能唯一确定一个数据元素（或记录）的关键字称为主关键字（primary key）；不能唯一确定一个数据元素（或记录）的关键字，称为次关键字（secondary key）。例如，在学生信息查找表中，"学号"可看成学生的主关键字，"姓名"则应视为次关键字。

查找是指在含有 n 个元素的查找表中，找出关键字等于给定值 k 的数据元素（或记录）。当要查找的关键字是主关键字时，查找结果是唯一的，一旦找到，称为查找成功，否则称为查找失败。当要查找的关键字是次关键字时，查找结果不唯一，此时需要查遍整个表，或在可以肯定查找失败时，才能结束查找过程。

查找运算的主要操作是关键字的比较，所以通常把查找过程中对关键字的比较次数的平均值作为衡量一个查找算法效率优劣的标准，称为平均查找长度（average search length），通常用 ASL 表示。对一个含有 n 个数据元素的查找表，查找成功时：

$$ASL = \sum_{i=1}^{n} p_i c_i$$

其中，n 是结点的个数；c_i 是查找第 i 个数据元素所需要的比较次数；p_i 是查找第 i 个数据元素的概率，且 $\sum_{i=1}^{n} p_i = 1$，在以后的章节中，若不特别声明，均认为对每个数据元素的查找概率是相等的，即 $p_i = 1/n$。

2. 静态查找

1）顺序查找

顺序查找（sequential search）又称为线性查找，是最基本的查找方法之一。

查找过程：从表的一端开始，向另一端将关键字逐个与给定值 key 进行比较，若当前比较到的关键字与 key 相等，则查找成功，并返回数据元素在表中的位置，若检索完整个表仍未找到与 key 相同的关键字，则查找失败，返回失败的信息。

顺序查找的思想非常简单，首先将顺序表中的第一个存储单元（即下标为 0 的单元）设置为"监视哨"，即把待查值放入该单元，查找时从顺序表的最后一个元素开始，依次向前搜索进行查找（这样的好处在于可减少边界判定，无须在查找过程中每次都判断当前位置是否越界）。

顺序查找算法的操作步骤如下所述。

（1）将所要查找的值 key 放入数组的第一个存储单元（即下标为 0 的单元）。

（2）从数组最后一个数据元素开始，向前一个一个比较记录是否等于 key，若相等，则返回该记录所在的数组下标；若扫描完所有记录都没有与 key 相等的记录，则返回 0。

（3）若返回值＞0，则查找成功，否则查找失败。

以顺序表{10, 15, 24, 6, 12, 35, 40, 98, 55}为例，在表中用顺序查找的方法对关键字 11 和 55 进行顺序查找，其查找过程如图 8-39 所示。

图 8-39　顺序查找示例

2）有序表查找

若查找表中的数据元素无序，则选择顺序查找的方式既简单又实用。但当查找表中的数据元素在顺序存储时是有序的情况下，为了提高查找效率，可以采用折半查找（binary search）来实现，折半查找又称为二分查找。由于折半查找的算法限制，采用折半查找的前提条件是查找表中必须是采用顺序存储结构的有序表。

给定一个有序表 ST，折半查找的思想为在表 ST 中取位于中间的记录作为比较对象，若中间记录的关键字与给定值相等，则查找成功；若中间记录的关键字大于给定值，则在中间记录的左半区继续查找；若中间记录的关键字小于给定值，则在中间记录的右半区继续查找。不断重复上述过程，直到查找成功或者所查找的区域无记录，即查找失败。折半查找的步骤如下所述。

设表长为 n，low、high 和 mid 分别指向待查记录所在区间的下界、上界和中间点，key 为给定的待查值。

（1）设置初始区间指针：下界指针 low = 1，上界指针 high = n，执行步骤（2）。

（2）若 low＞high，查找失败，返回查找失败信息；否则令 $m = \lfloor (low + high) \rfloor / 2$。并执行如下操作。

①若待查值 key 小于 ST.elm[mid].key，则在 m 的左半区进行查找，令 high = $m-1$；重新执行步骤（2）。

②若待查值 key 大于 ST.elm[mid].key，则在 m 的右半区进行查找，令 low = $m + 1$；重新执行步骤（2）。

③若待查值 key 等于 ST.elm[mid].key，则查找成功，返回记录在表中的位置。

给定一个有序表（2, 7, 11, 31, 37, 46, 55, 63, 73），用折半查找算法从中分别查找 11（查找成功）和 57（查找失败），其过程分别如图 8-40（a）和图 8-40（b）所示。

图 8-40　折半查找示例

(a) 查找关键字11（查找成功）　　　(b) 查找关键字57（查找失败）

3）分块查找

分块查找又称为索引顺序查找，是对顺序查找的一种改进。折半查找的前提要满足查找表是采用顺序存储结构的有序表，一般较难实现，因此折半查找的应用受限。但当查找表的记录满足分块有序时，可以采用分块查找方法。分块有序即整个查找表无序，但把查找表看作几个子表时，每个子表中的关键字是有序的。在分块查找方法中，形象地把待查顺序表的子表称为块。

采用分块查找时，需要建立一个索引表来对每个子表进行索引，索引表的每个索引项包含如下信息：子表的最大关键字和子表的起始地址。子表的最大关键字是指对应子表中最大关键字的值，子表的起始地址是指对应子表的第一个记录在整个表中的位置。带有索引表的待查顺序表称为索引顺序表。如图 8-41 所示为一个索引顺序表的示例。

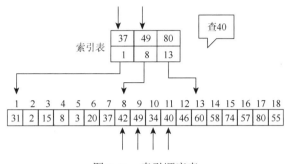

图 8-41　索引顺序表

分块查找的基本思想为：在查找时，首先用待查值 key 在索引表中进行区间查找（即查找 key 所在的子表，由于索引表按最大关键字项有序，因此可以采用折半查找或者顺序查找），然后在相应的子表中对 key 进行顺序查找。

分块查找步骤。

（1）对于待查值 key，在索引表中按某种查找算法将 key 与各个子表的最大关键字（如 k_i、k_j）进行比较。若 $k_i \leqslant key < k_j$，则 key 可能在 k_j 所对应的子表中。

（2）在步骤（1）所找到的子表中进行顺序查找。若找到关键字与 key 相等的记录，则查找成功，返回该记录所在的位置；否则查找失败，返回 0。

3. 动态查找

动态查找表的特点是表结构本身是在查找过程中动态生成的，即对于给定的值 key，若表中存在关键字等于 key 的记录，则查找成功返回；否则插入关键字为 key 的记录。

1）二叉排序树

二叉排序树（binary sort tree）又称为二叉查找树，它或者是一棵空树，或者是具有下列性质的二叉树：

（1）若它的左子树不空，则左子树上所有结点的值均小于根结点的值；

（2）若它的右子树不空，则右子树上所有结点的值均大于根结点的值；

（3）它的左右子树也分别是二叉排序树。

根据二叉排序树的定义，它是记录之间满足一定次序关系的二叉树，中序遍历二叉排序树可以得到一个按关键字排序的有序序列，这也是二叉排序树的名称由来。如图 8-42 所示为一棵二叉排序树的示例。

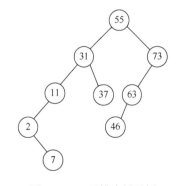

图 8-42　二叉排序树示例

通常用二叉链表作为二叉排序树的存储结构，其结点结构可复用二叉链表的结点结构。二叉排序树是一种动态数据结构，其插入和删除操作非常方便，无须大量移动元素。以下分别讨论二叉排序树的查找、插入和删除操作。

（1）二叉排序树的查找。

二叉排序树的查找方法是，首先将给定值 key 与根结点的关键字进行比较，若相等，则查找成功；若根结点的关键字大于 key，则在根结点的左子树上进行查找；否则，在根结点的右子树上进行查找。该查找过程类似于折半查找。

二叉排序树的查找算法的执行步骤如下所述。

①若二叉排序树为空，则查找失败；否则执行步骤②。

②将给定值 key 与树的根结点关键字进行比较，若相等则查找成功；否则执行如下操作：

ⓐ若给定值 key 小于根结点关键字，则在以该树的左孩子为根结点的子树上执行步骤①。

ⓑ若给定值 key 大于根结点关键字，则在以该树的右孩子为根结点的子树上执行步骤①。

如图 8-43 所示为在一个关键字序列为{55, 31, 11, 37, 46, 73, 63, 2, 7}的二叉排序树中查找关键字 37 和 80 的例子。其中，如图 8-43（a）所示为查找关键字 37 的过程，如图 8-43（b）所示为查找关键字 80 的过程。

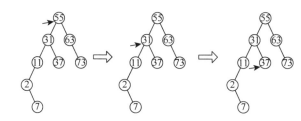

(a) 查找关键字37（查找成功）

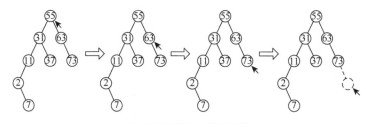

(b) 查找关键字80（查找失败）

图 8-43　二叉排序树查找

（2）二叉排序树的插入。

在二叉排序树中插入一个新结点后，形成的二叉树仍然是二叉排序树。若待插入结点的关键字为 key，则二叉排序树的插入方法是，首先在树中查找是否已有关键字为 key 的结点，若查找成功，则说明待插入结点已存在，不能插入重复结点。只有当查找失败时，才在树中插入关键字为 key 的新结点。因此，新插入的结点一定是一个新添加的叶子结点，且该结点必定是查找不成功时查找路径上最后一个结点的左孩子结点或右孩子结点。插入过程与查找过程基本一致，只是在查找失败时将关键字与给定值 key 相等的记录作为左子树或右子树插入到最后一个结点即可。

创建一棵二叉排序树实质是从空树出发，不断执行插入结点操作的过程，这是插入操作的典型应用。如图 8-44 所示为一棵二叉排序树的创建过程。

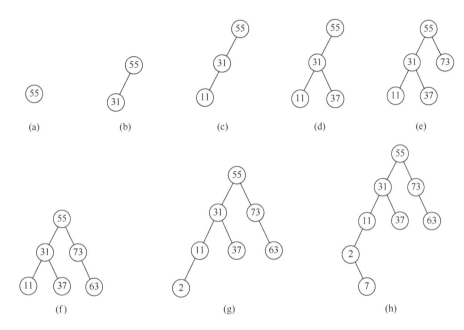

图 8-44　创建二叉排序树的过程

在插入结点的过程中，无须对其他结点进行移动，而只需改变其中某个结点的指针即可。而且中序遍历二叉排序树即可得到一个关键字有序的序列，这意味着一个无序序列可以通过构造二叉排序树得到一个有序序列，构造二叉排序树的过程便是对无序序列进行排序的过程。

（3）二叉排序树的删除。

在二叉排序树中，除了可以对结点进行插入操作外，还可对结点进行删除操作。在二叉排序树中删除一个结点后，形成的二叉树仍须是二叉排序树。因此相对于插入操作来说，删除操作更为复杂。

假设二叉排序树上要被删除的结点为 p（此处 p 是指向待删结点的指针，下面提到的 f、P_L、P_R 也都是代表对应含义的指针），其双亲结点为 f，其左孩子结点为 P_L，其右孩子结点为 P_R，而 f 的右孩子结点用 f_R 表示。不失一般性地，假设 p 是 f 的左孩子结点，则分如下 3 种情况进行讨论。

①若 p 结点为叶子结点，由于删去叶子结点并不影响整个树的特性，故此时直接将其双亲结点的指针修改为空指针即可。如图 8-45（a）所示，图中椭圆表示以 f_R 为根结点的子树，下面的图也是如此，不再赘述。

②若 p 结点只有左子树 P_L 或者只有右子树 P_R，此时只要将 P_L（或 P_R）代替 p 的位

置，成为 f 的子树即可。显然此操作也不会破坏整个二叉排序树的特性，如图 8-45（b）和图 8-45（c）所示。

③若 p 结点的左子树 P_L 和右子树 P_R 均不为空，此时的操作相对复杂。为了保证删除 p 结点后，中序遍历各结点相对位置不变，可以按如下做法执行删除操作：设查找 p 结点右子树 P_R 上的右子树为 t，而 P_R 的最左下结点为 s，结点 s 的双亲结点为 spar，将 s 结点的数据代替 p 结点的数据，若 P_R 有左子树，则将 s 的右子树接到结点 spar 的左子树上；否则将 s 的右子树接到 spar 的右子树上，然后删去 s 结点，如图 8-45（d）和图 8-45（e）所示。

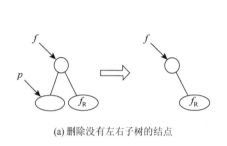

(a) 删除没有左右子树的结点

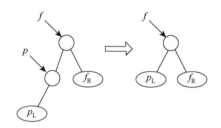

(b) 删除仅有左子树的结点

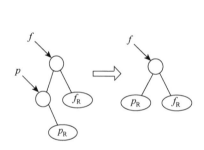

(c) 删除仅有右子树的结点

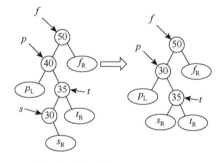

(d) 第一种删除既有左子树又有右子树结点的方法图示

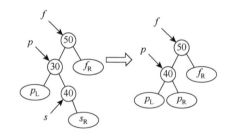

(e) 第二种删除既有左子树又有右子树结点的方法图示

图 8-45　二叉排序树删除操作

2）散列表查找

（1）散列表。

散列是一种存储策略，散列表也称为哈希（Hash）表、杂凑表，是基于散列存储策略建立的查找表。基本思想是确定一个函数，求得每个关键码相应的哈希值并以此作为存储地址，直接将该数据元素存入相应的地址空间，因此它的查找效率很高。

（2）散列函数构造方法。

①直接定址法。

取关键字或关键字的某个线性函数值为散列地址。即

$$H(\text{key}) = \text{key} \ 或 H(\text{key}) = a \cdot \text{key} + b$$

其中，a 和 b 为常数（这种哈希函数称为自身函数）。

②数字分析法。

假设关键字是以 r 为基的数（如以 10 为基的十进制数），并且散列表中可能出现的关键字都是事先知道的，则可取关键字的若干数位组成散列地址。

③平方取中法。

取关键字平方后的中间几位作为散列地址，较常见。

④折叠法

将关键字分割成位数相同的几部分（最后一部分的位数可以不同），然后取这几部分的叠加和（舍去进位）作为散列地址。当关键字位数很多，而且关键字中每一位上数字分布大致均匀时，可以采用折叠法得到散列地址。

⑤除留余数法

取关键字被某个不大于哈希表表长 m 的数 p 除后所得余数为散列地址，即

$$H(\text{key}) = \text{key} \ \text{Mod} \ p, \quad p \leqslant m$$

这是一种最简单且常用的构造哈希函数的方法。

⑥随机数法

选择一个随机函数，取关键字的随机函数值为它的散列地址，即 $n(\text{key}) = \text{random}(\text{key})$，其中 random 为随机函数。通常，当关键字长度不等时采用此法构造哈希函数较恰当。

（3）处理冲突的方法。

①开放定址法：

$$H_i(H(\text{key}) + d_i)\text{Mod} \ m, \quad i = 1, 2, \cdots, k; \quad k \leqslant m - 1$$

其中，$H(\text{key})$ 为哈希函数；m 为哈希表表长；d_i 为增量序列。可有下列 3 种取法：

ⓐ $d_i = 1, 2, 3, \cdots, m - 1$，称线性探测再散列；

ⓑ $d_i = 1^2, -1^2, 2^2, -2^2, 3^2, -3^2, \cdots, \pm k^2 (k \leqslant m/2)$，称二次探测再散列；

ⓒ d_i 为伪随机数序列，称伪随机探测再散列。

例如，在长度为 11 的哈希表中已填有关键字分别为 17，60，29 的记录（哈希函数 $H(\text{key}) = \text{key} \ \text{Mod} \ m \ \text{Mod} \ 11$），现有第四个记录，其关键字为 38，由哈希函数得到散列地址为 5，产生冲突。若用线性探测再散列的方法处理，得到下一个地址 6，仍冲突；再求下一个地址 7，仍冲突；直到散列地址为 8 的位置为"空"时停止，处理冲突的过程结束，记录填入哈希表中序号为 8 的位置。若用二次探测再散列，则应该填入序号为 4 的位置。

②再哈希法：

$$H_i = RH_i(\text{key}), \quad i = 1, 2, \cdots, k$$

其中，RH_i 均是不同的哈希函数，即在同义词产生地址冲突时计算另一个哈希函数地址，直到冲突不再发生。这种方法不易产生"聚集"，但增加了计算的时间。

③链地址法。将所有关键字为同义词的记录存储在同一线性链表中。假设某哈希函数产生的散列地址在区间 $[0, m-1]$ 上，则设立一个指针型向量：

$$\text{Chain ChainHash}[m];$$

其每个分量的初始状态都是空指针。散列地址为 i 的记录都插入头指针为 ChainHash[i] 的链表中。在链表中的插入位置可以在表头或表尾，也可以在中间，以保持同义词在同一线性链表中按关键字有序。

④建立一个公共溢出区。这也是处理冲突的一种方法。假设哈希函数的值域为 $[0, m-1]$，则设向量 Hash-Table[$0 \cdots m-1$] 为基本表，每个分量存放一个记录，另设立向量 OverTabje[$0 \cdots v$] 为溢出表。所有关键字和基本表中关键字为同义词的记录，无论它们由哈希函数得到的散列地址是什么，一旦发生冲突，都填入溢出表。

（4）散列表的查找和分析。

在哈希表上进行查找的过程和创建散列表的过程基本一致。给定 K 值，根据创建散列表时设定的哈希函数求得散列地址，若表中此位置上没有记录，则查找不成功；否则比较关键字，若和给定值相等，则查找成功；否则根据造表时设定的处理冲突的方法找下一地址，直至哈希表中某个位置为"空"或者表中所填记录的关键字等于给定值时为止。

从哈希表的查找过程可以看出以下两个方面。

①虽然哈希表在关键字与记录的存储位置之间建立了直接映像，但由于"冲突"的产生，哈希表的查找过程仍然是一个给定值和关键字进行比较的过程。因此，仍需以平均查找长度作为衡量哈希表的查找效率的量度。

②查找过程中需和给定值进行比较的关键字的个数取决于下列三个因素：哈希函数、处理冲突的方法和哈希表的装填因子。

哈希函数的"好坏"首先影响出现冲突的频繁程度。但是，对于"均匀的"哈希函数可以假定：不同的哈希函数对同一组随机的关键字产生冲突的可能性相同，因为一般情况下设定的哈希函数是均匀的，则可不考虑它对平均查找长度的影响。对同样一组关键字，设定相同的哈希函数，则不同的处理冲突的方法得到的哈希表不同，它们的平均查找长度也不同。

容易看出，线性探测再散列在处理冲突的过程中易产生记录的二次聚集，即散列地址不相同的记录又产生新的冲突；而链地址法处理冲突不会发生类似情况，因为散列地址不同的记录在不同的链表中。

一般情况下，处理冲突方法相同的哈希表，其平均查找长度依赖于哈希表的装填因子。哈希表的装填因子定义为

$$\partial = \frac{\text{表中填入的记录数}}{\text{哈希表的长度}}$$

其中，∂ 表示哈希表的装填程度。直观地看，∂ 越小，发生冲突的可能性越小；反之，∂ 越大，表中已填入的记录越多，再填记录时，发生冲突的可能性越大，则查找时，给定需与之进行比较的关键字的个数也就越多。

8.3.2 排序

1. 排序的基本概念

假设含 n 个记录的文件内容为 $\{R_1, R_2, \cdots, R_n\}$，相应的关键字为 $\{k_1, k_2, \cdots, k_n\}$。经过排序确定一种排列 $\{R_{j1}, R_{j2}, \cdots, R_{jn}\}$，使得它们的关键字满足以下递增（或递减）关系：$k_{j1} \ll k_{j2} \ll \cdots \ll k_{jn}$（或 $k_{j1} \gg k_{j2} \gg \cdots \gg k_{jn}$）。

若在待排序的一个序列中，R_i 和 R_j 的关键字相同，即 $k_i = k_j$，且在排序前 R_i 领先于 R_j，那么在排序后，如果 R_i 和 R_j 的相对次序保持不变，R_i 仍领先于 R_j，则称此类排序方法为稳定的。若在排序后的序列中有可能出现 R_j 领先于 R_i 的情形，则称此类排序为不稳定的。

内部排序指待排序记录全部存放在内存中进行排序的过程。外部排序指待排序记录的数量很大，以至于内存不能容纳全部记录，在排序过程中尚需对外存进行访问的排序过程。

在排序过程中需要进行下列两种基本操作：比较两个关键字的大小；将记录从一个位置移动到另一个位置。前一种操作对大多数排序方法来说都是必要的，后一种操作可以通过改变记录的存储方式来避免。

2. 插入排序

1）直接插入排序

基本思想：通过构建有序列，对于未排序数据，在已排序序列中从后向前扫描，从而找到相应的位置并插入。在从后向前扫描的过程中，需要反复把已排序的元素逐步向后挪位，为待插入的新元素提供插入空间。

算法步骤如下：

（1）设置 $i = 2$；

（2）将待插入记录 $r[i]$ 放入编号为 0 的结点（即下标为 0 的结点），即 $r[0] = r[i]$；并令 $j = i-1$，从第 j 个记录开始向前查找插入位置；

（3）若 $r[0].key \geq r[j].key$，执行步骤（5）；否则执行步骤（4）；

（4）将第 j 个记录后移，即 $r[j + 1] = r[j]$；并令 $j = i-1$；执行步骤（3）；

（5）完成插入记录：$r[j + 1] = r[0]$，$i = i + 1$，若 $i > n$，则排序结束，否则执行步骤（2）。

例如，关键字序列 $T = (13, 6, 3, 31, 9, 27, 5, 11)$，插入排序的中间过程序列如图 8-46 所示。

初始关键字序列：　　【13】，6，3，31，9，27，5，11

第一次排序：　　　　【6，13】，3，31，9，27，5，11

第二次排序：　　　　【3，6，13】，31，9，27，5，11

第三次排序：　　　　【3，6，13，31】，9，27，5，11

第四次排序：　　　　【3，6，9，13，31】，27，5，11

第五次排序：　　　　【3，6，9，13，27，31】，5，11

第六次排序：　　　　【3，5，6，9，13，27，31】，11

第七次排序：　　　　【3，5，6，9，11，13，27，31】

图 8-46　直接插入排序过程

2）希尔排序

希尔排序又称缩小增量排序，是 1959 年由希尔提出的，它是对直接插入排序的一种改进。

基本思想：先将整个待排序记录分成若干个子序列，在子序列内分别进行直接插入排序；直到整个序列基本有序时，再对全体记录进行一次直接插入排序。与直接插入排序方法的区别是，希尔排序不是每次一个元素挨着一个元素比较，而是初期选用大跨步（增量较大）间隔比较，使记录跳跃式地接近它的排序位置；然后增量逐步缩小，最后增量为 1。

算法步骤如下：

（1）选择一个步长序列 $t_1, t_2, \cdots, t_k$，其中 $t_k = 1$ 且当 $i < j$ 时，$t_i > t_j$；

（2）按步长序列个数 k，对序列执行 k 次步骤（3）；

（3）每次排序，根据对应的步长 t_i，将待排序列分成若干个子序列，分别对各子序列进行直接插入排序，当步长为 1（即 t_k）时，整个序列作为一个表来处理，表长度即为整个序列的长度。

希尔排序具体执行情况如图 8-47 所示。

图 8-47　希尔排序示例

3. 交换排序

交换排序是一类借助比较和交换进行排序的方法。其中交换是指对序列中两个记录的关键字进行比较，如果排序顺序不对则对换两个记录在序列中的位置。交换排序的特点是：将关键字较大的记录向序列的一端移动，而关键字较小的记录向序列的另一端移动。

1）冒泡排序

冒泡排序（bubble sort）也称气泡排序，它是交换排序中常用的排序方法。

基本思想：通过对待排序元素中相邻元素间关键字的比较和交换，使关键字最大的元素如气泡一样逐渐"上浮"。

算法步骤如下：

（1）从存储 n 个待排序元素的表尾开始，并令 $j = n$；

（2）若 $j < 2$，则排序结束；

（3）从第一个元素开始进行两两比较，令 $i = 1$；

（4）若 $i \geq j$，则一趟冒泡排序结束，$j = j-1$；待排序表的记录数−1，转步骤（2）；

（5）比较 $r[i].key$ 与 $r[i + 1].key$，若 $r[i].key \leq r[i + 1].key$，则不交换，转步骤（7）；

（6）当 $r[i].key > r[i + 1].key$ 时，将 $r[i]$ 与 $r[i + 1]$ 交换；

（7）$i = i + 1$，转步骤（4）继续比较。

例如，将序列 49、38、65、97、76、13、27、49 用冒泡排序的方法进行排序。则每趟排序的具体结果如图 8-48 所示。

2）快速排序

快速排序（quick sort）是 1962 年由 Hore 提出的一种排序算法，也称分区交换排序。

基本思想：通过对关键字的比较和交换，以待排序列中的某个数据为支点（或称枢轴量），将待排序列分成两个部分，其中左半部分数据小于等于支点，右半部分数据大于等于支点。然后，对左右两部分分别进行快速排序的递归处理，直到整个序列按关键字有序为止。如图 8-49 所示为快速排序的基本思想，其中将待排序列按关键字以支点分成两个部分的过程称为一次划分。

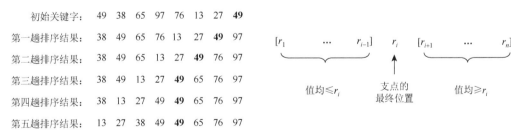

初始关键字：　49　38　65　97　76　13　27　**49**

第一趟排序结果：　38　49　65　76　13　27　**49**　97

第二趟排序结果：　38　49　65　13　27　**49**　76　97

第三趟排序结果：　38　49　13　27　**49**　65　76　97

第四趟排序结果：　38　13　27　49　**49**　65　76　97

第五趟排序结果：　13　27　38　49　**49**　65　76　97

图 8-48 冒泡排序示例　　　　　　图 8-49 快速排序的基本思想

在冒泡排序中，元素的比较和移动是在相邻位置进行的，元素的每次交换只能前移或后移一个位置，因而总的比较次数和移动次数较多。而在快速排序中，元素的比较和移动是从两端向中间进行的，关键字较大的记录一次就能从前面移动到后面，关键字较小的记录一次就能从后面移动到前面，记录移动的距离较远，从而减少了总的比较次数和移动次数。因此，可将快速排序视为对冒泡排序的一种改进。

算法步骤如下。

（1）如果待排子序列中元素的个数等于 1，则排序结束；否则以 *r*[low]为支点，按如下方法进行一次划分。

①设置两个搜索指针：low 是向后搜索指针，初始指向序列第一个结点；high 是向前搜索指针，初始指向最后一个结点；取第一个记录为支点，low 位暂时取值为支点 pivotkry = *r*[low]key。

②若 low = high，枢轴空位确定为 low，一次划分结束。

③若 low＜high 且 *r*[high].key≥pivotkry，则从 high 所指定的位置向前搜索：high = high−1，重新执行步骤③；否则若有 low＜high 并且有 *r*[high].key＜pivotkry，则设置 high 为新的支点位置，并交换 *r*[high].key 和 *r*[low].key，然后令 low = low + 1，执行步骤④；若有 low≥high，则执行步骤②。

④若 low＜high 且 *r*[high].key≤pivotkry，则从 low 所指的位置开始向后搜索：low = low + 1，重新执行步骤④；否则若有 low＜high 并且有 *r*[low].key＞pivotkry，则设置 low 为新的支点位置，并交换 *r*[high].key 和 *r*[low].key，然后令 high = high−1，执行步骤③；若有 low≥high，则执行步骤②。

（2）对支点左半子序列重复步骤（1）。

（3）对支点右半子序列重复步骤（1）。

图 8-50 是一个快速排序全过程的示例。

初始关键字	**49**	39	65	97	76	13	27	69
	i↑							*j*↑
右侧描述，49＜69，*j*前移一位	**49**	39	65	97	76	13	27	69
	i↑						*j*↑	
27＜49，*r*[*j*]与*r*[*i*]交换	27	39	65	97	76	13	**49**	69
	i↑						*j*↑	
*i*后移一位，准备左侧扫描	27	39	65	97	76	13	**49**	69
		i↑					*j*↑	
左侧描述，39＜49，*i*后移一位	27	39	65	97	76	13	**49**	69
		i↑					*j*↑	
49＜65，*r*[*j*]与*r*[*i*]交换	27	39	**49**	97	76	13	65	69
			i↑				*j*↑	
*j*前移一位，准备右侧扫描	27	39	**49**	97	76	13	65	69
			i↑			*j*↑		
13＜49，*r*[*j*]与*r*[*i*]交换	27	39	13	97	76	**49**	65	69
			i↑			*j*↑		
*i*后移一位，准备左侧扫描	27	39	13	97	76	**49**	65	69
				i↑		*j*↑		
左侧扫描，49＜97，*r*[*j*]与*r*[*i*]交换	27	39	13	**49**	76	97	65	69
				i↑		*j*↑		
*j*前移一位，准备右侧扫描	27	39	13	**49**	76	97	65	69
				i↑	*j*↑			
右侧描述，49＜76，*j*前移一位	27	39	13	**49**	76	97	65	69
				i↑↑*j*				
i = *j*，一次划分结束	[27	39	13]	**49**	[76	97	65	69]
				i↑↑*j*				

图 8-50　快速排序全过程示例

·

4. 选择排序

选择排序（selection sort）是一类借助"选择"进行排序的方法。

基本思想：每一趟从待排序列中选取一个关键字最小的记录，即第一趟从 n 个记录中选取关键字最小的记录，第二趟从剩下的 $n-1$ 个记录中选取关键字最小的记录，直到全部元素排序完毕。由于选择排序每一趟总是从待排序序列中选取最小（或最大）的关键字，所以选择排序适用于从大量的元素中选择一部分排序元素的应用。如从 50000 个元素中选择出前 10 个关键字最小的元素等。

1）简单选择排序

简单选择排序（simple selection sort）是选择排序中最简单的一种排序算法。

基本思想：第一趟从 n 个记录中选出关键字最小的记录和第一个记录交换；第二趟从第二个记录开始的 $n-1$ 个记录中再选出关键字最小的记录与第二个记录交换；如此第 i 趟则从第 i 个记录开始的 $n-i+1$ 个记录中选出关键字最小的记录与第 i 个记录交换，直到整个序列按关键字有序。

算法步骤如下。

（1）创建一个辅助变量 j 用于存放每次遍历关键字最小的记录的下标，设置变量 $i=1$。

（2）遍历第 i 个记录到第 L.length 个记录，选择一个关键字最小的记录，将其下标保存至 j 中。

（3）若第 i 个记录的关键字小于 j 中保存的记录的关键字，则交换这两个记录。

（4）$i=i+1$，若 $i<$ L.length，则执行步骤（2）；否则排序结束。

简单选择排序的执行情况如图 8-51 所示。

图 8-51　简单选择排序全过程示例

2）堆排序

堆排序（heap sort）是利用堆的特性进行排序的方法。n 个元素的序列 $\{k_1,k_2,\cdots,k_n\}$，当且仅当任一 k_i 满足以下关系时，称为堆：

$$\begin{cases} k_i \ll k_{2i} \\ k_i \ll k_{2i+1} \end{cases} \text{或} \begin{cases} k_i \gg k_{2i} \\ k_i \gg k_{2i+1} \end{cases}$$

其中，$i = 1, 2, \cdots, n/2$，分别称为小顶堆和大顶堆。

根据堆的定义，它也是完全二叉树，且具有下列性质之一：

（1）每个结点的值都小于或等于其左右孩子结点的值，称为小顶堆；

（2）每个结点的值都大于或等于其左右孩子结点的值，称为大顶堆。

堆的示例如图 8-52 所示。

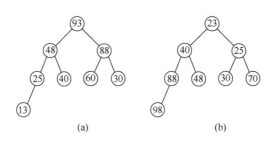

图 8-52　堆的示例

基本思想：首先用待排序的记录序列构造出一个堆，此时选出了堆中所有记录的最小者为堆顶，随后将它从堆中移走（通常是将堆顶记录和堆中最后一个记录交换），并将剩余的记录再调整成堆，这样又找出了次小的记录，依次类推，直到堆中只有一个记录为止。

算法步骤如下：

（1）$i = 1$，基于顺序表 $L[1, 2, \cdots, L.length-i + 1]$中的元素先建一个小顶堆；

（2）将堆顶元素和 $L[L.length-i + 1]$交换；

（3）$i = i + 1$，若 $i < L.length$，则再对 $L[1, 2, \cdots, L.length-i + 1]$进行调整，形成新的小顶堆，执行步骤（2）；若 $i \geqslant L.length$，则排序结束。

若 n 个建堆元素序列为{49, 39, 65, 97, 76, 13, 27, 69}，则其建堆过程如图 8-53 所示。

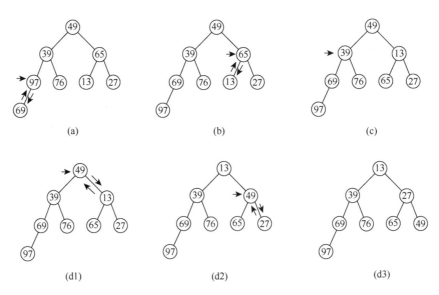

图 8-53　建堆过程

完成建堆后，只需将根结点的值输出，再用最后一个结点代替根结点，再从根结点开始对不满足堆定义的分支进行调整即可再次获得一个堆。依次类推，直到所有结点都输出，这时得到的输出序列就是所求的有序序列。若 n 个建堆元素序列为{49, 39, 65, 97, 76, 13, 27, 69}，则建堆后，第一个元素的筛选输出与堆的重新调整过程如图 8-54 所示。

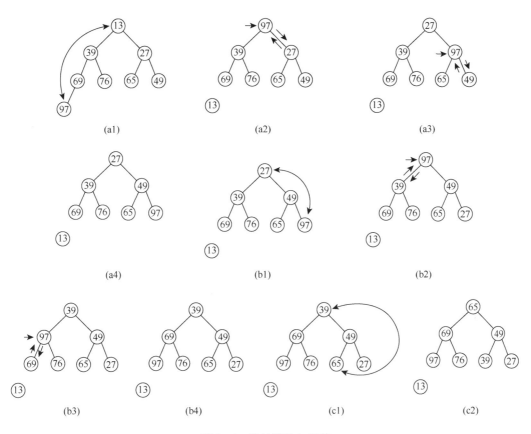

图 8-54　堆的筛选与调整

5. 归并排序

归并排序（merge sort）是一类借助"归并"进行排序的方法。归并的含义是将两个或两个以上的有序序列归并成一个有序序列的过程。归并排序按所合并的表的个数可分为二路归并排序和多路归并排序。这里主要讨论二路归并排序。

二路归并排序（2-way merge sort）的基本思想：将待排序的 n 个元素看成 n 个有序的子序列，每个子序列的长度为 1，然后两两归并，得到 $\left\lceil \dfrac{n}{2} \right\rceil$ 个长度为 2 或 1（最后一个有序序列的长度可能为 1）的有序子序列；再两两归并，得到 $\left\lceil \dfrac{n}{4} \right\rceil$ 个长度为 4 或小于 4（最后一个有序序列的长度可能小于 4）的有序子序列；再两两归并，直至得到一个长度为 n 的有序序列。

二路归并排序算法步骤如下。

（1）将待排序列划分为两个长度相当的子序列。

（2）若子序列长度大于 1，则对子序列执行一次归并排序。

（3）执行下列步骤将子序列两两合并成有序序列。

①创建一个辅助数组 temp[]。假设两个子列的长度分别为 u、v，两个子列的下标为 $0 \sim u$，$u+1 \sim v+u+1$。设置两个子表的起始下标和辅助数组的起始下标：$i=0$；$j=u+1$；$k=0$。

②若 $i>u$ 或 $j>v+u+1$，说明其中一个子表已经合并完毕，直接执行步骤④。

③选取 $r[i]$ 和 $r[j]$ 中关键字较小的存入辅助数组 temp[]：若 $r[i].key<r[j].key$，则 $temp[k]=r[i]$；$i++$；$k++$；否则 $temp[k]=r[j]$；$j++$；$k++$，返回执行步骤②。

④将尚未处理完的子表元素依次存入 temp[]，结束合并，并将结果返回。

如图 8-55 所示为一个二路归并排序的例子。

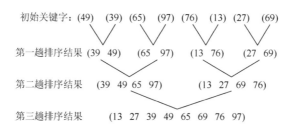

图 8-55　二路归并排序示例

6. 各种内部排序方法的比较讨论

本节讨论了许多排序算法，然而现有的排序算法远不止这些。难以对一种算法做出最好或最坏的结论，因为每种排序算法都各有优缺点。在实际应用中，应当结合具体情况，针对所要处理的问题来选择该问题上的最优排序算法进行排序。这里列出了一些关于常见排序算法特点的结论。

（1）快速排序、堆排序、归并排序的平均时间复杂度最好。其中快速排序在平均时间性能上被认为是最优的一种排序算法，然而在最坏情况下，快速排序的时间性能比不上堆排序和归并排序。并且在待排序列的记录个数较多时，归并排序比快速排序要更快，但其所需要的辅助空间更多。

（2）直接插入排序思路明了、算法简单，是一种很常用的排序算法。并且当待排序列基本有序或者待排序列的记录数量较小时，它是最优的排序算法。因此直接插入排序经常会与快速排序、归并排序这类平均时间性能优良的排序算法结合起来使用。

（3）从空间复杂度上看，大多数的排序算法所需要的辅助空间为 $O(1)$。但快速排序和归并排序例外，分别为 $O(n\log_2 n)$ 和 $O(n)$。

（4）从稳定性上看，属于稳定排序算法的有直接插入排序、简单选择排序和归并排序，属于不稳定排序算法的有希尔排序、快速排序和堆排序。

（5）从算法本身的复杂度上看，直接插入排序、简单选择排序较容易理解，属于简单算法，其时间性能理论上较差；而另一类像希尔排序、快速排序、堆排序和归并排序这样较为复杂的算法，属于改进算法，其时间性能理论上较好。

（6）从待排记录个数 n 的角度看，当 n 越小时，采用简单排序算法更为合适；而当 n 很大时，采用改进算法更加合适。这是因为当 n 较小时，$O(n^2)$ 与 $O(n\log_2 n)$ 的差距不是很大，此时使用简单算法在程序设计上将更为方便。表 8-1 给出了本节所讨论的几种算法的性能比较。

表 8-1　几种内部排序算法性能的比较

排序算法	最好情况	最坏情况	平均情况	空间复杂度
直接插入排序	$O(n)$	$O(n^2)$	$O(n^2)$	$O(1)$
希尔排序	$O(n^{1.3})$	$O(n^2)$	$O(n\log_2 n)$	$O(1)$
快速排序	$O(n\log_2 n)$	$O(n^2)$	$O(n\log_2 n)$	$O(\log_2 n)$
简单选择排序	$O(n^2)$	$O(n^2)$	$O(n^2)$	$O(1)$
堆排序	$O(n\log_2 n)$	$O(n\log_2 n)$	$O(n\log_2 n)$	$O(1)$
归并排序	$O(n\log_2 n)$	$O(n\log_2 n)$	$O(n\log_2 n)$	$O(n)$

8.4　算法概念及描述

算法和数据结构之间有密切的联系，在算法设计时先要确定相应的数据结构，而在讨论某一种数据结构时，也必然会设计相应的算法。数据结构是数据的组织形式，而算法是解决问题的方法。算法和数据结构的设计和选择直接关系到程序的效率和质量。下面就算法的定义、算法的特性以及算法的效率度量方法三个方面对算法进行介绍。

8.4.1　算法的定义

算法（algorithm）是一组有穷的规则，其规定了解决某一特定类型问题的一系列运算，是对解题方案的准确与完整的描述。

算法是解题的步骤，可以把算法定义成解确定类问题的任意一种特殊的方法。在计算机科学中，算法要用计算机算法语言描述，算法代表用计算机解一类问题的精确、有效的方法。算法 + 数据结构 = 程序，求解一个给定的可计算或可解的问题，不同的人可以编写出不同的程序，来解决同一个问题。

8.4.2　算法的特性

作为一个算法，一般应具有以下几个基本特征。

1. 确定性

算法的每一种运算必须有确定的意义，该种运算应执行何种动作应无二义性，目的明确；这一性质反映了算法与数学公式的明显差别。在解决实际问题时，可能会出现这样的情况：针对某种特殊问题，数学公式是正确的，但按此数学公式设计的计算过程可能会使计算机系统无所适从，这是因为根据数学公式设计的计算过程只考虑了正常使用的情况，而当出现异常情况时，此计算过程就不能适应了。

2. 可行性

要求算法中有待实现的运算都是基本的，每种运算至少在原理上能由人用纸和笔在有限的时间内完成；针对实际问题设计的算法，人们总是希望能够得到满意的结果。但一个算法又总是在某个特定的计算工具上执行，因此，算法在执行过程中往往要受到计算工具的限制，使执行结果产生偏差。

3. 输入

一个算法有一个或多个输入，在算法运算开始前给出算法所需数据的初值，这些输入取自特定的对象集合。

4. 输出

作为算法运算的结果，一个算法产生一个或多个输出，输出是同输入有某种特定关系的量。

5. 有穷性

一个算法总是在执行了有穷步的运算后终止，即该算法是可达的。数学中的无穷级数，在实际计算时只能取有限项，即计算无穷级数值的过程只能是有穷的。因此，一个数的无穷级数表示只是一个计算公式，而根据精度要求确定的计算过程才是有穷的算法。算法的有穷性还应包括合理的执行时间的含义。因为如果一个算法需要执行千万年，显然失去了实用价值。

满足前四个特性的一组规则不能称为算法，只能称为计算过程，操作系统是计算过程的一个例子。在一个算法中，有些指令可能是重复执行的，因此指令的执行次数可能显著大于算法中的指令条数。由有穷性可知，对于任何输入，一个算法在执行了有限条指令后一定要终止并且必须在有限的时间内完成，因此，一个程序如果对任何输入都不会陷入无限循环，即有穷的，则它就是一个算法。

算法的含义与程序十分相似。算法代表了对问题的解，而程序（program）是算法在计算机上使用某种程序设计语言的具体实现。一个程序通常是用某种程序设计语言书写的一个计算过程，而一个算法并不一定表现为一个计算机程序，它可以用不同方式和不同语言来描述。算法可采用自然语言如英语、汉语等描述，也可以采用图形方式如流程图、拓扑图等描述，如果算法用程序设计语言来描述，则表现为一个程序。原则上，任一算法可以用任何一种程序设计语言实现。但两者之间又有区别，算法必须满足有穷性，程序则可以不满足。例如，操作系统一旦启动后，只要整个系统不遭到破坏，它将永远不会停止，即使当前没有作业要处理，它仍然会处于动态等待作业中，不满足有穷性，所以操作系统是一个在无限循环中执行的程序，而不是算法。另外，程序中的指令必须是机器可执行的，而算法中的指令没有此限制。

算法与数据结构是相辅相成的。解决某一特定类型问题的算法可以选定不同的数据结构，而且选择恰当与否直接影响算法的效率。

8.4.3　算法的效率度量方法

一种数据结构的优劣是由实现其各种运算的算法具体体现的，对数据结构的分析实质上就是对实现运算算法的分析，除了要验证算法是否正确解决该问题外，还需要对算法的效率作性能评价。

性能评价分正确性、可读性、健壮性、高效率与低存储量需求几个方面。

在计算机程序设计中，进行算法分析是十分重要的。通常对于一个实际问题的解决，可以提出若干个算法，那么如何从这些可行的算法中找出最有效的算法呢？或者有了一个解决实际问题的算法，如何来评价它的好坏？这些问题需要通过算法分析来确定。因此算法分析是每个程序设计人员应该掌握的技术。

评价算法的标准很多，评价一个算法主要看这个算法所占用机器资源的多少，而这些资源中时间代价与空间代价是两个主要的方面，通常是以算法执行所需的机器时间和所占用的存储空间来判断一个算法的优劣的。

1. 关于算法执行时间

一个算法的执行时间大致上等于其所有语句执行时间的总和，语句的执行时间是指该条语句的执行次数和执行一次所需时间的乘积。

由于语句的执行要由源程序经编译程序翻译成目标代码，目标代码经装配再执行，语句执行一次实际所需的具体时间与机器的软、硬件环境（机器速度、编译程序质量、输入数据量等）密切相关，所以所谓的算法分析不是针对实际执行时间的精确计算，而是针对算法中语句的执行次数作出估计，从中得到算法执行时间的信息。

2. 算法的空间复杂度

算法的空间复杂度一般是指执行这个算法所需要的内存空间。

一个算法所占用的存储空间包括算法程序所占的空间、输入的初始数据所占的存储空间以及算法执行过程中所需要的额外空间。其中额外空间包括算法程序执行过程中的工作单元以及某种数据结构所需的附加存储空间（例如，在链式结构中，除了要存储数据本身外，还需要存储链接信息）。如果额外空间量相对于问题规模来说是常数，则称该算法是原地工作的。在许多实际问题中，为了减少算法所占的存储空间，通常采用压缩存储技术，以便尽量减少占用额外空间。

8.5 常 用 算 法

8.5.1 递推算法

递推算法是一种比较简单的算法，即通过已知条件，利用特定关系得到中间结论，然后得到最后结果的算法。递推算法通常利用计算机运算速度快、适合进行重复操作的特点，让计算机对一组操作重复执行，每次执行时都使用变量的新值代替旧值，不断迭代对问题进行求解。递推算法可分为顺推法和逆推法两种，本节通过两个典型的实例来说明递推算法的应用。

1. 顺推法

顺推法是指从已知条件出发，逐步推算出要解决的问题的答案的算法。例如，斐波那契数列、进制转换等问题都可以利用顺推法解决。

用顺推法将十进制浮点数转换为二进制数，由于十进制浮点数可分为整数部分和小数部分，将十进制浮点数转换为二进制数可以分别将整数和小数部分进行转换。其中，将十进制整数转换为二进制整数采用的方法是"除以 2 取余"，将十进制小数转换为二进制小数采用的方法是"乘以 2 取整"。

1）除以 2 取余法——将十进制整数转换为二进制整数

所谓除以 2 取余法，就是把十进制整数除以 2，得到商和余数，并记下该余数。再将商作为被除数除以 2，得到新的商和余数，并记下余数。不断地重复以上过程，直到商为 0 为止。每次得到的余数（0 和 1）分别对应二进制整数从低位到高位的数字。例如，十进制整数 86 转换为对应二进制整数的过程如图 8-56 所示。

2）乘以 2 取整法——将十进制小数转换为二进制小数

所谓乘以 2 取整法，就是用 2 乘以十进制小数，得到一个整数和小数。然后继续使用 2 乘以小数部分，得到整数部分和小数部分。不断重复下去，直到余下的小数部分为 0 或者满足一定的精度为止。得到的整数部分依先后次序排列就构成了相应的二进制小数。

例如，十进制小数 0.8125 转换为二进制小数的过程如图 8-57 所示。

需要注意的是，在将一个十进制小数转换为对应的二进制小数的过程中，不一定都精确地转换为二进制小数。如果最终的小数部分不能恰好等于 0，则只需要满足一定精度即可。

最后将转换后的整数部分和小数部分组合在一起就构成了转换后的二进制数。例如，$(86.8125)_{10} = (101010.101)_2$。

2. 逆推法

逆推法根据结果推出已知条件，推算方法与顺推法类似，只是需要将结果作为初始条件向前推算。比较典型的逆推案例是猴子摘桃和存钱问题。

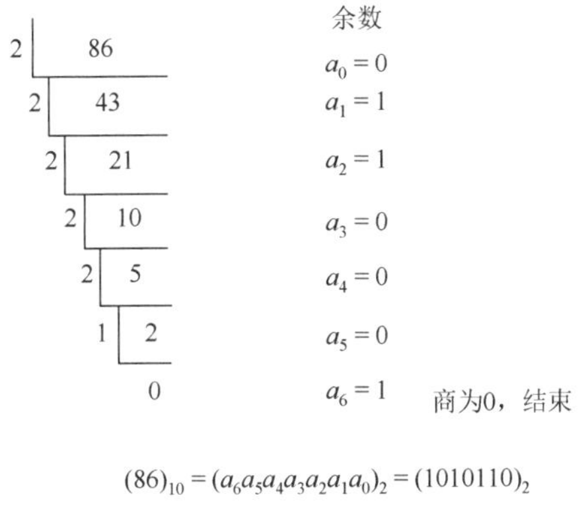

$$
\begin{array}{r|l}
2 & 86 \\
\hline
2 & 43 \\
\hline
2 & 21 \\
\hline
2 & 10 \\
\hline
2 & 5 \\
\hline
1 & 2 \\
\hline
& 0
\end{array}
$$

余数

$a_0 = 0$
$a_1 = 1$
$a_2 = 1$
$a_3 = 0$
$a_4 = 0$
$a_5 = 0$
$a_6 = 1$ 商为0，结束

$(86)_{10} = (a_6 a_5 a_4 a_3 a_2 a_1 a_0)_2 = (1010110)_2$

图 8-56　十进制整数 86 转换为二进制整数的过程

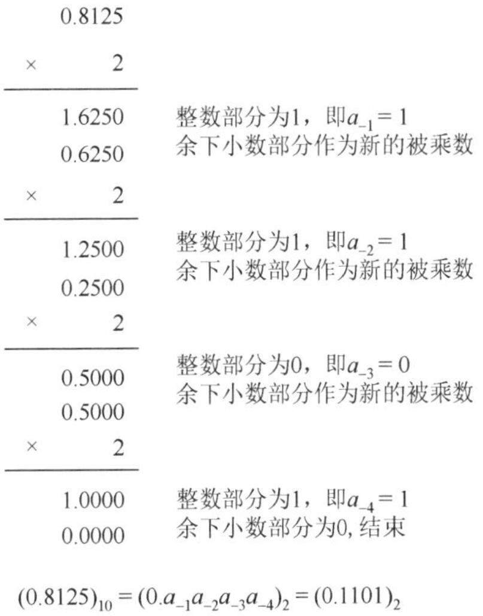

```
          0.8125
       ×      2
      ─────────
          1.6250    整数部分为1，即 a_{-1} = 1
          0.6250    余下小数部分作为新的被乘数
       ×      2
      ─────────
          1.2500    整数部分为1，即 a_{-2} = 1
          0.2500    余下小数部分作为新的被乘数
       ×      2
      ─────────
          0.5000    整数部分为0，即 a_{-3} = 0
          0.5000    余下小数部分作为新的被乘数
       ×      2
      ─────────
          1.0000    整数部分为1，即 a_{-4} = 1
          0.0000    余下小数部分为0，结束
```

$(0.8125)_{10} = (0.a_{-1} a_{-2} a_{-3} a_{-4})_2 = (0.1101)_2$

图 8-57　十进制小数 0.8125 转换为
二进制小数的过程

在存钱问题中，根据已知结果求已知条件。若将一笔钱存入银行 3 年，保证每年年底取出固定的一部分（假设为 1000 元），到第 3 年年底取完，已知银行一年整存零取利息（假设为 0.31%），计算需要存入银行的钱。对于这类题可采用逆推法，即可知第 3 年年底连本带息要取出 1000 元，则需要先求出第 3 年年初的银行存款。

假设第 3 年年初的银行存款是 x，则有 $x(1 + 0.0031 \times 12) = 1000$，故 $x = 1000/(1 + 0.0031 \times 12)$，即第 3 年年初的银行存款为 $1000/(1 + 0.0031 \times 12)$。同理，可得到第 2 年年初的银行存款、第 1 年年初的银行存款，计算过程如下所述：

第 2 年年初的银行存款 = (第 3 年年初的银行存款 + 1000)/(1 + 0.0031 × 12)

第 1 年年初的银行存款 = (第 2 年年初的银行存款 + 1000)/(1 + 0.0031 × 12)

其中，第 1 年年初的银行存款就是需要存入银行的存款，这个逆推过程可以使用循环实现，通过代码实现可求出相应结果。

8.5.2　递归算法

递归就是自己调用自己，它是设计和描述算法的一种有力的工具，常用来解决比较复杂的问题。递归是一种分而治之、将复杂问题转换为简单问题的求解方法。一般情况下，能采用递归描述的算法通常有以下特征：为求解规模为 N 的问题，设法将它分解成规模较小的问题，从小问题的解更容易构造出大问题的解，并且这些规模较小的问题也能采用同样的分解方法，分解成规模更小的问题，并能从这些更小问题的解构造出规模较大问题的解。一般情况下，规模 $N = 1$ 时，问题的解是已知的。

以上求解过程也利用了分治算法的思想。分治算法将一个大规模问题分解为若干子问题，子问题相互独立，然后将子问题的解合并就可得到原问题的解。分治算法具体可以使用递归实现。递归算法具有以下优缺点。

（1）优点：使用递归编写的程序简洁、结构清晰，程序的正确性很容易证明，不需要了解递归调用的具体细节。

（2）缺点：递归函数在调用过程中，每一层调用都需要保存临时变量、返回地址、传递参数，因此递归函数的执行效率低。

1. 简单递归

求 n 的阶乘、求斐波那契数列、求 n 个数中的最大者、数制转换、求最大公约数等都属于比较简单的递归。这里简单介绍斐波那契数列的一种解决算法。

我们把形如 $0, 1, 1, 2, 3, 5, 8, 13, 21, 34, 55, 89, \cdots$ 的数列称为斐波那契数列。不难发现，从第 3 个数起，每个数都是前两个数之和。我们的目的就是编写算法，输出斐波那契数列的前 n 项。

斐波那契数列可以写成如下公式：

$$\text{Fibonacci}(n)\begin{cases}0, & n=0 \\ 1, & n=1 \\ \text{Fibonacci}(n-1)+\text{Fibonacci}(n-2), & n=2,3,4,\cdots\end{cases}$$

当 $n=4$ 时，求 Fibonacci(4) 的值的过程如图 8-58 所示。

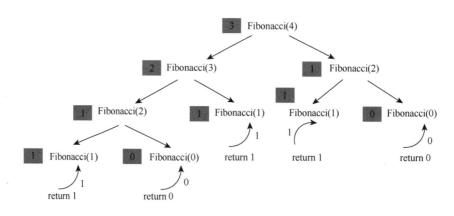

图 8-58　求 Fibonacci(4) 的值的过程

图 8-58 中的阴影部分是右边的函数的对应值。求 Fibonacci(4) 的值，需要先求出 Fibonacci(2) 与 Fibonacci(3) 的值；而求 Fibonacci(3) 的值，需要先求出 Fibonacci(1) 与 Fibonacci(2) 的值；依次类推，直到求出 Fibonacci(1) 和 Fibonacci(0) 的值。因为当 $n=0$ 和 $n=1$ 时，Fibonacci(0) = 0，Fibonacci(1) = 1，所以直接将 1 和 0 返回。Fibonacci(0) = 0 和 Fibonacci(1) = 1 就是 Fibonacci(4) 的基本问题的解。当回推到 $n=0$ 或 $n=1$ 时，开始递推，直到求出 Fibonacci(4) 的值。最后，Fibonacci(4) 的值为 3。求 Fibonacci(n) 的过程与此类似。

2. 复杂递归

复杂递归就是在递归调用函数的过程中，还需要进行一些处理，例如，保存或修改元素值。逆置字符串、和式分解、汉诺塔等问题都属于比较复杂的递归算法。这里简单介绍汉诺塔问题的解决算法。

汉诺塔问题源于印度的一个古老传说。在该传说中，最初有 3 根柱子，在一根柱子上从下往上按从大到小的顺序摆着 64 个圆盘。要求把圆盘从下面开始按从大到小的顺序重新摆放在另一根柱子上。同时规定，在小圆盘上不能放大圆盘，在 3 根柱子之间一次只能移动 1 个圆盘。如图 8-59 所示。

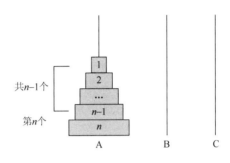

图 8-59　汉诺塔问题

这个问题其实就是将 n 个圆盘从柱子 A 移动到柱子 C 上，在移动的过程中可以利用柱子 B，每次只能移动 1 个圆盘，且始终保持大圆盘在下，小圆盘在上。

要把 n 个圆盘从柱子 A 借助柱子 B 移动到柱子 C，需要先把上面的 $n-1$ 个圆盘从柱子 A 借助柱子 C 移动到柱子 B，然后把第 n 个圆盘直接移到柱子 C 上，最后再把 $n-1$ 个圆盘从柱子 B 借助柱子 A 移动到柱子 C，这样就把规模为 n 的问题分解成规模为 $n-1$ 的问题。

这样就可以实现将 n 个圆盘从柱子 A 移动到柱子 C 上了，但是还有一个问题没有解决。怎样才能将 $n-1$ 个圆盘从柱子 A 移动到柱子 B 上，然后从柱子 B 移动到柱子 C 上呢？

要把 $n-1$ 个圆盘从柱子 A 移动到柱子 B 上，需要先将上面的 $n-2$ 个圆盘借助柱子 B 从柱子 A 移动到柱子 C 上，然后将第 $n-1$ 个圆盘直接移动到柱子 B 上，再借助柱子 A 将 $n-2$ 个圆盘从柱子 C 移动到柱子 B 上。

要将 $n-1$ 个圆盘从柱子 B 移动到柱子 C 还要借助递归实现。移动圆盘的过程正好符合递归的特点，即将规模较大的问题简化为规模较小的子问题。递归结束的条件就是一次只需要移动一个圆盘，否则递归继续进行下去。

为了使问题简化，我们分析一下将 3 个圆盘从柱子 A 借助柱子 B 移动到柱子 C 上的过程。

（1）将柱子 A 上的两个圆盘移动到柱子 B 上（借助柱子 C）。

（2）将柱子 A 上的一个圆盘直接移动到柱子 C 上（A→C）。

（3）将柱子 B 上的两个圆盘移动到柱子 C 上（借助柱子 A）。

其中，第（2）步可以直接实现，第（1）步可以继续分解为如下步骤。

（1）将柱子 A 上的 1 个圆盘直接移动到柱子 C 上（A→C）。

（2）将柱子 A 上的 1 个圆盘直接移动到柱子 B 上（A→B）。

（3）将柱子 C 上的 1 个圆盘直接移动到柱子 B 上（C→B）。

第（3）步可以继续分解为如下步骤。

（1）将柱子 B 上的 1 个圆盘直接移动到柱子 A 上（B→A）。

（2）将柱子 B 上的 1 个圆盘直接移动到柱子 C 上（B→C）。

（3）将柱子 A 上的 1 个圆盘直接移动到柱子 C 上（A→C）。

综上，移动 3 个圆盘的步骤如下：

A→C，A→B，C→B，A→C，B→A，B→C，A→C

8.5.3　穷举算法

穷举算法，也称枚举算法，它是编程中常用的一种算法。在解决某些问题时，可能无法按照一定规律从众多的候选解中找出正确的解。此时，可以从众多的候选解中逐一取出候选解，并验证候选解是否为正确的解，我们将这种方法称为枚举算法。

枚举算法的缺点是运算量比较大，解题效率不高。如果枚举范围太大，那么就会耗费过多。枚举算法的优点是思路简单，程序编写和调试方便。因此，如果问题的规模不是很大，且要求在规定的时间和空间下能够求出解，那么最好采用枚举算法，而不需要太在意是否还有更快的算法。

例如，求取水仙花，"水仙花数"是指这样一个 3 位数，其各位数字的立方和等于该数本身。例如，$153 = 1^3 + 5^3 + 3^3$，所以 153 是一个"水仙花数"。

我们可以先列举所有的候选解，即 100～999 的所有整数，再依次求出每个候选解的百位、十位、个位上的数字，最后判断候选解是否为所求的解，如果是，则输出候选解。

又如 0/1 背包问题，假设有 n 个重量为 $w_1, w_2, \cdots, w_n$ 的物品，编号为 1～n，价值分别为 $v_1, v_2, \cdots, v_n$。要求从中选择物品装入重量为 W 的背包，这些物品只能装入背包或不装入背包，不能选择物品的某一部分装入背包，需要我们设计算法使背包中的物品价值达到最大。

这里同样可以使用枚举算法，即假设物品的个数为 n，则有 2^n 个装入背包的组合方式。枚举所有组合方式，先从第一个组合开始，依次将该组合中的物品取出。若装入背包，则检查背包中物品的重量是否超过背包的限制，若不超过限制且当前物品总价值大于之前的组合，则更新表示物品最大价值的 max value 变量并保存选择的物品编号。为了获取所有组合方式，可模拟二进制加法从 0…0 加到 1…1。其中，每一位 0 和 1 对应 n 个物品，表示是否选择装入背包，可用数组 put[] 依次存放这 n 个数字。例如，put[i] = 1 表示将第 $i + 1$ 个物品装入背包，put[i] = 0 表示第 $i + 1$ 个物品不装入背包。最后可从中求得使背包中物品价值最大的物品组合方式。

使用枚举算法可以解决问题，但考虑到指数型增加的方法，我们可以采取其他的算法解决这一问题，例如使用动态规划算法等，这里不做探讨，感兴趣的读者可以自行了解。

8.6　算法的分析与评价

评价一个算法的优劣一般可以以算法运行时所消耗时间和所占用的存储空间来度量，即算法的时间复杂度和空间复杂度。要对一个算法做出全面的分析通常有以下两种方法。

（1）事后统计的方法。

查阅相关资料统计算法的执行时间和实际占用空间，不同算法的程序可通过一组或若干组相同的统计数据以分辨优劣。但这种方法有两个缺陷：一是必须先运行依据算法编制的程序；二是所得时间的统计量依赖于计算机的硬件、软件等环境因素，有时容易掩盖算法本身的优劣。因此，人们常采用另一种事前分析估算方法。

（2）事前分析估算的方法。

当一个算法转换成高级程序语言编写的程序在计算机上运行时，它所消耗的时间取决于下列因素：

①算法选用的策略；

②问题的规模，例如，求 200 以内还是 2000 以内的素数；

③编写程序的语言，对于同一个算法，实现语言的级别越高，执行效率就越低；

④编译程序所产生的机器代码的质量；

⑤机器执行指令的速度。

当同一个算法用不同的语言实现，或者用不同的编译程序进行编译，或者在不同的计算机上运行时，效率均不相同。因此，使用绝对的时间单位衡量算法的效率是不合适的。应把这些与计算机硬件、软件有关的因素排除在外，这样就可以认为一个特定算法"运行工作量"的大小，只依赖于问题规模（通常用整数 n 表示），或者说，它是问题规模的函数。这种事先分析估算的方法就是通过分析问题规模，求出该算法的一个时间界限函数，以此来衡量算法的时间复杂度。

8.6.1 时间复杂度

一个程序的时间复杂度是指程序运行从开始到结束所需要的时间。

算法是由控制结构和原操作构成的，其执行时间取决于两者的综合效果。其中，控制结构包括顺序结构、分支结构和循环结构 3 种；原操作则是指对固有数据类型的操作。

为了便于比较同一问题的不同算法，通常的做法是，从算法中选取一种对于所研究的问题是基本操作的原操作，以该原操作重复执行的次数作为算法的时间度量。一般情况下，算法中基本操作重复执行的次数是问题规模 n 的某个函数 $f(n)$，算法的时间度量记为

$$T(n) = O(f(n))$$

它表示随问题规模 n 的增大，算法执行时间的增长率和 $f(n)$ 的增长率相同，称为算法的渐进时间复杂度（asymptotic time complexity），简称时间复杂度。

例 8.1 两个 $n \times n$ 的矩阵相乘的算法如下，分析该算法的时间复杂度。

```
for(i=1;i<=n;i++)
for(j=1;j<=n;j++)
{
    c[i][j]=0;
```

```
    for(k=1;k<=n;k++)
        c[i][j]+=a[i][k]*b[k][j];
}
```

该算法的时间复杂度为 $O(n^3)$。

容易看出，该算法中的控制结构是三重循环的，且每一重的循环次数是 n。原操作有赋值、加法和乘法 3 种，显然三重循环之内的"乘法"才是"矩阵相乘问题"的基本操作，它的执行总次数为 $n \times n \times n = n^3$，故算法的时间复杂度 $T(n) = O(n^3)$。

从上述例子中可以看出，被称为问题的基本操作的原操作应是其重复执行次数和算法的执行时间成正比的原操作，多数情况下，它是最深层循环内的语句中的原操作，它的执行次数和包含它的语句的频度相同。语句的频度（frequency count）指的是该语句重复执行的次数。例如，在下列 5 个程序中：

（1）`{++x;s=0;}`

（2）
```
for(i=1;i<=n;i++)
    {
        ++x;
        s+=x;
    }
```

（3）
```
for(i=1;i<=n;i++)
    for(j=1;j<=n;j++)
    {
        ++x;
        s+=x;
    }
```

（4）
```
for(i=0;i<n-1;i++)
    {
    j=i;
    for(k=i+1;k<n;k++)
        if(a[k]<a[j])
                j=k;
    if(j!=i)
    {
    t=a[j];
    a[j]=a[i];
    a[i]=t;
    }
}//select_sort
```

（5）
```
for(i=1;i<=n;i=2*i)
    cout<<"i="<<i<<'\n';
```

前 3 个程序段中的基本操作都是 + +x，包含此操作的语句频度分别为 1、n 和 n^2，则这 3 个程序段的时间复杂度分别为 $O(1)$、$O(n)$ 和 $O(n^2)$，分别称为常量阶、线性阶和平方阶。第 4 个程序段是个两重循环，所以基本操作是内层循环中的比较和赋值语句，其中比较语句的频度为

$$\sum_{i=0}^{n-2}(n-i-1)=\frac{n(n-1)}{2}=\frac{n^2}{2}-\frac{n}{2}$$

对于时间复杂度而言，只需要取最高阶的项，并忽略常数系数，所以该程序段的时间复杂度仍为 $O(n^2)$。最后一个程序段，其基本操作是输出语句，设其频度为 $T(n)$，则有 $2^{T(n)}\leqslant n$，所以算法的时间复杂度 $T(n)$ 为 $O(\log_2 n)$，称为对数阶。除了常量阶、线性阶、平方阶、对数阶，算法还可能呈现的时间复杂度有指数阶等，常见函数的增长率如图 8-60 所示。

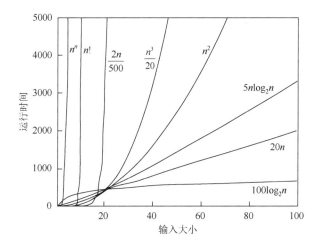

图 8-60　常见函数的增长率

从以上 5 个例子可以看出，算法的时间复杂度取决于最内层循环包含的基本操作语句的频度，通常以最坏情况下的时间复杂度作为该算法的时间复杂度。时间复杂度是衡量一个算法优劣的重要标准，从图 8-60 中可以看出，一般具有多项式时间复杂度的算法是可接受的、可使用的算法，而具有指数时间复杂度的算法，只有当问题规模 n 足够小时，才是可使用的算法。所以，尽可能选用多项式阶 $O(n^k)$ 的算法，而不希望用指数阶算法。常见的时间复杂度排序如表 8-2 所示。

表 8-2　常见时间复杂度排序

常数阶	对数阶	线性阶	线性对数阶	平方阶	立方阶	指数阶	阶乘阶	n 次幂阶
$\theta(1)$	$\theta(\log_2 n)$	$\theta(n)$	$\theta(n\log_2 n)$	$\theta(n^2)$	$\theta(n^3)$	$\theta(2^n)$	$\theta(n!)$	$\theta(n^n)$

在规模 n 一定的情况下，从图 8-60 可以看出各时间复杂度数量级有如下大小关系：

$$\theta(1) < \theta(\log_2 n) < \theta(n) < \theta(n\log_2 n) < \theta(n^2) < \theta(n^3) < \theta(2^n) < \theta(n!) < \theta(n^n)$$

一般情况下，对于一个问题或者一类算法只需选择一种基本操作来讨论算法的时间复杂度即可，有时也需要同时考虑几种基本操作，甚至可以对不同的操作赋予不同权值，以反映执行不同操作所需的相对时间，这种做法便于综合比较解决同一问题的两种完全不同的算法。

由于算法的时间复杂度考虑的只是对于问题规模 n 的增长率，则在难以精确计算基本操作语句频度的情况下，只需求出它关于 n 的增长率即可，如上述第 4 个程序段所示，只取最高阶项，并忽略常数系数。

有的情况下，算法中基本操作的语句频度还随问题的输入数据集不同而不同。例如，在下列的排序算法中：

```
void bubble_sort(int a[],int n){
    //将 a 中整数序列重新排列成自小到大的有序整数序列
    for(i=n-1;i>0;i--){
        for(j=0;j<i;j++)
            if(a[j]>a[j+1])
                a[j]←→a[j+1];//{t=a[j];a[j]=a[j-1];a[j-1]=t;}
    }
```

"交换序列中相邻的两个整数"为基本操作。当数组 a 中初始序列为自小到大有序时，基本操作的执行次数为 0；当初始序列为自大到小有序时，基本操作的执行次数为 $n(n-1)/2$。对这类算法的时间复杂度分析，一般通过计算它的平均值来实现，即考虑它对所有可能的输入数据集的期望值，此时相应的时间复杂度为算法的平均时间复杂度。假设数组 a 中初始输入数据可能出现 $n!$ 种的排列情况的概率相等，则该排序的平均时间复杂度 $T_{arg}(n) = O(n^2)$，然而在很多情况下，各种输入数据集出现的概率难以确定，算法的平均时间复杂度也就难以确定。因此，另一种更可行也更常用的办法就是讨论算法在最坏情况下的时间复杂度，即分析最坏情况以估算算法执行时间的一个上界。如上述排序的最坏情况为数组 a 中初始序列为自大到小有序排列，则该排序算法在最坏的情况下的时间复杂度的计算如图 8-61 所示，基本操作的语句频度为 $n^2/2 - n/2$，则最坏情况下时间复杂度为 $T(n) = O(n^2)$。在本书以后的各章节讨论的时间复杂度，除特别说明外，均指最坏情况下的时间复杂度。

$i = n–1$：j 从 0 到 $n–2$ 交换 $n–1$ 次
$i = n–2$：j 从 0 到 $n–3$ 交换 $n–2$ 次
$i = n–3$：j 从 0 到 $n–4$ 交换 $n–3$ 次
...
$i = 1$：j 从 0 到 0 交换 1 次
$(n–1) + (n–2) + (n–3) + \cdots + 1 = n(n–1)/2 = n^2/2–n/2$

图 8-61　最坏时间复杂度计算

8.6.2　空间复杂度

一个程序的空间复杂度是指程序运行从开始到结束所需的存储空间的度量，记为

$$S(n) = O(f(n))$$

其中，n 为问题的规模；$f(n)$ 为所需存储空间关于问题规模 n 的函数表达式。

程序的一次运行是针对所求解的问题的某一特定实例而言的。例如，求解排序问题的排序算法的每次执行是针对一组特定个数的数据元素进行排序。对该组数据元素的排序是排序问题的一个实例，数据元素个数可视为该实例的特征。

一个正在执行的程序运行所需的存储空间包括以下两部分。

（1）固定部分：这部分存储空间用来存储程序代码、常量、简单变量、定长成分的结构变量。也就是说这部分存储空间所处理的数据的大小和个数无关，或者说与问题实例的特征无关。若输入数据所占空间只取决于问题本身，和算法无关，则只需要分析除输入和程序之外的额外空间。

（2）可变部分：这部分空间大小与算法在某次执行中处理的特定数据的大小和规模有关。例如，10 个数据元素的排序算法与 1000 个数据元素的排序算法所需的存储空间显然是不同的。若额外空间相对于输入数据量来说是常数，则称此算法为原地工作。算法的空间复杂度主要考虑算法在运行过程中临时占用的存储空间的大小，一个算法的临时存储空间是指函数体内新开辟的空间，不包括参数占用的空间。例如：

```
int sum(int a[],int n){
    int i,s=0;
    for(i=0;i<n;i++)
        s+=a[i];
    return s;
}
```

上述程序段中，函数体内只开辟了 i、s 变量的空间，与算法规模 n 无关，所以该算法的空间复杂度为 $O(1)$，不计参数 a 所占用的空间，称为原地工作。

如果所占用空间依赖于特定的输入，则除特别指明外，均按最坏的情况来分析。

第五篇　网络与互联（网络思维）

1950年，美国在其北部和加拿大境内建立了一个地面防空系统，简称赛其（SAGE）系统。它是人类历史上第一次将计算机与通信设备结合起来，是计算机网络的雏形。赛其系统还不能算是真正的计算机网络，因为由通信线路所连接的，一端是计算机，另一端只是一个数据输入/输出设备，或称终端设备。

人们将这种系统称为联机终端系统，简称联机系统。联机系统很快得到了推广应用。

按照这种方式，人们只要将一个终端通过通信线路与计算机连接起来，就可以在远地通过终端利用计算机，好像人就在机房里面一样。

20世纪60年代，美国国防部高级研究计划局资助计算机网络的研究，于1969年12月建立了只有四台主计算机的ARPA网络。

这是世界上第一个计算机网络，它就是今天因特网的前身。ARPA网络的成功建立引发了计算机网络研究的热潮，这些研究为计算机网络的发展奠定了理论基础。

第9章 计算机网络

9.1 数字通信基础

本节介绍有关现代数字通信的一些最基本的知识并以此为基础引出计算机网络。

9.1.1 数字通信信号处理

为什么通信系统中，无论军用系统还是商用系统，都在进行"数字化"？这有许多原因，其中最主要的原因是，与模拟信号相比，数字信号更易于再生。图 9-1 是在传输线上传输的理想二进制数字脉冲。波形的形状受到两个基本因素的影响：①所有传输线和电路的频域传递函数都是非理想的；②存在电子噪声或其他干扰。这两个因素都会引起波形失真，并且此项失真是传输线长度的函数，如图 9-1 所示。在传输脉冲仍然能够被可靠识别前（即在传输脉冲恶化到模糊状态前），由数字放大器将脉冲放大，并恢复其最初的理想形状，这样脉冲就"再生"了。在传输系统中，在规则的时间间隔内执行这种功能的电路称为"再生中继器"（regenerative repeater）。

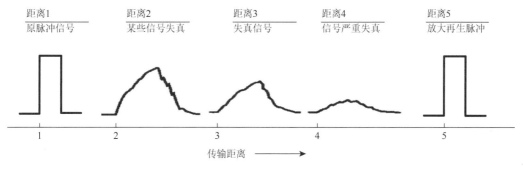

图 9-1 脉冲的失真和再生

与模拟电路相比，数字电路有更好的抗失真和抗干扰能力。二进制数字电路的工作状态只有两个——开或关，因此只有能够把电路从一个状态变换到另一个状态的干扰才能起到破坏作用。这样的两状态工作有助于信号的再生，因而能在传输中有效地抑制噪声和其他累积干扰。然而，模拟信号不是"双态"信号，它的波形在模拟电路中是连续变化的，即使很小的干扰也可能导致信号产生难以接受的失真，且失真一旦产生，就无法通过放大器来抑制：因为模拟信号不能去除累积的噪声，所以就不能很好地再生信号。若采用数字技术，通过检错与纠错可以获得极低的差错概率从而产生高保真信号，而模拟系统则没有类似的技术。

数字通信系统还有其他优点：数字电路比模拟电路更可靠，且其生产成本比模拟电路低；数字硬件比模拟硬件更具灵活性，如微处理器、数字开关、大规模集成电路等；时分复用（time-division multiplexing，TDM）信号比频分复用（frequency-division multiplexing，FDM）的模拟信号更简单；不同类型的数字信号（数据、电报、电话、电视等）在传输和交换中都被看成相同的信号——比特信号；为方便交换，还可将数字信号以数据包（packet）的形式进行处理。数字技术因为能够抗自然干扰和人为干扰、能够进行加密处理而更适于信号处理。计算机与计算机之间、数字设备或终端与计算机之间的数据通信需求越来越多，这些数字终端可以通过数字通信链路获得最好的服务。

9.1.2 数据通信系统的模型

下面通过一个最简单的例子来说明数据通信系统的模型。这个例子就是两个计算机经过普通电话机的连线，再经过公用电话网进行通信。

如图 9-2 所示，一个数据通信系统可划分为三大部分，即源系统（或发送端、发送方）、传输系统（或传输网络）和目的系统（或接收端、接收方）。

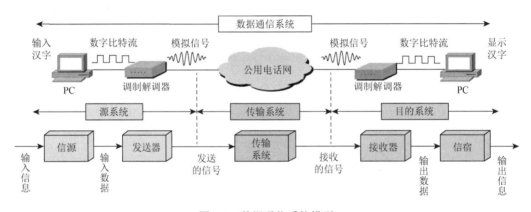

图 9-2　数据通信系统模型

源系统一般包括以下两个部分。

（1）源点（source）——源点设备产生要传输的数据，例如，从计算机的键盘输入汉字，计算机产生输出的数字比特流。源点又称为源站或信源。

（2）发送器——通常源点生成的数字比特流要通过发送器编码后才能够在传输系统中进行传输。典型的发送器就是调制器。现在很多计算机使用内置的调制解调器（包含调制器和解调器），用户在计算机外面看不见调制解调器。

目的系统一般也包括以下两个部分。

（1）接收器——接收传输系统传送过来的信号，并把它转换为能够被目的设备处理的信息。典型的接收器就是解调器，它对来自传输线路上的模拟信号进行解调，提取出在发送端置入的消息，还原出发送端产生的数字比特流。

（2）终点（destination）——终点设备从接收器获取传送来的数字比特流，然后把信息输出（例如把汉字在计算机屏幕上显示出来）。终点又称目的站或信宿。

在源系统和目的系统之间的传输系统可以是简单的传输线，也可以是连接在源系统和目的系统之间的复杂网络系统。

9.1.3　基本的数字通信术语

（1）信源（information source）——指通信中产生需要传输的信息的装置，信源的输出可以是模拟的或是离散的。模拟信源的输出可以在幅度范围内取任何一个值，而离散信息源的输出则是某一有限数组中的一个。模拟信源可通过采样（sampling）和量化（quantization）变成离散信源。

（2）比特——二进制数字中的位，信息量的度量单位，为信息量的最小单位。

（3）比特流（bit stream）——指二进制数据（0 和 1）流。比特流通常称为基带信号，这意味着其频谱范围是从直流（或接近直流）到一个有限值，这个值通常小于几兆赫。

（4）码元——承载信息量的基本信号单位。在数字通信中常用时间间隔相同的符号来表示一个二进制数字，这样的时间间隔内的信号称为（二进制）码元。

（5）文本消息——指字符序列。为了进行数字传输，文本消息应该是一组数字流，或是有限符号集或字母表中的符号。

（6）数字波形（digital waveform）——指用于表示数字符号的电压或电流波形（基带传输的脉冲或带通传输的正弦波）。波形参数（脉冲的幅度、宽度、位置或正弦波的幅度、频率、相位）使其可用于表示有限、符号集中的任意符号。图 9-3 给出了数字信号波形的例子。

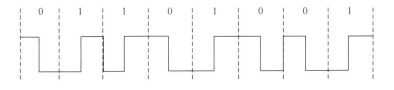

图 9-3　数字信号波形例子

（7）数据速率——此数值的单位是比特每秒（bit/s），由 $R = k/t = (1/D)\log_2 M\,\mathrm{bit/s}$ 给出，其中的 k 比特确定 $M = 2^k$ 符号集中的一个符号，t 是 k 比特符号的持续时间。

9.1.4　有关信道的基本概念

许多情况下，我们要使用"信道"（channel）这一名词。信道和电路并不等同。信道一般都是用来表示向某一个方向传送信息的媒体。因此，一条通信电路往往包含一条发送信道和一条接收信道。

从通信的双方信息交互的方式来看，可以有以下三种基本方式。

（1）单向通信——又称单工通信，即只能有一个方向的通信而没有反方向的交互。无线电广播或有线电广播以及电视广播就属于这种类型。

（2）双向交替通信——又称半双工通信，即通信的双方都可以发送信息，但不能双方同时发送（当然也就不能同时接收）。这种通信方式是一方发送另一方接收，过一段时间后可以再反过来。

（3）双向同时通信——又称全双工通信，即通信的双方可以同时发送和接收信息。单向通信只需要一条信道，而双向交替通信或双向同时通信都需要两条信道（每个方向各一条）。显然，双向同时通信的传输效率最高。

这里要提醒读者注意，有时人们也常用"单工"这个名词表示"双向交替通信"。如常说的"单工电台"并不是只能进行单向通信。正因为如此，国际电信联盟电信标准化部门（International Telecommunication Union-Telecommunication Standardization Sector，ITU-T）才不采用"单工"、"半双工"和"全双工"这些容易弄混的术语作为正式的名词。

来自信源的信号常称为基带信号（即基本频带信号）。像计算机输出的代表各种文字或图像文件的数据信号都属于基带信号。基带信号往往包含较多的低频成分，甚至有直流成分，而许多信道并不能传输这种低频分量或直流分量。为了解决这一问题，就必须对基带信号进行调制（modulation）。

调制可分为两大类。一类是仅仅对基带信号的波形进行变换，使它能够与信道特性相适应。变换后的信号仍然是基带信号。这类调制称为基带调制。由于这种基带调制是把数字信号转换为另一种形式的数字信号，因此大家更愿意把这种过程称为编码（coding）。另一类调制则需要使用载波（carrier）进行调制，把基带信号的频率范围搬移到较高的频段，并转换为模拟信号，这样就能更好地在模拟信道中传输。经过载波调制后的信号称为带通信号（即仅在一段频率范围内能够通过信道），而使用载波的调制称为带通调制。

9.1.5　计算机网络

计算机网络的本质是计算机之间的互相通信，因此计算机网络最重要的功能就是计算机通信，由于计算机本身是处理数字的，计算机网络实际上是一种数字通信。正是由于计算机网络的出现，数字通信才变为一种广泛应用的通信手段。

计算机网络（简称网络）由若干结点（node）R 和连接这些结点的链路（link）组成。网络中的结点可以是计算机、集线器、交换机或路由器等。图 9-4（a）给出了一个具有四个结点和三条链路的网络。我们看到，有三台计算机通过三条链路连接到一个集线器上，构成了一个简单的计算机网络。在很多情况下，我们可以用一朵云表示一个网络。这样做的好处是可以不去关心网络中的相当复杂的细节问题，因而可以集中精力研究涉及与网络互联有关的一些问题。

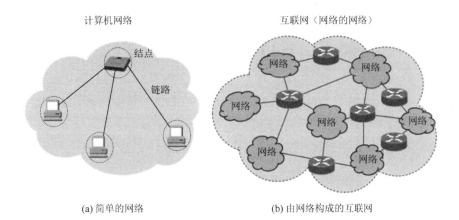

(a) 简单的网络　　　　　　　　　　(b) 由网络构成的互联网

图 9-4　简单的网络和由网络构成的互联网

网络之间还可以通过路由器互联起来，这就构成了一个覆盖范围更大的计算机网络。这样的网络称为互联网（internetwork 或 internet），如图 9-4（b）所示。因此互联网是"网络的网络"（network of network）。

计算机网络的目的是通信和共享资源。电子邮件、即时消息和网页都依赖于底层计算机网络中发生的通信。我们使用网络共享那些无形的资源（如文件）和有形的资源（如打印机）。

计算机之间的连接通常是靠物理电线或电缆实现的。但是，有些连接使用无线电波或红外信号传导数据，这种连接是无线的。网络不是由物理连接定义的，而是由通信能力定义的。

计算机网络中的设备不只是计算机。例如，打印机可以直接连入网络，以便网络中的每个用户都可以使用它。此外，网络还包括各种处理网络信息传输的设备。我们用通用的术语结点或主机来引用网络中的所有设备。

计算机网络的一个关键问题是数据传输率，即数据从网络中的一个地点传输到另一个地点的速率。我们对网络的要求一直在提高，因为我们要靠网络来传递更多更复杂（更大）的数据。多媒体成分（如音频和视频）是使通信量大增的主要贡献者。有时，数据传输率又称为网络的带宽。

计算机网络的另一个关键问题是使用的协议。本书其他章节提到过，协议是说明两个事物如何交互的一组规则。在联网过程中，我们使用明确的协议来说明如何格式化和处理要传输的数据。

9.1.6　开放式系统与网络协议

在计算机网络发展的早期，销售商提出了许多希望商家能够采用的技术。问题是这些专有系统都有特有的差别，不同类型的网络之间不能进行通信。随着网络技术的发展，对互通性的需求越来越明显，我们需要一种使不同销售商出售的计算系统能够通信的方式。

开放式系统的基础是网络体系结构的通用模型，它的实现采用了一系列协议。开放

式系统最大化了互通性的可能。国际标准化组织（ISO）建立了开放系统互联（OSI）参
考模型来简化网络技术的开发。它定义了一系列网络交互层。图9-5展示了OSI参考模型。

7	应用层
6	表示层
5	会话层
4	传输层
3	网络层
2	数据链路层
1	物理层

图9-5　OSI参考模型

每一层处理网络通信的一个特定方面。最高层处理的是明确地与应用程序有关的问
题。最低层处理的是与物理传输介质（如线型）相关的基础的电子或机械问题。其他层
填补了其他各个方面。例如，网络层处理的是包的路由和寻址问题。

每一层的细节不在本书的讨论范围内，但是要知道，之所以存在今天我们所熟知的
联网技术，都归功于开放式系统的技术和方法（如OSI参考模型）。

在计算机网络中要做到有条不紊地交换数据，就必须遵守一些事先约定好的规则。
这些规则明确规定了所交换的数据的格式以及有关的同步问题。这里所说的同步不是狭
义的（即同频或同频同相），而是广义的，即在一定的条件下应当发生什么事件（例如应
当发送一个应答信息），因而同步含有时序的意思。这些为进行网络中的数据交换而建立
的规则标准或约定称为网络协议（network protocol）。网络协议也可简称为协议。

9.1.7　TCP/IP

TCP/IP传输协议，即传输控制/网络协议，也称为网络通信协议。它是在网络的使用
中最基本的通信协议。TCP/IP传输协议对互联网中各部分进行通信的标准和方法进行了
规定。并且，TCP/IP传输协议是保证网络数据信息及时、完整传输的两个重要的协议。
TCP/IP传输协议严格来说是一个四层的体系结构，应用层、传输层、网络层和数据链路
层都包含其中。

OSI的七层协议体系结构（图9-6（a））的概念清楚，理论也较完整，但它既复杂又
不实用。TCP/IP体系结构（图9-6（b））则不同，它现在得到了非常广泛的应用。它包含
应用层、传输层、网际层和网络接口层（用网际层这个名字是强调这一层是为了解决不
同网络的互联问题）。不过从实质上讲，TCP/IP只有最上面的三层，因为最下面的网络接
口层并没有什么具体内容。因此本书采取折中的办法，即综合OSI和TCP/IP的优点，采
用一种只有五层协议的体系结构（图9-6（c）），这样既简洁又能将概念阐述清楚。有时
为了方便，也可把最底下两层称为网络接口层。

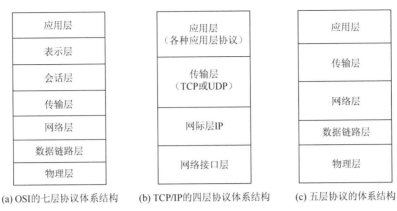

图 9-6 计算机网络体系结构

9.1.8 高层协议

其他协议都是在 TCP/IP 协议组建立的基础上构建的。一些关键的高层协议如下所述。

（1）简单邮件传输协议（simple mail transfer protocol，SMTP）——用于指定电子邮件的传输方式的协议。

（2）文件传输协议（file transfer protocol，FTP）——允许一台计算机上的用户把文件传到另一台机器或从另一台机器传回文件的协议。

（3）telnet——用于从远程计算机登录一个计算机系统的协议。如果你在一台特定的计算机上拥有允许 telnet 连接的账户，那么就可以运行采用 telnet 协议的程序，连接并登录到这台机器，就像你坐在这台机器面前一样。

（4）超文本传输协议（hypertext transfer protocol，HTTP）——定义 WWW 文档交换的协议，WWW 文档通常是用超文本标记语言（hypertext markup language，HTML）写成的。

有些高层协议具有特定的端口号。端口是对应于特定高层协议的数字标号。服务器和路由器利用端口号控制和处理网络通信。表 9-1 列出了常用的协议和它们的端口。有些协议（如 HTTP）具有默认的端口，但也可以使用其他端口。

表 9-1 一些协议与它们使用的端口

协议	端口
Echo	7
文件传输协议（FTP）	21
telnet	23
简单邮件传输协议（SMTP）	25
域名服务（DNS）	53
超文本传输协议（HTTP）	80
邮局协议（POP3）	110

9.2　物理层和数据链路层

9.2.1　物理层的基本概念

物理层（physical layer）是五层模型中最低的一层。物理层规定：为传输数据所需要的物理链路创建、维持、拆除，而提供具有机械的、电子的、功能的和规范的特性。简单地说，物理层确保原始的数据可在各种物理媒体上传输。数据链路层的任务是将整个帧从一个网络元素移动到邻近的网络元素，而物理层的任务是将该帧中的一个一个比特从一个结点移动到下一个结点。该层中的协议仍然是链路相关的，并且进一步与链路（如双绞铜线、单模光纤）的实际传输媒体相关。例如，以太网具有许多物理层协议：关于双绞铜线的、关于同轴电缆的、关于光纤的等。在每种情况下，跨越这些链路移动一个比特的方式不同。

物理层要解决的主要问题如下所述。

（1）物理层要尽可能地屏蔽掉物理设备和传输媒体，通信手段的不同，使数据链路层感觉不到这些差异，只考虑完成本层的协议和服务。

（2）给其服务用户（数据链路层）在一条物理的传输媒体上传送和接收比特流（一般为串行按顺序传输的比特流）的能力，为此，物理层应该解决物理连接的建立、维持和释放问题。

（3）在两个相邻系统之间唯一地标识数据电路。

物理层主要功能：为数据端设备提供传送数据通路、传输数据。

（1）为数据端设备提供传送数据的通路，数据通路可以是一个物理媒体，也可以是由多个物理媒体连接而成的。一次完整的数据传输，包括激活物理连接、传送数据、终止物理连接。所谓激活，就是无论有多少物理媒体参与，都要在通信的两个数据终端设备间连接起来，形成一条通路。

（2）传输数据，物理层要形成适合数据传输需要的实体，为数据传送服务。一是要保证数据能在其上正确通过，二是要提供足够的带宽（带宽是指每秒钟内能通过的比特数），以减少信道上的拥塞。传输数据的方式能满足点到点、一点到多点、串行或并行、半双工或全双工、同步或异步传输的需要。

（3）完成物理层的一些管理工作。

可以将物理层的主要任务描述为确定与传输媒体的接口有关的一些特性，具体如下。

（1）机械特性——指明接口所用接线器的形状和尺寸、引脚数目和排列、固定和锁定装置等。平时常见的各种规格的接插件都有严格的标准化的规定。

（2）电气特性——指明在接口电缆的各条线上出现的电压的范围。

（3）功能特性——指明某条线上出现的某一电平的电压的意义。

（4）过程特性——指明对于不同功能的各种可能事件的出现顺序。

大家知道，数据在计算机内部多采用并行传输方式。但数据在通信线路（传输媒体）

上的传输方式一般都是串行传输（这是出于经济方面的考虑），即逐个比特按照时间顺序传输。因此物理层还要完成传输方式的转换。

具体的物理层协议种类较多。这是因为物理连接的方式很多（例如，可以是点对点的，也可以采用多点连接或广播连接），而传输媒体的种类也非常多（如架空明线、双绞线、对称电缆、同轴电缆、光缆，以及各种波段的无线信道等）。因此在学习物理层时，应将重点放在掌握基本概念上。

9.2.2　物理层下面的传输媒体

传输媒体也称为传输介质或传输媒介，它就是数据传输系统中在发送器和接收器之间的物理通路。传输媒体可分为两大类，即导引型传输媒体和非导引型传输媒体（这里的"导引型"的英文就是 guided，导引型传输媒体也可译为"导向传输媒体"）。在导引型传输媒体中，电磁波被导引沿着固体媒体（铜线或光纤）传播，常用的导引型传输媒体有双绞线、同轴电缆、光缆。而非导引型传输媒体就是指自由空间，在非导引型传输媒体中电磁波的传输常称为无线传输。

1. 导引型传输媒体

（1）双绞线——也称为双扭线（图 9-7），是最古老但又最常用的传输媒体。把两根互相绝缘的铜导线并排放在一起，然后用规则的方法绞合（twist）起来就构成了双绞线。绞合可减少对相邻导线的电磁干扰。使用双绞线最多的地方就是到处都有的电话系统。几乎所有的电话都用双绞线连接到电话交换机。这段从用户电话机到交换机的双绞线称为用户线或用户环路（subscriberloop）。通常将一定数量的这种双绞线捆成电缆，在其外面包上护套。模拟传输和数字传输都可以使用双绞线，其通信距离一般为几公里到十几公里。距离太长时就要加放大器以便将衰减了的信号放大到合适的数值（对于模拟传输），或者加上中继器以便对失真了的数字信号进行整形（对于数字传输）。导线越粗，其通信距离就越远，但导线的价格也越高。在数字传输时，若传输速率为每秒几兆比特，则传输距离可达几公里。双绞线的价格便宜且性能也不错，因此使用十分广泛。为了提高双绞线抗电磁干扰的能力，可以在双绞线的外面再加上一层用金属丝编织成的屏蔽层。这就是屏蔽双绞线（shielded twisted pair，STP）。它的价格当然比无屏蔽双绞线（unshielded twisted pair，UTP）贵一些。

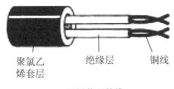

(a) 无屏蔽双绞线　　　　　　(b) 屏蔽双绞线　　　　　　(c) 不同的绞合度的双绞线

图 9-7　双绞线结构

（2）同轴电缆——由内导体铜质芯线（单股实心线或多股绞合线）、绝缘层、网状编织的外导体屏蔽层（也可以是单股的）以及保护塑料外层所组成（图9-8）。由于外导体屏蔽层的作用，同轴电缆具有很好的抗干扰特性，被广泛用于传输较高速率的数据时。

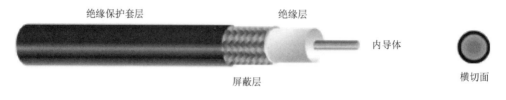

图 9-8　同轴电缆结构

（3）光缆——是一种细而柔软的、能够导引光脉冲的媒体（图9-9），其中每个脉冲表示一个比特。一根光纤能够支持极高的比特速率，高达数十甚至数百 Gbit/s。它们不受电磁干扰，长达 100km 的光缆信号衰减极低，并且很难接头。这些特征使得光纤成为长途导引型传输媒体，特别是成为跨海链路的首选媒体。在美国等地，许多长途电话网络现在完全使用光纤。光纤也广泛用于因特网的主干。

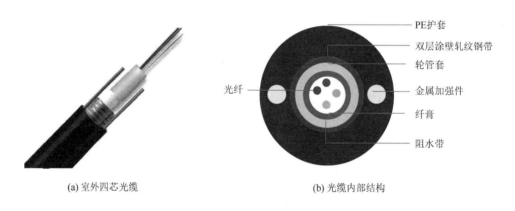

(a) 室外四芯光缆　　　　　　　　　(b) 光缆内部结构

图 9-9　光缆结构

2. 非导引型传输媒体

无线传输可使用的频段很广。从图 9-10 可以看出，人们现在已经利用了好几个波段进行通信。紫外线和更高的波段目前还不能用于通信。图 9-10 的最下面一行还给出了 ITU 对波段取的正式名称。例如，LF 波段的波长是 1～10km（对应于 30～300kHz）。LF、MF 和 HF 的中文名字分别是低频、中频（300kHz～3MHz）和高频（3～30MHz）。更高频段中的 V、U、S 和 E 分别对应于 Very、Ultra、Super 和 Extremely，相应的频段的中文名字分别是甚高频（30～300MHz）、特高频（300MHz～3GHz）、超高频（3～30GHz）和极高频（30～300GHz）。

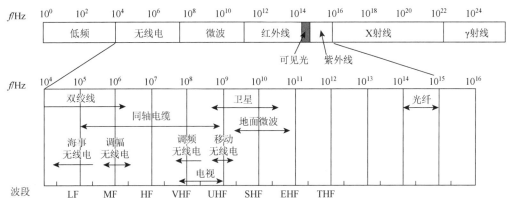

图 9-10　电信领域使用的电磁波的频谱

9.2.3　信道复用技术

复用（multiplexing）是通信技术中的基本概念。在计算机网络中的信道广泛地使用各种复用技术。下面对几种主要的信道复用技术进行简单的介绍。

（1）频分复用（frequency division multiplexing，FDM）——用户在分配到一定的频带后，在通信过程中自始至终都占用这个频带。频分复用的用户在同样的时间内占用不同的带宽资源（这里的带宽是频率带宽）。该种复用方式效率较高，实现简单，但是信道利用率不高。

（2）时分复用（time division multiplexing，TDM）——时分复用的用户是在不同的时间占用同样的频带宽度，当某用户无数据发送时，该时分复用帧分配给该用户的时隙只能处于空闲状态，即使其他用户一直有数据发送，也不能使用这些空闲的时隙，导致复用后信道的利用率不高。

（3）统计时分复用（statistical time division multiplexing，STDM）——是一种改进的时分复用，主要作用是提高信道的利用率。统计时分复用不是固定分配时隙，是按需动态分配时隙。集中器常使用这种统计时分复用。

（4）波分复用（wavelength division multiplexing，WDM）——就是光的频分复用。光纤技术的应用使得数据的传输速率空前提高。现在人们借用传统的载波电话的频分复用的概念，就能做到使用一根光纤来同时传输多个频率很接近的光载波信号。这样就使光纤的传输能力成倍地提高。

（5）码分复用（code division multiplexing，CDM）——是另一种共享信道的方法。每一个用户可以在同样的时间使用同样的频带进行通信。由于各用户使用经过特殊挑选的不同码型，因此各用户之间不会造成干扰。码分复用最初用于军事通信，因为这种系统发送的信号有很强的抗干扰能力，其频谱类似于白噪声，不易被敌人发现。

9.2.4　数据链路层的基本概念

数据链路层在物理层提供的服务的基础上向网络层提供服务，其最基本的服务是将源自物理层的数据可靠地传输到相邻结点的目标机网络层。

数据链路层定义了在单个链路上如何传输数据。这些协议与被讨论的各种介质有关。数据链路层必须具备一系列相应的功能，主要有：如何将数据组合成数据块，在数据链路层中称这种数据块为帧，帧（frame）是数据链路层的传送单位；如何控制帧在物理信道上的传输，包括如何处理传输差错，如何调节发送速率以便与接收方相匹配；在两个网络实体之间提供数据链路通路的建立、维持和释放的管理。

9.2.5　数据链路层提供的服务

链路层协议用来在独立的链路上移动数据报。链路层协议（link-layer protocol）定义了在链路两端的节点之间交互的分组格式，以及当发送和接收分组时这些结点采取的动作。链路层协议交换的数据单元称为帧，每个链路层帧通常封装了一个网络层的数据报。当发送和接收帧时，链路层协议所采取的动作包括差错检测、重传、流量控制和随机接入。

链路层协议能提供的服务可能有以下几点。

（1）成帧（frarning）——几乎所有的链路层协议都在经链路传送前，将每个网络层数据报用链路层帧封装起来。一个帧由一个数据字段和若干首部字段组成，其中网络层数据报就插在数据字段中（一个帧也可能包括尾部字段，然而我们把首部字段和尾部字段合称为首部字段）。帧的结构由链路层协议规定。

（2）链路接入（link access）——媒体访问控制（medium access control，MAC）协议规定了帧在链路上传输的规则。对于在链路的一端有一个发送方、链路的另一端有一个接收方的点对点链路，MAC 协议比较简单（或者不存在），即只要链路空闲，发送方都能够发送帧。更有趣的情况是多个结点共享单个广播链路，这就是所谓的多路访问问题。这里 MAC 协议用来协调多个结点的帧传输。

（3）可靠交付（reliable delivery）——当链路层协议提供可靠交付服务时，它保证无差错地经链路层移动每个网络层数据报。前面讲过，某些传输层协议（如 TCP）也提供可靠交付服务。与传输层可靠交付服务类似，链路层的可靠交付服务通常是通过确认和重传取得的。链路层可靠交付服务通常用于易产生高差错率的链路，例如，无线链路，其目的是本地（也就是在差错发生的链路上）纠正一个差错，而不是通过传输层或应用层协议迫使进行端到端的数据重传。然而，对于低比特差错的链路，包括光纤、铜轴电缆和许多双绞铜线链路，链路层可靠交付可能会被认为是一种不必要的开销。由于这个原因，许多有线的链路层协议不提供可靠交付服务。

（4）流量控制（flow control）——链路每一端的节点都具有有限容量的帧缓存能力。当接收节点以比它能够处理的速率更快的速率接收分组时，这是一个潜在的问题。没有流量控制，接收方的缓存区就会溢出，并使帧丢失。与传输层相似，链路层协议能够提供流量控制，以防止链路一端的发送结点淹没链路另一端的接收结点。

（5）差错检测（error detection）——当帧中的 1 比特作为 1 传输时，接收方结点可能错误地判断为 0，反之亦然。这种比特差错是由信号衰减和电磁噪声导致的。因为没有必要转发一个有差错的数据报，所以许多链路层协议提供一种机制以检测是否存在一个或多个差错。通过让发送结点在帧中设置差错检测比特，让接收结点进行差错检测，以此来完成这项工作。

（6）差错纠正（error correction）——差错纠正和差错检测类似，二者的区别在于接收方不仅能检测帧中是否引入了差错，而且能够准确地判决帧中的差错出现在哪里（并据此纠正这些差错）。某些协议（如 ATM）只为分组首部而不是整个分组提供链路层差错纠正。

9.2.6　常见的数据链路层协议

数据链路层协议保证链路两端能可靠地进行通信，由物理层提供的比特位按约定组合成有应答、流控制及差错控制等信息的帧格式。

1. ALOHA 协议

ALOHA 协议采用的是一种随机接入的信道访问方式。当传输点有数据需要传送的时候，它会立即向通信频道传送。接收点在收到数据后，会向传输点发送 ACK 确认。如果接收的数据有错误，接收点会向传输点发送 NACK。当网络上的两个传输点同时向频道传输数据的时候，会发生冲突，这种情况下，两个点都停止一段时间后，再次尝试传送。

2. 时隙 ALOHA 协议

时隙 ALOHA 协议是对纯 ALOHA 协议的一个改进，思想是用时钟来统一用户的数据发送。改进之处在于，它把频道在时间上分段，每个传输点只能在一个分段的开始处进行传送。用户每次必须等到下一个时间片才能开始发送数据，每次传送的数据必须少于或者等于一个频道的一个时间分段。这样显著地减少了传输频道的冲突，从而避免了用户发送数据的随意性，降低了数据产生冲突的可能性，提高了信道的利用率。

3. 载波侦听多路访问（carrier sense multiple access，CSMA）

CSMA 是一种允许多个设备在同一信道发送信号的协议，其中的设备监听其他设备是否忙碌，只有在线路空闲时才发送。

4. 载波侦听多路访问/冲突检测（carrier sense multiple access with collision detection，CSMA/CD）

在早期的 CSMA 传输方式中，由于信道传播时延的存在，即使通信双方的站点都没有侦听到载波信号，在发送数据时仍可能会发生冲突。因为它们可能会在检测到介质空闲时，同时发送数据，致使冲突发生。尽管 CSMA 可以发现冲突，但它并没有先知的冲突检测和阻止功能，致使冲突频繁发生。可以对 CSMA 协议作进一步的改进，使发送站点在传输过程中仍继续侦听介质，以检测是否存在冲突。如果两个站点都在某一时间检测到信道是空闲的，并且同时开始传送数据，则它们几乎立刻就会检测到有冲突发生。如果发生冲突，信道上可以检测到超过发送站点本身发送的载波信号幅度的电磁波，由此判断出冲突的存在。一旦检测到冲突，发送站点就立即停止发送，并向总线上发一串阻塞信号，用以通知总线上通信的对方站点，快速地终止被破坏的帧，可以节省时间和带宽要求站点在发送数据过程中进行冲突检测，而一旦检测到冲突立即停止发送数据。这样的协议被称为带冲突检测的载波监听多路访问协议。

CSMA/CD 早期主要是以太网络中的数据传输方式广泛应用于以太网中。

载波侦听，是指网络上各个工作站在发送数据前，都要确认总线上有没有数据传输。若有数据传输（称总线为忙），则不发送数据；若无数据传输（称总线为空），立即发送准备好的数据。

多路访问，是指网络上所有工作站收发数据共同使用同一条总线，且发送数据是广播式的。

冲突检测，是指发送结点在发出信息帧的同时，还必须监听媒体，判断是否发生冲突（同一时刻有无其他结点也在发送信息帧）。

9.3　网　际　层

本节我们将学习网际层（以下都称网络层）实际是怎样实现主机到主机的通信服务的。我们将看到，网络中的每一台主机和路由器中都有一个网络层部分。正因如此，网络层协议是协议栈中最具挑战性（因而也是最有趣）的部分之一。

9.3.1　概述

网络层介于传输层和数据链路层之间，它在数据链路层提供的两个相邻端点之间的数据帧的传送功能上，进一步管理网络中的数据通信，将数据设法从源端经过若干个中间结点传送到目的端，从而向传输层提供最基本的端到端的数据传送服务。

网络层向上只提供简单灵活的、无连接的、尽最大努力交付的数据报服务。

网络在发送分组时不需要先建立连接。每一个分组（也就是 IP 数据报）独立发送，与其前后的分组无关（不进行编号）。网络层不提供服务质量的承诺。也就是说，所传送的分组可能出错、丢失、重复和失序（即不按序到达终点），当然也不保证分组交付的时限。由于传输网络不提供端到端的可靠传输服务，这就使网络中的路由器比较简单，且价格低廉（与电信网的交换机相比较）。如果主机（即端系统）中的进程之间的通信需要是可靠的，那么就由网络的主机中的传输层负责（包括差错处理、流量控制等）。采用这种设计思路的好处是，网络造价显著降低，运行方式灵活，能够适应多种应用。互联网能够发展到今天的规模，充分证明了当初采用这种设计思路的正确性。

网络层的作用从表面上看极为简单，即将分组从一台发送主机移动到一台接收主机。为此，需要两种重要的网络层功能。

（1）转发——当一个分组到达某路由器的一条输入链路时，该路由器必须将该分组移动到适当的输出链路。例如，来自主机 HI 到路由器 R1 的一个分组，必须向 H2 路径上的下一台路由器转发。本节将深入路由器内部观察，考察分组在路由器中实际是如何从一条输入链路转发到输出链路的。

（2）选路——当分组从发送方流向接收方时，网络层必须决定这些分组所采用的路由或路径。计算这些路径的算法被称为选路算法（routing algorithm）。例如，一个选路算法将决定分组从 H1 到 H2 所遵循的路径。

9.3.2　网际协议 IP

网际协议 IP 是 TCP/IP 体系中两个最主要的协议之一，也是最重要的互联网标准协议之一。网际协议 IP 又称为 Kahn-Cerf 协议，因为这个重要协议正是 Kahn 和 Cerf 二人共同研发的。两位学者在 2005 年获得图灵奖（其地位相当于计算机科学领域的诺贝尔奖）。

与 IP 协议配套使用的还有三个协议：

（1）地址解析协议（address resolution protocol，ARP）；

（2）网际控制报文协议（internet control message protocol，ICMP）；

（3）网际组管理协议（internet group management protocol，IGMP）。

在讨论网际协议 IP 之前，必须了解什么是虚拟互联网络。

1. 虚拟互联网络

从一般的概念来讲，将网络互相连接起来要使用一些中间设备。根据中间设备所在的层次，可以有以下四种不同的中间设备。

（1）物理层使用的中间设备称为转发器（repeater）。

（2）数据链路层使用的中间设备称为网桥或桥接器（bridge）。

（3）网络层使用的中间设备称为路由器（router）。

（4）在网络层以上使用的中间设备称为网关（gateway）。用网关连接两个不兼容的系统需要在高层进行协议的转换。

当中间设备是转发器或网桥时，仅仅是把一个网络扩大了，而从网络层的角度看，这仍然是一个网络，一般并不称为网络互联。网关由于比较复杂，目前使用得较少。因此现在我们讨论网络互联时，都是指用路由器进行网络互联和路由选择。路由器其实就是一台专用计算机，用来在互联网中进行路由选择。图 9-11（a）表示许多计算机网络通过一些路由器进行互联。由于参加互联的计算机网络都使用相同的网际协议 IP，因此可以将互联以后的计算机网络看成如图 9-11（b）所示的一个虚拟互联网络，它的意思就是互联起来的各种物理网络的异构性本来就是客观存在的，但是我们利用 IP 协议就可以使这些性能各异的网络在网络层上看起来好像是一个统一的网络。使用 IP 网的好处是，当 IP 网上的主机进行通信时，就好像在一个单个网络上通信一样，它们看不见互联的各网络的具体异构细节（如具体的编址方案、路由选择协议等）。如果在这种覆盖全球的 IP 网的上层使用 TCP 协议，那么就是现在的互联网。

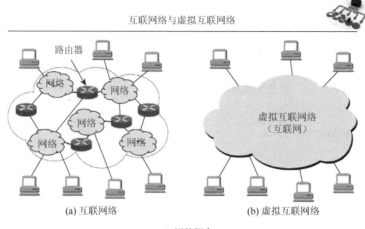

(a) 互联网络　　　　　　　　　(b) 虚拟互联网络

IP 网的概念

图 9-11　互联网络与虚拟互联网络

2. IP 地址

整个的互联网就是一个单一的、抽象的网络。IP 地址就是给互联网上的每一台主机（或路由器）的每一个接口分配一个在全世界范围内是唯一的 32 位的标识符。IP 地址的结构使我们可以在互联网上很方便地进行寻址。IP 地址现在由互联网名字和数字分配机构 ICANN（Internet Corporation for Assigned Names and Numbers）进行分配。

IP 地址的编址方法共经过了三个历史阶段。

（1）分类的 IP 地址。这是最基本的编址方法，在 1981 年就通过了相应的标准协议。

（2）子网的划分。这是对最基本的编址方法的改进，其标准 RFC 950 在 1985 年通过。

（3）构成超网。这是比较新的无分类编址方法。1993 年提出后很快就得到推广应用。本节只讨论最基本的分类的 IP 地址。

所谓"分类的地址"就是将 IP 地址划分为若干个固定类，每一类地址都由两个固定长度的字段组成，其中第一个字段是网络号（net-id），它表示主机（或路由器）所连接到的网络。一个网络号在整个互联网范围内必须是唯一的。第二个字段是主机号（host-id），它表示该主机（或路由器）。一台主机号在它前面的网络号所指明的网络范围内必须是唯一的。由此可见，一个 IP 地址在整个互联网范围内是唯一的。

这种两级的 IP 地址可以记为

$$\text{IP地址} ::= \{<网络号>,<主机号>\}$$

如 193.32.216.9 就是一个合格的 IP 地址。前半段的 193.32 是该 IP 地址的网络号，代表主机所属的网络。后半段的 216.9 是该 IP 地址的主机号。

IP 地址具有以下一些重要特点。

（1）每一个 IP 地址都由网络号和主机号两部分组成。从这个意义上说，IP 地址是一种分等级的地址结构。分两个等级的好处是：第一，IP 地址管理机构在分配 IP 地址时只分配网络号（第一级），而剩下的主机号（第二级）则由得到该网络号的单位自行分配，这样就方便了 IP 地址的管理；第二，路由器仅根据目的主机所连接的网络号来转发分组（而不考虑目的主机号），这样就可以使路由表中的项目数大幅度减少，从而减小了路由表所占的存储空间以及查找路由表的时间。

（2）实际上 IP 地址是标志一台主机（或路由器）和一条链路的接口。当一台主机同时连接到两个网络上时，该主机就必须同时具有两个相应的 IP 地址，其网络号必须是不同的。这种主机称为多归属主机（multihomed host）。由于一个路由器至少应当连接到两个网络，因此一个路由器至少应当有两个不同的 IP 地址。

（3）按照互联网的观点，一个网络是指具有相同网络号 net-id 的主机的集合，因此，用转发器或网桥连接起来的若干个局域网仍为一个网络，因为这些局域网都具有同样的网络号。具有不同网络号的局域网必须使用路由器进行互联。

（4）在 IP 地址中，所有分配到网络号的网络（无论范围很小的局域网，还是可能覆盖很大地理范围的广域网）都是平等的。所谓平等，是指互联网同等对待每一个 IP 地址。

3. IP 数据报的格式

IP 数据报的格式能够说明 IP 协议都具有什么功能。在 TCP/IP 的标准中，各种数据格式常常以 32 位（即 4 字节）为单位来描述。图 9-12 是 IP 数据报的完整格式。

图 9-12　IP 数据报的完整格式

从图 9-12 可以看出，一个 IP 数据报由首部和数据两部分组成。首部的前一部分是固定长度，共 20 字节，是所有 IP 数据报必须具有的。在首部的固定部分的后面是一些可选字段，其长度是可变的。

4. IP 数据报转发流程

封装好的 IP 数据报从发送方转发到接收方，需要借助路由器完成转发。IP 数据包的转发流程如下：

（1）IP 数据包到达网络层后，首先根据目的 IP 地址得到目的网络号，然后决定是直接交付还是转发数据包，如果网络号不匹配，需要转发数据包，则跳到步骤（3）；

（2）将数据包转发给目的主机；

（3）根据目的 IP 地址在路由表（转发表）中查找下一跳 IP 地址；

（4）在路由器的 ARP 高速缓存表中查找下一跳 IP 地址对应的 MAC 地址，如果找到下一跳路由器的 MAC 地址，则将查到的 MAC 地址填入数据帧的首部 6 字节（即更新链路层的数据帧）；如果 ARP 高速缓存表中不存在此 IP 地址，则通过向当前局域网内广播一个 ARP 分组来请求下一跳路由器的 MAC 地址；ARP 请求分组广播出去后，只有下一跳路由器会对此请求分组做出响应，所有其他的主机和路由器都将忽略此 ARP 广播分组；

（5）根据得到的下一跳路由器 MAC 地址来更新数据链路层的数据帧，即帧头的目的 MAC 地址字段；

（6）转发数据包。

图 9-13 所示为一个 IP 数据报转发流程的举例。

【举例】

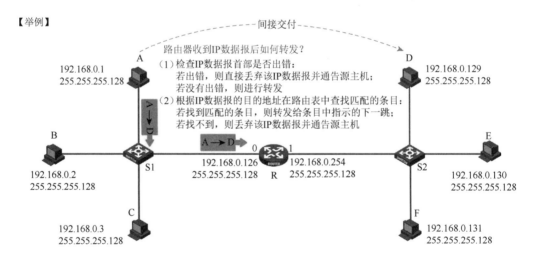

图 9-13　IP 数据报转发流程举例

9.4　传　输　层

本节概括地介绍传输层协议的特点、进程之间的通信和端口等重要概念，然后讲述比较简单的 UDP 协议、较为复杂但非常重要的 TCP 协议和可靠传输的工作原理，包括停止等待协议和 ARQ 协议。最后详细地讲述 TCP 报文段的首部格式。

9.4.1　概述

1. 进程间通信

从通信和信息处理的角度看，传输层向它上面的应用层提供通信服务，它属于面向通信部分的最高层，同时也是用户功能中的最低层。当网络的边缘部分的两台主机使用网络的核心部分的功能进行端到端的通信时，只有主机的协议栈才有传输层，而网络核心部分的路由器在转发分组时都只用到下三层的功能。

网络层为主机之间提供逻辑通信，而传输层为应用进程之间提供端到端的逻辑通信。通信的实体并不是主机，而是在主机中的进程，是这台主机中的一个进程和另一台主机中的一个进程在交换数据（即通信）。因此严格地讲，两台主机进行通信就是两台主机中的应用进程互相通信。IP 协议虽然能把分组送到目的主机，但是这个分组还停留在主机的网络层而没有交付主机中的应用进程。从传输层的角度看，通信的真正端点并不是主机而是主机中的进程。也就是说，端到端的通信是应用进程之间的通信。

2. 传输层的两个主要协议

TCP/IP 传输层的两个主要协议都是互联网的正式标准，即：

（1）用户数据报协议（user datagram protocol，UDP）；

（2）传输控制协议（transmission control protocol，TCP）。

UDP 在传送数据前不需要先建立连接。远地主机的传输层在收到 UDP 报文后，不需要给出任何确认。虽然 UDP 不提供可靠交付，但在某些情况下 UDP 却是一种最有效的工作方式。

TCP 则提供面向连接的服务。在传送数据之前必须先建立连接，数据传送结束后要释放连接。TCP 不提供广播或多播服务。由于 TCP 要提供可靠的、面向连接的运输服务，因此不可避免地增加了许多开销，如确认、流量控制、计时器以及连接管理等。这不仅使协议数据单元的首部增大很多，还要占用许多的处理机资源。

表 9-2 给出了一些应用和应用层协议主要使用的传输层协议。

表 9-2　使用 UDP 和 TCP 协议的各种应用和应用层协议

应用层协议	传输层协议
DNS（域名系统）	UDP
TFTP（简单文件传输协议）	UDP
RIP（路由信息协议）	UDP
DHCP（动态主机配置协议）	UDP
SNMP（简单网络管理协议）	UDP
IGMP（网际组管理协议）	UDP
SMTP（简单邮件传输协议）	TCP

应用层协议	传输层协议
telnet（远程终端协议）	TCP
HTTP（超文本传输协议）	TCP
FTP（文件传输协议）	TCP

3. 传输层端口

传输层从 IP 层收到发送给各应用进程的数据后，必须分别交付指明的各应用进程。显然，给应用层的每个应用进程赋予一个非常明确的标志是至关重要的。在传输层使用协议端口号（protocol port number）（或通常简称为端口（port））解决了这个问题。请注意，这种在协议栈层间的抽象的协议端口是软件端口，和路由器或交换机上的硬件端口是完全不同的概念。硬件端口是不同硬件设备进行交互的接口，而软件端口是应用层的各种协议进程与运输实体进行层间交互的一种地址。不同的系统具体实现端口的方法可以是不同的（取决于系统使用的操作系统）。

TCP/IP 的传输层用一个 16 位端口号来表示端口。但请注意，端口号只具有本地意义，它只是为了标志本计算机应用层中的各个进程在和传输层交互时的层间接口。在互联网不同的计算机中，相同的端口号是没有关联的。16 位的端口号可允许有 65535 个不同的端口号，这个数目对一个计算机来说是足够用的。

由此可见，两个计算机中的进程要互相通信，不仅必须知道对方的 IP 地址（为了找到对方的计算机），而且要知道对方的端口号（为了找到对方计算机中的应用进程）。这和我们寄信的过程类似。当我们要给某人写信时，就必须在信封上写明收件人的通信地址（这是为了找到他的住所，相当于 IP 地址），并且还要写上收件人的姓名（这是因为在同一住所中可能有好几个人，这相当于端口号）。在信封上还要写明自己的地址。当收信人回信时，很容易在信封上找到发信人的地址。

表 9-3 给出了一些常用的端口号。

表 9-3 常用的端口号

应用程序	FTP	telnet	SMTP	DNS	TFTP	SNMP	HTTP	HTTPS
端口号	21	23	25	53	69	161	80	443

9.4.2 用户数据报协议

1. UDP 概述

UDP 只在 IP 的数据报服务上增加了很少的功能，即复用和分用的功能以及差错检测的功能。UDP 的主要特点如下。

（1）UDP 是无连接的，即发送数据前不需要建立连接（当然，发送数据结束时也没有连接可释放），因此减少了开销和发送数据前的时延。

（2）UDP 使用尽最大努力交付，即不保证可靠交付，因此主机不需要维持复杂的连接状态表（这里面有许多参数）。

（3）UDP 是面向报文的。发送方的 UDP 对应用程序交下来的报文，在添加首部后就向下交付 1 层。UDP 对应用层交下来的报文，既不合并，也不拆分，而是保留这些报文的边界。这就是说，应用层交给 UDP 多长的报文，UDP 就照样发送，即一次发送一个报文。

2. UDP 的首部格式

用户数据报 UDP 有两个字段：数据字段和首部字段（图 9-14）。

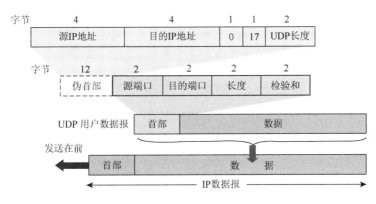

图 9-14　UDP 首部结构

当传输层从 IP 层收到 UDP 数据报时，就根据首部中的目的端口，把 UDP 数据报通过相应的端口，上交最后的终点——应用进程。

9.4.3　传输控制协议

1. TCP 概述

TCP 是 TCP/IP 体系中非常复杂的一个协议。下面介绍 TCP 最主要的特点。

（1）TCP 是面向连接的传输层协议。也就是说，应用程序在使用 TCP 协议之前，必须先建立 TCP 连接。传送数据完毕后，必须释放已经建立的 TCP 连接。也就是说，应用进程之间的通信好像在"打电话"前要先拨号建立连接，通话结束后要挂机释放连接。

（2）每一条 TCP 连接只能有两个端点（endpoint）。每一条 TCP 连接只能是点对点（一对一）的。这个问题后面还要进一步讨论。

（3）TCP 提供可靠交付的服务。通过 TCP 连接传送的数据，无差错、不丢失、不重复，并且按序到达。

（4）TCP 提供全双工通信。TCP 允许通信双方的应用进程在任何时候都能发送数据。TCP 连接的两端都设有发送缓存和接收缓存，用来临时存放双向通信的数据。在发送时，应用程序把数据传送给 TCP 的缓存后，就可以做自己的事了，而 TCP 在合适的时候会把数据发送出去。在接收时，TCP 把收到的数据放入缓存，上层的应用进程在合适的时候读取缓存中的数据。

（5）面向字节流。TCP 中的"流"（stream）指的是流入进程或从进程流出的字节序列。"面向字节流"的含义是，虽然应用程序和 TCP 的交互是一次一个数据块（大小不等），但 TCP 把应用程序交下来的数据仅仅看成一连串的无结构的字节流。

2. TCP 连接

TCP 把连接作为最基本的抽象。TCP 连接有两个端点，我们称为套接字（socket）或插口。端口号拼接到 IP 地址即构成了套接字。因此，套接字的表示方法是在点分十进制的 IP 地址后面写上端口号，中间用冒号或逗号隔开。例如，若 IP 地址是 192.3.4.5，而端口号是 80，那么得到的套接字就是（192.3.4.5:80）。总之，我们有

$$套接字\ socket = (IP地址 : 端口号)$$

每一条 TCP 连接唯一地被通信两端的两个端点（即两个套接字）所确定。

3. TCP 报文的首部格式

TCP 虽然是面向字节流的，但 TCP 传送的数据单元却是报文段。一个 TCP 报文段分为首部和数据两部分，而 TCP 的全部功能都体现在它首部中各字段的作用。因此，只有弄清 TCP 首部各字段的作用才能掌握 TCP 的工作原理。下面介绍 TCP 报文段的首部格式（图 9-15）。

0											15 16		31
源端口 （16位）												目的端口 （16位）	
序列号 （32位）													
确认号 （32位）													
偏移量 （4位）	保留 （4位）	C W R	E C E	U R G	A C K	P S H	R S T	S Y N	F I N			窗口大小 （16位）	
TCP校验和 （16位）												紧急指针 （16位）	
选项 （可变长度）													

图 9-15 TCP 报文段的首部格式

4. TCP 可靠传输的实现

TCP 是如何实现可靠传输的？说到这个问题，我们可能会列出 TCP 的一系列特点：数据分片和排序、校验和、确认应答和序列号、超时重传、连接管理、流量控制、拥塞控制、滑动窗口等。其实这里的技术应该是分为两类的，即可靠传输和高效传输，并不是所有的技术都是可靠传输的依赖。

可靠传输主要依赖：数据分片、确认应答和序列号、校验和超时重传。

高效传输主要依赖：流量控制、拥塞控制、滑动窗口。

本书不对 TCP 可靠传输的实现做详细阐述，读者有兴趣可以详细地学习计算机网络。

9.5 应 用 层

在 9.4 节已学习了传输层为应用进程提供了端到端的通信服务。但不同的网络应用的应用进程之间，还需要有不同的通信规则。因此在传输层协议之上，还需要有应用层协议（application layer protocol）。这是因为，每个应用层协议都是为了解决某一类应用问题。

本节会为读者介绍一些重要的应用层协议。

9.5.1 域名系统

主机名由计算机名加域名构成。例如，在主机名 matisse.csc.villanova . edu 中，matisse 是计算机名，csc.villanova.edu 是域名。域名由两个或多个部分组成，它们说明了计算机所属的组织或组织的一个子集。在这个例子中，matisse 是维拉诺瓦（Villanova）大学的计算机科学系的一台计算机。

域名仅限于由特定组织控制的一组特定网络。注意，两家组织中的计算机可以重名，因为从域名可以分辨出引用的是哪一台计算机。域名中的最后一部分称为顶级域名（top-level domain，TLD）。表 9-4 列出了主要的顶级域名及其用途。

表 9-4　主要的顶级域名和它们的用途

顶级域名	用途	顶级域名	用途
.acro	航空业	.jobs	雇佣
.biz	商业	.mil	美国军队
.com	美国商务部	.museum	博物馆
.edu	美国教育部	.name	个人和家庭
.coop	合作团体	.org	非营利组织
.gov	美国政府	.pro	专业
.info	信息		

域名系统（domain name system，DNS）主要用于把主机名翻译成数字 IP 地址。在 DNS 系统建立前，斯坦福大学的一个研究小组负责维护一个文件主机表。每建立一个新主机名，该小组就把它添加到该表中（每周两次）。系统管理员会不时地读取修改过的主机表，更新它们的域名服务器（把主机名翻译（解析）成 IP 地址的计算机）。

当用户在浏览器窗口或电子邮件地址中指定了一个主机名时，浏览器或电子邮件软件将给附近的域名服务器发送一个请求。如果这台服务器可以解析主机名，则进行解析，否则这台服务器将把这个请求转发给另一台域名服务器。如果第二台服务器也不能解析它，则会继续转发这个请求。最终该请求到达一台能够解析它的服务器，或者该请求因为解析时间太长而过期。

9.5.2　文件传输协议

文件传输协议（FTP）是用于在网络上进行文件传输的一套标准协议，使用 TCP 传输而不是 UDP，保证客户与服务器之间的连接是可靠的，而且是面向连接，为数据传输提供可靠保证的。

FTP 允许用户以文件操作的方式（如文件的增、删、改、查、传送等）与另一主机相互通信。然而，用户并不是真正登录到自己想要存取的计算机上面而成为完全用户，可用 FTP 程序访问远程资源，实现用户往返传输文件、目录管理以及访问电子邮件等，即使双方计算机可能配有不同的操作系统和文件存储方式。

FTP 采用 Internet 标准文件传输协议 FTP 的用户界面，向用户提供了一组用来管理计算机之间文件传输的应用程序。

FTP 是基于客户/服务器（C/S）模型而设计的，在客户端与 FTP 服务器之间建立两个连接。

开发任何基于 FTP 的客户端软件都必须遵循 FTP 的工作原理，FTP 的独特优势同时也是与其他客户服务器程序最大的不同点就在于，它在两台通信的主机之间使用了两条 TCP 连接：一条是数据连接，用于数据传输；另一条是控制连接，用于传输控制信息（命令和响应）。这种将命令和数据分开传输的思想显著提高了 FTP 的效率，而其他客户服务器应用程序一般只有一条 TCP 连接。

9.5.3　远程终端协议

telnet 是一个简单的远程终端协议，也是互联网的正式标准。用户用 telnet 就可在其所在地通过 TCP 连接注册（即登录）到远地的另一台主机上（使用主机名或 IP 地址）。telnet 能将用户的键盘输入传到远地主机，同时也能将远地主机的输出通过 TCP 连接返回到用户屏幕。这种服务是透明的，因为用户感觉到好像键盘和显示器是直接连在远地主机上的。因此，telnet 又称终端仿真协议。

telnet 并不复杂，以前应用得很多。现在由于计算机的功能越来越强，用户已较少使用 telnet 了。

9.5.4　万维网

　　与 Internet 相比，万维网（简称 Web）是个相对较新的概念。Web 是与使用网络交换信息的软件结合在一起的分布式信息的基础设施。Web 页是包括或引用各种数据的文档，这些数据包括文本、图像、图形和程序。Web 页还包含对其他 Web 页的链接，以便用户能够通过计算机鼠标在界面之间随意移动。Web 站点是一组相关的 Web 页，这组 Web 页通常是由同一个人或公司设计和控制的。

　　在使用 Web 时，我们常常会说"访问"一个 Web 站点，就像真的到了这个站点一样。事实上，我们只是说明了想要的资源，它们就会呈现在我们面前。访问站点的概念是很容易理解的，因为在"进入"一个站点之前，我们通常不知道这个站点中有什么。

　　我们使用 Web 浏览器在 Web 上通信，如 Firefox 或 Microsoft 的 Edge。Web 浏览器是处理 Web 页的请求并在它到达后将其显示出来的软件工具。

　　被请求的 Web 页通常存储在另一台计算机上，这台计算机可能就在楼下，也可能在世界的任何角落。用于响应 Web 请求的计算机称为 Web 服务器。在浏览器中，我们用 Web 地址获得想要的 Web 页，如 THwww.villanova.eduacademics.html。

　　Web 地址是统一资源定位符（URL）的核心部分，URL 唯一标识了存储在世界各处的 Web 页。注意，URL 的一部分是存储信息的计算机的主机名。在 9.5.1 节详细讨论过主机名和网络地址。

　　除了文本，Web 页通常还包括一些独立的元素，如图像。在请求 Web 页之后，所有与这个页面相关的元素都会被返回。

9.5.5　电子邮件

　　大家知道，实时通信的电话有两个严重缺点：第一，电话通信的主叫和被叫双方必须同时在场；第二，有些电话常常不必要地打断被叫者的工作或休息。

　　电子邮件（e-mail）是互联网上使用最多的和最受用户欢迎的一种应用。电子邮件把邮件发送到收件人使用的邮件服务器，并放在其中的收件人邮箱（mail box）中，收件人可在自己方便时上网到自己使用的邮件服务器进行读取。这相当于互联网为用户设立了存放邮件的信箱，因此 e-mail 有时也称为"电子信箱"。电子邮件不仅使用方便，而且还具有传递迅速和费用低廉的优点。据相关报道，使用电子邮件后可提高劳动生产率 30% 以上。现在电子邮件不仅可传送文字信息，而且还可附上声音和图像。由于电子邮件和手机的广泛使用，现已迫使传统的电报业务退出市场，因为这种传统电报既贵又慢，且很不方便。

　　一个电子邮件系统应具有三个主要组成构件，那就是用户代理、邮件服务器，以及邮件发送协议（如 SMTP）和邮件读取协议（如 POP3）。POP3 是邮局协议（post office protocol）的版本 3。凡是有 TCP 连接的，都经过了互联网，有的甚至可以跨越数千公里的距离。

9.6　网　络　安　全

9.6.1　计算机网络面临的安全性威胁

计算机网络的通信面临两大类威胁，即被动攻击和主动攻击。

被动攻击是指攻击者从网络上窃听他人的通信内容。通常把这类攻击称为截获。在被动攻击中，攻击者只是观察和分析某一个协议数据单元 PDU（这里使用 PDU 这一名词是考虑到所涉及的可能是不同的层次）而不干扰信息流。即使这些数据对攻击者来说是不易理解的，他也可通过观察 PDU 的协议控制信息部分，了解正在通信的协议实体的地址和身份，研究 PDU 的长度和传输的频度，从而了解所交换的数据的某种性质。这种被动攻击又称为流量分析（traffic analysis）。在战争时期，通过分析某处出现大量异常的通信量，往往可以发现敌方指挥所的位置。

主动攻击主要有以下几种方式。

（1）篡改——攻击者故意篡改网络上传送的报文。这里也包括彻底中断传送的报文，甚至是把完全伪造的报文传送给接收方。这种攻击方式有时也称为更改报文流。

（2）恶意程序（rogue program）——种类繁多，对网络安全威胁较大的主要有计算机病毒、计算机蠕虫、特洛伊木马等。

（3）拒绝服务（denial of service，DoS）——指攻击者向互联网上的某个服务器不停地发送大量分组，使该服务器无法提供正常服务，甚至完全瘫痪。

9.6.2　安全的计算机网络

根据 9.6.1 节所述的各种安全性威胁，不难看出，一个安全的计算机网络应设法达到以下四个目标。

1. 保密性

保密性就是只有信息的发送方和接收方才能懂得所发送信息的内容，而信息的截获者则看不懂所截获的信息。为了使网络具有保密性，我们需要使用各种密码技术。

2. 端点鉴别

安全的计算机网络必须能够鉴别信息的发送方和接收方的真实身份。网络通信和面对面的通信差别很大。现在频繁发生的网络诈骗，在许多情况下，就是由于在网络上不能鉴别出对方的真实身份。当我们进行网上购物时，首先需要知道卖家是真正有资质的商家还是犯罪分子假冒的商家，不能解决这个问题，就不能认为网络是安全的。端点鉴别在对付主动攻击时是非常重要的。

3. 信息的完整性

即使能够确认发送方的身份是真实的，并且所发送的信息都是经过加密的，我们依然不能认为网络是安全的。还必须确认所收到的信息都是完整的，也就是信息的内容没有被人篡改过。保证信息的完整性在应对主动攻击时也是必不可少的。

4. 运行的安全性

现在的机构与计算机网络的关系越密切，就越要重视计算机网络运行的安全性。前面介绍的恶意程序和拒绝服务的攻击，即使没有窃取到任何有用的信息，也能够使受到攻击的计算机网络不能正常运行，甚至完全瘫痪。因此，确保计算机系统运行的安全性，也是非常重要的工作。对于一些机要部门，这点尤为重要。

9.6.3　密码学

密码学是指与加密信息相关的研究领域，通常我们会将保持信息安全的技术手段归类到密码学的大范畴里面来。密码学的基本概念一直是帮助人们保存秘密，防止它们落入别人之手，其历史可以追溯到几千年以前。本节中，我们将探讨与密码学有关的一般问题，同时介绍当前的一些密码学方法。

加密是一个将普通的文本（在密码学术语中通常称为"明文"）转化为一种不可直接理解的形式（称为"密文"）的过程。解码则是这一过程的逆向操作，将密文转化为明文。密码是指加密或解密过程所用的特定算法。密码的关键是一套特定的指导算法的参数。

你以前或许玩过一些和密码学有关的游戏。替换密码就像名字所暗示的那样，是指将明文消息中的一个字符替换成另一个字符。要解密消息，接收者需执行相反的替换。

密文被输送后，该消息将通过重新创建网格和向下读取列中的字母的方式被解密。该加密密钥是由加密数据的网格尺寸和路径决定的。在构建这个网格时，如果信息的字符数不能凑出一个特定尺寸网格，多余的字符可以被一些特定占位符所替代。

密码分析是破译加密代码的过程。也就是说，它要在不知道密码或密钥的情况下弄清楚一个密文的明文。旧的密码学方法（如转换密码和替换密码）对于现代计算机来说不会是一个太大的挑战。目前很多程序可以相当容易地确定这些类型的加密方法的使用并产生相应的明文消息。对于现代计算，需要更复杂的加密方法。

这些方法的另一个缺点是，发送者和接收者必须共享加密密钥，但密钥必须以其他方式保密。这个共享密钥是这个过程中的一大弱点，因为它必须在双方之间进行通信，并可能被截获。如果密钥被泄露，将来的所有加密消息都将处于危险之中。

让我们来看一个现代的加密方法，它可以最大限度地减少这些弱点。在公开密钥密码中，每个用户具有一对在数学上相关的密钥。这种关系是非常复杂的，加密一个密钥的消息只能用对应伙伴的密钥来解密。一个密钥被指定为公开密钥，它可以自由地分发，另一个密钥是私有密钥。

9.6.4 数字签名

公开密钥加密也促使数字签名兴起，从而提供了一种通过给消息附加额外的数据来给文档"签名"的方法，该方法对发送者唯一且很难伪造。数字签名允许收件人验证该消息确实源自所述发送者并且在传输过程中没有被第三方改变。使用软件将消息压缩成消息摘要的形式，然后用发送者的私有密钥加密消息摘要来创建签名。收件人使用发送者的公开密钥解密消息摘要，然后将其与从消息本身创建的摘要比较。如果它们匹配，则该消息可能是真的且未被改变。

公开密钥加密的一个关键事实是，公开密钥可以被广泛地使用和自由地分发。但是，如果有人用别人的名字创建一对密钥，那该怎么办呢？收件人如何确保公开密钥是真实的？相关组织通过创建一个证书授权中心来解决这些问题，它为每个受信任的发件人创建了数字证书。该证书使用发件人的个人数据和认证的公开密钥制作。然后，当一个新的消息到达时，它使用数字证书验证。如果消息来自别人，且没有数字证书，接收方就必须决定是否信任该消息。

第 10 章　移动通信与无线网络

自从传输短消息的电报技术和简单编码的脉冲技术出现后，逐渐产生了远距离通信。从那时起，在更简便快捷地实现信息的可靠传输方面取得了巨大进步。通信领域如何演进、电话如何经过音频传输实现便捷的通话经历了一个长期的发展历程。利用硬件连接和电子开关实现了数字数据的传输。因特网出现后，在有线通信领域增加的创新已经促进了这些技术用于新的应用领域。在有线通信发展的同时，无线传输也取得了大幅度进展。无线传输的实现给人们的生活和交流带来了巨大变化。

10.1　无线移动通信基础

10.1.1　蜂窝网络基础

蜂窝网络（cellular network），又称移动网络（mobile network），是一种移动通信硬件架构，分为模拟蜂窝网络和数字蜂窝网络。由于构成网络覆盖的各通信基地台的信号覆盖呈六边形，从而使整个网络像一个蜂窝而得名。

当前，有多种方式实现无线移动通信，每种方式都有其优缺点。例如，家庭用的无线电话也采用了无线技术，只是发射功率小才导致覆盖的范围受限。事实上，在用户之间干扰极小的条件下，受限的使用范围或多或少实现了所有用户利用同一频段通信。在蜂窝系统中采用了相同的避免频率干扰的原理，只是发射站（基站）的功率大很多。小区内的所有用户由基站提供服务。在理想的无线环境下，小区的形状可以是环绕微波发射塔的圆形。圆的半径等于发射信号到达的范围。这表明：如果基站位于小区的中心，则小区的面积和周长由该区域内的信号强度决定；而信号的强度又取决于许多因素，如地形的大致情况、发射天线的高度、山脉、峡谷、高大建筑物和大气条件。所以，在表示真实的覆盖区域时，小区的实际形状可以是曲折的。实际上，小区用正六边形近似，如图 10-1 所示。

正六边形与圆形近似。而且可以将很大的范围划分为很多个同样大小互不重叠的正六边形分区，每个分区表示一个小区的范围。在表示小区的覆盖范围时，另一种选择模型是正方形。在小区建模时，还有一种用得较少的模型即等边三角形。与正六边形相比，正八边形、正十边形更接近圆形。蜂窝网络并没有采用正八边形、正十边形为小区建模，理由是不可能将很大的范围划分为形状相同且互不重叠的正八边形、正十边形小区。正六边形结构单元的实际例子有由蜜蜂构筑的正六边形蜂窝。实际上，蜂窝是三维正六边形。

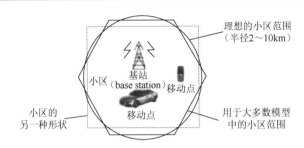

图 10-1　具有一个基站和多个移动站的小区图解

在每个小区所属的范围内，一个小区为多个用户提供服务。如果需要增大覆盖的面积，则需要额外增加基站来管理增加的范围。而且，无线业务仅分配了限量带宽。于是，为了提高整个系统的效率，需要用到一些复用技术。采用的四种主要的复用技术是频分多址（frequency division multiple access，FDMA）、时分多址（time division multiple access，TDMA）、码分多址（code division multiple access，CDMA）和正交频分多址（orthogonal frequency division multiplexing，OFDM）。采用特定微波天线的新技术——空分多址（space division multiple access，SDMA）正在开发中。在 FDMA 系统中，将所分配的频带划分为许多称为信道的子带，由 BS 将每一个信道分配给每一个用户，如图 10-2～图 10-4 所示。在所有的第一代蜂窝系统中都采用了 FDMA 技术。

在 TDMA 系统中，由几个用户使用同一个频道，这时基站为不同的用户分配不同的时隙，并且按循环的方式为每个用户提供服务。如图 10-5～图 10-7 所示为这种固定的时隙结构。TDMA 是大多数第二代蜂窝系统的基本技术。

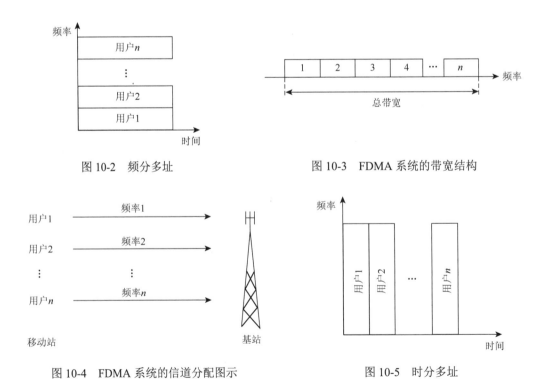

图 10-2　频分多址

图 10-3　FDMA 系统的带宽结构

图 10-4　FDMA 系统的信道分配图示

图 10-5　时分多址

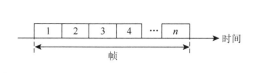

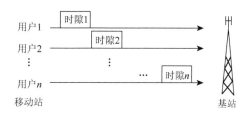

图 10-6　TDMA 帧的结构　　　　　　　图 10-7　多用户通信时的 TDMA 帧解

第三代最有前景的 CDMA 技术为每个用户分配更宽的带宽。由于发送信号的频率范围位于分配给系统的整个频谱范围内，因此把这种技术称为扩频。这一实现方案（图 10-8）完全不同于 FDMA 或 TDMA。CDMA 技术的特点是 BS 为每个用户分配一个独特的码，不同的用户采用不同的码。在信息比特发送前，将分配给用户的码融入每个信息比特中。在接收端对已编码的信息比特解码时，采用同样的码（或密钥）；在接收到的信息中，时间将接收到的码的任何变化理解为噪声。在分配给 BS 的整个频段内，利用图 10-8 码分多址码字的正交性实现了多个用户数据的同时传输。通过给每个接收用户提供相应的码字，对预期接收的数据进行解码。可能产生的正交码的数量决定了同时接受服务的用户数。发送端的编码过程与接收端对应的解码过程使得系统设计稳定可靠但更复杂。部分第二代蜂窝系统与绝大多数第三代蜂窝系统都采用了 CDMA 技术。

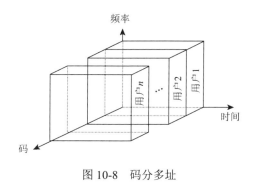

图 10-8　码分多址

10.1.2　蜂窝系统的基础设施

早期的蜂窝系统配有高功率的发射器，信号可以覆盖整个服务区。这时就要求提供极大的发射功率，由于诸多实际原因，这一解决方案并不实用。当用很多较小的正六边形小区取代原来的大区域时，每个小区的 BS 所发送的信号覆盖一个正六边形。

无线系统需要为无线设备提供各种类型的服务。这里的无线设备可以是无线电话、个人数字助理（personal digital assistant，PDA）、掌中宝（palm pilot）、配有无线网卡的笔记本电脑，或具有上网功能的电话等。简而言之，可以将这些无线设备统称为移动站（mobile station，MS）。唯一的要求是，当 MS 处于移动中时，从本质上说，在实现无处不在的接入时，无论采用什么样的技术，唯一的指标是保持与世界的连接。在蜂窝结构中，MS 需要与所处小区的基站建立通信，基站是 MS 通往外部世界的窗口。所以，为了获得链路，MS 必须位于系统管理的众多小区中的一个小区（对应相应的基站）所属的范围内，系统才能支持 MS 的移动。几个基站用实线相互连接，并且这些基站由基站控制器（BS controller，BSC）控制。相应地，BSC 又连接到移动交换中心（mobile switching center，MSC）。几个 MSC 再与公共交换电话网（public switched telephone network，PSTN）、异步传输模式（asynchronous transfer mode，ATM）骨干网互联。为了更好地了解无线通信技术，图 10-9 给出了简化后的蜂窝系统的基础设施。

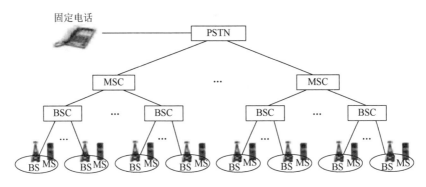

图 10-9　简化后的蜂窝系统的基础设施

基站由基站收发器系统（base transceiver system，BTS）和 BSC 组成。塔与天线二者都是 BTS 的组成部分，但所有相关的电子设备都包含在 BSC 中。归属位置寄存器（home location register，HLR）和访问位置寄存器（visitor location register，VLR）是支持移动性和启动同一电话号码在全世界使用的两组指标。HLR 位于 MS 注册所属的 MSC 内，HLR 中含有用于记账的初始归属地址与接入信息。简而言之，作为被叫时，任何接入的电话都引导至归属 MSC 的 HLR，然后 HLR 再将呼叫引导至 MS 目前所处的 MSC（以及相应的 BS）。在特定 MSC 范围内的 VLR 主要含有访问地所有 MS 的信息。

任何一种蜂窝（移动）方案中，为了在 BS 与 MS 之间交换同步信息与数据，需要四个单工信道，图 10-10 给出了其简化的概图。控制链路用于交换 BS 和 MS 之间的控制信息（如身份验证、用户信息、呼叫参数协商），而业务（或信息）信道则用于传输二者之间的实际数据。从 BS 至 MS 的信道称为前向信道（美国以外的地方称为下行链路），术语反向信道（上行链路）用于实现从 MS 至 BS 的通信。

无线通信中涉及许多问题，信号在传输之前还需要做进一步处理。如图 10-11 所示为主要的处理过程。信号处理的许多内容超出了本书的范围，本节主要介绍无线数据通信系统的内容。

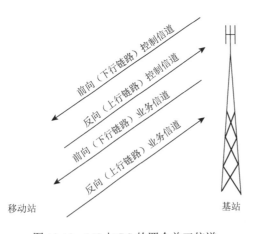

图 10-10　MS 与 BS 的四个单工信道

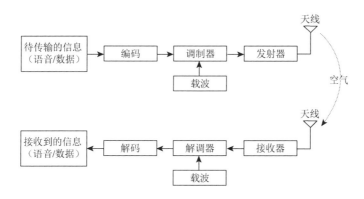

图 10-11　简化后的无线通信系统

10.2　无线个域网

无线个人区域网（wireless personal area network，WPAN）就是在个人工作的地方把属于个人使用的电子设备（如便携式电脑、平板电脑、便携式打印机以及蜂窝电话等）用无线技术连接起来自组网络，不需要使用接入点（access point，AP）（如 BS），整个网络的范围约为 10m。WPAN 可以是一个人使用，也可以是若干人共同使用（例如，一个外科手术小组的几位医生把几米范围内使用的一些电子设备组成一个无线个人区域网）。这些电子设备可以很方便地进行通信，就像用普通电缆连接一样。请注意，无线个人区域网和个人区域网（personal area network，PAN）并不完全等同，因为 PAN 不一定都是使用无线连接的。

WPAN 和无线局域网（wireless local area network，WLAN）并不一样。WPAN 是以个人为中心来使用的无线个人区域网，它实际上就是一个低功率、小范围、低速率和低价格的电缆替代技术。但 WLAN 却是同时为许多用户服务的无线局域网，它是一个大功率、中等范围、高速率的局域网。

WPAN 的 IEEE 标准都由 IEEE 的 802.15 工作组制定，这个标准也包括 MAC 层和物理层这两层的标准[W-IEEE802.15]。WPAN 都工作在 2.4GHz 的 ISM 频段。顺便指出，欧洲的 ETSI 标准则把无线个人区域网取名为 HiperPAN。

10.2.1　蓝牙

最早使用的 WPAN 是 1994 年爱立信公司推出的蓝牙（bluetooth）系统，其标准是 IEEE 802.15.1[W-BLUE]。蓝牙的数据传输率为 720kbit/s，通信范围在 10m 左右。蓝牙使用 TDM 方式和跳频扩频 FHSS 技术组成不用基站的皮可网（piconet）。每一个皮可网有一个主设备（master）和最多 7 个工作的从设备（slave）。通过共享主设备或从设备，可以把多个皮可网连接起来，形成一个范围更大的扩散网（scatternet）。这种主从工作方式的个人区域网实现起来价格就会比较低。

图 10-12 给出了蓝牙系统中的皮可网和扩散网的概念。图中标有 M 和 S 的小圆圈分别表示主设备和从设备，而标有 P 的小圆圈表示不工作的、搁置的（parked）设备。一个皮可网最多可以有 255 个搁置的设备。

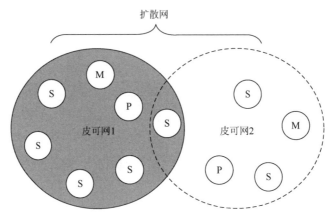

图 10-12　蓝牙系统中的皮可网和扩散网

为了适应不同用户的需求，WPAN 还定义了低速 WPAN 和高速 WPAN。

10.2.2　低速 WPAN

低速 WPAN 主要用于工业监控组网、办公自动化与控制等领域，其数据传输率是 2～250kbit/s。低速 WPAN 的标准是 IEEE 802.15.4。最近新修订的标准是 IEEE 802.15.4-2006。在低速 WPAN 中最重要的就是 ZigBee。ZigBee 名字来源于蜂群使用的赖以生存和发展的通信方式。蜜蜂通过跳 Z 形（即 ZigZag）的舞蹈，来通知其伙伴所发现的新食物源的位置、距离和方向等信息，因此就把 ZigBee 作为新一代无线通信技术的名称。ZigBee 技术主要用于各种电子设备（固定的、便携的或移动的之间的无线通信，其主要特点是通信距离短（10～80m)），数据传输率低，并且成本低。

ZigBee 的另一个特点是功耗非常低。在工作时，信号的收发时间很短；而在非工作时，ZigBee 结点处于休眠状态（处于这种状态的时间一般都远远大于工作时间）。这就使得 ZigBee 结点非常省电，其结点的电池工作时间可以长达 6 个月到 2 年。对于某些工作时间和总时间（工作时间＋休眠时间）之比小于 1%的情况，电池的寿命甚至可以超过 10 年。

ZigBee 网络容量大。一个 ZigBee 的网络最多包括 255 个结点，其中一个是主设备，其余则是从设备。若是通过网络协调器（network coordinator），整个网络最多可以支持超过 64000 个结点。

ZigBee 标准是在 IEEE 802.15.4 标准基础上发展而来的。因此，所有 ZigBee 产品也是 802.15.4 产品。虽然人们常常把 ZigBee 和 802.15.4 作为同义词，但它们之间是有区别的。图 10-13 是 ZigBee 的协议栈。可以看出，IEEE 802.15.4 只是定义了 ZigBee 协议栈的最低的两层（物理层和 MAC 层），而上面的两层（网络层和应用层）则是由 ZigBee 联盟定义的[W-ZigBee]。在相关文献中可以见到"ZigBee/802.15.4"的写法，这就表示 ZigBee 标准是由两个不同的组织制定的。

图 10-13　ZigBee 的协议栈

10.2.3　高速 WPAN

高速 WPAN 的标准是 IEEE 802.15.3，是专为在便携式多媒体装置之间传送数据而制定的。这个标准支持 11～55Mbit/s 的数据传输率。这在个人使用的数码设备日益增多的情况下特别方便。例如，使用高速 WPAN 可以不用连接线就能把计算机和在同一间屋子里的打印机、扫描仪、外接硬盘，以及各种消费电子设备连接起来。别人使用数码摄像机拍摄的视频节目，可以不用连接线就能复制到你的数码摄像机的存储卡上。会议厅中的便携式电脑不用连接线就能通过投影机把制作好的幻灯片投影到大屏幕上。IEEE 802.15.3a 工作组还提出了更高数据传输率的物理层标准的超高速 WPAN，这种网络使用超宽带（ultra-wide band，UWB）技术。根据香农公式，我们知道信道的极限传输速率与信道的带宽成正比。因此，超宽带技术工作在 3.1～10.6GHz 微波频段就是为了得到非常高的信道带宽。现在的超宽带信号的带宽，应超过信号中心频率的 25%，或者信号的绝对带宽超过 500MHz。根据 UWB 规定，使得超宽带技术中可以使用瞬间高速脉冲，因此信号的频带就很宽，就是指可支持 100～400Mbit/s 的数据传输率，可用于小范围内高速传送图像或 DVD 质量的多媒体视频文件。

10.3　无线局域网

在局域网刚问世的一段时间，无线局域网的发展比较缓慢，原因是价格贵、数据传输率低、安全性较差，以及使用登记手续复杂（使用无线电频率必须得到有关部门的批准）。但 20 世纪 80 年代末以来，由于人们工作和生活节奏的加快以及移动通信技术的飞速发展，无线局域网也就逐步进入市场。无线局域网提供了移动接入的功能，这就给许多需要发送数据但又不能坐在办公室的工作人员提供了方便。当一个工厂的面积很大时，若要将各个部门的网络都用电缆连接成网，其费用可能很高；但若使用无线局域网，不仅节省了投资，而且建网的速度也会加快。另外，当大量持有便携式计算机的用户在一个地方同时要求上网时（如在图书馆或购买股票的大厅里），若用电缆联网，恐怕连铺设电缆的位置都很难找到。而用无线局域网则比较容易。由于手机普及率日益提高，通过无线局域网接入互联网已成为当今上网的最常用的方式。

无线局域网可分为两大类：第一类是有固定基础设施的；第二类是无固定基础设施的（如无线自组织网络）。所谓"固定基础设施"是指预先建立起来的、能够覆盖一定地理范围的一批固定基站。大家经常使用的蜂窝移动电话就是利用电信公司预先建立的、覆盖全国的大量固定基站来接通用户手机拨打的电话。

10.3.1　IEEE 802.11

对于第一类有固定基础设施的无线局域网，1997 年 IEEE 制定出无线局域网的协议标准 802.11[W-IEEE802.11]系列标准。2003 年 5 月，我国颁布 WLAN 的国家标准，该标准采用 ISO/IEC 8802-11 系列国际标准，并针对 WLAN 的安全问题，纳入国家对密码算法和无线电频率的要求。它是基于国际标准之上的符合我国安全规范的 WLAN 标准，是属于国家强制执行的标准。该国标在 2004 年 6 月已经正式执行，不符合此标准的 WLAN 产品将不允许出现在国内市场上。有关无线局域网的 IEEE 标准都可从互联网下载[W-IEEE802]。

802.11 是个相当复杂的标准。但简单地说，802.11 就是无线以太网的标准，它使用星形拓扑，其中心称为接入点（AP），在 MAC 层使用 CSMA/CA 协议（在后面的 10.3.3 节讨论）。凡使用 802.11 系列协议的局域网又称为 Wi-Fi，现在 Wi-Fi 实际上已经成为无线局域网的代名词。

802.11 标准规定无线局域网的最小构件是基本服务集（basic service set，BSS）。一个 BSS 包括一个基站和若干个移动站，所有的站在本 BSS 以内都可以直接通信，但在和本 BSS 以外的站通信时都必须通过本 BSS 的基站。在 802.11 的术语中，上面提到的 AP 就是 BSS 内的基站。当网络管理员安装 AP 时，必须为该 AP 分配一个不超过 32 字节的服务集标识符（service set identifier，SSID）和一个通信信道。SSID 其实就是指使用该 AP 的无线局域网的名字。一个 BSS 所覆盖的地理范围称为一个基本服务区（basic service area，BSA）。BSA 和无线移动通信的蜂窝小区相似。无线局域网的 BSA 的范围直径一般不超过 100m。

10.3.2　802.11 局域网的物理层

802.11 标准中物理层相当复杂。限于篇幅，这里对无线局域网的物理层不能展开讨论。根据物理层的不同（如工作频段、数据传输率、调制方法等），对应的标准也不同。最早流行的无线局域网是 802.11b、802.11a 和 802.11g。2009 年颁布了标准 802.11n（表 10-1）。

表 10-1 几种常用的 802.11 无线局域网

标准	频段	数据传输率	物理层	优缺点
802.11b	2.4GHz	最高 11Mbit/s	扩频	最高数据传输率较低，信号传播距离最远，且不易受阻碍
802.11a	5GHz	最高 54Mbit/s	OFDM	最高数据传输率较高，支持更多用户同时上网，价格最高，信号传播距离较短，且易受阻碍
802.11g	2.4GHz	最高 54Mbit/s	OFDM	最高数据传输率较高，信号传播距离最远，价格比 802.11b 贵
802.11n	2.4GHz/5GHz	最高 600Mbit/s	MIMO、OFDM	使用多个发射和接收天线达到更高的数据传输率，当使用双倍带宽（40MHz）时数据传输率可达 600Mbit/s

近几年又有一些无线局域网的新标准相继推出。例如，2012 年的 802.11ad，工作频段在 60GHz，最高数据传输率可达 7Gbit/s。适用于单个房间（不能穿越墙壁）内的高速数据传输，如 4K 高清电视节目。2013 年的 802.11ac，是 802.11n 的升级版本，工作频段为 5GHz，最高数据传输率为 1Gbit/s。2016 年的 802.11ah，工作频段在 900MHz，最高数据传输率为 18Mbit/s，这种无线局域网的功耗低、传输距离长（最长可达 1km），很适合物联网设备之间的通信。

10.3.3 802.11 局域网的 CSMA/CA 协议

虽然 CSMA/CD 协议已成功地应用于使用有线连接的局域网，但无线局域网能不能也使用 CSMA/CD 协议呢？显然，这个协议的前一部分 CSMA 能够使用。在无线局域网中，在发送数据之前先对媒体进行载波监听。如发现有其他站在发送数据，就推迟发送以免发生碰撞。这样做是合理的。但问题是"碰撞检测"在无线环境下却不能使用。理由如下所述。

（1）"碰撞检测"要求一个站点在发送本站数据的同时，还必须不间断地检测信道。一旦检测到碰撞，就立即停止发送。但由于无线信道的传输条件特殊，其信号强度的动态范围非常大，因此在 802.11 适配器上接收到的信号强度往往会显著小于发送信号的强度（信号强度可能相差百万倍）。如要在无线局域网的适配器上实现碰撞检测，在硬件上的花费就会过大。

（2）更重要的是，即使我们能够在硬件上实现无线局域网的碰撞检测功能，也仍然无法避免碰撞的发生。这就表明，无线局域网不需要进行碰撞检测。

"无线局域网不需要进行碰撞检测"是由无线信道本身的特点决定的。我们知道，无线电波能够向所有的方向传播，且其传播距离受限。当电磁波在传播过程中遇到障碍物时，其传播距离就会受到限制。如图 10-14 所示的例子表示了无线局域网的特殊问题。图中给出两个无线移动站 A 和 B，以及接入点 AP。我们假定无线电信号传播的范围是以发送站为圆心的一个圆形面积。

图 10-14（a）表示站点 A 和 C 都想和 B 通信。但 A 和 C 相距较远，彼此都听不见对方。当 A 和 C 检测到信道空闲时，就都向 B 发送数据，结果发生了碰撞。这种未能检测出信道上其他站点信号的问题称为隐蔽站问题（hidden station problem）。

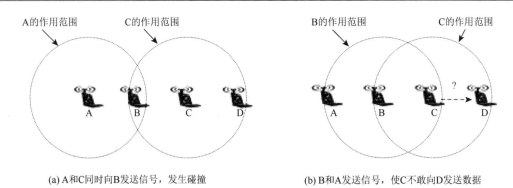

(a) A和C同时向B发送信号，发生碰撞　　　　　　(b) B和A发送信号，使C不敢向D发送数据

图 10-14　无线局域网中的特殊问题

当移动站之间有障碍物时也有可能出现上述问题。例如，三个站点 A、B 和 C 彼此距离都差不多，相当于在一个等边三角形的三个顶点。但 A 和 C 之间有一座山，因此 A 和 C 彼此都听不见对方。若 A 和 C 同时向 B 发送数据就会发生碰撞，使 B 无法正常接收。

图 10-14（b）给出了另一种情况。站点 B 向 A 发送数据，而 C 又想和 D 通信，但 C 检测到信道忙，于是不敢向 D 发送数据，其实 B 向 A 发送数据并不影响 C 向 D 发送数据（如果是 A 向 B 发送数据，同时 C 也向 D 发送数据，这时就会干扰 B 接收 A 发来的数据。但现在是假定 B 向 A 发送数据），这就是暴露站问题（exposed station problem）。在无线局域网中，不发生干扰的情况下，可允许同时有多个移动站进行通信。这点与有线局域网有很大的差别。

由此可见，无线局域网可能出现检测错误的情况：检测到信道空闲，其实信道并不空闲；有时检测到信道忙，其实信道并不忙。

我们知道，CSMA/CD 有两个要点。一是发送前先检测信道，信道空闲就立即发送，信道忙就随机推迟发送。二是边发送边检测信道，一发现碰撞就立即停止发送。因此偶尔发生的碰撞并不会使局域网的运行效率降低很多。但无线局域网不能使用碰撞检测，只要开始发送数据，就不能中途停止发送，而一定把整个帧发送完毕。由此可见，如果在无线局域网的发送过程中，一旦发生了碰撞，那么整个信道资源的浪费就比较严重。因此，无线局域网应当尽量降低碰撞的发生。

为此，802.11 局域网使用 CSMA/CA 协议。CA（collision avoidance）是碰撞避免的意思，或者说，协议的设计是要尽量降低碰撞发生的概率。

802.11 局域网在使用 CSMA/CA 的同时，还使用停止等待协议。这是因为无线信道的通信质量远不如有线信道，因此无线站点每通过无线局域网发送完一帧后，要等到收到对方的确认帧后才能继续发送下一帧。这就是链路层确认。

10.4　无线城域网与无线广域网

本节要介绍的是无线城域网（wireless metropolitan area network，WMAN）与无线广域网（wireless wide area network，WWAN）。

10.4.1　无线城域网

我们已经有了多种有线宽带接入互联网的网络（如 ADLC、HFC 或 FTTx 等），然而人们发现，在许多情况下，使用无线宽带接入可以带来很多好处，如更加经济和安装快捷，同时也可以得到更高的数据传输率。

早期出现的本地多点分配系统（local multipoint distribution system，LMDS）就是一种宽带无线城域网接入技术。许多国家把 27.5～29.5GHz 定为 LMDS 频段。然而由于缺乏统一的技术标准，LMDS 一直未能普及起来。

后来 IEEE 成立了 802.16 委员会，专门制定无线城域网的标准。2002 年 4 月通过了 802.16 无线城域网的标准（又称为 IEEE 无线城域网空中接口标准）。欧洲的 ETSI 也制定了类似的无线城域网标准 HiperMAN。于是，近年来其又成为无线网络中的一个热点。无线城域网可提供"最后一英里"的宽带无线接入（固定的、移动的和便携的）。许多情况下，无线城域网可用来代替现有的有线宽带接入，因此它有时又称为无线本地环路（wireless local loop）。

现在无线城域网共有两个正式标准：一个是 2004 年 6 月通过的 802.16 的修订版本，即 802.16d（它的正式名字是 802.16-2004），是固定宽带无线接入空中接口标准（2～66GHz 频段）；另一个是 2005 年 12 月通过的 802.16 的增强版本，即 802.16e，是支持移动性的宽带无线接入空中接口标准（2～6GHz 频段），它向下兼容 802.16-2004。图 10-15 为 802.16 无线城域网服务范围的示意图。

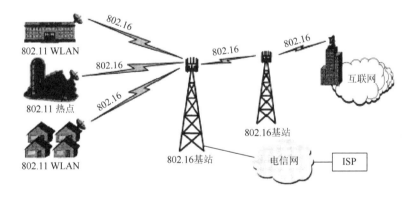

图 10-15　802.16 无线城域网服务范围示意图

10.4.2　无线广域网

WWAN 是采用无线网络把物理距离极为分散的局域网（LAN）连接起来的通信方式。无线局域网代表移动联通的无线网络，特点为传输距离小于 15km，数据传输速率大约为 3Mbit/s，发展速度更快。

WWAN 连接地理范围较大，常常是一个国家或一个洲。其目的是让分布较远的各局域网互联，它的结构分为末端系统（两端的用户集合）和通信系统（中间链路）两部分。

IEEE 802.20 是 WWAN 的重要标准。IEEE 802.20 是由 IEEE 802.16 工作组于 2002 年 3 月提出的，并为此成立专门的工作小组。IEEE 802.20 是为了实现高速移动环境下的高速率数据传输，以弥补 IEEE 802.1x 协议族在移动性上的劣势。IEEE 802.20 技术可以有效解决移动性与传输速率相互矛盾的问题，它是一种适用于高速移动环境下的宽带无线接入系统空中接口规范，其工作频率小于 3.5GHz。

IEEE 802.20 标准在物理层技术上，以正交频分复用（OFDM）技术和多输入多输出（MIMO）技术为核心，充分挖掘时域、频域和空间域的资源，显著提高了系统的频谱效率。在设计理念上，基于分组数据的纯 IP 架构适应突发性数据业务的性能优于 3G 技术，与 3.5G（HSDPA、EV-DO）性能相当。在实现和部署成本上也具有较大的优势。

IEEE 802.20 能够满足无线通信市场高移动性和高吞吐量的需求，具有性能好、效率高、成本低和部署灵活等特点。IEEE 802.20 移动性优于 IEEE 802.11，在数据吞吐量上强于 3G 技术，其设计理念符合下一代无线通信技术的发展方向，因而是一种非常有前景的无线技术。目前，IEEE 802.20 系统技术标准仍有待完善，产品市场还没有成熟、产业链有待完善，所以还很难判定它在未来市场中的位置。

10.5　无线自组网络

无线自组网络（wireless ad hoc network）是无固定基础设施的无线局域网。这种自组网络没有基本服务集中的接入点，而是由一些处于平等状态的移动站相互通信组成的临时网络（图 10-16）。图中还画出了当移动站 A 和 E 通信时，经过 A→B，B→C，C→D 和最后 D→E 这样一连串的存储转发过程。因此，在从源结点 A 到目的结点 E 的路径中，移动站 B、C 和 D 都是转发结点，这些结点都具有路由器的功能。由于自组网络没有预先建好的网络固定基础设施（基站），因此自组网络的服务范围通常是受限的，而且自组网络一般也不和外界的其他网络相连接。

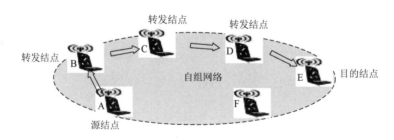

图 10-16　由一些平等结点组成的无线自组网络

自组网络通常是这样构成的：一些可移动的设备发现在它们附近还有其他的可移动设备，并且要求和其他移动设备进行通信。随着便携式电脑和智能手机的普及，自组网络的组网方式已受到人们的广泛关注。由于在自组网络中的每一个移动站，都要参与网络中其他移动站的路由的发现和维护，同时由移动站构成的网络拓扑有可能随时间变化得很快，因此在固定网络中行之有效的一些路由选择协议对移动自组网络已不适用。这样，在自组网络中路由选择协议就引起了特别的关注。另一个重要问题是多播。在移动自组网络中往往需要将某个重要信息同时向多个移动站传送。这种多播比固定结点网络的多播复杂得多，需要有实时性好而效率又高的多播协议。

无线自组网络在军用和民用领域都有很好的应用前景。在军事领域中，由于战场上往往没有预先建好的固定接入点，其移动站就可以利用临时建立的移动自组网络进行通信。这种组网方式也能够应用到作战的地面车辆群和坦克群，以及海上的舰艇群、空中的机群。由于每一个移动设备都具有路由器转发分组的功能，因此分布式的移动自组网络的生存性非常好。在民用领域，持有笔记本电脑的人可以利用这种移动自组网络方便地交换信息，而不受便携式电脑附近没有电话线插头的限制。当出现自然灾害，在抢险救灾时利用移动自组网络进行及时通信往往也是很有效的，因为这时事先已建好的固定网络基础设施（基站）可能都已经被破坏了。

10.6　无线传感器网络与物联网

10.6.1　无线传感器网络

近年来，无线自组网络中的一个子集——无线传感器网络（wireless sensor network，WSN）引起了人们广泛的关注。无线传感器网络是由大量传感器结点通过无线通信技术构成的自组网络。无线传感器网络的应用就是进行各种数据的采集、处理和传输，一般并不需要很高的带宽，但是在大部分时间必须保持低功耗，以节省电池的消耗。由于无线传感器结点的存储容量受限，因此对协议栈的大小有严格的限制。此外，无线传感器网络还对网络安全性、结点自动配置、网络动态重组等方面有一定的要求。

据统计，全球 98%的处理器并不在传统的计算机中，而是处在各种家电设备、运输工具以及工厂的机器中。如果在这些设备上能够嵌入合适的传感器和无线通信功能，就可能把数量极大的结点连接成分布式的传感器无线网络，从而能够实现联网计算和处理。

图 10-17（a）给出了一种传感器结点的形状，图 10-17（b）是典型的传感器结点的组成，它的主要构件包括 CPU、存储器、传感器硬件、无线收发器和电池。

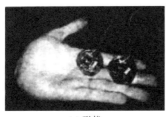
(a) 形状

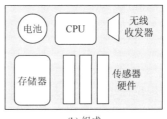
(b) 组成

图 10-17　传感器结点的形状和组成

无线传感器网络中的结点基本上是固定不变的，这点和无线自组网络有很大的区别。无线传感器网络主要的应用领域就是组成各种物联网（internet of things，IoT）。

10.6.2　物联网

物联网是指通过信息传感器、射频识别技术、全球定位系统、红外感应器、激光扫描器等各种装置与技术，实时采集任何需要监控、连接、互动的物体或过程，采集其声、光、热、电、力学、化学、生物、位置等各种需要的信息，通过各类可能的网络接入，实现物与物、物与人的泛在连接，实现对物品和过程的智能化感知、识别和管理。物联网是一个基于互联网、传统电信网等的信息承载体，它让所有能够被独立寻址的普通物理对象形成互联互通的网络。

物联网的基本特征从通信对象和过程来看，物与物、人与物之间的信息交互是物联网的核心。物联网的基本特征可概括为整体感知、可靠传输和智能处理。

（1）整体感知——可以利用射频识别、二维码、智能传感器等感知设备感知获取物体的各类信息。

（2）可靠传输——通过对互联网、无线网络的融合，将物体的信息实时、准确地传送，以便信息交流、分享。

（3）智能处理——使用各种智能技术，对感知和传送到的数据、信息进行分析处理，实现监测与控制的智能化。

根据物联网的以上特征，结合信息科学的观点，围绕信息的流动过程，可以归纳出物联网处理信息的功能。

（1）获取信息的功能，主要是信息的感知、识别。信息的感知是指对事物属性状态及其变化方式的知觉和敏感；信息的识别指能把所感受到的事物状态用一定方式表示出来。

（2）传送信息的功能，主要是信息发送、传输、接收等环节，最后把获取的事物状态信息及其变化的方式从时间（或空间）上的一点传送到另一点的任务，这就是常说的通信过程。

（3）处理信息的功能，是指信息的加工过程，利用已有的信息或感知的信息产生新的信息，实际是制定决策的过程。

（4）施效信息的功能，指信息最终发挥效用的过程，有很多的表现形式，比较重要的是通过调节对象事物的状态及其变换方式，始终使对象处于预先设计的状态。

物联网的应用领域涉及方方面面，在工业、农业、环境、交通、物流、安保等基础设施领域的应用，有效地推动了这些领域的智能化发展，使得有限的资源更加合理地使用分配，从而提高了行业效率、效益。在家居、医疗健康、教育、金融与服务业、旅游业等与生活息息相关的领域的应用，从服务范围、服务方式到服务质量等方面都有了极大的改进，显著地提高了人们的生活质量；在国防军事领域方面，虽然还处在研究探索阶段，但物联网应用带来的影响也不可小觑，大到卫星、导弹、飞机、潜艇等装备系统，小到单兵作战装备，物联网技术的嵌入有效地提升了军事智能化、信息化、精准化，极大地提升了军事战斗力，是未来军事变革的关键。

10.7 卫星通信网络

卫星通信是指利用人造地球卫星作为中继站转发无线电信号，在两个或多个地球站之间进行的信息通信。卫星通信使用的频段也是微波频段，所以有人说它是地面微波通信的一个特例，是把微波中继接力站设在了空中，扩大了覆盖面，减少了中继接力次数。为此，卫星通信包括了两个部分：一部分是中继接力站——通信卫星部分；另一部分是终端站——地球站部分。

通信卫星是用于信息通信的人造地球卫星，因此它是一个庞大的系统，包括卫星技术范畴和通信技术范畴。为此人们把通信卫星分为空间平台和有效负荷两部分，空间平台是卫星技术范畴，主要包括卫星的控制、监测等。有效负荷是通信技术范畴，这是本书应该关注介绍的部分。因为它是一个设在空中的中继接力站，那么有效负荷部分无外乎是由天馈线和收发信设备组成的，在通信卫星中，把收发信设备称为通信转发器。它分为透明转发器（只有低噪放大、变频、高功放的转发过程）和处理转发器（除转发过程外，还有如数字信号再生、波束之间信号交换等）两类。由于转发器设在卫星上，所以对它的起码要求是，以最小的附加噪声和失真、足够的工作频带和输出功率来为各地球站有效而可靠地转发无线电信号。

通信卫星依据所在的轨道可分为低轨道通信卫星、中轨道通信卫星、高椭圆轨道通信卫星和静止轨道通信卫星。卫星通信中常用的是静止轨道通信卫星，它距地球表面 36000km，处于赤道上空的圆形轨道上，该轨道上的卫星的运转速度与地球自转速度同步，相对地球表面是静止的。静止轨道通信卫星主要适应于低纬度地区；高椭圆轨道通信卫星主要适应于高纬度地区；低轨道和中轨道通信卫星要利用许多颗星实现可覆盖全球的连续通信。

卫星通信地球站相当于地面微波通信的终端站，也包括基带设备、射频设备、天馈线设备、监控设备等，但为了保证地球站天线与卫星天线对准增加了伺服跟踪设备。卫星通信地球站的突出特点是低噪声接收和大功率输出。卫星通信频段将由单一的 C 波段发展到 UHF、L、Ku、Ka 等多频段。

卫星通信的多址连接技术也包括常用的频分多址（FOMA）方式、时分多址（TOMA）方式、码分多址（CONA）方式、空分多址（SMA）方式和随机多址（ALOHA）方式。在卫星通信中，与多址连接技术密切相关的技术就是信道分配技术，信道分配方式分为预分配（PA）方式、按需分配（DAMA）方式和随机分配（RA）方式等。

卫星通信提供的业务主要是话音通信、电视广播、导航定位等，还有窄带数据和低速会议电视等。卫星 IP 技术是随着 Internet 业务的发展而迅速增加，而利用卫星链路来传输 Internet 业务的技术将大有应用前景。

卫星通信系统应用中，像甚小口径天线终端或称小站系统（very small aperture terminal，VSAT）、移动卫星通信系统（mobile satellite service，MSS）、全球导航卫星系统（global navigation satellite system，GNSS）、卫星电视广播系统等是比较普及的。VSAT 与传统的卫星地球站相比设备简单、体积小、重量轻，尤其是天线直径可以做得很小，使之安装、维护和操作变得简单，另外其各站提供的业务量较小，组网灵活，接续方便，智能化，可以快速组成专网，它对通信卫星没有特殊的要求。MISS 则主要是利用静止轨道通信卫星，为地面和空中移动体之间或与固定体之间提供通信信号的传输，依据其主要用途分为海事移动卫星通信系统、航空移动卫星通信系统和陆地移动卫星通信系统。它对通信卫星系统和地球站系统要求较高，技术相对复杂。GNS 是指利用多颗静止轨道通信卫星和几十颗非静止轨道通信卫星组成的卫星通信系统为用户提供导航、定位、授时等业务，已得到成熟应用的是美国的全球定位系统，我国正在布局的北斗卫星导航系统已经全面使用（现已开始为我国及邻国用户提供业务）。还有铱卫星通信系统是利用低轨道卫星群实现全球卫星移动通信的一种方案，该方案设计将使用六七十颗之多的卫星来组网，由于投资巨大、技术复杂而发展步履维艰。

卫星通信的最大特点是通信距离远，且通信费用与通信距离无关。同步地球卫星发射出的电磁波能辐射到地球上的通信覆盖区的跨度超过 1.8 万公里，面积约占全球的 1/3。只要在地球赤道上空的同步轨道上，等距离地放置 3 颗相隔 120°的卫星，就能基本上实现全球的通信。

卫星通信的另一个特点就是具有较大的传播时延。由于各地球站的天线仰角并不相同，因此无论两个地球站之间的地面距离是多少（相隔一条街或相隔上万公里），从一个地球站经卫星到另一地球站的传播时延在 250～300ms。一般可取 270ms。这和其他的通信有较大差别（请注意：这和两个地球站之间的距离没有什么关系）。对比之下，地面微波接力通信链路的传播时延一般取 3.3μs/km。

请注意，"卫星信道的传播时延较大"并不等于"用卫星信道传送数据的时延较大"。这是因为传送数据的总时延除了传播时延外，还有发送时延、处理时延和排队时延等部分。传播时延在总时延中所占的比例有多大，取决于具体情况。

在十分偏远的地方，或离大陆很远的海洋中，要进行通信就几乎完全要依赖于卫星通信。卫星通信还非常适合于广播通信，因为它的覆盖面很广。但从安全方面考虑，卫星通信系统的保密性相对较差。

第六篇　数据管理（数据思维）

数据库是指一组相关信息的集合。例如，电话簿就可以被视为包含某地区所有居民的姓名、电话号码、地址等信息的数据库。尽管电话簿可能是一个最为普及和常用的数据库，但它仍有不少缺点，例如：

（1）查找某人的电话号码相当费时，特别是在电话簿包含了海量条目时；

（2）电话簿只是根据姓名来索引，因此对于根据特定地址查找居民姓名就无能为力了；

（3）当电话簿被打印后，随着该地区居民的流动、更改电话号码或住址等行为不断发生，电话簿上的信息也变得越来越不准确。

电话簿的这些缺陷同样存在于任何人工编制的数据存储系统，如存放在档案柜的病历等。由于这些纸质数据库不方便，因此最早的计算机应用之一就是开发数据库系统，即通过计算机来存储和检索数据的机制。因为数据库系统通过电子而不是纸质方式来存储数据，所以它可以更快速地检索数据、以多种方式索引数据以及为其用户群提供最新的信息。

早期的数据库系统将被管理的数据存储在磁带上。一般情况下磁带的数量比磁带机多得多，因此在请求数据时需要技术人员手动装卸磁带。同时由于那个时代的计算机内存很小，通常对同一数据的并发请求必须多次读取磁带，降低了使用效率。尽管这些数据库系统相对于纸质数据库有了显著的进步，但与今天的数据库技术相比仍有相当大的差距（现代数据库系统能够利用海量快速的磁盘驱动器来管理 TB 级的数据，在高速内存中存放数十 GB 的数据）。

数据库是数据管理的有效技术，是由一批数据构成的有序集合，这些数据被存放在结构化的数据表里。数据表之间相互关联，反映客观事物间的本质联系。数据库能有效地帮助一个组织或企业科学地管理各类信息资源。

第11章 数据库系统

11.1 数据管理简介

11.1.1 数据库的基本概念

数据、数据库、数据库管理系统和数据库系统是与数据库技术密切相关的四个基本概念。

1. 数据

数据（data）是数据库中存储的基本对象。对于数据大多数人的第一个反应就是数字，如93、1000、99.5、−330.86等。其实数字只是最简单的一种数据，是数据的一种传统和狭义的理解。广义的理解认为数据的种类很多，例如，文本（text）、图形（graph）、图像（image）、音频（audio）、视频（video）、学生的档案记录、货物的运输情况等多种数据表现形式，均可以通过数字化存入计算机中。

数据的表现形式还不能完全表达其内容，需要经过解释，数据及其解释是密不可分的。例如，443显然是一个数据，它可以是一座山的海拔，也可以是一座建筑的高度，还可以是计算机学院2021级的研究生人数。数据的解释是指对数据含义的说明，数据的含义称为语义，数据与其语义是密不可分的。

2. 数据库

数据库（database，DB），顾名思义，是存放数据的仓库。只不过这个仓库是在计算机存储设备上，而且数据是按一定的格式存放的。

人们收集并抽取出一个应用所需要的大量数据后，应将其保存起来，以供进一步加工处理，抽取有用信息。在科学技术飞速发展的今天，人们的视野越来越广，数据量急剧增加。过去人们把数据存放在文件柜里，现在人们借助计算机和数据库技术科学地保存和管理大量复杂的数据，以便能方便而充分地利用这些宝贵的信息资源。

严格地讲，数据库是长期储存在计算机内、有组织的、可共享的大量数据的集合。数据库中的数据按一定的数据模型组织、描述和储存，具有较小的冗余度（redundancy）、较高的数据独立性（data independency）和易扩展性（scalability），并可为各种用户共享。

概括地讲，数据库数据具有永久存储、有组织和可共享三个基本特点。

3. 数据库管理系统

数据库管理系统（database management system，DBMS）是位于用户和操作系统之间的一层数据管理软件。数据库管理系统和操作系统一样是计算机的基础软件，也是一个大型复杂的软件系统。它的主要功能包括数据定义、数据组织、数据存储和管理、数据操纵、事务管理和运行管理以及数据库的建立和维护等。

4. 数据库系统

数据库系统（database system，DBS）是由数据库、数据库管理系统（及其应用开发工具）、应用程序和数据库管理员（database administrator，DBA）组成的存储、管理、处理和维护数据的系统。应当指出的是，数据库的建立、使用和维护等工作只靠一个数据库管理系统远远不够，还要有专门的人员来完成，这些人员被称为数据库管理员。

11.1.2　数据库系统的历史

1. 人工管理阶段

20 世纪 50 年代中期以前，计算机主要用于科学计算。当时的硬件状况是，外存只有纸带、卡片、磁带，没有磁盘等直接存取的存储设备；软件状况是，没有操作系统，没有管理数据的专门软件；数据处理方式是批处理。人工管理数据具有数据不保存、应用程序管理数据、数据不共享、数据不具有独立性的特点。

2. 文件系统阶段

20 世纪 50 年代后期到 60 年代中期，硬件方面已有了磁盘、磁鼓等直接存取存储设备；软件方面，操作系统中已经有了专门的数据管理软件，一般称为文件系统；处理方式上不仅有了批处理，而且能够联机实时处理。

用文件系统管理数据具有如下特点。

1）数据可以长期保存

由于计算机大量用于数据处理，数据需要长期保留在外存上反复进行查询、修改、插入和删除等操作。

2）由文件系统管理数据

由专门的软件即文件系统进行数据管理，文件系统把数据组织成相互独立的数据文件，利用"按文件名访问，按记录进行存取"的管理技术，提供了对文件进行打开与关闭、对记录读取和写入等存取方式。文件系统实现了记录内的结构性。但是，文件系统仍存在数据共享性差、冗余度大以及数据独立性差的缺点。

3. 数据库系统阶段

20 世纪 60 年代后期以来，计算机管理的对象规模越来越大，应用范围越来越广泛，数据量急剧增长，同时多种应用、多种语言互相覆盖地共享数据集合的要求越来越强烈。

这时硬件已有大容量磁盘，硬件价格下降；软件则价格上升，为编制和维护系统软件及应用程序所需的成本相对增加；在处理方式上，联机实时处理要求更多，并开始提出和考虑分布处理。在这种背景下，以文件系统作为数据管理手段已经不能满足应用的需求，于是为了解决多用户、多应用共享数据的需求，使数据为尽可能多的应用服务，数据库技术便应运而生，出现了统一管理数据的专门软件系统——数据库管理系统。

用数据库系统来管理数据比文件系统具有明显的优点，从文件系统到数据库系统标志着数据管理技术的飞跃。

11.1.3　数据库系统的特点

数据库技术始于 20 世纪 60 年代，发展到今天已经是一门非常成熟的技术。今天的数据库，无论对于其技术水平还是应用水平而言，都和过去不可同日而语，但是数据库的最基本特征没有变。概括起来，数据库应包括如下特征。

1．相互关联的数据的集合

数据库中的数据不是孤立的，数据与数据之间是相互关联的。也就是说，在数据库中不仅要能表示数据本身，还要能表示数据与数据之间的联系。

例如，在学籍管理中有学生和课程两类数据，在数据库中除了要存放这两类数据外，还要存放哪些学生学习或选修了哪些课程，或哪些课程由哪些学生选修这样的信息，这就反映了学生数据和课程数据之间的联系。

2．用综合的方法组织数据

数据库能够根据不同的需要按不同的方法组织数据，如可以用顺序组织方法、索引组织方法、倒排索引组织方法等。这样做的目的就是要最大限度地提高用户或应用程序访问数据库的效率，数据的组织和物理存储是由数据库管理系统负责的。

3．低冗余与数据共享

由于在数据库技术出现之前数据文件都是独立的，所以任何数据文件都必须含有满足某一应用的全部数据。例如，某单位人事部门有一个职工文件，教育部门也有一个职工文件，人事部门职工文件的记录格式如下：

职工基本情况	有关人事管理的数据

教育部门职工文件的记录格式如下：

职工基本情况	有关年终奖的数据

这样在两个部门的职工文件中都有"职工基本情况"的数据，也就是说这一部分数据是重复存储的。如果还有第三个、第四个部门也有类似的职工文件，那么重复存储所造成的空间浪费是很大的。在数据库中，可以共享类似"职工基本情况"这样的共用数据，从而降低数据的冗余度。降低数据冗余不仅可以节省存储空间，更重要的是可以保证数据的一致性。

4. 具有较高的数据独立性

数据独立性是指数据的组织和存储方法与应用程序互不依赖、彼此独立的特性。在数据库技术出现之前，数据文件的组织方式和应用程序是密切相关的，当改变数据结构时相应的应用程序也必须随之修改，这样就显著增加了应用程序的开发代价和维护代价。而数据库技术却可以使数据的组织和存储方法与应用程序互不依赖，从而显著降低应用程序的开发代价和维护代价。

5. 可以保证数据完整性

保证数据正确的特性在数据库中称为数据完整性。在数据库中可以通过建立一些约束条件保证数据库中的数据是正确的。例如，某学生的年龄是 20 岁，当误输入为 "2 岁" 或 "200 岁" 时，数据库能够主动拒绝这类错误。

6. 保证数据的安全、可靠

数据库技术要能保证数据库中的数据是安全、可靠的。数据库要有一套安全机制，以便可以有效地防止数据库中的数据被非法使用或非法修改；数据库还要有一套完整的备份和恢复机制，以便保证当数据遭到破坏（软件或硬件故障引起的）时能立刻将数据完全恢复，从而保证系统能够连续、可靠地运行。

7. 数据可以并发使用并能保证其一致性

数据库中的数据是共享的，并且允许多个用户同时使用相同的数据，这就要求数据库能够协调一致，保证各用户间对数据的操作不发生矛盾和冲突，即在多个用户同时使用数据库时，也能保证数据的一致性和正确性。

以上概括介绍了数据库的主要特性，在后续章节中会对其作出更详细的解释，将会回答一些为什么……、什么是……、如何做……等问题。

11.1.4　数据模型

数据库技术是计算机领域中发展最快的技术之一。数据库技术的发展是沿着数据模型的主线推进的。模型，特别是具体模型对人们来说并不陌生。一张地图、一组建筑设计沙盘、一架精致的航模飞机都是具体的模型，一眼望去就会使人联想到真实生活中的事物。模型是对现实世界中某个对象特征的模拟和抽象。例如，航模飞机是对生活中飞机的一种模拟和抽象，它可以模拟飞机的起飞、飞行和降落，抽象了飞机的基本特征——机头、机身、机翼、机尾。

数据模型（data model）也是一种模型，它是对现实世界数据特征的抽象。也就是说数据模型是用来描述数据、组织数据和对数据进行操作的。

由于计算机不可能直接处理现实世界中的具体事物，所以人们必须事先把具体事物转换成计算机能够处理的数据，也就是首先要数字化，把现实世界中具体的人、物、活动、概念用数据模型这个工具来抽象、表示和处理。通俗地讲，数据模型就是现实世界的模拟。

数据模型应满足三个方面的要求：一是能比较真实地模拟现实世界；二是容易被人所理解；三是便于在计算机上实现。一种数据模型要很好地、全面地满足这三个方面的要求在目前尚很困难。因此，在数据库系统中针对不同的使用对象和应用目的，采用不同的数据模型。

如同在建筑设计和施工的不同阶段需要不同的图纸一样，在开发实施数据库应用系统中也需要使用不同的数据模型：概念模型、逻辑模型和物理模型。

根据模型应用的不同目的，可以将这些模型划分为两大类，它们分别属于两个不同的层次。第一类是概念模型，第二类是逻辑模型和物理模型。

第一类概念模型（conceptual model），也称信息模型，它是按用户的观点来对数据和信息建模的，主要用于数据库设计。

第二类中的逻辑模型主要包括层次模型（hierarchical model）、网状模型（network model）、关系模型（relational model）、面向对象数据模型（object oriented data model）、对象关系数据模型（object relational data model）、半结构化数据模型（semistructured data model）等。它是按计算机系统的观点对数据建模的，主要用于数据库管理系统的实现。

第二类中的物理模型是对数据最底层的抽象，它描述数据在系统内部的表示方式和存取方法，或在磁盘或磁带上的存储方式和存取方法，是面向计算机系统的。物理模型的具体实现是数据库管理系统的任务，数据库设计人员要了解和选择物理模型，最终用户不必考虑物理级的细节。

数据模型是数据库系统的核心和基础。各种机器上实现的数据库管理系统软件都是基于某种数据模型或者是支持某种数据模型的。

为了把现实世界中的具体事物抽象、组织为某一数据库管理系统支持的数据模型，人们常常首先将现实世界抽象为信息世界，然后将信息世界转换为机器世界。也就是说，首先把现实世界中的客观对象抽象为某一种信息结构，这种信息结构并不依赖于具体的计算机系统，不是某一个数据库管理系统支持的数据模型，而是概念级的模型；然后把概念模型转换为计算机上某一数据库管理系统支持的数据模型，这一过程如图 11-1 所示。

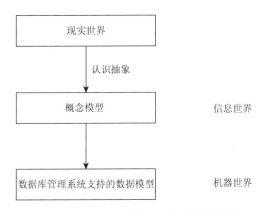

图 11-1 现实世界中客观对象的抽象过程

从现实世界到概念模型的转换是由数据库设计人员完成的；从概念模型到逻辑模型的转换可以由数据库设计人员完成，也可以用数据库设计工具协助设计人员完成；从逻辑模型到物理模型的转换主要是由数据库管理系统完成的。

下面首先介绍概念模型，然后介绍三个常用的数据模型。

1. 概念模型

概念模型用于信息世界的建模，是现实世界到信息世界的第一层抽象，是数据库设计人员进行数据库设计的有力工具，也是数据库设计人员和用户之间进行交流的语言，因此概念模型一方面应该具有较强的语义表达能力，能够方便、直接地表达应用中的各种语义知识；另一方面它还应该简单、清晰、易于用户理解。

1）实体（entity）

客观存在并可相互区别的事物称为实体。实体可以是具体的人、事、物，也可以是抽象的概念或联系，例如，一个职工、一个学生、一个部门、一门课、学生的一次选课、部门的一次订货、教师与院系的工作关系（即某位教师在某院系工作）等都是实体。

2）属性（attribute）

实体所具有的某一特性称为属性。一个实体可以由若干个属性来刻画。例如，学生实体可以由学号、姓名、性别、出生年月、所在院系、入学时间等属性组成，属性组合（201315121，张山，男，199505，计算机系，2013）即表征了一个学生。

3）码（key）

唯一标识实体的属性集称为码。例如，学号是学生实体的码。

4）实体型（entity type）

具有相同属性的实体必然具有共同的特征和性质。用实体名及其属性名集合来抽象和刻画同类实体，称为实体型。例如，学生（学号，姓名，性别，出生年月，所在院系，入学时间）就是一个实体型。

5）实体集（entity set）

同一类型实体的集合称为实体集。例如，全体学生就是一个实体集。

6）联系（relationship）

在现实世界，事物内部以及事物之间是有联系的，这些联系在信息世界中反映为实体（型）内部的联系和实体（型）之间的联系。实体内部的联系通常是指组成实体的各属性之间的联系，实体之间的联系通常是指不同实体集之间的联系。

实体之间的联系有一对一、一对多和多对多等多种类型。

如果对于实体集 A 中的每一个实体，实体集 B 中至多有一个（也可以没有）实体与之联系，反之亦然，则称实体集 A 与实体集 B 是一对一联系关系。

如果对于实体集 A 中的每一个实体，实体集 B 中有 n 个实体（$n \geq 0$）与之联系，反之，对于实体集 B 中的每一个实体，实体集 A 中至多只有一个实体与之联系，则称实体集 A 与实体集 B 是一对多联系关系。

如果对于实体集 A 中的每一个实体，实体集 B 中有 n 个实体（$n \geq 0$）与之联系，反之，对于实体集 B 中的每一个实体，实体集 A 中也有 m 个实体（$m \geq 0$）与之联系，则称实体集 A 与实体集 B 是多对多联系关系。例如，一门课程可以同时有若干名学生选修，而一个学生可以同时选修多门课程，则课程实体与学生实体是多对多联系关系。

2. 层次模型

层次模型是数据库系统中最早出现的数据模型，层次数据库系统采用层次模型作为数据的组织方式。层次数据库系统的典型代表是 IBM 公司的信息管理系统（information management system，IMS），这是 1968 年 IBM 公司推出的第一个大型商用数据库管理系统，曾经得到广泛的使用。

在数据库中定义满足下面两个条件的基本层次联系的集合为层次模型：

（1）有且只有一个结点没有双亲结点，这个结点称为根结点；

（2）根以外的其他结点有且只有一个双亲结点。

层次模型用树形结构来表示各类实体以及实体间的联系。现实世界中许多实体之间的联系本来就呈现出一种很自然的层次关系，如行政机构、家族关系等。

在层次模型中，每个结点表示一个记录类型，每个记录类型可包含若干个字段，这里记录类型描述的是实体，字段描述实体的属性。各个记录类型及其字段都必须命名。各个记录类型、同一记录类型中各个字段不能同名。每个记录类型可以定义一个排序字段，也称码字段，如果定义该排序字段的值是唯一的，则它能唯一地标识一个记录值。

3. 网状模型

在现实世界中事物之间的联系更多的是非层次关系的，用层次模型表示非树形结构是很不直接的，网状模型则可以克服这一弊病。

网状模型是一种比层次模型更具普遍性的结构。它去掉了层次模型的两个限制，允许多个结点没有双亲结点，允许结点有多个双亲结点；它还允许两个结点之间有多种联系（称为复合联系）。因此，网状模型可以更直接地去描述现实世界。而层次模型实际上是网状模型的一个特例。

4. 关系模型

关系模型是最重要的一种数据模型。关系数据库系统采用关系模型作为数据的组织方式。20 世纪 80 年代以来，计算机厂商新推出的数据库管理系统几乎都支持关系模型，非关系系统的产品也大都加上了关系接口。数据库领域当前的研究工作也都是以关系方法为基础的。因此本章的重点也将放在关系数据库上，后面将详细介绍关系数据库。

关系模型与以往的模型不同，它是建立在严格的数学概念的基础上的。从用户观点看，关系模型由一组关系组成。每个关系的数据结构是一张规范化的二维表。下面以员工信息表（图 11-2）为例，介绍关系模型中的一些术语。

（1）关系（relation）：一个关系对应通常说的一张表，如图 11-2 所示的这张员工信息表。

（2）元组（tuple）：表中的一行即为一个元组。

（3）属性（attribute）：表中的一列即为一个属性，给每一个属性起一个名称即属性名。如图 11-2 所示的表有 5 列，对应 5 个属性（员工编号、姓名、年龄、性别和部门）。

员工信息表

员工编号	姓名	年龄	性别	部门
001	张三	18	男	财务
002	李四	20	男	产品
003	王五	19	女	服务
004	赵六	21	女	服务

图 11-2　关系模型的数据结构

（4）码（key）：也称为码键。表中的某个属性组，它可以唯一确定一个元组，如图 11-2 中的员工编号可以唯一确定一个员工，也就成为本关系的码。

（5）域（domain）：域是一组具有相同数据类型的值的集合。属性的取值范围来自某个域。如人的年龄一般在 1～120 岁，员工年龄属性的域是 18～60 岁，性别的域是（男，女），部门的域是一个公司所有部门的集合。

（6）分量：元组中的一个属性值。

（7）关系模式：对关系的描述，一般表示为

关系名（属性 1，属性 2，…，属性 n）

例如，上面的关系可描述为

员工（员工编号，姓名，年龄，性别，部门）。

关系模型要求关系必须是规范化的，即要求关系必须满足一定的规范条件，这些规范条件中最基本的一条就是，关系的每一个分量必须是一个不可分的数据项，也就是说，不允许表中还有表。

关系模型具有下列优点。

（1）关系模型与格式化模型不同，它是建立在严格的数学概念的基础上的。

（2）关系模型的概念单一。无论实体还是实体之间的联系都用关系来表示。对数据的检索和更新结果也是关系（即表）。所以其数据结构简单、清晰，用户易懂易用。

（3）关系模型的存取路径对用户透明，从而具有更高的数据独立性和安全保密性，也简化了程序员的工作和数据库开发建立的工作。

所以关系模型诞生以后发展迅速，深受用户的喜爱。

当然，关系模型也有缺点，例如，由于存取路径对用户是隐蔽的，查询效率往往不如格式化数据模型。为了提高性能，数据库管理系统必须对用户的查询请求进行优化，因此增加了开发数据库管理系统的难度。不过用户不必考虑这些系统内部的优化技术细节。

11.2　关系数据库模型

关系数据库是日前应用最广泛的主流数据库，由于它以数学方法为基础管理并处理

数据库中的数据，所以关系数据库与其他各类数据库相比具有比较突出的优点。20 世纪 80 年代以来，数据库厂商推出的数据库管理系统产品主要以关系数据库为主，非关系数据库系统的产品也大都添加上了关系接口。关系数据库的出现与发展，促进了数据库应用领域的扩大和深入。

关系数据库是以关系模型为基础的数据库。作为一种数据模型，关系模型和一般的数据模型一样，由数据结构、数据操作（关系操作）和数据的约束条件（完整性约束）三部分组成。

11.2.1　关系模型的数据结构

关系模型的数据结构非常简单，只包含单一的数据结构——关系。在用户看来，关系模型中数据的逻辑结构是一张扁平的二维表。

关系模型的数据结构虽然简单却能够表达丰富的语义，描述出现实世界的实体以及实体间的各种联系。也就是说，在关系模型中，现实世界的实体以及实体间的各种联系均用单一的结构类型，即关系来表示。如图 11-2 所示，员工信息表就是描述其关系模型的数据结构。

11.2.2　关系模型的数据操作

关系操作采用集合操作方式，即操作的对象和结果都是集合，这种操作方式又称一次一个集合的方式。

关系模型中常用的关系操作包括查询操作（选择、投影、连接、除、并、交、差）和更新操作（插入、删除、修改）两大部分。查询操作是其中最重要的部分。

关系模型中的关系操纵能力早期通常是用代数方法或逻辑方法来表示的，分别称为关系代数（relation algebra）和关系演算（relation calculus）。关系代数是用对关系模式的运算来表达查询要求的方式；关系演算是用谓词来表达查询要求的方式。关系演算又可以按谓词的基本对象是元组变量还是域变量分为元组关系演算和域关系演算。关系代数、元组关系演算和域关系演算三种语言在表达能力上是完全等价的。

关系代数、元组关系演算和域关系演算均是抽象的查询语言，这些抽象的查询语言与具体数据库管理系统中的实际查询语言并不完全一样，但它们可以作为评估实际数据库管理系统查询语言能力的标准。

实际的查询语言除了提供关系代数或关系演算的功能外，还提供了许多附加功能，如关系赋值、算术运算等。关系语言是一种高度非过程化的语言，用户不必请求数据库管理员为其建立特殊的存取路径，存取路径的选择由数据库管理系统的优化机制来完成。

另外，还有一种介于关系代数和关系演算之间的语言称为结构化查询语言（structured query language，SQL）。SQL 不仅具有丰富的查询功能，还具有数据定义和数据控制功能，是集查询、数据定义语言和数据控制语言（data control language，DCL）于一体的关系数据库语言。它充分体现了关系数据库语言的特点和优点，是关系数据库的标准语言。综上所述，关系数据库语言可以分为以下三类。

（1）关系代数语言，如信息系统基本语言（information system base language，ISBL）。

（2）关系演算语言，其中包括：

①元组关系演算语言，如 ALPHA 和查询语言（query language，QUEL）；

②域关系演算语言，如 QBE（query by example，按列查询）。

（3）具有关系代数和关系演算双重特点的语言，如 SQL。

这些关系数据库语言的共同特点是，具有完备的表达能力，是非过程化的集合操作语言，功能强，能够嵌入高级语言使用。

11.2.3 关系模型的完整性约束

由于关系数据库中数据是不断更新的，为了维护数据库中的数据与现实世界的一致性，必须对关系数据库加以约束，关系模型的完整性约束条件是对关系模式的某种约束条件。关系模型中的完整性约束有域完整性约束（domain integrity constraint）、实体完整性约束（entity integrity constraint）、参照完整性约束（referential integrity constraint）和用户定义的完整性约束。其中，实体完整性约束和参照完整性约束是关系模式必须满足的完整性约束条件，称为关系模式的两个不变性，由数据库管理系统自动支持。

在介绍各类完整性约束之前，先介绍几个相关的概念。

（1）候选键。若关系模式中的某一属性组的值能唯一地标识一个元组，则称该属性组为候选键（candi-date key）。

（2）主属性。若关系模式中的一个属性是构成某一个候选键的属性组中的一个属性，则称该属性为主属性（primary attribute）。

（3）主键。若一个关系模式中有多个候选键，则选定一个为主键。如图 11-2 所示的员工编号，就可以作为一个主键。

（4）外键。设 F 是基本关系模式 R 的一个或一组属性，但不是 R 的键（主键或候选键），如果 F 与基本关系模式 S 的主键 K 相对应，则称 F 是 R 的外键（foreign key），并称 R 为参照关系模式，S 为被参照关系模式。可以理解为如果一个属性是所在关系模式之外的另一个关系模式的主键，则该属性就是它所在关系模式的外键。外键就是外部表的主键，如图 11-3 所示。

员工薪资表

员工编号	基本工资/元	加班费/元	奖金/元
001	10000	3000	2000
002	9000	4000	1500
003	15000	1000	3000
004	12000	2000	2500

图 11-3 员工薪资表（员工编号为外键）

1. 域完整性约束

域完整性约束是指关系中属性的值应是域中的值，并由语义决定其能否为空值（NULL）。其中，NULL 用来说明数据库中某些属性值可能是未知的，或在某些场合中是不适应的。例如，在关系模式员工信息中，一个新入职的员工在未分配具体部门之前，其属性部门一列可以取空值。域完整性约束是最简单、最基本的约束。目前的关系数据库管理系统一般都有域完整性约束检查功能。

2. 实体完整性约束

实体完整性约束是指关系模式中的主键不能为空值。因为关系模式中的每一行都代表一个实体，而任何实体都应是可以区分的，由主键的定义可知，主键的值正是区分实体的唯一标识。如果主键的值为空，则意味着实体是不可区分的，或者说主键失去了唯一标识元组的作用。

3. 参照完整性约束

参照完整性约束是指关系模式的外键的值必须是另一个关系模式主键的有效值或空值。如果关系模式的外键存在一个值，则这个值必须是另一个关系模式主键的有效值。或者说，外键可以没有值，但不允许是一个无效值。

如图 11-4 所示，如果员工薪资表中的员工编号不是员工信息表中的员工编号，则称员工薪资表的数据违背了参照完整性。图 11-4 员工薪资表中的员工编号 030 就违背了参照完整性。

员工薪资表

员工编号	基本工资/元	加班费/元	奖金/元
001	10000	3000	2000
002	9000	4000	1500
030	15000	1000	3000
004	12000	2000	2500

图 11-4　员工薪资表（参照完整性）

参照完整性是不同关系模式之间或同一关系模式的不同元组之间的一种约束。在使用参照完整性约束时，需要注意以下三个方面。

（1）外键和相应的主键可以不同名，它们只要定义在相同的值域上即可。

（2）R 和 S 也可以是同一个关系模式，表示同一个关系模式中不同元组之间的联系。例如，若表示学生的关系模式（学号，姓名，性别，年龄，班长学号），其主键是学号，而班长学号是外键，表示班长学号的值一定是存在的某个学号的值，这说明班长一定是某个学生，而不是别的人。

（3）外键的值是否为空值，应视具体情况而定。若外键是其所在关系模式主键中的成分，则不允许外键的值为空值，否则允许其为空值。

4. 用户定义的完整性约束

用户定义的完整性约束是指针对某一具体数据的约束条件，由应用领域决定。

由于不同的数据库系统所应用的领域不同，用户往往会根据需要制定一些特殊的约束条件。用户按照实际的数据库运行环境要求，对关系中的数据定义约束条件，它反映的是某一具体应用所涉及的数据必须满足的语义约束。例如，员工信息表中性别的取值为"男"和"女"等，都是针对具体关系提出的完整性约束条件。数据库管理系统应该提供定义和检查这类完整性约束的机制，以便用统一的系统方法处理它们，不再由应用程序承担这项工作。

总之，关系模型中存在完整性约束。为了保持数据库的一致性和正确性，必须使数据库中的数据满足完整性约束条件。至于完整性约束检查哪些由数据库管理系统负责，哪些由用户负责，完全取决于技术条件。从发展趋势来看，数据库管理系统将逐步扩大其完整性约束检查功能。

11.2.4 关系代数

关系代数是一种抽象的查询语言，它用对关系的运算来表达查询。

关系代数的运算按运算符的不同可分为传统的集合运算和专门的关系运算两类。其中，传统的集合运算将关系看成元组的集合，其运算是从关系的"水平"方向，即行的角度来进行；而专门的关系运算不仅涉及行，而且涉及列。

1. 传统的集合运算

设有关系 R 和 S，如图 11-5（a）和图 11-5（b）所示，它们具有相同的属性个数，它们相同属性的域都相同，只有这样才能进行传统的集合运算。

1）并运算

R 与 S 的并，结果仍然是一个关系，且属性个数与 R 和 S 相同，由属于 R 或属于 S 的元组组成，如图 11-5（c）所示。

2）交运算

R 与 S 的交，结果仍然是一个关系，且属性个数与 R 和 S 相同，由既属于 R 又属于 S 的元组组成，如图 11-5（d）所示。

3）差运算

R 与 S 的差，结果仍然是一个关系，且属性个数与 R 和 S 相同，由属于 R 但不属于 S 的元组组成，如图 11-5（e）所示。

2. 专门的关系运算

专门的关系运算需要对关系的行和列进行运算。

设有一个学生-课程数据库，包括学生关系、课程关系和成绩关系，如图 11-6 所示。

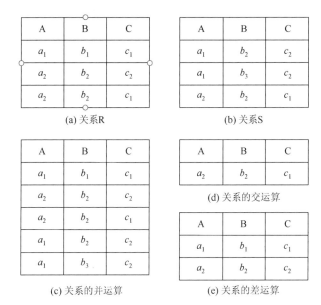

图 11-5　传统的集合运算

学生信息表

学号	姓名	年龄	性别	专业
001	张三	18	男	计算机科学与技术
002	李四	20	男	软件工程
003	王五	19	女	通信工程
004	赵六	21	女	计算机科学与技术

课程表

课程编号	课程名称	学分
C1	数据结构	3
C2	高数	3
C3	计算机导论	2
C4	数据库	3

成绩表

学号	课程号	成绩
001	C1	88
001	C2	85
003	C2	92
003	C4	90

图 11-6　学生-课程数据库

1）选择运算

选择运算是从给出的关系中选出满足给定条件的元组，是对关系的行进行的运算。例如，查询计算机科学与技术专业所有学生的情况，结果如图 11-7 所示。

2）投影运算

投影运算是从给出的关系中选出关系的一个或多个属性列，是对关系的列进行运算。例如，查询学生的姓名和所在的专业，结果如图 11-8 所示。

3）连接运算

连接运算是关系与关系之间进行的运算，它将两个关系模式通过共有的属性名拼接成一个更多属性列的关系。连接运算有多种，在此只介绍最常用的自然连接运算。自然连接要求在两个关系中进行比较的字段必须具有相同的属性组，并在结果中把重复的属性去掉。

例如，学生关系与成绩关系的自然连接，结果如图 11-9 所示。

学号	姓名	年龄	性别	专业
001	张三	18	男	计算机科学与技术
004	赵六	21	女	计算机科学与技术

图 11-7　选择运算

姓名	专业
张三	计算机科学与技术
李四	软件工程
王五	通信工程
赵六	计算机科学与技术

图 11-8　投影运算

学号	姓名	年龄	性别	专业	课程号	成绩
001	张三	18	男	计算机科学与技术	C1	88
002	张三	18	男	计算机科学与技术	C2	85
003	王五	19	女	通信工程	C2	92
004	王五	19	女	通信工程	C4	90

图 11-9　连接运算

11.3　关系数据库设计

11.3.1　关系数据库设计概述

数据库设计有时不仅仅是单指数据库本身的设计，它的全部含义是指基于数据库的应用系统或管理信息系统的设计。虽然数据库设计的一个主要内容是数据库的设计，但同时要对使用数据库的应用进行设计。所以，可以认为数据库设计有广义和狭义两个定义，广义的定义是指基于数据库的应用系统或管理信息系统的设计，它包括应用设计和数据库结构设计两部分内容；而狭义的定义则专指数据库模式或结构的设计。为了清楚起见，把前者称为数据库应用系统或管理信息系统设计，把后者称为数据库设计。

下面给出数据库设计（database design）的一般定义。

数据库设计是指对于一个给定的应用环境，构造（设计）优化的数据库逻辑模式和物理结构，并据此建立数据库及其应用系统，使之能够有效地存储和管理数据，满足各种用户的应用需求，包括信息管理要求和数据操作要求。

信息管理要求是指在数据库中应该存储和管理哪些数据对象；数据操作要求是指对数据对象需要进行哪些操作，如查询、增、删、改、统计等操作。

数据库设计的目标是为用户和各种应用系统提供一个信息基础设施和高效的运行环境。高效的运行环境指数据库数据的存取效率、数据库存储空间的利用率、数据库系统运行管理的效率等都是高的。

按照结构化系统设计的方法，考虑数据库及其应用系统开发全过程，将数据库设计分为需求分析、概念结构设计、逻辑结构设计、物理结构设计、数据库实施以及数据库运行和维护六个阶段。

在数据库设计过程中，需求分析和概念结构设计可以独立于任何数据库管理系统进行，逻辑结构设计和物理结构设计与选用的数据库管理系统密切相关。

数据库设计开始之前，首先必须选定参加设计的人员，包括系统分析人员、数据库设计人员、应用开发人员、数据库管理员和用户代表。系统分析和数据库设计人员是数据库设计的核心人员，将自始至终参与数据库设计，其水平决定了数据库系统的质量。用户和数据库管理员在数据库设计中也是举足轻重的，主要参加需求分析与数据库的运行和维护，其积极参与不但能加速数据库设计，而且也是决定数据库设计质量的重要因素。应用开发人员（包括程序员和操作员）分别负责编制程序和准备软硬件环境，他们在系统实施阶段参与进来。

如果所设计的数据库应用系统比较复杂，还应该考虑是否需要使用数据库设计工具以及选用何种工具，以提高数据库设计质量并减少设计工作量。

1. 需求分析阶段

进行数据库设计首先必须准确了解与分析用户需求（包括数据与处理）。需求分析是整个设计过程的基础，是最困难和最耗费时间的一步。作为"地基"的需求分析是否做得充分与准确，决定了在其上构建数据库"大厦"的速度与质量。需求分析做得不好，可能会导致整个数据库设计返工重做。

2. 概念结构设计阶段

概念结构设计是整个数据库设计的关键，它通过对用户需求进行综合、归纳与抽象，形成一个独立于具体数据库管理系统的概念模型。

3. 逻辑结构设计阶段

逻辑结构设计是将概念结构转换为某个数据库管理系统所支持的数据模型，并对其进行优化。

4. 物理结构设计阶段

物理结构设计是为逻辑数据模型选取一个最适合应用环境的物理结构（包括存储结构和存取方法）。

5. 数据库实施阶段

在数据库实施阶段，设计人员运用数据库管理系统提供的数据库语言及其宿主语言，根据逻辑设计和物理设计的结果建立数据库，编写与调试应用程序，组织数据入库，并进行试运行。

6. 数据库运行和维护阶段

数据库应用系统经过试运行后即可投入正式运行。在数据库系统运行过程中必须不断地对其进行评估、调整与修改。

设计一个完善的数据库应用系统是不可能一蹴而就的，往往是上述 6 个阶段的不断反复。

需要指出的是，这个设计步骤既是数据库设计的过程，也包括了数据库应用系统的设计过程。在设计过程中把数据库的设计和对数据库中数据处理的设计紧密结合起来，将这两个方面的需求分析、抽象、设计、实现在各个阶段同时进行，相互参照，相互补充，以完善两方面的设计。事实上，如果不了解应用环境对数据的处理要求，或没有考虑如何去实现这些处理要求，是不可能设计一个良好的数据库结构的。

11.3.2　关系数据库概念结构设计

1. E-R 模型

在介绍数据库概念结构设计之前，先来介绍一下什么是实体-联系方法，即通常所说的 E-R（entity-relationship）方法。这种方法由于简单、实用，得到了非常普遍的应用，也是目前描述信息结构最常用的方法。

E-R 方法使用的工具称为 E-R 图，它所描述的现实世界的信息结构称为企业模式（enterprise schema），也把这种描述结果称为 E-R 模型或概念模型。E-R 方法是设计数据库的有力工具，应用非常广泛，下面概述 E-R 方法的要点。

1）实体
在 E-R 图中用矩形框表示实体，把实体名写在框内。
2）联系
实体之间的联系用菱形框表示，框内写上联系名，并用连线与有关的实体相连。实体之间联系的基本类型有一对一（1∶1）、一对多（1∶n）和多对多（m∶n）三种，其中最常见的是一对多和多对多联系。

一对一联系：如果实体集 A 与实体集 B 之间存在联系，并且对于实体集 A 中的任意一个实体，实体集 B 中至多只有一个实体与之对应；而对实体集 B 中的任意一个实体，在实体集 A 中也至多只有一个实体与之对应，则称实体集 A 到实体集 B 的联系是一对一的，记为 1∶1。

一对多联系：如果实体集 A 与实体集 B 之间存在联系，并且对于实体集 A 中的任意一个实体，在实体集 B 中可以有多个实体与之对应；而对实体集 B 中的任意一个实体，在实体集 A 中至多只有一个实体与之对应，则称实体集 A 到实体集 B 的联系是一对多的，记为 1∶n。

例如，有仓库和职工两个实体，并且有语义：一个仓库可以有多名职工，但是一个职工只能在一个仓库工作。那么仓库和职工之间的联系是一对多的，把这种联系命名为工作，相应的 E-R 图如图 11-10（a）所示。

多对多联系：如果实体集 A 与实体集 B 之间存在联系，并且对于实体集 A 中的任意一个实体，在实体集 B 中可以有多个实体与之对应；而对实体集 B 中的任意一个实体，在实体集 A 中也可以有多个实体与之对应，则称实体集 A 到实体集 B 的联系是多对多的，记为 m∶n。

例如，有仓库和器件两个实体，并且有语义：一个仓库可以存放多种器件，一种器件可以存放在多个仓库。那么仓库和器件之间的联系就是多对多的，把这种联系命名为库存，相应的 E-R 图如图 11-10（b）所示。

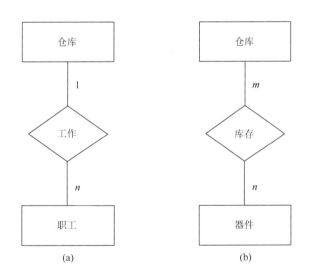

图 11-10　联系的例子

3）属性

实体的属性用椭圆框表示，框内写上属性名，并用连线连到相应实体。图 11-11（a）和图 11-11（b）分别是图 11-10（a）和图 11-10（b）添加属性后的 E-R 图。

根据语义，在图 11-11（a）中每个仓库号将对应一组职工号，而每个职工号只对应一个仓库号；在图 11-11（b）中每个仓库号对应一组器件号，同时每个器件号也对应一组仓库号。另外，库存联系中也反映出了仓库中的器件存放数量。

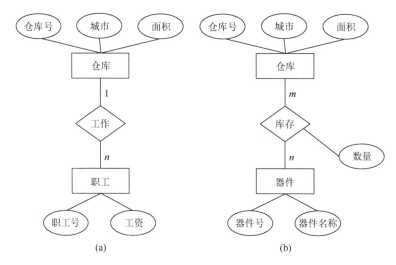

图 11-11　E-R 图实例

2. 概念结构设计

数据库设计同样是从需求分析开始的。实际上，需求分析包含了功能需求分析和数据需求分析两方面。数据需求分析是数据库设计的基础，以后的各个设计阶段都依赖于这一步，所以它也是至关重要的一步。

概念结构设计是不依赖于任何数据库管理系统的，它是对用户信息需求的归纳。概念设计的结果得到数据库的概念结构，或称概念数据模型，由于它是从现实世界的角度进行抽象和描述的，所以与具体的硬件和软件环境均无关。

我们也知道，概念模型设计的描述最常用工具是 E-R 图，这一步的工作至少要包括以下内容：

（1）确定实体；

（2）确定实体的属性；

（3）确定实体的标识属性（关键字）；

（4）确定实体间的联系和联系类型；

（5）画出表示概念模型的 E-R 图（利用相应的建模工具）。

除此之外，为了以后对模式进行规范化，还需要确定属性间的依赖关系。

在设计 E-R 图时，首先从单用户或单个应用的角度出发，设计每一个应用的局部 E-R 图，然后将局部 E-R 图合并为全局 E-R 图。在进行 E-R 图合并时，要注意消除不一致性和冗余。因此，要特别注意以下问题。

在不同的局部 E-R 图中，表示相同事物的实体名和属性名要统一，在合并 E-R 图前先做此统一工作，要消除同名异义和同义异名，这样可以有效避免不一致性和冗余。

在不同的局部 E-R 图中，同一实体包含的属性可能有所区别。如图 11-12 所示有实体"器件"，在面向销售部门的局部 E-R 图中关心的是"价格"等属性，而在面向技术部门的局部 E-R 图中关心的是"性能参数"等属性，但是合并后必须将其统一起来，如图 11-12（c）所示。

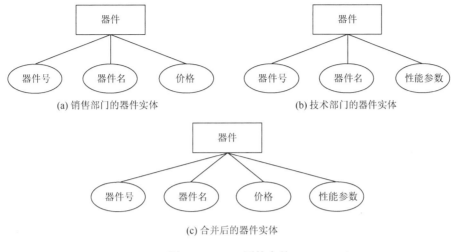

图 11-12　E-R 图的合并

如果两个相同意义的实体在一个局部 E-R 图中存在着一种联系，而在另一个局部 E-R 图中存在着另一种不同的联系，那么在合并时这两种联系都要保留下来，即在两个实体之间，可能存在着两种不同的联系。如图 11-13 所示"职工"和"设备"两个实体，在生产部门的局部 E-R 图中它们之间的联系是"使用"，而在维修部门的局部 E-R 图中它们之间的联系是"保养"，合并后这两个联系就发生在相同的两个实体之间，如图 11-13（c）所示。

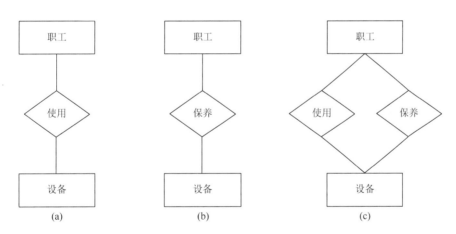

图 11-13　两个实体之间的两种联系

经过合并后得到全局 E-R 图，形成了整体的概念数据库结构或概念数据模型，然后必须对整体概念数据模型进行必要的审核和验证，以保证它的正确性和可用性。审核或验证工作包括：

（1）整体概念模型内部必须具有一致性，不能有相互矛盾的表述；

（2）整体概念模型必须能够准确反映原来的每个局部模型的结构，包括实体、属性和联系等；

（3）整体概念模型必须能够满足需求分析阶段所确定的所有要求，这一条实际上蕴涵了以上两条。

概念模型的设计结果要向用户进行演示和解释，听取用户的意见，检查由此设计的数据库将来是否可以提供用户所需要的全部信息。在经过反复评审、修改和优化后，把它确定下来，从而完成概念数据模型的设计。

在这一阶段，虽然最终的设计结果是整体的概念数据模型，但是在此之前设计的反映局部概念数据模型的局部 E-R 图，也应该统一存档，留作在逻辑数据库设计阶段参考（如设计视图、设计访问权限等）。

11.3.3　关系数据库逻辑结构设计

概念结构是独立于任何一种数据模型的信息结构，逻辑结构设计的任务就是把概念结构设计阶段设计好的基本 E-R 图转换为与选用数据库管理系统产品所支持的数据模型相符合的逻辑结构。

目前的数据库应用系统都采用支持关系数据模型的关系数据库管理系统，所以这里只介绍 E-R 图向关系数据模型的转换原则与方法。

E-R 图向关系模型的转换要解决的问题是，如何将实体型和实体间的联系转换为关系模式，如何确定这些关系模式的属性和码。

关系模型的逻辑结构是一组关系模式的集合。E-R 图则是由实体型、实体的属性和实体型之间的联系三个要素组成的，所以将 E-R 图转换为关系模型实际上就是要将实体型、实体的属性和实体型之间的联系转换为关系模式。下面介绍转换的一般原则。一个实体型转换为一个关系模式，关系的属性就是实体的属性，关系的码就是实体的码。

对于实体型间的联系有以下不同的情况。

（1）一个 1∶1 联系可以转换为一个独立的关系模式，也可以与任意一端对应的关系模式合并。如果转换为一个独立的关系模式，则与该联系相连的各实体的码以及联系本身的属性均转换为关系的属性，每个实体的码均是该关系的候选码。如果与某一端实体对应的关系模式合并，则需要在该关系模式的属性中加入另一个关系模式的码和联系本身的属性。

（2）一个 1∶n 联系可以转换为一个独立的关系模式，也可以与 n 端对应的关系模式合并。如果转换为一个独立的关系模式，则与该联系相连的各实体的码以及联系本身的属性均转换为关系的属性，而关系的码为 n 端实体的码。

（3）一个 m∶n 联系转换为一个关系模式，与该联系相连的各实体的码以及联系本身的属性均转换为关系的属性，各实体的码组成关系的码或关系码的一部分。

（4）三个或三个以上实体间的一个多元联系可以转换为一个关系模式。与该多元联系相连的各实体的码以及联系本身的属性均转换为关系的属性，各实体的码组成关系的码或关系码的一部分。

（5）具有相同码的关系模式可合并。

下面把图 11-14 所示的 E-R 图转换为关系模型，关系的码用下划线标出。

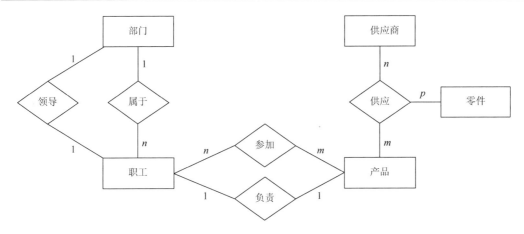

图 11-14　某工厂管理系统的部分 E-R 图

部门（<u>部门号</u>，部门名，经理的职工号，…）

此为部门实体对应的关系模式。该关系模式已包含了联系"领导"所对应的关系模式。经理的职工号是关系的候选码。

职工（<u>职工号</u>，部门号，职工名，职务，…）

此为职工实体对应的关系模式。该关系模式已包含了联系"属于"所对应的关系模式。

产品（<u>产品号</u>，产品名，产品组长的职工号，…）

此为产品实体对应的关系模式。

供应商（<u>供应商号</u>，姓名，…）

此为供应商实体对应的关系模式。

零件（<u>零件号</u>，零件名，…）

此为零件实体对应的关系模式。

参加（<u>职工号</u>，产品号，…）

此为联系"参加"所对应的关系模式。

供应（<u>产品号</u>，供应商号，零件号，供应量）

此为联系"供应"所对应的关系模式。

11.3.4　关系数据库物理结构设计

物理数据库设计的内容是设计数据库的存储结构和物理实现方法。在层次模型和网状模型时代，物理数据库设计的内容非常复杂，要考虑很多实现的细节，所幸这个时代已经结束了，关系数据库的物理设计要简单得多。

下面看一下在使用关系数据库管理系统时，在物理数据库设计阶段要考虑哪些问题。

1. 估算数据库的数据存储量

数据存储量也就是数据库规模，可以利用需求分析阶段采集的数据需求，对数据库的大小作一个粗略的估算，并可以对数据的增长速度作出预测，以便为数据库分配足够的空间。比较简单、快速的方法是通过测算每个关系的大小来估算数据库的规模。测算关系的大小可按如下方法进行。

（1）计算关系的每一行的字节数。

可变长字符列，用最大长度的 1/2 作为平均字节数。

date/time 列，用 8 字节。

整数列集，用 4 字节。

（2）用关系的行数乘以行的长度。

（3）另加 20%的空间用作索引和其他开销。

2. 安排数据库的存储

根据数据库和硬盘的规模等资源的情况来考虑如何安排数据库的存储，同时必须考虑日志文件的安排。从安全、可靠的角度考虑，数据库和日志应该安排在不同的物理存储介质上。

3. 设计索引

索引是用于提高查询性能的，但它同时也会降低更新的性能。因此要根据用户需求和应用的需要来合理使用和设计索引。

4. 设计备份策略

在设计数据库时就要考虑到备份策略。可以根据实际情况设计分阶段的策略，例如，在数据库建立初期，数据录入量较大，更新也相对比较频繁，可以设计一种策略，而在数据库相对稳定后又采取另外一种策略。

数据库设计是数据库管理员的主要职责之一，一个数据库设计的好坏直接影响到日后数据库的使用。一个设计得好的数据库，不仅可以为用户提供所需要的全部信息，而且还可以提供快速、准确、安全、可靠的服务，数据库管理也会相对简单一些；相反，一个设计得不好的数据库，日后可能需要经常进行修改、调整，不仅使数据库管理很复杂，更重要的是数据库不能为用户提供可靠的服务。在基于数据库的应用系统中，数据库是基础，只有成功的数据库设计，才可能有成功的系统。否则，应用程序设计得再漂亮，操作界面设计得再动人，整个系统也是一个失败的系统。

11.3.5　关系数据库的安全性

数据库的特点之一是由数据库管理系统提供统一的数据保护功能来保证数据的安全可靠和正确有效。数据库的数据保护主要包括数据的安全性和完整性。本节主要介绍数据库的安全性，后面将讨论数据库的完整性。

1. 数据库安全性概述

数据库的安全性是指保护数据库防止不合法使用所造成的数据泄露、更改或破坏。

安全性问题不是数据库系统所独有的，所有计算机系统都存在不安全因素，只是在数据库系统中由于大量数据集中存放，而且为众多最终用户直接共享，从而使安全性问题更为突出。系统安全保护措施是否有效是数据库系统的主要技术指标之一。

对数据库安全性产生威胁的因素主要有以下几方面。

1）非授权用户对数据库的恶意存取和破坏

一些黑客和犯罪分子在用户存取数据库时猎取用户名和用户口令，然后假冒合法用户偷取、修改甚至破坏用户数据。因此，必须阻止有损数据库安全的非法操作，以保证数据免受未经授权的访问和破坏，数据库管理系统提供的安全措施主要包括用户身份鉴别、存取控制和视图等技术。

2）数据库中重要或敏感的数据被泄露

黑客和敌对分子千方百计地盗窃数据库中的重要数据，一些机密信息被暴露。为防止数据泄露，数据库管理系统提供的主要技术有强制存取控制、数据加密存储和加密传输等。

此外，在安全性要求较高的部门提供审计功能，通过分析审计日志，可以对潜在的威胁提前采取措施加以防范，对非授权用户的入侵行为及信息破坏情况能够进行跟踪，防止对数据库安全责任的否认。

3）安全环境的脆弱性

数据库的安全性与计算机系统的安全性，包括计算机硬件、操作系统、网络系统等的安全性是紧密联系的。操作系统安全的脆弱，网络协议安全保障的不足等都会造成数据库安全性的破坏。因此，必须加强计算机系统的安全性保证。随着 Internet 技术的发展，计算机安全性问题越来越突出，对各种计算机及其相关产品、信息系统的安全性要求越来越高。为此，在计算机安全技术方面逐步发展建立了一套可信计算机系统的概念和标准。只有建立了完善的可信标准即安全标准，才能规范和指导安全计算机系统部件的生产，较准确地测定产品的安全性能指标，满足民用和军用的不同需要。

2. 用户身份鉴别

用户身份鉴别是数据库管理系统提供的最外层安全保护措施。每个用户在系统中都有一个用户标识。每个用户标识由用户名和用户标识号（UID）两部分组成。UID 在系统的整个生命周期内是唯一的。系统内部记录着所有合法用户的标识，系统鉴别是指由系统提供一定的方式让用户标识自己的名字或身份。每次用户要求进入系统时，由系统进行核对，通过鉴定后才提供使用数据库管理系统的权限。

用户身份鉴别的方法有很多种，而且在一个系统中往往是多种方法结合，以获得更强的安全性。常用的用户身份鉴别方法有以下几种。

1）静态口令鉴别

这种方式是当前常用的鉴别方法。静态口令一般由用户自己设定，鉴别时只要按要求输入正确的口令，系统将允许用户使用数据库管理系统。这些口令是静态不变的，但很容易被破解。而一旦被破解，非法用户就可以冒充该用户使用数据库。因此，这种方式虽然简单，但容易被攻击，安全性较低。

2）动态口令鉴别

它是目前较为安全的鉴别方式。这种方式的口令是动态变化的，每次鉴别时均需使用动态产生的新口令登录数据库管理系统，即采用一次一密的方法。常用的方式如短信密码和动态令牌方式，每次鉴别时要求用户使用通过短信或令牌等途径获取的新口令登录数据库管理系统。与静态口令鉴别相比，这种认证方式增加了口令被窃取或破解的难度，安全性相对高一些。

3）生物特征鉴别

它是一种通过生物特征进行认证的技术，其中，生物特征是指生物体唯一具有的，可测量、识别和验证的稳定生物特征，如指纹、虹膜和掌纹等。这种方式通过采用图像处理和模式识别等技术实现了基于生物特征的认证，与传统的口令鉴别相比，无疑产生了质的飞跃，安全性较高。

4）智能卡鉴别

智能卡是一种不可复制的硬件，内置集成电路的芯片，具有硬件加密功能。智能卡由用户随身携带，登录数据库管理系统时用户将智能卡插入专用的读卡器进行身份验证。由于每次从智能卡中读取的数据是静态的，通过内存扫描或网络监听等技术还是可能截取到用户的身份验证信息的，存在安全隐患。因此，实际应用中一般采用个人身份识别码（PIN）和智能卡相结合的方式。这样，即使 PIN 或智能卡中有一种被窃取，用户身份仍不会被冒充。

3. 存取控制

数据库安全最重要的一点就是确保只授权给有资格的用户访问数据库的权限，同时令所有未被授权的人员无法接近数据，这主要通过数据库系统的存取控制机制实现。

存取控制机制主要包括定义用户权限和合法权限检查两部分。

1）定义用户权限，并将用户权限登记到数据字典中

用户对某一数据对象的操作权利称为权限。某个用户应该具有何种权限是个管理问题和政策问题，而不是技术问题。数据库管理系统的功能是保证这些决定的执行。为此，数据库管理系统必须提供适当的语言来定义用户权限，这些定义经过编译后存储在数据字典中，被称为安全规则或授权规则。

2）合法权限检查

每当用户发出存取数据库的操作请求后（请求一般应包括操作类型、操作对象和操作用户等信息），数据库管理系统查找数据字典，根据安全规则进行合法权限检查，若用户的操作请求超出了定义的权限，系统将拒绝执行此操作。

除了上述方法，在 SQL 中还可以使用 GRANT 和 REVOKE 语句向用户授予或收回对数据的操作权限。GRANT 语句向用户授予权限，REVOKE 语句收回已经授予用户的权限。

4. 视图机制

还可以为不同的用户定义不同的视图，把数据对象限制在一定的范围内。也就是说，

通过视图机制把要保密的数据对无权存取的用户隐藏起来，从而自动为数据提供一定程度的安全保护。

视图机制间接地实现支持存取谓词的用户权限定义。例如，在某大学中，假定王老师只能检索计算机系学生的信息，系主任张老师具有检索和增删改计算机系学生信息的所有权限。这就要求系统能支持"存取谓词"的用户权限定义。在不直接支持存取谓词的系统中，可以先建立计算机系学生的视图，然后在视图上进一步定义存取权限。

5. 审计

因为任何系统的安全措施都不是完美无缺的，蓄意盗窃、破坏数据的人总是想方设法打破控制。审计功能把用户对数据库的所有操作自动记录下来放入审计日志（audit log）中。审计员可以利用审计日志监控数据库中的各种行为，重现导致数据库现有状况的一系列事件，找出非法存取数据的人、时间和内容等。还可以通过对审计日志分析，对潜在的威胁提前采取措施加以防范。

审计通常是很费时间和空间的，所以数据库管理系统往往都将审计设置为可选特征，允许数据库管理员根据具体应用对安全性的要求灵活地打开或关闭审计功能。审计功能主要用于安全性要求较高的部门。

6. 数据加密

对于高度敏感性数据，例如财务数据、军事数据、国家机密数据等，除前面介绍的安全性措施外，还可以采用数据加密技术。数据加密是防止数据库数据在存储和传输中失密的有效手段。加密的基本思想是根据一定的算法将原始数据——明文变换为不可直接识别的格式——密文，从而使得不知道解密算法的人无法获知数据的内容。

除了上述的安全措施以外，还有推理控制以及数据库应用中隐蔽信道和数据隐私保护等技术。

要想万无一失地保证数据库安全，使之免于遭到任何蓄意的破坏几乎是不可能的。但高度的安全措施将使蓄意的攻击者付出高昂的代价，从而迫使攻击者不得不放弃他们的破坏企图。

11.3.6　关系数据库的完整性

数据库的完整性是指数据的正确性和相容性。数据的正确性是指数据是符合现实世界语义、反映当前实际状况的；数据的相容性是指数据库同一对象在不同关系表中的数据是符合逻辑的。

例如，学生的学号必须唯一，性别只能是男或女，本科学生年龄的取值范围为 14～50 的整数，学生所选的课程必须是学校开设的课程，学生所在的院系必须是学校已成立的院系等。

数据的完整性和安全性是两个既有联系又不尽相同的概念。数据的完整性是为了防止数据库中存在不符合语义的数据，也就是防止数据库中存在不正确的数据。数据的安全性是保护数据库防止恶意破坏和非法存取的。因此，完整性检查和控制的防范对象是不合语义的、不正确的数据，防止它们进入数据库。安全性控制的防范对象是非法用户和非法操作，防止他们对数据库数据的非法存取。

11.3.7　关系数据库恢复技术

在讨论数据库恢复技术之前，先了解事务的基本概念和事务的性质。

1. 事务

所谓事务是用户定义的一个数据库操作序列，这些操作要么全做，要么全不做，是一个不可分割的工作单位。为什么需要事务的概念呢？因为并不是每一个对数据库的完整操作都可以用一条命令来完成，多数情况下都可能需要一组命令来完成一个完整的操作。这就可能发生问题，可能在执行这一组命令的过程中发生各种意外情况，如软件出现意外错误，硬件发生意外故障或突然掉电，这些都会使正在进行的操作强制中断。这时候对数据的更新尚未完成，数据既不是当前的正确状态，也不是在此之前某一时刻的正确状态，数据处于"未知"状态。"未知"状态的数据是不可靠的也是不能使用的，必须能够把这样的数据恢复到修改之前的正确状态。这就是数据恢复问题。

另外，多个用户程序同时操作数据库（并发执行），这些程序可能会交叉使用数据资源，这样它们会不会相互干扰呢？如果产生干扰，数据也会处于"未知"状态。为此，必须有效控制事务的并发执行，使每个事务都能在不受干扰的情况下正常完成相应的操作。这就是并发控制问题。

2. 事物的 ACID 特性

事务具有四个特性：原子性（atomicity）、一致性（consistency）、隔离性（isolation）和持久性（durability）。这四个特性简称为 ACID 特性。

1）原子性
事务是数据库的逻辑工作单位，事务中包括的诸操作要么都做，要么都不做。

2）一致性
一个事务执行一项数据库操作，事务将使数据库从一种一致性的状态变换成另一种一致性状态。在事务执行前，总是假设数据库是一致的，那么当事务成功执行后，数据库肯定仍然是一致的。但是，如果事务在执行过程中被迫中断，那么数据库将处于不一致的状态。

以银行转账为例，某公司在银行中有 A、B 两个账号，现在公司想从账号 A 中取出 1 万元，存入账号 B。那么就可以定义一个事务，该事务包括两个操作，第一个操作是从账号 A 中减去 1 万元，第二个操作是向账号 B 中加入 1 万元。这两个操作要么全做，要么全不做。全做或者全不做，数据库都处于一致性状态。如果只做一个操作，则逻辑上就会发生错误，减少或增加 1 万元，这时数据库就处于不一致性状态了。可见一致性与原子性是密切相关的。

3）隔离性

一个事务的执行不能被其他事务干扰。即一个事务的内部操作及使用的数据对其他并发事务是隔离的，并发执行的各个事务之间不能互相干扰。

4）持久性

事务的持久性是指一旦事务成功完成，该事务对数据库所施加的所有更新都是永久的。即在事务成功完成后，任何系统故障都不能破坏已经完成的事务。

3. 数据库恢复概述

数据库安全性控制防范的是人，目的是拒绝非授权的用户访问数据库，以保证数据库数据的安全。另一类安全性问题是要预防各种非人为因素或人为因素的计算机故障，如磁盘损坏、死机、计算机其他部件故障、电源故障、使用错误和恶意破坏等。为了应对这些故障，多数情况下需要为数据库制作备份，在故障排除后，再利用备份的数据进行恢复。数据库的备份不是简单地进行复制，它有一套备份和恢复的机制。

另外事务的原子性、一致性和持久性均需要恢复技术的支持。

4. 故障种类

数据库系统中可能发生各种各样的故障，大致可以分为以下几类。

1）事务内部的故障

事务内部的故障有的是可以通过事务程序本身发现的，有的是非预期的，不能由事务程序处理。事务故障意味着事务没有达到预期的终点，因此，数据库可能处于不正确的状态。

2）系统故障

系统故障是指造成系统停止运转的任何事件，使得系统需要重新启动。例如，特定类型的硬件错误（CPU 故障）、操作系统故障、DBMS 代码错误、系统断电等。这类故障影响正在运行的所有事务，但不破坏数据库。发生系统故障时，一些尚未完成的事务的结果可能已送入物理数据库，或者有些已完成的事务可能有一部分甚至全部留在缓冲区，尚未写回磁盘上的物理数据库中，从而造成数据库可能处于不正确的状态。

3）介质故障

介质故障指外存故障、入磁盘损坏、磁头碰撞、瞬时强磁场干扰等。这类故障将破坏数据库的部分数据库，并影响正在存取这部分数据的所有事务。这类故障比前两类故障发生的可能性小得多，但破坏性最大。

4）计算机病毒

计算机病毒是一种人为的故障或破坏，它已成为计算机系统的主要威胁，自然也是数据库系统的主要威胁。

5. 恢复的实现技术

恢复操作的基本原理为利用存储在系统其他地方的冗余数据（数据转储、登记日志文件）来重建数据库，恢复已被破坏或不正确的数据。

1）数据转储

转储就是数据库管理员定期将整个数据库复制到磁带或另一个磁盘上保存起来的过程。这些备用的数据成为后备副本或后援副本。

转储可分为静态转储和动态转储。

静态转储是在系统中无运行事务时进行的转储操作。即转储操作开始的时刻，数据库处于一致性状态，而转储期间不允许对数据库的任何存取、修改活动。显然，静态转储得到的一定是一个数据一致性的副本。

动态转储是指转储期间允许对数据库进行存取或修改。但是，转储结束时后援副本上的数据并不能保证正确有效。为此，必须把转储期间各事务对数据库的修改活动登记下来，建立日志文件，这样，后援副本加上日志文件就能把数据库恢复到某一时刻的正确状态。

数据转储有两种方式，分别可以在两种状态下进行，因此数据转储方法可以分为四类：动态海量转储、动态增量转储、静态海量转储和静态增量转储。

2）登记日志文件

日志文件是用来记录事务对数据库的更新操作的文件。

日志文件在数据库恢复中起着非常重要的作用，可以用来进行事务故障恢复和系统故障恢复，并协助后备副本进行介质故障恢复。为保证数据库是可恢复的，登记日志文件时必须严格按并发事务执行的时间次序，并且必须先写日志文件，后写数据库。它的具体作用包括以下几点。

（1）事务故障恢复和系统故障恢复必须用日志文件。

（2）在动态转储方式中必须建立日志文件，后备副本和日志文件结合起来才能有效地恢复数据库。

（3）在静态转储方式中也可以建立日志文件，当数据库毁坏后可重新装入后援副本把数据库恢复到转储结束时刻的正确状态，然后利用日志文件把已完成的事务进行重做处理，对故障发生时尚未完成的事务进行撤销处理。这样不必重新运行那些已完成的事务程序就可把数据库恢复到故障前某一时刻的正确状态。

6. 恢复策略

若系统运行过程中发生故障，利用数据库后备副本和日志文件就可以将数据库恢复到故障前的某个一致性状态。不同故障其恢复策略和方法也不一样。

1）事务故障的恢复

事务故障的恢复是由系统自动完成的，对用户是透明的。系统的恢复步骤如下所述。

（1）反向扫描日志文件，查找该事务的更新操作。

（2）对该事务的更新操作执行逆操作，即将日志记录中"更新前的值"写入数据库。这样，如果记录中是插入操作，则相当于做删除操作；若记录中是删除操作，则做插入操作；若是修改操作，则相当于用修改前值代替修改后值。

（3）继续反向扫描日志文件，查找该事务的其他更新操作，并做其他处理。

（4）如此处理下去，直至读到此事务的开始标记。

2）系统故障的恢复

系统故障的恢复是由系统在重新启动时自动完成的，不需要用户干预。系统的恢复步骤如下所述。

（1）正向扫描日志文件，找出在故障发生前已经提交的事务，将其事务标识记入重做队列。同时找出故障发生时尚未完成的事务，将其事务标识记入撤销队列。

（2）对撤销队列中的各项事务进行撤销处理。

进行撤销处理的方法是，反向扫描日志文件，对每个撤销事务的更新操作执行逆操作，即将日志记录中"更新前的值"写入数据库。

（3）对重做队列中的各个事务进行重做处理。

进行重做处理的方法是，正向扫描日志文件，对每个重做事务重新执行日志文件登记的操作，即将日志记录中"更新后的值"写入数据库。

3）介质故障的恢复

发生介质故障后，磁盘上的物理数据和日志文件被破坏，这是最严重的一种故障，恢复方法是重装数据库，然后重做已完成的事务。

（1）装入最新的数据库后备副本，使数据库恢复到最近一次转储时的一致性状态。对于动态转储的数据库副本，还需同时装入转储开始时刻的日志文件副本，利用恢复系统故障的方法，才能将数据库恢复到一致性状态。

（2）装入相应的日志文件副本，重做已完成的事务。即将日志记录中"更新后的值"写入数据库。

为了节约时间，又发展了具有检查点的恢复技术，即在日志文件中增加一类新的记录——检查点（checkpoint）记录，使用检查点方法可以改善恢复效率。

随着技术的发展，磁盘容量越来越大，价格越来越便宜。为避免磁盘介质出现故障影响数据库的可用性，许多数据库管理系统提供了数据库镜像功能用于数据库恢复。即根据数据库管理员的要求，自动把整个数据库或其中的关键数据复制到另一个磁盘上，每当主数据库更新时，数据库管理系统自动把更新后的数据复制过去，由数据库管理系统自动保证镜像数据与主数据库的一致性。这样，一旦出现介质故障，可由镜像磁盘继续提供使用，同时数据库管理系统自动利用镜像磁盘数据进行数据库的恢复，不需要关闭系统和重装数据库副本。

由于数据库镜像是通过复制数据实现的，频繁地复制数据自然会降低系统运行效率，因此在实际应用中用户往往只选择对关键数据和日志文件进行镜像，而不是对整个数据库进行镜像。

11.3.8 关系数据库并发控制

数据库是一个共享资源，可以供多个用户使用。允许多个用户同时使用同一个数据库的数据库系统称为多用户数据库系统。在这样的系统中，在同一时刻并发运行的事务数可达数百上千个。

在多处理机系统中，每个处理机可以运行一个事务，多个处理机可以同时运行多个事务，实现多个事务的并行运行。当多个用户并发地存取数据库时就会产生多个事务同时存取同一数据的情况。若对并发操作不加控制可能会存取和存储不正确的数据，破坏事务的一致性和数据库的一致性。所以数据库管理系统必须提供并发控制机制。并发控制机制是衡量一个数据库管理系统性能的重要标志之一。

1. 并发控制概述

事务是并发控制的基本单位，保证事务的 ACID 特性是事务处理的重要任务，而事务的 ACID 特性可能遭到破坏的原因之一是多个事务对数据库的并发操作造成的。为了保证事务的隔离性和一致性，数据库管理系统需要对并发操作进行正确调度。

并发操作带来的数据不一致性包括丢失修改、不可重复读、脏读和幻读。

1）丢失修改

两个事务 A 和 B 读入同一数据并修改，B 提交的结果破坏了 A 提交的结果，导致 A 的修改被丢失。

2）不可重复读

不可重复读是指事务 A 读取数据后，事务 B 执行更新操作，使 A 无法再现前一次读取结果。

3）脏读

脏读是指事务 A 修改某一数据并将其写回磁盘，事务 B 读取同一数据后，A 由于某种原因被撤销，这时被 A 修改过的数据恢复原值，B 读到的数据就与数据库中的数据不一致，则 B 读到的数据就为脏数据，即不正确的数据。

4）幻读

事务 A 根据条件查询得到了 M 条数据，但此时事务 B 删除或者增加了 N 条符合事务 A 查询条件的数据，这样当事务 A 再次进行查询的时候真实的数据集已经发生了变化，但是 A 却查询不出这种变化，因此产生了幻读。

2. 并发控制技术

封锁是实现并发控制的一个非常重要的技术。所谓封锁就是事务 T 在对某个数据对象如表、记录等操作之前，先向系统发出请求，对其加锁。加锁后事务 T 就对该数据对象有了一定的控制，在事务 T 释放它的锁之前，其他事务不能更新此数据对象。

基本的封锁类型有两种：排他锁和共享锁。

排他锁又称写锁。若事务 T 对数据对象 A 加上排他锁，则只允许 T 读取和修改 A，其他任何事务都不能再对 A 加任何类型的锁，直到 T 释放 A 上的锁为止。这就保证了其他事务在 T 释放 A 上的锁之前不能再读取和修改 A。

共享锁又称为读锁。若事务 T 对数据对象 A 加上共享锁，则事务 T 可以读 A 但不能修改 A，其他事务只能再对 A 加共享锁，而不能加排他锁，直到 T 释放 A 上的共享锁为止。这就保证了其他事务可以读 A，但在 T 释放 A 上的共享锁之前不能对 A 做任何修改。

11.4　数据库新进展

随着信息技术及其应用的进一步发展，分布式数据库、空间数据库、多媒体数据库、数据仓库、信息存储与检索等已成为数据库领域的研究热点。

11.4.1　分布式数据库

分布式数据库是传统的数据库技术与计算机网络技术相结合的产物。分布式数据库由一组数据组成，这组数据分布在计算机网络中的不同计算机上，逻辑上属于同一个系统，网络中的各个结点具有独立处理能力（也称场地自治），可以执行局部应用，同时也能通过网络通信子系统执行全局应用，并统一由一个分布式数据库管理系统（distributed database management system，DDBMS）进行管理。

分布式数据库的特点有：数据具备分布性、逻辑整体性和透明性，集中与自治结合的控制结构、控制冗余等。

分布式数据库系统研究的主要内容包括 DDBMS 的体系结构、数据分片与分布、冗余控制、分布式查询优化、分布式事务管理、并发控制、安全控制等。

11.4.2　空间数据库

空间数据库是根据利用卫星遥感资源迅速绘制地图的应用需求发展而来的。空间数据库是描述、存储和处理空间数据及其属性数据的数据库系统。空间数据是用于表示空间物体的位置、形状、大小、分布特征等多方面信息的数据，可以描述二维、三维、多维分布的关于区域的现象。

空间数据的特点不仅包括物体本身的空间位置及状态信息，还包括表示物体的空间关系（拓扑关系）的信息。

空间数据库技术研究的主要内容包括空间数据模型、空间数据查询语言、空间数据库管理系统（spatial database management system，SDBMS）等。

11.4.3　多媒体数据库

多媒体技术与传统的数据库技术相结合，产生了多媒体数据库。多媒体数据库是描述、存储和处理多媒体数据及其属性数据的数据库系统，由相应的多媒体数据库管理系统（multimedia database management system，MDBMS）进行管理。在多媒体数据库中，媒体作为信息的载体，多媒体数据通常是指数字、文本、声音、图形、图像和视频等。

多媒体数据库具有媒体信息多样化、信息量大、处理复杂等特点。

多媒体数据库系统研究的主要内容有多媒体的数据模型、MDBMS 的体系结构、多媒体数据的存取与组织技术、多媒体查询语言、多媒体数据的同步控制及多媒体数据压缩技术等。如果是在分布式环境下使用多媒体数据库，还应该研究多媒体数据的高速数据通信等问题。

11.4.4　数据仓库

信息系统是提供信息、辅助人们对环境进行控制和决策的系统，借助数据仓库，人们可以利用一些相关技术来实现使用信息系统这一根本目标。数据仓库是一个面向主题的、集成的、不可更新的、随时间不断变化的数据的集合，用以支持企业或组织的决策分析处理。

数据仓库具有面向主题、数据集成、数据不可更新和数据不随时间而变化的特点。利用日常数据库系统处理的、被保存的大量业务数据及数据分析工具，进行数据的分析处理，可以得到某些结果，以供企业调整发展、经营策略。

在数据仓库中主要采用的分析处理海量数据的技术是数据挖掘技术。数据挖掘是从数据仓库中发现并提取隐藏在内部的信息的一种技术。数据挖掘的目的是从大量的信息中发现和寻找数据间潜在的联系，它涉及数据库技术、人工智能技术、机器学习、统计分析等多种技术。利用这些技术，数据挖掘技术能够实现数据的自动分析、归纳推理、发现数据间的潜在联系，从而帮助企业调整市场策略。

11.4.5　信息存储与检索

随着计算机应用的普及、计算机网络技术的不断发展和信息化建设的全面展开，更多的信息以电子信息的形式存在，并由计算机进行处理。在很多情况下，电子数据信息往往要比计算机系统设备本身的价值高，尤其在金融、电信、商业、社保、军事等部门更是如此。另外，大量事实也已证明，科学规律的揭示往往还要依赖于长期保存的历史信息和科研数据。随着系统的不断运行，会有多种海量的数据信息被保留下来。

然而，保留大量的信息，目的是能够使用这些信息。那么，如何将各种各样的信息资源有效地组织起来，并在需要时能够快速查找出来，这就是信息检索要解决的问题。人们自然会想到用计算机作为检索工具，即计算机信息检索。从广义上讲，计算机信息检索包含信息存储和检索两个方面。

计算机信息存储指的是将大量的、无序的原始信息进行加工、筛选，从而形成有序的信息集合，并建立相应的数据库进行存储。信息存储是信息检索的基础，要迅速、准确地检索，还需要了解信息存储的原理、研究信息检索的理论和方法。信息检索指的是采用一定的方法与策略从数据库中查找出所需信息，其实质是将用户的检索标识与信息集合中存储的信息标识进行匹配，当用户的检索标识与信息存储标识匹配时，该信息就是要查找的信息。匹配形式既可以是完全匹配，也可以是部分匹配，具体情况取决于用户的需求。计算机信息检索经历了脱机批处理、联机检索、光盘检索与网络化检索四个阶段。目前，随着通信事业与网络技术的飞速发展，检索效率得到了进一步提高，网络信息资源也更加丰富，数字图书馆及各类信息服务已被广泛使用。这标志着信息存储与检索进入了新的发展阶段。

11.4.6　超文本和超媒体

随着社会各个领域的发展以及信息的快速增长，人们感到传统的信息存储与检索机制已不能满足需求，尤其不能像人类思维那样通过"联想"来明确信息内部的关联性，而这种关联可以使人们了解存储在不同地方的信息之间的关系及相似性。因此，人们迫切需要一种技术或工具，可以建立并使用信息之间的连接结构，使得各种信息得到灵活、方便而广泛的应用。近年来不断发展并得到广泛应用的一种技术就是超文本和超媒体技术。

超文本是一种信息管理技术，也是一种电子文献形式。超文本不是顺序的而是一个非线性的网状结构，它把文本按其内部固有的独立性和相关性划分成不同的基本信息块，称为结点。以结点作为信息的单位。一个结点可以是一个信息块，也可以是若干结点组成一个信息块。在超文本数据库内部，结点之间用链连接起来形成网状结构。

随着计算机技术的发展，结点中的数据不仅可以是文字，还可以是图形、图像、声音、动画、视频，甚至是计算机程序及其组合，这将超文本的特点和链接扩展到了多媒体的形式。这种基于多媒体信息结点的超文本就称为超媒体。

超媒体与超文本之间的不同之处在于：超文本主要是以文字的形式表示信息，建立的链接关系主要是文句之间的链接关系；超媒体除了可以使用文本外，还可以使用图形、图像、声音、动画或影视片段等多种媒体来表示信息，建立的是文本、图形、图像、声音、动画、影视片段等媒体之间的链接关系。

11.4.7　多媒体信息与多媒体系统

多媒体是多种媒体的复合。多媒体信息是指以文字、声音、图形、图像等为载体的信息。

在计算机和通信领域，文本、图形、声音、图像、动画等都可以称为媒体。从计算机和通信设备处理信息的角度来看，可以将自然界和人类社会原始信息存在的形式——数据、文字、有声的语言、音响、绘画、动画、图像（静态的照片和动态的电影、电视和录像）等，归结为三种最基本的媒体——声、图、文。传统的计算机只能够处理单媒体——文，电视能够传播声、图、文集成信息，但它不是多媒体系统。通过电视，我们只能单向、被动地接收信息，不能双向、主动地处理信息，没有所谓的交互性。可视电话虽然有交互性，但只能够听到声音，见到谈话人的形象，也不是多媒体。所谓多媒体，是指能够同时采集、处理、编辑、存储和展示两个或两个以上不同类型信息媒体的技术，这些信息媒体包括文字、声音、图形、图像、动画、活动影像等。

一般的多媒体系统由多媒体硬件系统、多媒体操作系统、媒体处理系统工具和用户应用软件四个部分组成。

11.4.8　数字图书馆

数字图书馆是用数字技术处理和存储各种图文并茂的文献的图书馆,实质上是一种多媒体制作的分布式信息系统。它把各种不同载体、不同地理位置的信息资源用数字技术存储,以便跨越区域、面向对象的网络查询和传播。它涉及信息资源加工、存储、检索、传输和利用的全过程。

数字图书馆就是收集或创建数字化馆藏,把各种文献替换成计算机能识别的二进制系列图像,在安全保护、访问许可、记账服务等完善的权限处理之下,经授权的信息利用 Internet 的发布技术,实现全球共享。数字图书馆的建立将使人们在任何时间和地点通过网络获取所需的信息变为现实,从而显著地促进了资源的共享与利用。

数字图书馆就是虚拟的、没有围墙的图书馆,是基于网络环境共建共享的可扩展的知识网络系统,是超大规模的、分布式的、便于使用的、没有时空限制的、可以实现跨库无缝连接与智能检索的知识中心。数字图书馆既是完整的知识定位系统,又是面向未来互联网发展的信息管理模式,可以广泛地应用于社会文化、终身教育、大众媒介、商业咨询、电子政务等社会组织的公众信息传播。

11.4.9　数字地球与智慧城市

数字地球是一个以地球坐标为依据的、具有多分辨率的海量数据和多维显示的地球虚拟系统。数字地球被看成"对地球的三维多分辨率表示、它能够放入大量的地理数据"。通俗的说法,就是用数字的方法将地球、地球上的活动及整个地球环境的时空变化装入计算机中,实现在网络上的流通,并使之最大限度地为人类的生存、可持续发展和日常的工作、学习、生活、娱乐服务。

从严格意义上说,数字地球是以计算机技术、多媒体技术和大规模存储技术为基础,以宽带网络为纽带,运用海量地球信息对地球进行多分辨率、多尺度、多时空和多种类的三维描述,并利用它作为工具来支持和改善人类活动和生活质量。

智慧城市就是运用信息和通信技术手段感测、分析、整合城市运行核心系统的各项关键信息,从而对包括民生、环保、公共安全、城市服务、工商业活动在内的各种需求做出智能响应。其实质是利用先进的信息技术,实现城市智慧式管理和运行,进而为城市中的人创造更美好的生活,促进城市的和谐、可持续发展。

智慧城市通过物联网基础设施、云计算基础设施、地理空间基础设施等新一代信息技术以及社交网络、创客实验室、生活实验室、综合集成法、网动全媒体融合通信终端等工具和方法的应用,实现全面透彻的感知、宽带泛在的互联、智能融合的应用以及以用户创新、开放创新、大众创新、协同创新为特征的可持续创新。伴随网络帝国的崛起、移动技术的融合发展以及创新的民主化进程,知识社会环境下的智慧城市是继数字城市之后信息化城市发展的高级形态。

第 12 章　大数据技术

12.1　大数据的概念与特征

12.1.1　大数据的概念

什么是大数据？大数据和数据库领域的超大规模数据、海量数据有什么不同？

超大规模数据库（very large database，VLDB）这个词是 20 世纪 70 年代中期出现的，在数据库领域一直享有盛誉的 VLDB 国际会议就是从 1975 年开始的。当年数据库中管理的数据集有数百万条记录就是超大规模了。"海量数据"则是 21 世纪初出现的词，用来描述更大的数据集以及更加丰富的数据类型。2008 年 9 月，*Science* 发表了一篇文章"Big Data: Science in the Petabyte Era"，"大数据"这个词开始被广泛传播。这些词都表示需要管理的数据规模很大，相对于当时的计算机存储和处理技术水平而言，遇到了技术挑战，需要计算机界研究和发展更加先进的技术，才能有效地存储、管理和处理它们。

回顾一下面对"超大规模"数据，人们研究了数据库管理系统的高效实现技术。创建了一套关系数据理论，奠定了关系数据库坚实的理论基础。同时，数据库技术在商业上也取得了巨大成功，引领了数十亿美元的产业，有力地促进了以联机事务处理（on-line transaction processing，OLTP）和联机分析处理（on-line analytical processing，OLAP）为标志的商务管理与商务智能应用的发展。这些技术精华和成功经验为今天的大数据管理和分析奠定了基础。为了应对"海量数据"的挑战，人们研究了半结构化数据和各种非结构化数据的数据模型及对它们的有效管理、多数据源的集成问题等。因此，大数据并不是当前时代所独有的特征，而是伴随着人类社会的发展以及人类科技水平的提高而不断发展演化的。

当前，人们从不同的角度在诠释大数据的内涵。关于大数据的一个定义是，一般意义上，大数据是指无法在可容忍的时间内用现有 IT 技术和软硬件工具对其进行感知、获取、管理、处理和服务的数据集合。

还有专家给出的定义是，大数据通常被认为是 PB（10^3TB）、EB（10^6TB）或更高数量级的数据，包括结构化的、半结构化的和非结构化的数据。其规模或复杂程度超出了传统数据库和软件技术所能管理和处理的数据集范围。

有专家按大数据的应用类型将大数据分为海量交易数据（企业 OLTP 应用）、海量交互数据（社交网、传感器、全球定位系统、Web 信息）和海量处理数据（企业 OLAP 应用）。

海量交易数据的应用特点是数据海量、读写操作比较简单、访问和更新频繁、一次交易的数据量不大，但要求支持事务 ACID 特性；对数据的完整性及安全性要求高，必须保证强一致性。

海量交互数据的应用特点是实时交互性强，但不要求支持事务特性。其数据的典型特点是类型多样异构、不完备、噪声大、数据增长快，不要求具有强一致性。

海量处理数据的应用特点是面向海量数据分析，计算复杂，往往涉及多次迭代完成，追求数据分析的高效率，但不要求支持事务特性。典型的应用是采用并行与分布处理框架实现。其数据的特点是同构性（如关系数据、文本数据或列模式数据）和较好的稳定性（不存在频繁的更新操作）。

当然，可以从不同的角度对大数据进行分类，目的是有针对性地进行研究与利用。例如，有些专家将网络空间中各类应用引发的大数据称为网络大数据，并按数据类型分为自媒体数据、日志数据和富媒体数据三类。

12.1.2 大数据的特征

大数据不仅量大，还具有许多重要的特征。专家们归纳为若干个 V，即巨量（volume）、多样（variety）、快变（velocity）、价值（value）。大数据的这些特征给我们带来了巨大的挑战。

1. 巨量

大数据的首要特征是数据量巨大，而且在持续、急剧地膨胀。大规模数据的几个主要来源如下所述。

（1）科学研究（天文学、生物学、高能物理等）、计算机仿真领域。例如，大型强子对撞机每年积累的新数据量为 15PB 左右。

（2）互联网应用、电子商务领域。例如，沃尔玛公司每天通过数千商店向全球客户销售数亿件商品，为了对这些数据进行分析，沃尔玛公司数据仓库系统的数据规模达到 4PB，并且在不断扩大。

（3）传感器数据（sensor data）。分布在不同地理位置上的传感器对所处环境进行感知，不断生成数据。即便对这些数据进行过滤，仅保留部分有效部分，长时间累积的数据量也是惊人的。

（4）网站点击流数据（click stream data）。为了进行有效的市场营销和推广，用户在网上的每个点击及其时间都被记录下来，利用这些数据，服务提供商可以对用户存取模式进行仔细的分析，从而提供更加具有针对性的个性化服务。

（5）移动设备数据（mobile device data）。通过移动电子设备，包括移动电话和 PDA、导航设备等，可以获得设备和人员的位置、移动轨迹、用户行为等信息，对这些信息进行及时分析有助于决策者进行有效的决策，如交通监控和疏导。

（6）无线射频识别数据（RFID data）。RFID 可以嵌入产品中，实现物体的跟踪。RFID 的广泛应用将产生大量数据。

（7）传统的数据库和数据仓库所管理的结构化数据也在急速增加。

总之，无论科学研究还是商业应用，无论企业部门还是个人，处处时时都在产生着数据。几十年来，管理大规模且迅速增长的数据一直是一个极具挑战性的问题。目前数据增长的速度已经超过了计算资源增长的速度。这就需要设计新的计算机硬件以及新的系统架构，设计新硬件下的存储子系统。而存储子系统的改变将影响数据管理和数据处理的各个方面，包括数据分布、数据复制、负载平衡、查询算法、查询调度、一致性控制、并发控制和恢复方法等。

2. 多样

数据的多样性通常是指异构的数据类型、不同的数据表示和语义解释。现在，越来越多的应用所产生的数据类型不再是纯粹的关系数据，更多的是非结构化、半结构化的数据，如文本、图形、图像、音频、视频、网页、推特和博客等。

对异构海量数据的组织、分析、检索、管理和建模是基础性的挑战。例如，图像和视频数据虽具有存储和播放结构，但这种结构不适合进行上下文语义分析和搜索。对非结构化数据的分析在许多应用中成为一个显著的瓶颈。传统的数据分析算法在处理同构数据方面比较成熟，是否将各种类型的数据内容转化为同构的格式以供日后分析？此外，考虑到当今大多数数据是直接以数字格式生成的，是否可以干预数据的产生过程以方便日后的数据分析？在数据分析之前还要对数据进行清洗和纠错，还必须对缺失和错误数据进行处理等。因此，针对半结构化、非结构化数据的高效表达、存取和分析技术，需要大量的基础研究。

3. 快变

大数据的快变性也称为实时性，一方面指数据到达的速度很快，另一方面指能够进行处理的时间很短，或者要求响应速度很快，即实时响应。

许多大数据往往以数据流的形式动态、快速地产生和演变，具有很强的时效性。流数据来得快，对流数据的采集、过滤、存储和利用需要充分考虑和掌控它们的快变性。加上要处理的数据集大，数据分析和处理的时间很长。而在实际应用需求中常常要求立即得到分析结果。例如，在进行信用卡交易时，如果怀疑该信用卡涉嫌欺诈，应该在交易完成之前做出判断，以防止非法交易的产生。这就要求系统具有极强的处理能力和妥当的处理策略，例如，事先对历史交易数据进行分析和预计算，再结合新数据进行少量的增量计算便可迅速地做出判断。对于大数据上的实时分析处理，大数据查询和分析中的优化技术具有极大的挑战性，需要借鉴传统数据库中非常成功的查询优化技术以及索引技术等。

4. 价值

大数据的价值是潜在的、巨大的。大数据不仅具有经济价值和产业价值，还具有科学价值。这是大数据最重要的特点，也是大数据的魅力所在。

现在，人们认识到数据就是资源，数据就是财富，数据为王的时代已经到来，因此对大数据的热情和重视也与日俱增。例如，2012 年 3 月，美国奥巴马政府启动"大数据研究和发展计划"，这是继 1993 年美国宣布"信息高速公路"计划后的又一次重大科技发展部署。美国政府认为大数据是"未来的新石油"，将"大数据研究"上升为国家意志，对未来的科技与经济发展必将带来深远影响。2012 年 5 月，英国政府注资建立了世界上第一个大数据研究所。同年，日本也出台计划重点关注大数据领域的研究。2012 年 10 月，中国计算机学会成立了中国计算机学会大数据专家委员会（CCF）大数据专家委员会，科技部也于 2013 年启动了"973""863"大数据研究项目。一个国家拥有数据的规模和运用数据的能力将成为综合国力的重要组成部分，对数据的占有和控制也将成为国家与国家、企业与企业间新的争夺焦点。

大数据价值的潜在性，是指数据蕴含的巨大价值只有通过对大数据以及数据之间蕴含的联系进行复杂的分析、反复深入的挖掘才能获得。而大数据规模巨大、异构多样、快变复杂，隐私等自身的问题，以及数据孤岛、信息私有、缺乏共享的客观现实都阻碍了数据价值的创造。其巨大潜力和目标实现之间还存在着巨大的鸿沟。

大数据的经济价值和产业价值已经初步显现出来。一些掌握大数据的互联网公司基于数据交易、数据分析和数据挖掘，帮助企业为客户提供更优良的个性化服务，降低营销成本，提高生产效率，增加利润；帮助企业优化管理，调整内部机构，提高服务质量。大数据是未来产业竞争的核心支撑。大数据价值的实现需要通过数据共享、交叉复用才能获得。因此，未来大数据将会如基础设施一样，有数据提供方、使用方、管理者、监管者等，从而使得大数据成为一个大产业。

数据科学是以大数据为研究对象，横跨信息科学、社会科学、网络科学、系统科学、心理学、经济学等诸多领域的新兴交叉学科。对于大数据的研究方式，2007 年 1 月 11 日，已故的著名数据库专家，图灵奖得主格雷（Gray）在加州山景城召开的 NRC-CSTB 上的演讲提出了科学研究的第四范式。他指出人类从几千年前的实验科学（第一范式），到以模型和归纳为特征的理论科学（第二范式），再到几十年来以模拟仿真为特征的计算科学（第三范式），现在要从计算科学中把数据密集型科学区分出来，即大数据研究的第四范式：数据密集型科学发现（data intensive scientific discovery）。Gray 认为，对于大数据研究，科研人员只需从大量数据中查找和挖掘所需要的信息和知识，无须直接面对所研究的物理对象。例如，在天文学领域，天文学家的工作方式发生了大幅度转变。以前天文学家的主要工作是进行太空拍照，如今所有照片都已经存放在数据库中。天文学家的任务变为从数据库的海量数据中发现有趣的物体或现象。科研第四范式将不仅是研究方式的转变，也是人们思维方式的大变化。这也许是解决大数据挑战的系统性的方法。

此外，IBM 还提出了另一个 V，即真实性（veracity），旨在针对大数据噪声、数据缺失、数据不确定等问题强调数据质量的重要性，以及保证面临巨大挑战时数据的质量。

12.2　数据采集、管理、分析和可视化技术

12.2.1　数据采集与预处理

1. 数据采集的概念

数据采集，又称"数据获取"，是数据分析的入口，也是数据分析过程中相当重要的一个环节。它通过各种技术手段把外部各种数据源产生的数据实时或非实时地采集并

加以利用。在数据大爆炸的互联网时代，被采集的数据的类型也是复杂多样的，包括结构化数据、半结构化数据、非结构化数据。结构化数据最常见，就是保存在关系数据库中的数据。半结构化数据是一种介于结构化数据和非结构化数据之间的数据类型。它既不像结构化数据那样具有严格的格式和固定的字段，也不像非结构化数据那样完全无规则，而是带有一些组织形式，但这种组织形式相对灵活。非结构化数据是数据结构不规则或不完整，没有预定义的数据模型，包括所有格式的传感器数据、办公文档、文本、图片、XML、HTML、各类报表、图像和音频/视频信息等。

数据采集的三大要点分别是全面性、多维性以及高效性。它的主要数据源包括传感器数据、互联网数据、日志文件、企业业务系统数据等。

大数据采集与传统的数据采集既有联系又有区别，大数据采集是在传统的数据采集的基础上发展起来的，一些经过多年发展的数据采集架构、技术和工具被继承下来，同时，由于大数据本身具有数据量大、数据类型丰富、处理速度快等特性，大数据采集又表现出不同于传统数据采集的一些特点（表 12-1）。

表 12-1　传统数据采集与大数据采集的区别

比较项目	传统数据采集	大数据采集
数据源	来源单一，数据量较少	来源广泛，数据量巨大
数据类型	结构单一	数据类型丰富，包括结构化数据、半结构化数据和非结构化数据
数据存储	关系数据库和并行数据库	分布式数据库，分布式文件系统

2. 数据清洗

数据清洗对于获得高质量分析结果而言，其重要性不言而喻，没有高质量的输入数据，那么输出的分析结果价值会大打折扣，甚至没有任何价值。数据清洗是指将大量原始数据中的"脏数据""洗掉"，它是发现并纠正数据文件中可识别的错误的最后一道程序，包括检查数据一致性、处理无效值和缺失值等。例如，在构建数据仓库时，由于数据仓库中的数据是面向某一主题的数据的集合，这些数据从多个业务系统中抽取而来，而且包含历史数据，就避免不了有的数据是错误数据，有的数据相互冲突，这些错误的或有冲突的数据（称为"脏数据"）显然是我们不想要的。我们要按照一定的规则把"脏数据"给"洗掉"，这就是数据清洗。

3. 数据转换

数据转换就是将数据进行转化或归并，从而构成一个适合数据处理的形式。

常见的数据转换策略如下所述。

（1）平滑处理：帮助除去数据中的噪声（被测变量的一个随机错误和变化）。常用的方法包括分箱、回归和聚类等。

（2）聚集处理：对数据进行汇总操作。例如，每天的数据经过汇总操作可以获得每月或每年的总额。这一操作常用于构造数据立方体或对数据进行多粒度的分析。

（3）数据泛化处理：用更抽象（更高层次）的概念来取代低层次的数据对象。例如，街道属性可以泛化到更高层次的概念，如城市、国家；年龄属性可以映射到更高层次的概念，如青年、中年和老年。

（4）规范化处理：将属性值按比例缩放，使之落入一个特定的区间，以消除数值型属性因大小不一而造成挖掘结果的偏差。

（5）属性构造处理：根据已有属性集构造新的属性，后续数据处理直接使用新增的属性。例如，根据已知的质量和体积属性，计算出新的属性——密度。

4. 数据脱敏

数据脱敏是在给定的规则、策略下对敏感数据进行变换、修改的技术，能够在很大程度上解决敏感数据在非可信环境中使用的问题。它会根据数据保护规范和脱敏策略，通过对业务数据中的敏感信息实施自动变形，实现对敏感信息的隐藏和保护。在涉及客户安全数据或者一些商业性敏感数据的情况下，在不违反系统规则的条件下，需对身份证号、手机号、银行卡号、客户号等个人信息进行数据脱敏。数据脱敏不是必需的数据预处理环节，可以根据业务需求对数据进行脱敏处理，也可以不进行脱敏处理。

12.2.2　数据存储与管理

数据存储与管理是大数据分析流程中的重要一环。通过数据采集得到的数据，必须进行有效的存储和管理，才能用于高效的处理和分析。数据存储与管理是利用计算机硬件和软件技术对数据进行有效的存储和应用的过程，其目的在于充分有效地发挥数据的作用。在大数据时代，数据存储与管理面临着巨大的挑战：一方面，需要存储的数据类型越来越多，包括结构化数据、半结构化数据和非结构化数据；另一方面，涉及的数据量越来越大，已经超出了很多传统数据存储与管理技术的处理范围。因此，大数据时代涌现出了大量新的数据存储与管理技术，包括分布式文件系统和分布式数据库等。

1. 分布式文件系统

大数据时代必须解决海量数据的高效存储问题，为此，分布式文件系统（distributed file system）应运而生。相对于传统的本地文件系统而言，分布式文件系统是一种通过网络实现文件在多台主机上进行分布式存储的文件系统。分布式文件系统的设计一般采用"客户端/服务器"（client/server）模式，客户端以特定的通信协议通过网络与服务器建立连接，提出文件访问请求，客户端和服务器可以通过设置访问权来限制请求方对底层数据存储块的访问。

谷歌开发了分布式文件系统——GFS（Google file system），通过网络实现文件在多台机器上的分布式存储，较好地满足了大规模数据存储的需求。Hadoop 分布式文件系统（Hadoop distributed file system，HDFS）是针对 GFS 的开源实现的，它是 Hadoop 两大核心组成部分之一，提供了在廉价服务器集群中存储大规模分布式文件的能力。HDFS 具有很好的容错能力，并且兼容廉价的硬件设备，因此，可以以较低的成本利用现有机器实现大流量和大数据量的读写操作。

2. 新型数据库

1）NewSQL 数据库

NewSQL 是各种新的可扩展、高性能数据库的简称，这类数据库不仅具有对海量数据的存储管理能力，还保持了传统数据库支持 ACID 和 SQL 等特性。不同的 NewSQL 数据库的内部结构差异很大，但是，它们有两个显著的共同特点：都支持关系数据模型、都使用 SQL 作为其主要的接口。

2）NoSQL 数据库

NoSQL 数据库具有一种不同于关系数据库的数据库管理系统设计方式，是对非关系数据库的统称，它所采用的数据模型并非传统关系数据库的关系模型，而是类似键值、列簇、文档等非关系模型。NoSQL 数据库没有固定的表结构，通常也不存在连接操作，也没有严格遵守 ACID 约束，因此，与关系数据库相比，NoSQL 具有灵活的水平可扩展性，可以支持海量数据存储。

3）云数据库

研究机构 IDC 预言，大数据将按照每年 60% 的速度增加，其中包括结构化和非结构化数据。如何方便、快捷、低成本地存储海量数据，是许多企业和机构面临的一个严峻挑战。云数据库是一个非常好的解决方案，目前云服务提供商正通过云技术推出更多可在公有云中托管数据库的方法，将用户从烦琐的数据库硬件定制中解放出来，同时让用户拥有强大的数据库扩展能力，满足海量数据的存储需求。此外，云数据库还能很好地满足企业动态变化的数据存储需求和中小企业的低成本数据存储需求。可以说，在大数据时代，云数据库将成为许多企业数据的目的地。

3. 大数据处理架构 Hadoop

Hadoop 是 Apache 软件基金会旗下的一个开源分布式计算平台，为用户提供系统底层细节透明的分布式基础架构。借助 Hadoop，程序员可以轻松地编写分布式并行程序，将其运行于计算机集群上，完成海量数据的存储与处理分析。

Hadoop 是一个能够对大量数据进行分布式处理的软件框架，并且能以一种可靠、高效、可伸缩的方式进行处理，它具有以下几个方面的特性。

（1）高可靠性。Hadoop 采用冗余数据存储方式，即使一个副本发生故障，其他副本也可以保证正常对外提供服务。

（2）高效性。作为并行分布式计算平台，Hadoop 采用分布式存储和分布式处理两大核心技术，能够高效地处理 PB 级数据。

（3）高可扩展性。Hadoop 的设计目标是可以高效稳定地运行在廉价的计算机集群上，可以扩展到数以千计的计算机结点上。

（4）高容错性。Hadoop 采用冗余数据存储方式，自动保存数据的多个副本，并且能够自动将失败的任务进行重新分配。

（5）成本低。Hadoop 采用廉价的计算机集群，成本比较低，普通用户也很容易用自己的 PC 搭建 Hadoop 运行环境。

（6）运行在 Linux 操作系统上。Hadoop 是基于 Java 开发的，可以较好地运行在 Linux 操作系统上。

（7）支持多种编程语言。Hadoop 上的应用程序也可以使用其他语言编写，如 C++。

Hadoop 凭借其突出的优势，已经在各个领域得到了广泛的应用，而互联网领域是其应用的主阵地。国内采用 Hadoop 的公司主要有百度、淘宝、网易、华为、中国移动等。

12.2.3　数据处理与分析

1. 数据处理与分析的概念

数据分析过程通常会伴随着数据处理的发生（或者说伴随着大量数据计算），因此，数据分析和数据处理是一对关系紧密的概念，很多时候，二者是融合在一起的，很难割裂开来。也就是说，当用户在进行数据分析的时候，底层的计算机系统会根据数据分析任务的要求，使用程序进行大量的数据处理（或者说发生大量的数据计算）。例如，当用户进行决策树分析时，需要事先根据决策树算法编写分析程序，当分析开始以后，决策树分析程序就会从磁盘读取数据进行大量计算，最终给出计算结果（也就是决策树分析结果）。

数据分析可以是针对小规模数据的分析，也可以是针对大规模数据的分析（这时被称为"大数据分析"）。在大数据时代到来之前，数据分析主要以小规模的抽样数据为主，一般使用统计学、机器学习和数据挖掘的相关方法，以单机分析工具或者单机编程的方式来实现分析程序。但是，到了大数据时代，数据量爆炸式地增长，很多时候需要对规模巨大的全量数据而不是小规模的抽样数据进行分析。这时，单机工具和单机程序显得"无能为力"，就需要采用分布式实现技术，如使用 MapReduce、Spark 或 Flink 编写分布式分析程序，借助集群的多台机器进行并行数据处理分析，这个过程就被称为"大数据处理与分析"。

2. 大数据处理与分析技术

大数据处理与分析面向的是大规模的海量数据，因此，需要一些特殊的处理与分析技术。主要包括四种类型，即批处理计算、流计算、图计算和查询分析计算。

1）批处理计算

批处理计算主要解决针对大规模数据的批量处理，也是我们日常数据分析工作中非常常见的一类数据处理需求。MapReduce 是具有代表性的大数据批处理技术，它是一种分布式并行编程模型，用于大规模数据集的并行运算，极大地方便了开发者的编程工作，允许开发者在不会分布式并行编程的情况下，将自己的程序运行在分布式系统上。

2）流计算

流数据（或数据流）也是大数据分析中的重要数据类型。流数据是指在时间分布和数量上无限的一系列动态数据集合体，数据的价值随着时间的流逝而降低，因此，必须采用实时计算的方式给出秒级响应。流计算可以实时处理来自不同数据源的、连续到达的流数据，经过实时分析处理，给出有价值的分析结果。目前业内已涌现出许多的流计算框架与平台，第一类是商业级的流计算平台，包括 IBM InfoSphere Streams 和 IBM StreamBase 等；第二类是开源流计算框架，包括 Twitter Storm、Yahoo! S4（Simple Scalable Streaming System）、Spark Streaming、Flink 等；第三类是公司为支持自身业务开发的流计算框架，如 Facebook 使用 Puma 和 HBase 相结合来处理实时数据，百度开发了通用实时流数据计算系统 DStream，淘宝开发了通用流数据实时计算系统——银河流数据处理平台。

3）图计算

在大数据时代，许多大数据都以大规模图或网络的形式呈现，如社交网络、传染病传播途径、交通事故对路网的影响等。此外，许多非图结构的大数据，也常会被转换为图模型后进行处理分析。MapReduce 作为单输入、两阶段、粗粒度数据并行的分布式计算框架，在表达多迭代、稀疏结构和细粒度数据时，往往显得力不从心，不适合用来解决大规模图计算问题。因此，针对大型图的计算，需要采用图计算，目前已经出现了不少相关图计算产品。Pregel 是一种基于整体同步并行计算模型（bulk synchronous parallel computing model，简称 BSP 模型）实现的并行图处理系统。为了解决大型图的分布式计算问题，Pregel 搭建了一套可扩展的、有容错机制的平台，该平台提供了一套非常灵活的 API，可以描述各种各样的图计算。Pregel 主要用于图遍历、最短路径、PageRank 计算等。其他代表性的图计算产品还包括 Facebook 针对 Pregel 的开源实现 Giraph、Spark 下的 GraphX、图数据处理系统 PowerGraph 等。

4）查询分析计算

针对超大规模数据的存储管理和查询分析，需要提供实时或准实时的响应，才能很好地满足企业经营管理需求。谷歌开发的 Dremel，是一种可扩展的、交互式的实时查询系统，用于只读嵌套数据的分析。通过结合多级树状执行过程和列式数据结构，能做到几秒内完成对万亿张表的聚合查询。系统可以扩展到成千上万的 CPU 上，满足谷歌上万用户操作 PB 级的数据，并且可以在 2～3s 完成 PB 级别数据的查询。此外，Cloudera 公司参考 Dremel 系统开发了实时查询引擎 Impala，它提供 SQL 语义，能快速查询存储在 Hadoop 的 HDFS 和 HBase 中的 PB 级大数据。

12.2.4　数据可视化

1. 数据可视化的概念

数据通常是枯燥乏味的，相对而言，人们对于大小、图形、颜色等有浓厚的兴趣。利用数据可视化平台，枯燥乏味的数据可转变为丰富生动的视觉效果，不仅有助于简化人们的分析过程，还可在很大程度上提高分析数据的效率。

数据可视化是指将大型数据集中的数据以图形、图像形式表示，并利用数据分析和开发工具发现其中未知信息的处理过程。数据可视化技术的基本思想是将数据库中每一个数据项以单个图元素来表示，用大量的数据集构成数据图像，同时将数据的各个属性值以多维数据的形式表示，使人们可以从不同的维度观察数据，从而对数据进行更深入的观察和分析。

虽然可视化在数据分析领域并非最具技术挑战性的部分，但它是整个数据分析流程中最重要的一个环节。

2. 可视化图表

统计图表是使用最早的可视化图形，已经具有数百年的发展历史，其逐渐形成了一套成熟的方法，比较符合人类的感知和认知，因而得到了大量的使用。当然，数据可视化不仅是统计图表，本质上，任何能够借助于图形的方式展示事物原理、规律、逻辑的方法都称为数据可视化。常见的统计图表包括柱状图、折线图、饼图、散点图、气泡图、雷达图等，表 12-2 给出了最常用的统计图表类型及其应用场景。

表 12-2　最常用的统计图表类型及其应用场景

图表	维度	应用场景
柱状图	二维	指定一个分析轴进行数据大小的比较，只需比较其中一维
折线图	二维	按照时间序列分析数据的变化趋势，适用于较大的数据集
饼图	二维	指定一个分析轴进行所占比例的比较，只适用于反映部分与整体的关系
散点图	二维或三维	有两个维度需要比较
气泡图	三维或四维	其中只有两维能够精确辨识
雷达图	四维以上	数据点不超过 6 个

除了上述常见的图表，数据可视化还可以使用其他图表，包括漏斗图、树图、热力图、关系图、词云、桑葚图以及日历图等。

3. 可视化工具

目前已经有许多数据可视化工具，其中大部分都是免费使用的，可以满足各种可视化需求，主要包括入门级工具（excel）、信息图表工具（Google chart API、echarts、D3、tableau、大数据魔镜、raphael、flot 等）、地图工具（Google fushion tables、modest maps、Leaflet、polyMaps、openLayers、kartograph、quanum GIS 等）、时间线工具（timetoast、xtimeline、timeslide、dipity 等）和高级分析工具（R、python、weka、gephi、processing、NodeBox 等）等。

12.3　大数据管理系统

12.3.1　NoSQL 数据管理系统

NoSQL 是以互联网大数据应用为背景发展起来的分布式数据管理系统。NoSQL 有两种解释：一种是 Non-Relational，即非关系数据库；另一种是 Not Only SQL，即数据管理技术不仅仅是 SQL。目前第二种解释更为流行。

NoSQL 系统支持的数据模型通常分为 Key-Value 模型、BigTable 模型、文档模型和图模型四种类型。

（1）Key-Value 模型，记为 KV（Key，Value），是非常简单而容易使用的数据模型。每个 Key 值对应一个 Value。Value 可以是任意类型的数据值。它支持按照 Key 值来存储和提取 Value 值。Value 值是无结构的二进制码或纯字符串，通常需要在应用层去解析相应的结构。

（2）BigTable 模型，又称 Columns Oriented 模型，能够支持结构化的数据，包括列、列簇、时间戳以及版本控制等元数据的存储。该数据模型的特点是列簇式，即按列存储，每一行数据的各项被存储在不同的列中，这些列的集合称为列簇。每一列的每一个数据项都包含一个时间戳属性，以便保存同一个数据项的多个版本。

（3）文档模型，该模型在存储方面有以下改进：Value 值支持复杂的结构定义，通常是被转换成 JSON 或者类似于 JSON 格式的结构化文档，支持数据库索引的定义，其索引主要是按照字段名来组织的。

（4）图模型，记为 $G(V, E)$，V 为结点集合，每个结点具有若干属性，E 为边集合，也可以具有若干属性。该模型支持图结构的各种基本算法。可以直观地表达和展示数据之间的联系。

NoSQL 系统为了提高存储能力和并发读写能力，采用了极其简单的数据模型，支持简单的查询操作，而将复杂操作留给应用层实现。该系统对数据进行划分，对各个数据分区进行备份，以应对结点可能的失败，提高系统可用性；通过大量结点的并行处理获得高性能，采用的是横向扩展的方式。

12.3.2　NewSQL 数据库系统

NewSQL 系统是融合了 NoSQL 系统和传统数据库事务管理功能的新型数据库系统。SQL 关系数据库系统长期以来一直是企业业务系统的核心和基础，但是它扩展性差、成本高，难以应对海量数据的挑战。NoSQL 数据管理系统以其灵活性和良好的扩展性在大数据时代迅速崛起。但是，NoSQL 不支持 SQL，导致应用程序开发困难，特别是不支持关键应用所需要的事务 ACID 特性。NewSQL 将 SQL 和 NoSQL 的优势结合起来，充分利用计算机硬件的新技术、新结构，研究与开发了若干创新的实现技术。例如，关系数据库在分布式环境下为实现事务一致性使用了两阶段提交协议，这种技术在保证事务强一致性的同时造成系统性能和可靠性的降低。为此人们提出了串行执行事务，减少加锁开销的同时还避免全内存日志处理等技术的使用；改进体系架构，结合计算机多核、多 CPU、大内存的特点，融合关系数据库和内存数据库的优势，充分利用固态硬盘技术，从而显著地提高了对海量数据的事务处理性能和事务处理吞吐量。表 12-3 给出了 SQL 系统、NoSQL 系统与 NewSQL 系统的比较。

表 12-3　SQL 系统、NoSQL 系统与 NewSQL 系统的比较

系统名称	易用性	对事务的支持	扩展性	数据量	成本	代表系统
	操作方式	一致性、并发控制等				
SQL 系统	易用 SQL	ACID 强一致性	<1000 结点	TB	高	Oracle、DB2、GreenPlum 等
NoSQL 系统	GET/PUT 等 存取原语	弱一致性 最终一致性	>10000 结点	PB	低	BigTable、PNUTS、Cloudera 等
NewSQL 系统	SQL	ACID	>10000 结点	PB	低	VoltDB、Spanner 等

12.3.3　MapReduce 技术

MapReduce 技术是 Google 公司于 2004 年提出的大规模并行计算解决方案，主要应用于大规模廉价集群上的大数据并行处理。MapReduce 以 Key-Value 的分布式存储系统为基础，通过元数据集中存储、数据以 chunk 为单位分布存储和数据 chunk 冗余复制来保证其高可用性。

MapReduce 是一种并行编程模型。它把计算过程分解为两个阶段，即 Map 阶段和 Reduce 阶段。首先对输入的数据源进行分块，交给多个 Map 任务去执行，Map 任务执行 Map 函数，根据某种规则对数据分类，写入本地硬盘。然后进入 Reduce 阶段，在该阶段由 Reduce 函数将 Map 阶段具有相同 Key 值的中间结果收集到相同的 Reduce 结点进行合并处理，并将结果写入本地磁盘。程序的最终结果可以通过合并所有 Reduce 任务的输出得到。其中，Map 函数和 Reduce 函数是用户根据应用的具体需求编写的。

MapReduce 是一种简单易用的软件框架。基于它可以开发出运行在成千上万个结点上，并以容错的方式并行处理海量数据的算法和软件。通常，计算结点和存储结点是同一个结点，即 MapReduce 框架和 Hadoop 分布式文件系统运行于相同的结点集。

MapReduce 设计的初衷是解决大数据在大规模并行计算集群上的高可扩展性和高可用性分析处理，其处理模式以离线式批量处理为主。MapReduce 最早应用于非结构化数据处理领域，如 Google 中的文档抓取、创建倒排索引、计算 page rank 等操作。由于其简单而强大的数据处理接口和对大规模并行执行、容错及负载均衡等实现细节的隐藏，该技术一经推出便迅速在机器学习、数据挖掘、数据分析等领域得到应用。

12.3.4　大数据管理系统的新格局

传统的关系数据库系统是一个通用的数据管理平台，可以支持对结构化数据几乎所有的 OLTP 和 OLAP 应用，即"one size fit all"（一统天下）。由于大数据应用的多样性和差异性，作为应用支撑的数据管理系统，"one size does not fit all"，单一通用平台不能包

打天下了。以 NoSQL 系统和 MapReduce 为代表的非关系数据管理和分析技术异军突起，以其良好的扩展性、容错性和大规模并行处理的优势，从互联网信息搜索领域开始，进而在数据存储和数据分析的诸多领域和关系数据管理技术展开了竞争。

关系数据管理技术针对自身的局限性，不断借鉴 MapReduce 的优秀思想加以改造和创新，提高管理海量数据的能力。而以 MapReduce 为代表的非关系数据管理技术阵营，从关系数据管理技术所积累的宝贵财富中挖掘可以借鉴的技术和方法，不断解决其性能问题、易用性问题，并提高事务管理能力。

1. 面向操作型应用的关系数据库技术

基于行存储的关系数据库系统、并行数据库系统、面向实时计算的内存数据库系统等，它们具有高度的数据一致性、高精确度、系统的可恢复性等关键特性，同时扩展性和性能也在不断提高，仍然是众多事务处理系统的核心引擎。此外，以 VoltDB 为代表的 NewSQL 系统继承了传统数据库的 ACID 特性，同时具有 NoSQL 的扩展性，是新型的面向 OLTP 应用的数据管理系统。

2. 面向分析型应用的关系数据库技术

在数据仓库领域，面向 OLAP 分析的关系数据库系统采用了 Shared Nothing 的并行体系架构，支持较高的扩展性，如 TeraData。同时，数据库工作者研究了面向分析型应用的列存储数据库和内存数据库。列存储数据库以其高效的压缩、更高的输入输出效率等特点，在分析型应用领域获得了比行存储数据库高得多的性能。内存数据库则利用大内存、多核 CPU 等新硬件技术和基于内存的新的系统架构成为大数据分析应用的有效解决方案。MonetDB 是一个典型的列存储数据库系统，此外还有 InforBright、InfiniDB、LucidDB、Vertica、SybaseIQ 等。MonetDB、VectorWise 和 HANA 等基于列存储技术的内存数据库系统，主要面向分析型应用。

3. 面向操作型应用的 NoSOL 技术

在大数据时代，操作型应用不仅包括传统的事务处理应用，还有比事务处理更广泛的概念。某些操作型应用主要的数据操作是读和插入，处理的数据量极大，性能要求极高，必须依赖大规模集群的并行处理能力来实现数据处理，但是并不需要 ACID 这样的强一致性约束，弱一致性或者最终一致性就足够了。在这些应用场合，就需要使用操作型 NoSQL。

4. 面向分析型应用的 MapReduce 技术

系统的高扩展性是大数据分析最重要的需求。MapReduce 并行计算模型框架简单，具有高度的扩展性和容错性，适合海量数据的聚集计算，得到了学术界和工业界的青睐，成为面向分析型应用的 NoSQL 技术的代表。但是 MapReduce 支持的分析功能有限，具有一定的局限性，为了改进其对数据处理的支持能力，许多公司全面投入对 MapReduce 的研发。这些公司包括提供 Hadoop 开源版本和支持服务的 Cloudera 公司、提供高性能分布式文件系统的 MapR 公司、为 Hadoop 提供完整工具套件的 Karmashpere 公司、致力于 Postgres 和 Hadoop 集成的 Hadapt 公司等。

与此同时，传统数据库厂商和数据分析套件厂商也纷纷发布基于 Hadoop 技术的产品发展战略，这些公司包括 Microsoft、Oracle、SAS、IBM 等。例如，IBM 发布了 Big Insights 计划，基于 Hadoop、Netezza 和 SPSS（统计分析、数据挖掘软件）等技术和产品，构建大数据分析处理的技术框架。

以上对关系系统和非关系系统、操作型应用和分析型应用的划分只是观察问题的维度，实际上大数据应用的特点是既有操作型应用，又有分析型应用。因此关系系统和非关系系统两者共存，相互借鉴融合，形成大数据管理和处理的新平台，是大数据应用的需要，也是未来技术发展的趋势。

12.4　大数据应用

12.4.1　互联网文本大数据管理与挖掘

互联网媒体又称网络媒体，是以互联网为传输平台，以计算机、移动电话、便携设备等为终端，以文字、声音、图像等形式来传播新闻信息的一种数字化、多媒体的传播媒介。互联网媒体相对于传统的报纸、广播、电视等媒体而言，也称为"第四媒体"。

1. 互联网媒体文本大数据应用：时事探针

高速发展的互联网媒体在给人们获取信息带来便利的同时，也带来了新的挑战，其中之一便是"信息过载"问题。当一个重要新闻事件发生后，各种互联网媒体会有大量相关报道。例如，2014 年 3 月 8 日"马航失联"事件发生后，截至 2014 年 5 月 21 日，仅在百度中被索引的相关新闻数量就有 500 多万篇，Google 中有 5500 多万篇，新浪微博的微博中有 1580 万条，并产生了大量的转发和评论，这些信息每时每刻都在增加。如此大量的数据和信息往往超过了个人所能处理的范围。首先，用户很难快速查找和浏览有用信息；其次，大量的信息是冗余和包含噪声的；最后，用户很难对海量的文本信息进行汇总和理解（如了解"马航失联"事件中各个搜救阶段的主要进行地点和负责机构）。因此，如何处理和分析互联网媒体大数据，帮助人们在海量数据中获取及分析真实有价值的信息，从而正确感知现在，迅速预测未来，做好应急事件的预案和防范是一个具有重大价值并且亟待解决的研究问题。

时事探针系统是中国人民大学研制开发的一个互联网舆情分析系统。该系统可以实时监控、收集互联网媒体数据，并对数据进行深入的挖掘和分析。其主要功能包括动态数据抓取、历史数据保留、数据深度智能分析、数据可视化展示、敏感信息实时捕捉、预定阈值报警等。该系统可以有效地帮助用户、企业以及政府机构对所关注的新闻话题在互联网媒体中的报道进行感知、获取、跟踪、预警和深入分析，具有极大的应用价值。

2. 互联网文本大数据管理的挑战

目前互联网的新闻报道以及相应的用户反馈（如评论、转发等）以文本内容为主。该类文本大数据的出现，对现有数据库管理系统提出了挑战。首先，文本数据中的主题是开放的，每天的新闻文档分别描述成千上万个无直接关联的新闻事件，无法事先预定义关系模式和值域。其次，文本大数据一般由自然语言生成，没有确定的结构，无法直接用关系型数据进行存储和查询。最后，互联网的数据量巨大、变化速度快，对数据管理系统的可扩展性和实时性提出了很高的要求。

对于文本大数据处理，目前广泛使用的互联网搜索引擎（包括新闻搜索引擎）只是对文本数据的简单索引和查找，不能满足用户对所关注的话题进行实时监测、深入分析以及决策支持等需求。例如，用户可以通过搜索引擎获取关于"马航失联"的最新报道，但仍然无法直接通过搜索引擎了解在该主题中主要的时间、地点、人物、相关事件以及最新进展。

3. 互联网文本大数据管理系统

如上所述，现有的搜索引擎和关系型数据库都不能满足用户对互联网文本大数据管理和查询的需求。互联网文本大数据管理系统在设计时，需要参考并融合传统信息检索系统、数据库系统以及数据分析系统（如数据仓库和 OLAP）的特长和技术来设计数据处理的模型、存储、索引、查询等机制。同时为了满足可扩展性和实时性的需求，需要吸收和借鉴分布式大数据处理系统（如 Hadoop 和 NoSQL 系统）的设计和经验。

时事探针系统是一个面向互联网文本大数据的通用的管理和分析平台。其核心设计理念是，使用信息检索技术对无结构的互联网文本数据进行索引以满足用户查找相关新闻的需求；同时，对相关文档中包含的关键信息进行挖掘和抽取以生成结构化数据，并对这些数据进行汇总和分析，以辅助用户对报道中包含的高阶知识进行理解。

互联网文本大数据管理的特点如下所述。

（1）互联网文本大数据蕴含着丰富的社会信息，可以看作对真实社会的网络映射。

（2）实时、深入分析互联网文本大数据，帮助人们在海量数据中获取有价值的信息，发现蕴含的规律，可以更好地感知现在、预测未来，体现了第四范式数据密集型科学发现的研究方式和思维方式。

（3）互联网文本大数据管理对大数据系统和技术的挑战是全面的、跨学科跨领域的，需要创新，也要继承传统数据管理技术和数据仓库分析技术的精华。

12.4.2　基于大数据分析的用户建模

随着以个性化为主要特点的 Web 2.0 兴起，很多大数据应用的数据来源于规模庞大的用户群。依托数百万、千万，甚至上亿规模的用户，面向大众的信息服务类应用在为大规模的用户提供信息服务的同时，通过用户原创内容（user generated content，UGC）或者系统日志等方式不断地收集数据。这些数据与用户的行为紧密相关，被用来分析用户的兴趣特征，创建用户的描述文件（user profile），这就是基于大数据分析的用户建模。

1. 面向用户建模的大数据系统构架

用户建模是为了准确把握用户的行为特征、兴趣爱好等，进而较为精准地向用户提供个性化的信息服务或信息推荐。例如，互联网网站通过对用户点击日志的分析，识别用户的偏好，以支持个性化的页面布局、进行精准的广告投放等；电信行业通过对用户消费信息、当前位置、使用习惯等数据的分析，为用户及时推荐符合用户需求的服务、产品、内容等。当前，基于大数据的用户建模在很多大型的信息服务应用中发挥着至关重要的作用。

2. 数据分析：用户建模的基础工具

传统的信息服务类应用一般采用静态的用户建模方法，即系统在构建之初就定义好了用户兴趣模型所包含的属性维度。随着互联网和大数据技术的发展，面向大众的信息服务应用不再满足于静态的用户兴趣建模，而是开始关注从用户行为相关的实时大数据中使用众多的数据分析和挖掘技术，得到能够反映用户兴趣和其变化的动态用户兴趣模型。这种动态性不仅包含属性值的变化，还包含用户兴趣模型中属性类型、属性数量的变化。

依赖大数据的用户建模方法通常会为每个用户生成高维度的兴趣属性向量，维度可以达到数百甚至数千以上。针对不同属性，系统会运行很多不同的用户建模任务，一个用户建模任务为用户或用户群生成一部分属性值。从而可以较为细致和深入地刻画用户在众多方面的兴趣属性。用户兴趣建模方法种类繁多，从大的类别上可以分为两类：离线分析和实时在线分析。

一大类用户建模方法采用的是批处理方式的离线分析方法，对结构化或半结构化的历史日志数据进行 SQL 分析或者使用数据挖掘和机器学习的深度分析方法。其特点是采用离线的方式处理超大规模的历史数据，当数据量很大时（如数百 TB 以上），一些任务可能要运行数小时，甚至几天。例如，目前通信公司的用户一般要到每个月第 5 日才能查到上个月的消费账单，这说明系统在每月头 4 天花费大量的计算资源对前一个月用户消费数据进行复杂处理和分析，挖掘用户的消费特征，为用户建模。很显然，这类离线分析方法复杂度高、处理代价巨大，不能够频繁调用。因此，分析得到的用户属性也不能频繁更新，实时性会差一些。这类方法适合于分析那些通过大规模数据得出的相对稳定的用户属性。大数据离线分析的主要挑战来自分析处理的性能。目前很多研究工作集中在 MapReduce 计算环境下如何提高各种离线分析处理算法的性能。此外，如何在 Hadoop 环境下，系统化地支持 SQL 分析和深度分析，也是很多开源大数据分析系统努力的目标。

另一大类用户建模方法则采用实时的在线分析方法，数据即来即分析，更强调数据的实时分析处理能力。这类方法适合于捕捉一些时效性强的用户属性，例如，用户当前的位置、当前一段时间手机信号的强度、当前会话过程中点击或购买的商品等。这些属性被用来描述用户最新的特征，是在线信息推荐算法的重要依据，其价值通常也是最高的。当在线用户规模达到百万以上时，任何系统要实时分析处理众多用户产生的大数据，其代价都会是非常高的。数据以流的形式持续不断地涌入系统，系统要在很短的时间内处理完大量流数据，获取和分析用户属性，则必须具备很高的吞吐能力。虽然数据采集、聚集计算等实时用户建模方法并不复杂，但有时会涉及一些在线学习的方法，如时序分析、在线回归分析等，相应的计算负载就会高很多。当前，很多研究工作围绕大数据的流分析和实时分析展开。

3. 数据服务：用户建模的价值体现

在用户兴趣建模的背景下，数据分析将大数据的价值从规模庞大、变化迅速的原始大数据中高效地提炼出来。然而，这离发挥出大数据的价值还差一步，这一步就是数据服务。在用户建模应用中，数据服务是指管理维护各种数据分析任务得到的用户建模的结果，利用这些高价值的用户兴趣模型数据，为以信息推荐为代表的众多上层应用提供数据访问服务，从而将大数据的价值与上层应用需求打通。不严格地说，数据服务类似于传统意义上的数据管理。它要为下层的数据分析任务和上层的各种应用提供高吞吐的数据读写服务。用户建模背景下的数据服务又有一些区别于传统数据管理的地方。首先，被管理的对象是一张高维度、大规模的用户属性宽表，而且表中的列不是固定的；其次，很多属性值存在空值或多值的情况；最后，这张表的数据读写负载巨大。因此，管理超大规模的用户属性表是一项非常有挑战的任务。目前有一种解决方案是，采用 Key-Value 模型下的 NoSQL 数据库，以应对高并发的读写负载和可变的数据模式带来的挑战。但是牺牲了数据一致性，更重要的是牺牲了传统数据库在 SQL 查询分析上的很多功能。而 SQL 查询分析对于深入分析用户群体的特性有着非常重要的意义，在基于社区的社会化推荐应用中也能发挥重要作用。针对这样的挑战，人们开始研究 NewSQL 数据库技术。在内存数据库基础上，保持事务的 ACID 特性，通过事务串行化和去除封锁等技术简化事务处理过程，提高系统的事务吞吐能力，以应对大规模数据并发读写的挑战。

综上所述，这一类大数据应用的特点如下所述。

（1）模型的建立（本例中是用户兴趣模型）来自对大数据的分析结果，通俗地讲是"用数据说话"。建模的过程是动态的，随着实际对象的变化，模型也在变化。

（2）数据处理既有对历史数据的离线分析和挖掘，又有对实时流数据的在线采集和分析，体现了大数据上不同层次的分析（流分析、SQL 分析、深度分析）的需求。

（3）用户模型本身也是大数据，维度高，信息稀疏，用户模型的存储、管理是数据服务的重要任务，要满足大规模应用需要的高并发数据更新与读取。

第七篇　机器智能（智能思维）

"深蓝"大战国际象棋世界冠军卡斯帕罗夫

1997 年 5 月 11 日是人机挑战赛历史上的又一个具有划时代意义的时刻。IBM 公司研制的超级计算机"深蓝"在正常时限的比赛中首次击败了等级分排名世界第一的棋手加里·卡斯帕罗夫。机器的胜利标志着国际象棋的历史进入新时代。

"深蓝"重达 1270 千克，有 32 个"大脑"（微处理器），每秒可以计算 2 亿步招数。"深蓝"还"背下"（存储）了 100 多年来优秀棋手对弈的 200 多万个棋局。

卡斯帕罗夫和"深蓝"的比赛在纽约公平中心举行。摄像头全程监控，媒体跟踪报道，全球数百万人观看了这场比赛。"深蓝"获胜的概率并不确定，因为在 1996 年的第一次对决中，"深蓝"以 2：4 落败卡斯帕罗夫。比赛并不是在标准舞台上进行的，而是在一个小型电视演播室内进行。观众在地下剧场内通过电视屏幕观看比赛，这里与举行比赛的场地相隔几层楼。剧场可容纳大约 500 人，在 6 场比赛中，每场都座无虚席。

卡斯帕罗夫赢了第一局，第二局则输给了"深蓝"，场内场外气氛格外紧张。在接下来的 3 局中，二者打成平局。6 局比赛结束后，"深蓝"最终获胜。比赛结果在瞬间成了全球媒体争相报道的头条新闻，让全球 50 多亿人惊叹于计算机的超人能力。

其实，国际象棋是人工智能研究中最早涉及的棋类。在第二次世界大战还在进行的时候，图灵就开发过一个国际象棋程序。不过，当时的计算机既无时间（因为忙于第二次世界大战情报破译）又无能力（因为当时的计算机还很简陋），图灵只好和同事在纸上模拟竞赛。他模拟程序的运行，计算一步要花上近 1 小时的时间。好在他的同事还算有耐心，也许是因为他的同事总是赢。

冯·诺依曼也研究过计算机下棋，还提出了博弈树搜索理论。不过，真正开启计算机下棋理论研究的是 1950 年香农在《哲学杂志》上发表的论文《计算机下棋程序》，其中的主要思路在后来的"深蓝"和谷歌的阿尔法狗系统中都有体现。

第13章 机器学习

13.1 引　言

13.1.1 发展历程

机器学习是人工智能（artificial intelligence）研究发展到一定阶段的必然产物。20 世纪 50～70 年代初，人工智能研究处于"推理期"，那时人们以为只要能赋予机器逻辑推理能力，机器就能具有智能。这一阶段的代表性工作主要有纽厄尔（Newell）和西蒙（Simon）的"逻辑理论家"（logic theorist）程序以及此后的"通用问题求解"（general problem solving）程序等，这些工作在当时取得了令人振奋的结果。然而，随着研究向前发展，人们逐渐认识到，费根鲍姆（Feigenbaum）等认为仅具有逻辑推理能力是远远实现不了人工智能的，要使机器具有智能，就必须设法使机器拥有知识。在他们的倡导下，从 20 世纪 70 年代中期开始，人工智能研究进入了"知识期"。在这一时期，大量专家系统问世，在很多应用领域取得了大量成果，Feigenbaum 作为"知识工程"之父在 1994 年获得图灵奖。但是，人们逐渐认识到，专家系统面临"知识工程瓶颈"，简单地说，就是由人来把知识总结出来再教给计算机是相当困难的。于是，一些学者想到，如果机器自己能够学习知识该多好！

事实上，图灵在 1950 年关于图灵测试的文章中，就曾提到了机器学习的可能；20 世纪 50 年代初已有机器学习的相关研究，如塞缪尔（Samuel）著名的跳棋程序。20 世纪 50 年代中后期，基于神经网络的"连接主义"（connectionism）学习开始出现，代表性工作有罗森布拉特（Rosenblatt）的感知机（perceptron）、威德罗（Widrow）的 Adaline 等。在 20 世纪六七十年代，基于逻辑表示的"符号主义"（symbolism）学习技术蓬勃发展，代表性工作有温斯顿（Winston）的"结构学习系统"、米哈尔斯基（Michalski）等的"基于逻辑的归纳学习系统"、亨特（Hunt）等的"概念学习系统"等；以决策理论为基础的学习技术以及强化学习技术等也得到发展，代表性工作有尼尔森（Nilson）的"学习机器"等。

Michalski 等把机器学习研究划分为"从样例中学习""在问题求解和规划中学习""通过观察和发现学习""从指令中学习"等种类；Feigenbaum 等则把机器学习划分为"机械学习"、"示教学习"、"类比学习"和"归纳学习"。"示教学习"和"类比学习"类似于 Michalski 等所说的"从指令中学习"和"通过观察和发现学习"；"归纳学习"相当于"从样例中学习"，即从训练样例中归纳出学习结果。

20 世纪 80 年代以来，被研究最多、应用最广的是"从样例中学习"（也就是广义的归纳学习），它涵盖了监督学习、无监督学习等。"从样例中学习"的一大主流是符号主义学习，其代表包括决策树（decision tree）和基于逻辑的学习。典型的决策树学习以信息论为基础，以信息熵的最小化为目标，直接模拟了人类对概念进行判定的树形流程。

基于逻辑的学习的著名代表是归纳逻辑程序设计（inductive logic programming, ILP），可看作机器学习与逻辑程序设计的交叉，它使用一阶逻辑（即谓词逻辑）来进行知识表示，通过修改和扩充逻辑表达式（如 Prolog 表达式）来完成对数据的归纳。ILP 具有很强的知识表示能力，可以较容易地表达出复杂数据关系。然而，ILP 由于表示能力太强，直接导致学习过程面临的假设空间太大、复杂度极高。因此，问题规模稍大就难以有效进行学习，20 世纪 90 年代中期后这方面的研究相对陷入低潮。

20 世纪 90 年代中期之前，"从样例中学习"的另一主流技术是基于神经网络的连接主义学习。连接主义学习在 20 世纪 50 年代取得了大发展，但因为早期的很多人工智能研究者对符号表示有特别偏爱。连接主义自身也遇到了很大的障碍。当时的神经网络只能处理线性分类，甚至对"异或"这么简单的问题都处理不了。因此，当时连接主义的研究未被纳入主流人工智能研究范畴。1983 年霍普菲尔德（Hopfield）利用神经网络求解了著名的 NP 难题——流动推销员问题，取得了重大进展，使得连接主义重新受到人们的关注。1986 年，鲁姆哈特（Rumelhart）等重新发明了著名的 BP（back propagation）算法。由于有 BP 这样有效的算法，使得连接主义学习可以在很多现实问题上发挥作用。事实上，BP 一直是被应用得最广泛的机器学习算法之一。连接主义学习的最大局限是其学习过程涉及大量参数，而参数的设置缺乏理论指导，主要靠手工"调参"；参数调节上差之毫厘，学习结果可能谬以千里。

20 世纪 90 年代中期，"统计学习"（statistical learning）作为机器学习的主流技术，其代表性技术是支持向量机（support vector machine, SVM）以及更一般的"核方法"（kernel method）。这方面的研究早在 20 世纪 60～70 年代就已开始，统计学习理论在那个时期也已打下了基础，例如万普尼克（Vapnik）在 1963 年提出了"支持向量"概念，他和洋范兰杰斯（Chervonenkis）在 1968 年提出 VC 维，在 1974 年提出了结构风险最小化原则等。但直到 20 世纪 90 年代中期统计学习才开始成为机器学习的主流，一方面是由于有效的支持向量机算法在 20 世纪 90 年代初才被提出，其优越性能到 20 世纪 90 年代中期在文本分类应用中才得以显现；另一方面，正是在连接主义学习技术的局限性凸显之后，人们才把目光转向了以统计学习理论为直接支撑的统计学习技术。事实上，统计学习与连接主义学习有密切的联系。在支持向量机被普遍接受后，核技巧（kernel trick）被人们用到了机器学习的几乎每一个角落，核方法也逐渐成为机器学习的基本内容之一。

有趣的是，21 世纪初，连接主义学习又卷土重来，掀起了以深度学习为名的热潮。所谓深度学习，狭义地说就是很多层的神经网络。在多项测试任务和竞赛场景中，尤其是涉及语音、图像等复杂对象的应用中，深度学习技术展现出了更为优越的性能。相比之下，传统机器学习技术要想在类似应用中取得良好性能通常对使用者的专业能力有较高要求。而深度学习技术涉及的模型复杂度非常高，以至于只要下工夫调参，把参数调节好，性能往往就好。因此，深度学习虽缺乏严格的理论基础，但它显著降低了机器学习应用者的门槛，为机器学习技术走向工程实践带来了便利。那么，它为什么彼时才热起来呢？有两个基本原因：数据大了、计算能力强了。深度学习模型拥有大量参数，若数据样本少，则很容易过拟合；如此复杂的模型、如此大的数据样本，若缺乏强力计算设备，根本无法求解。恰由于人类进入了"大数据时代"，数据储量与计算设备都有了大发展，才使得连接主义学习技术"焕发又一春"。

13.1.2 应用现状

在过去的二十年中，人类收集、存储、传输、处理数据的能力取得了飞速提升，人类社会的各个角落都积累了大量数据，亟需能有效地对数据进行分析利用的计算机算法，而机器学习恰顺应了大时代的迫切需求，因此该学科领域很自然地取得了巨大发展、受到了广泛关注。

今天，在计算机科学的诸多分支学科领域中，无论多媒体、图形学，还是网络通信、软件工程，乃至体系结构、芯片设计，都能找到机器学习技术的身影，尤其是在计算机视觉、自然语言处理等计算机应用技术领域，机器学习已成为重要的技术进步源泉之一。

机器学习还为许多交叉学科提供了重要的技术支撑。例如，生物信息学试图利用信息技术来研究生命现象和规律，而基因组计划的实施则让人们为之心潮澎湃。生物信息学研究涉及从"生命现象"到"规律发现"的整个过程，其间必然包括数据获取、数据管理、数据分析、仿真实验等环节，而"数据分析"恰是机器学习技术的舞台，各种机器学习技术已经在这个舞台上大放异彩。

谈到对数据进行分析利用，很多人会想到数据挖掘（data mining）。数据挖掘是从海量数据中发掘知识，这就必然涉及对海量数据的管理和分析。大体来说，数据库领域的研究为数据挖掘提供数据管理技术，而机器学习和统计学的研究为数据挖掘提供数据分析技术。由于统计学界的研究成果通常需要经由机器学习研究来形成有效的学习算法，再进入数据挖掘领域，因此从这个意义上说，统计学主要是通过机器学习对数据挖掘产生影响，而机器学习领域和数据库领域则是数据挖掘的两大支撑。

随着科技的发展，机器学习已是一个蓬勃发展且有大好前景的重点学科。机器学习作为一项具备巨大生产力的革命性技术，对人类社会的各个方面都产生了革命性的影响。目前，机器学习已与生物、教育、交通等方面进行了联合。下面列举一些机器学习在社会生产生活中的应用：①推荐系统，推荐系统的作用是为用户精准地推荐其感兴趣的相关内容，目前推荐系统已经被广泛应用于各大搜索引擎、网站及各种手机软件等；②图像识别，图像识别的过程就是机器对图像进行分析、处理和记忆的过程，最终识别出各种对象，计算机学习识别技术已从识别固定模板发展成高效地识别多变的手写字体和人脸等；③语音识别，语音识别指的是机器把语音信息转成文字信息，或者理解用户的语音命令并执行其操作；④垃圾邮件过滤系统，通过利用机器学习对所收邮件进行分类，可智能识别出垃圾邮件和带有病毒的邮件，自行拦截和删除，保护计算机安全；⑤机器人领域，很多机器人公司已开始使用强化学习来训练商用机器人，主要包括机器人控制、工作调度、自动驾驶技术等。

值得一提的是，机器学习备受瞩目当然是由于它已成为智能数据分析技术的创新源泉，但机器学习研究还有另一个不可忽视的意义，即通过建立一些关于学习的计算模型来促进我们理解人类如何学习。例如，卡内瓦（Kanerva）在 20 世纪 80 年代中期提出稀疏分布式存储器（sparse distributed memory，SDM）模型时并没有刻意模仿脑生理结构，但后来神经科学的研究发现，SDM 的稀疏编码机制在视觉、听觉、嗅觉功能的脑皮层中广泛存在，从而为理解脑的某些功能提供了一定的启发。自然科学研究的驱动力归结起来无非是人类对宇宙本源、万物本质、生命本性、自我本识的好奇，而人类如何学习无疑是一个有关自我本识的重大问题。从这个意义上说，机器学习不仅在信息科学中占有重要地位，还具有一定的自然科学探索色彩。

13.2　模型选择与评估

13.2.1　模型选择与评估方法

1. 损失函数与经验风险

在监督学习过程中，模型就是所要学习的条件概率分布或决策函数。在假设空间 F 中选取模型 f 作为决策函数，对于给定的输入 X，由 $f(X)$ 给出相应的输出 Y，这个输出的预测值 $f(X)$ 与真实值 Y 可能一致也可能不一致，用一个损失函数（loss function）或代价函数（cost function）来度量预测错误的程度，记为 $L(Y, f(X))$，常用的损失函数有以下几种。

（1）0-1 损失函数（0-1 loss function）：

$$L(Y, f(X)) = \begin{cases} 1, & Y \neq f(X) \\ 0, & Y = f(X) \end{cases} \tag{13.1}$$

（2）平方损失函数（quadratic loss function）：

$$L(Y, f(X)) = (Y - f(X))^2 \tag{13.2}$$

（3）绝对损失函数（absolute loss function）：

$$L(Y, f(X)) = |Y - f(X)| \tag{13.3}$$

（4）对数损失函数（logarithmic loss function）或对数似然损失函数（log-likelihood loss function）：

$$L(Y, P(Y|X)) = -\log_2 P(Y \mid X) \tag{13.4}$$

学习的目标就是选择期望风险最小的模型，给定一个训练数据集：

$$T = \{(x_1, y_1), (x_2, y_2), \cdots, (x_N, y_N)\}$$

模型 $f(X)$ 关于训练集的平均损失称为经验风险（empirical risk）或经验损失（empirical loss）。

模型选择方法较多，下面列出常用的几种作为了解。

2. 正则化

模型选择的典型方法是正则化（regularization）。正则化是结构风险最小化策略的实现，是在经验风险上加一个正则化项或罚项。正则化项一般是模型复杂度的单调递增函数，模型越复杂，正则化值就越大。正则化项可以是模型参数向量的范数。

正则化一般具有如下形式：

$$\min_{f \in F} \frac{1}{N} \sum_{i=1}^{N} L(y_i, f(x_i)) + \lambda J(f) \tag{13.5}$$

其中，第 1 项是经验风险；第 2 项是正则化项；λ 是调整两者之间关系的系数（$\lambda \geqslant 0$）。正则化项可以取不同的形式。例如，回归问题中，损失函数是平方损失，正则化项可以是参数向量的 L_2 范数。正则化的作用是选择经验风险与模型复杂度同时较小的模型。

3. 留出法

留出法直接将数据集 D 划分为两个互斥的集合，其中一个集合作为训练集 S，另一个作为测试集 T，即 $D = S \cup T, S \cap T = \varnothing$。在 S 上训练出模型后，用 T 来评估其测试误差，作为对泛化误差的估计。

需要注意的是，训练/测试集的划分要尽可能保持数据分布的一致性，避免因数据划分过程引入额外的偏差而对最终结果产生影响。保留类别比例的采样方式通常称为分层采样。例如，通过对 D 进行分层采样而获得含 70% 样本的训练集 S 和含 30% 样本的测试集 T，若 D 包含 500 个正例、500 个反例，则分层采样得到的 S 应包含 350 个正例、350 个反例，而 T 则包含 150 个正例和 150 个反例；若 S、T 中样本类别比例差别很大，则误差估计将由于训练/测试数据分布的差异而产生偏差。

不同的划分将导致不同的训练/测试集，模型评估的结果也会有差别。因此，在使用留出法时，一般要采用若干次随机划分、重复进行实验评估后取平均值作为留出法的评估结果。此外，若令训练集 S 包含绝大多数样本，则训练出的模型可能更接近于用 D 训练出的模型，但由于 T 比较小，评估结果可能不够稳定准确；若令测试集 T 多包含一些样本，则训练集 S 与 D 差别更大了。常见做法是将 2/3～4/5 的样本用于训练，剩余样本用于测试。

4. 交叉验证法

交叉验证法先将数据集 D 划分为 k 个大小相似的互斥子集，即 $D = D_1 \cup D_2 \cup \cdots \cup D_k, D_i \cap D_j = \varnothing (i \neq j)$。每个子集 D 都尽可能保持数据分布的一致性，即从 D 中通过分层采样得到。然后，每次用 $k-1$ 个子集的并集作为训练集，余下的那个子集作为测试集；这样就可获得 k 组训练/测试集，从而可进行 k 次训练和测试，最终返回的是这 k 组测试结果的均值。交叉验证法评估结果的稳定性和保真性在很大程度上取决于 k 的取值。通常把交叉验证法称为 k 折交叉验证。k 常用的取值有 5、10、20 等，如图 13-1 所示。

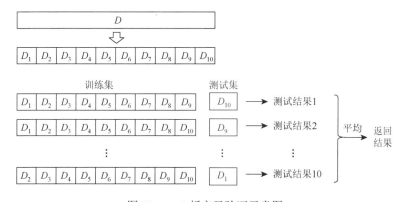

图 13-1　10 折交叉验证示意图

与留出法相似，将数据集 D 划分为 k 个子集同样存在多种划分方式。为减小因样本划分不同而引入的差别，k 折交叉验证通常要随机使用不同的划分重复 p 次，最终的评估结果是这 p 次 k 折交叉验证结果的均值，常见的有 10 次 10 折交叉验证。

假定数据集 D 中包含 m 个样本，若令 $k = m$ 则得到了交叉验证法的一个特例：留一法。显然，留一法不受随机样本划分方式的影响，因为 m 个样本只有唯一的方式划分为 m 个子集，每个子集包含一个样本。留一法使用的训练集与初始数据集相比只少了一个样本，这就使得留一法中被实际评估的模型与期望评估的用 D 训练出的模型很相似。因此，留一法的评估结果往往被认为比较准确。但在数据集比较大时，训练 m 个模型的计算开销可能是难以忍受的，且留一法的估计结果也未必永远比其他评估方法准确。

5. 自助法

自助法直接以自助采样法为基础。给定包含 m 个样本的数据集 D，我们对它进行采样产生数据集 D'：每次随机从 D 中挑选一个样本，将其复制放入 D'，然后将该样本放回初始数据集 D 中，使得该样本在下次采样时仍有可能被采到；这个过程重复执行 m 次后，我们就得到了包含 m 个样本的数据集 D'，这就是自助采样的结果。

我们可将 D' 用作训练集，$D \setminus D'$ 用作测试集；这样，实际评估的模型与期望评估的模型都使用 m 个训练样本，而我们仍有数据总量约 1/3 的、没在训练集中出现的样本用于测试。

自助法在数据集较小、难以有效划分训练/测试集时很有用；此外，自助法能从初始数据集中产生多个不同的训练集，这对集成学习等方法有很大的好处。然而，自助法产生的数据集改变了初始数据集的分布，这会引入估计偏差。因此，在初始数据量足够时，留出法和交叉验证法更常用一些。

6. 调参与最终模型

大多数学习算法都有些参数需要设定，参数配置不同，使得模型的性能往往有显著差别。因此，在进行模型评估与选择时，除了要对适用学习算法进行选择，还需对算法参数进行设定，这就是通常所说的参数调节，简称调参。

学习算法的很多参数在实数范围内取值。因此，对每种参数配置都训练出模型来是不可行的。常用的做法是对每个参数选定一个范围和变化步长，例如，在[0, 0.2]范围内以 0.05 为步长，则实际要评估的候选参数值有 5 个，最终是从这 5 个候选值中产生选定值。显然，这样选定的参数值往往不是"最佳"值，但这是在计算开销和性能估计之间进行折中的结果，通过这个折中，学习过程才变得可行。

给定包含 m 个样本的数据集 D，在模型评估与选择过程中由于需要留出一部分数据进行评估测试，事实上我们只使用了一部分数据训练模型。因此，在模型选择完成后，学习算法和参数配置已选定，此时应该用数据集 D 重新训练模型。这个模型在训练过程中使用了所有 m 个样本，这才是我们最终提交给用户的模型。

另外，我们通常把学得模型在实际使用中遇到的数据称为测试数据，为了加以区分，模型评估与选择中用于评估测试的数据集常称为验证集。例如，在研究对比不同算法的泛化性能时，我们用测试集上的判别效果来估计模型在实际使用时的泛化能力，而把训练数据另外划分为训练集和验证集，基于验证集上的性能来进行模型选择和调参。

13.2.2　性能度量

模型的拟合和评估都是拿样本数据进行的，我们可以说它拟合得多好或者多差，但是没法对这个模型在样本数据之外的适用性给出一个让人信服的解释。所以提出了泛化性能这个概念，它是模型评估的一种，针对的是模型适应新鲜数据的能力。

如何评估泛化性能？就是将样本分出测试集和训练集，用训练集训练拟合出模型，用测试集来评价这个模型的解释能力。如果一个模型完全适应了训练数据，对已知数据预测得很好，而对训练数据以外的数据不能很好地拟合，那么称为过拟合；另外，如果模型在训练集就表现不好，称为欠拟合。为了对模型在测试集上的泛化性能进行度量，下面列举一些常用的性能度量指标。

1. 均方误差

回归任务常用的性能度量是均方误差（mean squared error），也称平方损失（square loss）：

$$E(f;D) = \frac{1}{m} \sum_{i=1}^{m} (f(x_i) - y_i)^2 \tag{13.6}$$

更一般地，对于数据分布 χ 和概率密度函数 $p(\cdot)$，均方误差可描述为

$$E(f;\chi) = \int_{x \sim \chi} (f(x) - y)^2 p(x) \mathrm{d}x \tag{13.7}$$

2. 错误率和精度

错误率和精度是分类任务中最常用的两种性能度量，既适用于二分类任务，也适用于多分类任务。错误率是分类错误的样本数占样本总数的比例，精度则是分类正确的样本数占样本总数的比例。

对样例集 D，分类错误率定义为

$$E(f;D) = \frac{1}{m} \sum_{i=1}^{m} \mathbb{I}(f(x_i) \neq y_i) \tag{13.8}$$

精度则定义为

$$\mathrm{acc}(f;F) = \frac{1}{m} \sum_{i=1}^{m} \mathbb{I}(f(x_i) = y_i) = 1 - E(f;D) \tag{13.9}$$

更一般地，对于数据分布 χ 和概率密度函数 $p(\cdot)$，错误率与精度可分别描述为

$$E(f;\chi) = \int \mathbb{I}(f(x) \neq y) p(x) \mathrm{d}x \tag{13.10}$$

$$\mathrm{acc}(f;\chi) = \int \mathbb{I}(f(x) = y) p(x) \mathrm{d}x = 1 - E(f;\chi) \tag{13.11}$$

3. 查准率与查全率

错误率和精度虽常用，但并不能满足所有的任务需求。例如，我们想知道在样本中

某一特定类别的样本比例时，就需要使用查准率与查全率这两个性能度量。查准率也称准确率，查全率也称召回率。

对于二分类问题，可将样例根据其真实类别与学习器预测类别的组合划分为真正例（true positive）、假正例（false positive）、真反例（true negative）、假反例（false negative）四种情形，令 TP、FP、TN、FN 分别表示其对应的样例数，则显然有 TP + FP + TN + FN = 样例总数。

查准率 P 与查全率 R 分别定义为

$$P = \frac{TP}{TP + FP} \tag{13.12}$$

$$R = \frac{TP}{TP + FN} \tag{13.13}$$

查准率和查全率是一对矛盾的度量。一般来说，查准率高时，查全率往往偏低；而查全率高时，查准率往往偏低。例如，若将测试集所有样本都进行选取，那么所有的特定类别样本也必然被选上了，但这样查准率就会较低；若希望选出的特定类别样本比例尽可能高，则可只选择最有把握的样本，但这样就会漏掉我们想要的样本，使得查全率较低。

在很多情形下，我们可根据学习器的预测结果对样例进行排序，排在前面的是学习器认为"最可能"是正例的样本，排在最后的则是学习器认为"最不可能"是正例的样本。按此顺序逐个把样本作为正例进行预测，则每次可以计算出当前的查全率、查准率。以查准率为纵轴、查全率为横轴作图，就得到了一条曲线，称为 P-R 曲线，该图称为 P-R 图。

在进行比较时，若一个学习器的 P-R 曲线被另一个学习器的曲线完全"包住"，则可断言后者的性能优于前者，如图 13-2 中学习器 A 的性能优于学习器 C；如果两个学习器的 P-R 曲线发生了交叉，如图 13-2 中的 A 与 B，则难以一般性地断言两者孰优孰劣，这时一个比较合理的判据是比较 P-R 曲线下面积的大小。但这个值不太容易估算，因此，人们设计了一些综合考虑查准率、查全率的性能度量。

平衡点（break-event point，BEP）就是这样一个度量，它是"查准率 = 查全率"时的取值，如图 13-2 中学习器 C 的 BEP 是 0.64，而基于 BEP 的比较，可认为学习器 A 优于 B。

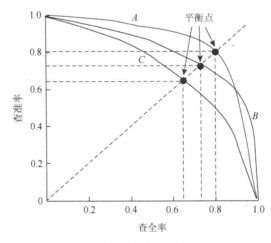

图 13-2　P-R 曲线与平衡点示意图

4. ROC/AUC

很多学习器是为测试样本产生一个实值或概率预测，然后将这个预测值与一个分类阈值进行比较，若大于阈值则分为正类，否则为反类。实际上，根据这个实值或概率预测结果，我们可将测试样本进行排序，"最可能"是正例的排在最前面，"最不可能"是正例的排在最后面。这样，分类过程就相当于在这个排序中以某个截断点（cut point）将样本分为两部分，前一部分判作正例，后一部分判作反例。

ROC 曲线全称是受试者工作特征（receiver operating characteristic）曲线，与 P-R 曲线相似，我们根据学习器的预测结果对样例进行排序，按此顺序逐个把样本作为正例进行预测，每次计算出两个重要量的值，分别以它们为横、纵坐标作图，就得到了 ROC 曲线，ROC 曲线的纵轴是真正例率（true positive rate，TPR），横轴是假正例率（false positive rate，FPR），两者分别定义为

$$TPR = \frac{TP}{TP + FN} \tag{13.14}$$

$$FPR = \frac{FP}{TN + FP} \tag{13.15}$$

显示 ROC 曲线的图称为 ROC 图。

现实任务中通常是利用有限个测试样例来绘制 ROC 图，此时仅能获得有限个（真正例率，假正例率）坐标对，无法产生图 13-3（a）中的光滑 ROC 曲线，只能绘制出如图 13-3（b）所示的近似 ROC 曲线。绘图过程很简单：给定 m^+ 个正例和 m^- 个反例，根据学习器预测结果对样例进行排序，然后把分类阈值设为最大，即把所有样例均预测为反例，此时真正例率和假正例率均为 0，在坐标（0, 0）处标记一个点；然后，将分类阈值依次设为每个样例的预测值，即依次将每个样例划分为正例，再标出对应坐标点，然后用线段连接相邻点即得。

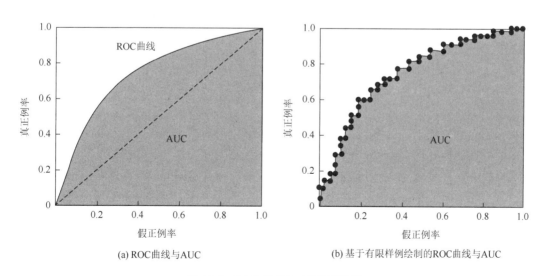

(a) ROC曲线与AUC (b) 基于有限样例绘制的ROC曲线与AUC

图 13-3 ROC 曲线与 AUC 示意图

进行学习器的比较时,与 *P-R* 图相似,若一个学习器的 ROC 曲线被另一个学习器的曲线完全"包住",则可断言后者的性能优于前者;若两个学习器的 ROC 曲线发生交叉,此时较为合理的判据是比较 ROC 曲线下的面积,即 AUC(area underroc curve)。

5. 代价敏感错误率

在现实任务中常会遇到这样的情况:不同类型的错误所造成的后果不同。例如,在医疗诊断中,错误地把患者诊断为健康人与错误地把健康人诊断为患者,看起来都是犯了"一次错误",但后者的影响是增加了进一步检查的麻烦,前者的后果却可能是丧失了拯救生命的最佳时机;为权衡不同类型错误所造成的不同损失,可为错误赋予"非均等代价"。

以二分类任务为例,我们可根据任务的领域知识设定一个代价矩阵,如表 13-1 所示,其中 $cost_{ij}$ 表示将第 i 类样本预测为第 j 类样本的代价。一般来说,$cost_{ii} = 0$;如将第 0 类判别为第 1 类所造成的损失更大,则 $cost_{01} > cost_{10}$;损失程度相差越大,$cost_{01}$ 与 $cost_{10}$ 值的差别越大。

表 13-1　二分类代价矩阵

真实类别	预测类别	
	第 0 类	第 1 类
第 0 类	0	$cost_{01}$
第 1 类	$cost_{10}$	0

回顾前面介绍的一些性能度量可以看出,它们大都隐式地假设了均等代价,并没有考虑不同的错误会造成不同的后果。在非均等代价下,我们所希望的不再是简单地最小化错误次数,而是希望最小化总体代价。

13.2.3　性能比较检验

有了实验评估方法和性能度量,就能对学习器的性能进行评估比较了。先使用某种实验评估方法测得学习器的某个性能度量结果,然后对这些结果进行比较。但对这些结果进行比较并不简单。首先,我们希望比较的是泛化性能,然而通过实验评估方法我们获得的是测试集上的性能,两者的对比结果可能未必相同;其次,测试集上的性能与测试集本身的选择有很大关系,使用不同大小的测试集会得到不同的结果,即便用相同大小的测试集,若包含的测试样例不同,测试结果也会有不同;最后,很多机器学习算法本身有一定的随机性,即便用相同的参数设置在同一个测试集上多次运行,其结果也会有所不同。

统计假设检验为我们进行学习器性能比较提供了重要依据。基于假设检验结果我们可以推断出:若在测试集上观察到学习器 *A* 比 *B* 好,则 *A* 的泛化性能是否在统计意义上优于 *B*,以及这个结论的把握有多大。具体的检验方法有二项检验、*t* 检验等。

13.3 线 性 模 型

线性模型要做的有两类任务,即分类任务和回归任务,回归任务指的是自变量与因变量的关系是连续值,如房价受面积的影响是连续的;而预测抛掷硬币正反面时,结果只有正面和反面,假设正面为 1,反面为 0,不存在中间值,则这是一个二分类任务。

分类的核心就是求出一条直线 ω 的参数,使得直线上方和直线下方分别属于两类不同的样本(图 13-4)。

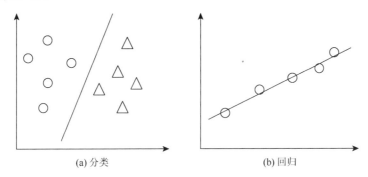

(a) 分类　　　　　　　　　　(b) 回归

图 13-4　线性分类与线性回归示意图

回归就是用来拟合尽可能多的点的分布的方法,我们可以通过拟合的直线预测一个新样本的相关数值。如式(13.16)就是我们熟知的最简单的线性函数:

$$y = \omega x + b \tag{13.16}$$

许多功能更为强大的非线性模型可在线性模型的基础上通过引入层级结构或高维映射得出。此外,由于 ω 直观地表达了各属性在预测中的重要性,因此线性模型有很好的可解释性。

13.4 经典的机器学习方法

13.4.1 决策树

决策树(decision tree)是一种基本的分类与回归方法。这里主要讨论用于对离散样本进行分类的决策树。决策树模型呈树形结构,在分类问题中,表示基于特征/属性对样本进行分类的过程。决策树学习通常包括 3 个步骤:划分属性选择、决策树的生成和决策树的修剪。这些决策树学习的思想主要来源于由昆兰(Quinlan)在 1986 年提出的 ID3 算法和 1993 年提出的 C4.5 算法,以及由布赖曼(Breiman)等在 1984 年提出的分类和回归树(classification and regression trees,CART)算法。

一般地,一棵决策树包含若干个内部结点和若干个叶结点;内部结点表示一个属性选择结果,叶结点表示分类决策结果;每个结点包含的样本集合根据属性选择的结果被划分到叶结点中;根结点包含样本全集。图 13-5 为决策树示意图,圆圈表示内部结点,方框表示叶结点。

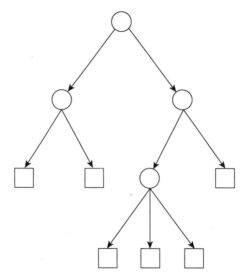

图 13-5　决策树示意图

决策树学习算法基本流程如下。

输入：训练集 $D = \{(x_1, y_1), (x_2, y_2), \cdots, (x_m, y_m)\}$；
　　　　属性集 $A = \{a_1, a_2, \cdots, a_d\}$。

过程：函数 TreeGenerate(D, A)

1. 生成结点 node；
2. if D 中样本全属于同一类别 C then
3. 　　　将 node 标记为 C 类叶结点；return
4. end if
5. if $A = \varnothing$ or D 中样本在 A 上取值相同 then
6. 将 node 标记为叶结点，其类别标记为 D 中样本数最多的类；return
7. end if
8. 从 A 中选择最优化分属性 a_*；
9. for a_* 的每一个值 a_*^v do
10. 为 node 生成一个分支；令 D_v 表示 D 中在 a_* 上取值为 a_*^v 的样本子集；
11. 　　if D_v 为空 then
12. 　　将分支结点标记为叶结点，其类别标记为 D 中样本最多的类；return
13. 　　else
14. 　　以 TreeGenerate($D_v, A \backslash \{a_*\}$)为分支结点
15. 　　end if
16. end for

输出：以 node 为根结点的一棵决策树。

从根结点开始,对样本的某一属性进行测试,根据测试结果将样本根据属性值分配到其子结点,此时每个子结点对应着该属性的一个取值,如此递归地对样本进行测试并分配,直到到达叶结点,最后将样本分到叶结点的类中。

由上述算法基本流程可以看出,决策树学习的关键是如何选择最优划分属性。一般而言,随着划分过程不断进行,我们希望决策树的分支结点所包含的样本尽可能属于同一类别,即结点的纯度越来越高。

1. 信息增益

信息熵(information entropy)是度量样本集合纯度最常用的一种指标。假定当前样本集合 D 中第 k 类样本所占的比例为 $p_k\,(k=1,2,\cdots,|y|)$,则 D 的信息熵定义为

$$\text{Ent}(D)=-\sum_{k=1}^{|y|} p_k \log_2 p_k \qquad (13.17)$$

$\text{Ent}(D)$ 的值越小,D 的纯度越高。

假定离散属性 a 有 V 个可能的取值 $\text{Ent}(D)\{a^1,a^2,\cdots,a^V\}$,若使用 a 来对样本集 D 进行划分,则会产生 V 个分支结点,其中第 v 个分支结点包含了 D 中所有在属性 a 上取值为 a^v 的样本,记为 D^v。考虑到不同的分支结点所包含的样本数不同,给分支结点赋予权重 $|D^v|/|D|$,即样本数越多的分支结点的影响越大,于是就可以计算出用属性 a 对样本集 D 进行划分所获得的信息增益(information gain):

$$\text{Gain}(D;a)=\text{Ent}(D)-\sum_{v=1}^{V}\frac{|D^v|}{|D|}\text{Ent}(D^v) \qquad (13.18)$$

一般而言,信息增益越大,则意味着使用属性 a 来进行划分所获得的纯度提升越大。从根结点开始,对结点计算所有可能的属性的信息增益,选择信息增益最大的属性作为结点的属性,由该属性的不同取值建立子结点;再对子结点递归地调用以上方法,构建决策树;直到所有属性的信息增益均很小或没有属性可以选择为止。最后得到一个决策树。

2. 剪枝

剪枝(pruning)是决策树学习算法对付过拟合的主要手段。决策树剪枝的基本策略有预剪枝(prepruning)和后剪枝(post-pruning)。预剪枝是指在决策树生成过程中,对每个结点在划分前先进行估计,若当前结点的划分不能带来决策树泛化性能提升,则停止划分并将当前结点标记为叶结点;后剪枝则是先生成一棵完整的决策树,然后自底向上地对非叶结点进行考察,若将该结点对应的子树替换为叶结点能带来决策树泛化性能提升,则将该子树替换为叶结点。

3. 预剪枝

预剪枝对每次划分都要对划分前后的泛化性能进行估计。若划分后泛化性能增强,则进行划分,否则不进行划分。在划分之前,所有样例集中在根结点。若不进行划分,

则该结点将被标记为叶结点，其类别标记为训练样例数最多的类别。若进行划分，则根据最优化分属性进行划分。分别评估划分前后的泛化性能，确定是否进行划分。

预剪枝使得决策树的很多分支都没有"展开"，这不仅降低了过拟合的风险，还显著地减少了决策树的训练时间开销和测试时间开销。另外，有些分支的当前划分虽不能提升泛化性能，甚至可能导致泛化性能暂时下降，但在其基础上进行的后续划分却有可能导致性能显著提高；预剪枝基于"贪心"本质禁止这些分支展开，给预剪枝决策树带来了欠拟合的风险。

4. 后剪枝

后剪枝先从训练集生成一棵完整决策树，然后自底向上依次对每个内部结点进行剪枝前后的泛化性能评估，若剪枝后泛化性能增强，则剪去该结点分支，否则保留该结点分支。

后剪枝决策树通常比预剪枝决策树保留了更多的分支。一般情形下，后剪枝决策树的欠拟合风险很小，泛化性能往往优于预剪枝决策树。但后剪枝过程是在生成完全决策树之后进行的，并且要自底向上地对树中的所有非叶结点进行逐一考察，因此其训练时间开销比未剪枝决策树和预剪枝决策树都要大得多。

13.4.2　支持向量机

1. 间隔与支持向量

支持向量机（SVM）是一种二类分类模型，它的基本模型是定义在特征空间上的间隔最大的线性分类器。支持向量机的学习策略就是间隔最大化，可形式化为一个求解凸二次规划（convex quadratic programming）的问题。支持向量机的最基本的想法就是基于训练集 D 在样本空间中找到一个划分超平面，将不同类别的样本分开。但能将训练样本分开的划分超平面有很多，如图 13-6 所示。

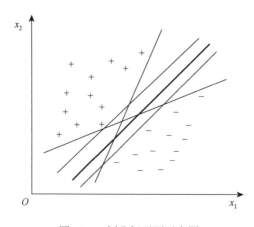

图 13-6　划分超平面示意图

图 13-6 中一条直线就相当于一个超平面,直观上看应该去找位于两类训练样本"正中间"的划分超平面,即图中的粗线,因为该划分超平面对训练样本局部扰动的"容忍"性最好。所产生的分类结果是最鲁棒的,对未见示例的泛化能力最强。

2. 软间隔

在前面的讨论中,我们一直假定训练样本在样本空间或特征空间中是线性可分的,即存在一个超平面能将不同类的样本完全划分开。然而,在现实任务中往往很难确定合适的核函数使得训练样本在特征空间中线性可分;退一步说,即便恰好找到了某个核函数使训练集在特征空间中线性可分,也很难断定这个貌似线性可分的结果不是由过拟合所造成的。

缓解该问题的一个办法是允许支持向量机在一些样本上出错。为此,引入软间隔(soft margin)的概念,如图 13-7 所示

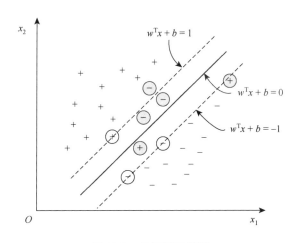

图 13-7　软间隔示意图

13.4.3　贝叶斯分类

1. 贝叶斯决策论

贝叶斯决策论(Bayesian decision theory)是概率框架下实施决策的基本方法。对于分类任务来说,在所有相关概率都已知的理想情形下,贝叶斯决策论考虑如何基于这些概率和误判损失来选择最优的类别标记。

2. 极大似然估计

极大似然估计是估计类条件概率的一种常用策略。极大似然估计先假定样本参数具有确定的概率分布,然后基于训练样本对概率分布的参数进行估计。

3. 朴素贝叶斯

朴素贝叶斯(naive Bayes)法是基于贝叶斯定理与属性条件独立假设的分类方法。即

假设所有的属性相互独立且属于相同的概率分布形式，那么每个属性之间互不影响，独立地对分类结果产生影响。

4. 半朴素贝叶斯分类器

朴素贝叶斯分类器采用了属性条件独立性假设，但在现实任务中这个假设往往很难成立。于是，人们尝试对属性条件独立性假设进行一定程度的放松，由此产生了一类称为半朴素贝叶斯分类器（semi-naive Bayes classifiers）的学习方法。

半朴素贝叶斯分类器的基本想法是适当考虑一部分属性间的相互依赖信息，从而既不需要进行完全联合概率计算，又不至于彻底忽略比较强的属性依赖关系。独依赖估计（one-dependent estimator，ODE）是半朴素贝叶斯分类器最常用的一种策略。顾名思义，所谓"独依赖"就是假设每个属性在类别之外最多仅依赖于一个其他属性。

13.4.4　k-近邻分类

k-近邻（k-nearest neighbor，kNN）学习是一种常用的监督学习方法，其工作机制非常简单：给定测试样本，基于某种距离度量找出训练集中与其最靠近的 k 个训练样本，然后基于这 k 个"邻居"的信息来进行预测。通常，在分类任务中可使用"投票法"，即选择这 k 个样本中出现最多的类别标记作为预测结果。在回归任务中可使用"平均法"，即将这 k 个样本的实值输出标记的平均值作为预测结果。还可基于距离远近进行加权平均或加权投票，距离越近的样本权重越大。

图 13-8 给出了 k-近邻分类器的一个示意图。显然，k 是一个重要参数，当 k 取不同值时，分类结果会有显著不同。另外，若采用不同的距离计算方式，则找出的"近邻"可能有显著差别，从而也会导致分类结果有显著不同。

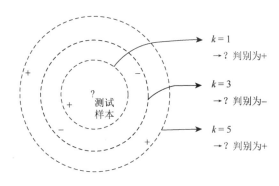

图 13-8　k-近邻分类器示意图

虚线为等距线，$k=1$时等距线内正例数量大于反例数量$(1>0)$，因此等距线内的样本判别为＋，等距线外的样本判别为–。$k=3$时等距线内正例数量小于反例数量$(1<2)$，因此等距线内的样本判别为–，$k=5$时等距线内正例数量大于反例数量$(3>2)$，因此等距线内的样本判别为＋。

如果选择较小的 k 值，就相当于用较小的邻域中的训练实例进行预测，"学习"的近似误差（approximation error）会减小，只有与输入实例较近的（相似的）训练实例才会对预测结果起作用。但缺点是"学习"的估计误差（estimation error）会增大，预测结果会对近邻的实例点非常敏感。如果邻近的实例点恰巧是噪声，预测就会出错。换句话说，k 值的减小就意味着整体模型变得复杂，容易发生过拟合。

如果选择较大的 k 值，就相当于用较大邻域中的训练实例进行预测。其优点是可以减少学习的估计误差。但缺点是学习的近似误差会增大。这时与输入实例较远的（不相似的）训练实例也会对预测起作用，使预测发生错误。k 值的增大就意味着整体的模型变得简单。

如果 $k = N$，那么无论输入实例是什么，都将简单地预测它属于在训练实例中最多的类。这时，模型过于简单，完全忽略训练实例中的大量有用信息。在应用中，k 值一般取一个比较小的数值，然后通常采用交叉验证法来选取最优的 k 值。

第 14 章　人 工 智 能

从 1946 年美国人莫契利和埃克特合作，研制成功世界上第一台电子多用途计算机 ENIAC 以来，计算机作为一门学科得到了迅速发展。其理论研究和实际应用的深度和广度，是其他学科无法比拟的。可以说，计算机的诞生和发展是 20 世纪以来科学技术最伟大的成就之一，对推动科学技术和社会的进步起到了巨大的作用。

探索能够计算、推理和思维的智能机器，是人们多年来梦寐以求的理想。由于在理论上控制论、信息论、系统论、计算机科学、神经生理学、心理学、数学和哲学等多学科的不断发展和互相渗透，在技术上电子数字计算机的出现、发展和广泛的应用，人工智能（AI）的研究应运而生了。70 多年来，人工智能的理论研究和实际应用均得到迅速的发展。

14.1　人工智能系统

14.1.1　智能与人工智能

1. 智能的定义

关于智能的几种解释：①智能是人们处理事物、解决问题时表现出来的智慧和能力；②智能是知识和智力的总和。

目前学术界对智能与人工智能的定义尚没有达成共识。

通常智能所具有的一些基本特征包括记忆与思维能力、自适应能力、自学习能力、感知能力、表达（行为）能力。如果计算机系统具有了上述特征，具有一定解决问题的能力后，就可认为该系统具有智能。

为现代人工智能产生作出卓越贡献的英国天才数学家图灵于 1950 年提出了著名的图灵试验，对智能标准作了明确的定义。

图灵试验由计算机、被测试的人和试验主持人组成。计算机和被测试的人分别在两个不同的房间内。测试过程由试验主持人提出问题，由计算机和被测试的人分别回答。被测试的人回答问题时尽可能地表明他是真正的人，计算机也尽可能逼真地模仿人的思维方式和思维过程，如果试验主持人听取对问题的回答后，分辨不清哪个是人回答的，哪个是计算机回答的，则可以认为被测试计算机是有智能的。自 2020 年代初以来，ChatGPT 等多个大型语言模型已通过了更现代、严格的图灵测试。

2012 年 6 月底，在英国著名的布莱切利庄园举行了一场国际人工智能机器测试竞赛。由俄罗斯专家设计的"叶甫根尼"计算机程序脱颖而出，其 29.2% 的回答均成功地"骗过"了测试人，取得了仅差 0.8% 便可通过图灵测试的最终成绩，使其成为当时世界上最接近人工智能的机器。2023 年美国加州大学圣地亚哥分校（University of California,

San Diego）的研究人员对开放式人工智能（OpenAI）公司的 GPT-4 模型进行了图灵测试。结果显示，在 41%的对话中，评审者认为 GPT-4 的表现与人类无异，但和真实人类判定比例 67%仍然有较大的差距。

2. 人工智能的定义

所谓人工智能是指用计算机模拟或实现的智能。作为一个学科，人工智能研究的是如何使机器（计算机）具有智能的科学和技术，特别是人类智能如何在计算机上实现或再现的科学和技术。因此，从学科角度讲，当前的人工智能是计算机科学的一个分支。

人工智能虽然是计算机科学的一个分支，但它的研究不仅涉及计算机科学，而且涉及脑科学、神经生理学、心理学、语言学、逻辑学、认知（思维）科学、行为科学和数学，以及信息论、控制论和系统论等众多学科领域。因此，人工智能实际上也是一门综合性的交叉学科和边缘学科。

因此，广义的人工智能学科是模拟、延伸和扩展人的智能，研究与开发各种机器智能和智能机器的理论、方法与技术的综合性学科。

人工智能是一个含义很广的词语，在其发展过程中，具有不同学科背景的人工智能学者对它有着不同的理解，提出了一些不同的观点，人们称这些观点为符号主义、连接主义和行为主义等，或者称其为逻辑学派、仿生学派和生理学派。此外还有计算机学派、心理学派和语言学派等。

综合各种不同的人工智能观点，可以从能力和学科两个方面对人工智能进行定义。从能力的角度来看，人工智能是相对于人的自然智能而言的，所谓人工智能是指用人工的方法在机器（计算机）上实现的智能；从学科的角度来看，人工智能是作为一个学科名称来使用的，所谓人工智能是一门研究如何构造智能机器或智能系统，使它能模拟、延伸和扩展人类智能的学科。总之，人工智能是一门综合性的边缘学科，它借助于计算机建造智能系统，完成如模式识别、自然语言理解、程序自动设计、自动定理证明、机器人、专家系统等智能活动。它的最终目标是构造智能机。简单来讲，人工智能是关于机器智能和智能机器的研究。

3. 人工智能研究的意义

我们知道，电子计算机是迄今为止最有效的信息处理工具，以至于人们称它为"电脑"。但现在的普通计算机系统的智能还相当低下，如缺乏自适应、自学习、自优化等能力，也缺乏社会常识或专业知识等，只能被动地按照人们为它事先安排好的工作步骤进行工作。因而它的功能和作用受到很大的限制，难以满足越来越复杂和越来越广泛的社会需求。既然计算机和人脑一样都可以进行信息处理，那么是否能让计算机同人脑一样也具有智能呢？这正是人们研究人工智能的初衷。

事实上，如果计算机自身也具有一定的智能，它的功效将会发生质的飞跃，成为名副其实的电"脑"。这样的电脑将是人脑更为有效的扩展和延伸，也是人类智能的扩展和延伸，其作用将是不可估量的。例如，用这样的电脑构造出来的机器人就是智能机器人。智能机器人的出现，标志着人类社会进入一个新的时代。

研究人工智能也是当前信息化社会的迫切要求。我们知道，人类社会现在已经进入了信息化时代。但信息化的进一步发展，就必须有智能技术的支持。例如，当前迅速发展着的国际互联网 Internet 就强烈地需要智能技术。特别是当我们要在 Internet 上构筑信息高速公路时，其中有许多技术问题就要用人工智能的方法来解决。这就是说，人工智能技术在 Internet 和未来的信息高速公路上将发挥重要作用。

智能化也是自动化发展的必然趋势。自动化发展到一定水平，再向前发展就是智能化，即智能化是继机械化、自动化之后，人类生产和生活中的又一个技术特征。

另外，研究人工智能，也可为探索人类自身智能的奥秘提供有益的帮助。我们可以通过电脑对人脑进行模拟，揭示人脑的工作原理，发现自然智能的渊源。

14.1.2　人工智能的研究目标与研究途径

1. 研究目标

人工智能的研究目标可划分为近期目标和远期目标两个阶段。

人工智能近期目标的中心任务是研究如何使现有的计算机更聪明、更有用。具体来讲是让计算机去做那些过去只有靠人的智力才能完成的工作。根据这个近期目标，人工智能作为计算机科学的一个重要学科，主要研究依赖于现有计算机去模拟人类某些智力行为的基本理论、基本技术和基本方法。

人工智能远期目标的中心任务是构造智能机器。即探讨智能的基本机理，研究如何利用自动机去模拟人的某些思维过程和智能行为，最终造出相当智能化的智能机器。

2. 研究途径

关于人工智能的研究途径有三种不同观点。

主张用生物学的方法进行研究——结构模拟、神经计算。产生出一大学派称为连接主义，又称仿生学派，认为人类智能的基本单位是神经元，认知过程是由神经元构成的网络的信息传递，这种传递是并行、分布进行的。其原理主要是神经网络及神经网络间的连接机制及学习算法。

主张用计算机科学的方法进行研究，研究逻辑演绎在计算机上的实现方法——功能模拟、符号推演。产生出一大学派称为符号主义，又称逻辑主义。认为人工智能的基本单元是符号，认知过程就是符号表示下的符号计算。其原理主要是物理符号系统假设和有限合理性原理。这个学派的代表人物有纽厄尔（Newell）、麦卡锡（McCarthy）和尼尔逊（Nilsson）等。

基于感知-行为模型的研究途径和方法——行为模拟、控制进化，产生的学派称为行为主义或进化主义，也称控制论学派。这种观点认为智能取决于感知和行动，不需要知识，不需要表示，不需要推理。理论核心是用控制取代知识表示。

14.1.3　人工智能研究的主要特点

目前的计算机系统仍未彻底突破传统的冯·诺依曼结构（只能依次对单个问题进行"求解"），这种二进制表示的集中串行工作方式具有较强的逻辑运算功能和很快的算术运算速度，但与人脑的组织结构和思维功能有很大差别。研究表明，人脑大约有 10^{11} 个神经元，并按并行分布式方式工作，具有较强的演绎、推理、联想、学习功能和形象思维能力。例如，对图像、图形、景物等，人类可凭直觉、视觉，通过视网膜、脑神经进行快速响应与处理，而传统计算机却显得非常迟钝。

从长远观点看，改变传统计算机的"迟钝"需要彻底改变冯·诺依曼计算机的体系结构，研制智能计算机。但从目前条件看，还主要靠智能程序系统来提高现有计算机的智能化程度。智能程序系统和传统的程序系统相比，具有几个主要特点：①基于知识；②运用推理；③启发式搜索；④数据驱动方式；⑤用人工智能语言建造系统。

14.1.4 人工智能的研究领域

人工智能是一个大学科。经过 70 余年的发展，现在其技术脉络已日趋清晰，理论体系已逐渐形成，人工智能学科现已分化出了许多的分支研究领域。

在经典的人工智能研究中，这样的领域包括逻辑推理与定理证明、博弈、自然语言处理、专家系统、自动程序设计、机器学习、人工神经网络、机器人学、模式识别、计算机视觉、智能控制、智能检索、智能调度与指挥、智能决策支持系统、知识发现和数据挖掘，以及分布式人工智能等。值得指出的是，正如不同的人工智能子领域不是完全独立的一样，各领域的智能特性也完全不是互不相关的。

14.1.5 人工智能的发展历史

1. 萌发时期

20 世纪 40 年代，一批科学家认真总结前人在哲学、心理学、逻辑学、数学和物理学等学科的成果，开创富有创造性的研究工作。这些工作对以后的人工智能和计算机科学的奠基产生了深远的影响，引发了数学逻辑和关于计算的新思想。

2. 形成时期

1956 年在美国达特茅斯（Dartmouth）大学举办了探讨用机器模拟人类智能的问题的会议，标志着人工智能学科的诞生。这次会议之后，在美国很快就形成了三个以人工智能为研究目标的研究小组。这些研究小组在人工智能诞生以后的十多年中，很快就在定理证明、问题求解、博弈等领域取得了重大突破。通常，人们把 1956～1970 年这段时间称为人工智能的形成期，也有人称之为高潮时期。在这一时期所取得的主要研究成果如下：1960 年，McCarthy 发明人工智能程序设计语言 LISP；1963 年，Newell 发表问题求解程序，走向了以计算机程序来模拟人类思维的道路；1965 年，罗宾逊（Robinson）提出了归结原理，实现了自动定理证明的重大突破；1968 年，奎廉（Quillian）提出了知识表示的语义网络模型。

3. 知识应用期

正当人们在为人工智能所取得的成就而高兴的时候，人工智能研究也遇到了许多困难。这一时期以游戏、博弈为对象开始人工智能的研究，其间以电子线路模拟神经元及人脑的各项研究均告失败。然而，在困难和挫折面前，人工智能的先驱者并没有退缩，他们在反思中认真总结了人工智能发展过程中的经验教训。专家系统开始崭露头角，专家系统的出现实现了人工智能走出实验室进入实际应用。从而又开创了一条以知识为中心、面向应用开发的研究道路，使人工智能进入了一条新的发展道路。通常，人们把从 1971 年到 20 世纪 80 年代末这段时间称为人工智能的知识应用期，也有人称之为低潮时期。在这一时期所取得的主要研究成果如下：1970 年，*Artificial Intelligence* 国际杂志创刊；1972 年，法国马赛大学的科麦瑞尔（Comerauer）提出并实现了逻辑程序设计语言 PROLOG；美国斯坦福大学的肖特列夫（Shortliffe）等开始研制用于诊断和治疗感染性疾病的专家系统 MYCIN；1977 年，Feigenbaum 提出知识工程的概念，引发了知识工程为认知科学为主的研究。

4. 第二次发展低谷

进入 20 世纪 80 年代以来，一方面在知识表示、常识推理、机器学习、分布式人工智能以及智能机器体系结构等基础研究方面取得了令人鼓舞的进展，连接主义在人工神经网络研究方面也取得了可喜的成果；另一方面，个人计算机开始走向社会，专家系统的需求急剧下滑。人工智能也受到了来自日本第五代计算机研制未能达到预期目标的冲击。这表明传统人工智能所依赖的理论和方法还不能满足人们的期望。人工智能发展再一次进入低谷。

5. 现代人工智能

20 世纪 90 年代中期开始，随着人工智能技术尤其是神经网络技术的逐步发展，以及人们对人工智能开始抱有客观理性的认知，人工智能技术开始进入平稳发展时期。1997 年 5 月，IBM 的计算机系统"深蓝"战胜了国际象棋世界冠军卡斯帕罗夫，在公众领域引发了现象级的人工智能话题讨论。这是人工智能发展的一个重要里程。2006 年，辛顿（Hinton）在神经网络的深度学习领域取得突破，人类又一次看到机器赶超人类的希望，也是标志性的技术进步。此后，人工智能研究高速发展，谷歌、微软、百度等互联网巨头，还有众多的初创科技公司，纷纷加入人工智能产品的战场，掀起又一轮的智能化狂潮：2011 年苹果公司的智能语音识别系统 siri 问世；2012 年 Google 无人驾驶汽车上路；2013 年深度学习算法在语音识别和视觉识别上有重大突破，识别率超过 99% 和 95%；2016 年深度思考（Deepmind）团队研发的阿尔法狗运用深度学习算法战胜围棋世界冠军；2022 年 ChatGPT 横空出世，引发全球 AI 浪潮；2025 年深度求索（DeepSeek）公司发布 DeepSeek-R1 模型，进一步提升人工智能在理解、处理任务上的能力。人工智能逐渐由单一研究走向以自然智能、人工智能、集成智能为一体的协同智能研究。

14.2　知识表示及知识图谱

14.2.1　知识表示的基本概念

1. 知识

一般而言，我们把有关信息关联在一起所形成的信息结构称为知识。目前为止，关于什么是知识还没有一个统一的、严格的形式化定义，对其定义众说纷纭。下面给出其中具有代表性的几个定义。

Feigenbaum 认为知识是经过削减、塑造、解释和转换的信息，即知识是经过加工的信息。

伯恩斯坦（Bernstein）认为知识是由特定领域的描述、关系和过程组成的。

海因斯·罗斯（Hayes-Roth）认为知识是事实、信念和启发式规则。

从知识库观点看，知识是某论域所涉及的各有关方面、状态的一种符号表示。

2. 知识的类型

（1）按知识的作用，将计算机处理的知识分为三类。

描述性知识：表示对象及概念的特征及其相互关系的知识，或表示问题求解状况的知识。

判断性知识：表示与领域有关的问题求解知识，如推理规则等。

过程性知识：表示问题的求解策略，即如何应用判断性知识等进行推理的知识。

（2）按知识的作用层次划分。

对象级知识：直接描述有关领域对象的知识。

元级知识：描述对象级知识的知识，如关于领域知识的内容、特征、应用范围的知识，或描述如何运用这些知识的知识。

（3）按知识的作用范围划分。

常识性知识：指人与人之间存在的日常共识，即人们普遍知道的，适用于所有领域的知识。

领域知识：指面向某个具体专业的专业性知识，这些知识只有该领域的专业人员才能够掌握和运用它，如领域专家的经验等。

（4）按知识的结构及表现形式划分。

逻辑型知识：反映人类逻辑思维过程的知识，它对应着逻辑思维。例如，人类的经验性知识。

形象型知识：是通过事物的形象建立起来的知识，它对应着形象思维。例如，一个人的相貌。

（5）按知识的确定性划分。

确定型知识：可以给出其真值为真或假的知识，是可以精确表示的知识。

不确定型知识：指具有不确定特性的知识，不确定特性包括不完备性、不精确性和模糊性。

3. 知识表示

知识表示是研究用机器表示知识的可行性、有效性的一般方法，是一种数据结构与控制结构的统一体，既考虑知识的存储又考虑知识的使用。知识表示可看成一组描述事物的约定，以把人类知识表示成机器能处理的数据结构。

4. 知识表示方法

知识表示方法又称为知识表示技术，其表示形式被称为知识表示模式。就各种知识方法的主体而言，可将知识表示方法分为陈述性知识表示方法和过程性知识表示方法两大类。

陈述性知识表示方法：主要用来描述事实性知识，它将知识与控制分开，把知识的使用方法，即控制部分留给计算机程序，是一种静态的描述方法。它的特点是严密性强、易于模块化、具有推理的完备性；但推理效率较低，推理过程不透明，不易理解。陈述性知识表示方法又可分为一阶谓词逻辑表示法、产生式表示法及结构化表示法三种类型。结构化表示法又主要包括语义网络表示法和框架表示法等。

过程性知识表示方法：主要用来描述规则性知识和控制结构知识，即将知识与控制（推理）结合起来，是一种动态的描述方法。其优点是推理过程直接、明晰，有利于模块化，易于表达启发性知识和默认推理知识，实现效率高；缺点是不够严格，知识间有交互重叠，灵活性差。

14.2.2 一阶谓词逻辑表示法

1. 命题逻辑

命题：命题是具有真假意义的语句。

命题代表人们进行思维时的一种判断，或者是肯定，或者是否定，只有这两种情况。如果命题的意义为真，称它的真值为真，记为 T；如果命题的意义为假，称它的真值为假，记为 F。一个命题不能同时既为真又为假，但可以在一定条件下为真，在另一种条件下为假。没有真假意义的语句（如感叹句、疑问句等）不是命题。例如，"$1+1=10$" 在二进制情况下是真值为 T 的命题，但在十进制情况下却是真值为 F 的命题。同样，对于命题"今天是雨天"，也要看当天的实际情况才能确定其真值。

如果一个命题不能进一步分解为更简单的命题，则此命题称为原子命题（或本原命题、原始命题）。使用适当的联结词，可以把原子命题组合成复合命题或分子命题。

在命题逻辑中，命题通常用大写的英文字母表示。英文字母表示的命题既可以是一个特定的命题，也可以是一个抽象的命题，前者称为命题常量，后者称为命题变元。当 P 表示某个特定命题时，我们说 P 是一个命题常量，它的真值就是该特定命题的真值。当 P 仅是任意命题的位置标志符时，我们说 P 是一个命题变元，它没有真值。在数理逻辑中，命题变元不代表一个确定的命题，没法确定其真值，但可以用任意一个给定的命题取代它。这时就可以给出 P 的真值。也就是说可以给命题变元任意指派真值。在命题逻辑中常把命题变元简称为变元。

命题联结词：在数理逻辑中也有类似的严格定义过的联结词，称为命题联结词。常用的命题联结词有五个：合取、析取、否定、蕴含、双条件。命题联结词真值表如表 14-1 所示。

表 14-1 命题联结词真值表

P	Q	$\sim P$	$P \wedge Q$	$P \vee Q$	$P \rightarrow Q$	$P \leftrightarrow Q$
F	F	T	F	F	T	T
F	T	T	F	T	T	F
T	F	F	F	T	F	F
T	T	F	T	T	T	T

2. 合式公式

合式公式是指：

（1）孤立的命题变元或逻辑常量是一个合式公式（称为原子公式）；

（2）如果 A 是一个合式公式，则 $\sim A$ 也是一个合式公式；

（3）如果 A 和 B 是合式公式，则 $(A \wedge B)$、$(A \vee B)$、$(A \to B)$、$(A \leftrightarrow B)$ 都是合式公式；

（4）当且仅当经过有限次使用规律（1）、（2）、（3）得到的由命题变元、联结词符号和圆括号组成的字符串，才是合式公式。

为了减少括号的使用次数，特作如下简化的规定：

（1）联结词运算的优先级从高到低为 $\sim$、$\wedge$、$\vee$、$\to$、$\leftrightarrow$；

（2）同级联结词中，先出现的先运算；

（3）最外层的括号可以省去，在上述优先级规定下，凡省去后不会引起二义性的括号，均可省去。

3. 一阶谓词逻辑

1）谓词

谓词的一般形式是

$$P(x_1, x_2, \cdots, x_n) \tag{14.1}$$

其中，P 是谓词名；$x_1, x_2, \cdots, x_n$ 是个体。谓词名通常用大写的英文字母表示，个体通常用小写的英文字母表示，个体可以是常量，也可以是变元，还可以是一个函数。例如，对于 "$x<5$"，可表示为 $\text{Less}(x, 5)$，其中 x 是变元。又如，对于 "小王的父亲是教师"，可表示为 $\text{teacher(father(Wang))}$，其中 father(Wang) 是一个函数。

谓词与函数表面上很相似，容易混淆，其实这是两个完全不同的概念。谓词的真值是真或假，而函数的值是个体域中的某个个体，函数无真值可言，它只是在个体域中从一个个体到另一个个体的映射。

在谓词 $P(x_1, x_2, \cdots, x_n)$ 中，若 $x_i(i = 1, \cdots, n)$ 都是个体常量、变元或函数，称它为一阶谓词。如果某个 x_i 本身又是一个一阶谓词，则称它为二阶谓词，以此类推。

我们将个体常量、个体变元、函数统称为项。

2）量词

量词刻画了谓词与个体之间的两种不同的关系。量词分为两种：全称量词和存在量词。

全称量词 $(\forall x)$，读为 "对于所有的 x"，它表示 "对个体域中的所有（或任一个）个体 x；另一个是存在量词 $(\exists x)$，读为 "存在 x"，它表示 "在个体域中存在个体 x"。

符号 "$(\forall x)P(x)$" 表示命题："对于个体域中所有的个体 x，谓词 $P(x)$ 均为 T"。类似的符号 "$(\exists x)Q(x)$" 表示命题："对于个体域中存在某些个体使谓词 $Q(x)$ 为 T"。

量词后面的单个谓词或者用括弧括起来的合式公式称为量词的辖域，那么，辖域内与量词中同名的变元称为约束变元，不受约束的变元称为自由变元。例如：

$$(\exists x)(P(x, y) \to Q(x, y)) \vee R(x, y) \tag{14.2}$$

其中，$(P(x, y) \rightarrow Q(x, y))$ 是 $(\exists x)$ 的辖域，辖域内的变元 x 是受 $(\exists x)$ 约束的变元，而 $R(x, y)$ 中的 x 是自由变元，公式中的所有 y 都是自由变元。

3）谓词公式的解释

设 D 为谓词公式 P 的个体域，若对 P 中的个体常量、函数和谓词按如下规定赋值：

（1）为每个个体常量指派 D 中的一个元素；

（2）为每个 n 元函数指派一个从 D^n 到 D 的映射，其中

$$D^n = \{(x_1, x_2, \cdots, x_n) \mid x_1, x_2, \cdots, x_n \in D\}$$

（3）为每个 n 元谓词指派一个从 D^n 到 $\{F, T\}$ 的映射。

则称这些指派为公式 P 在 D 上的一个解释。

例如，设个体域 $D = \{1, 2\}$，求公式 $A = (\forall x)(\exists x)P(x, y)$ 在 D 上的解释，并指出在每一种解释下公式 A 的真值。

解：在公式 A 中没有包括个体常量和函数，所以可直接为谓词指派真值，设为

$$P(1, 1) = T, \quad P(1, 2) = F, \quad P(2, 1) = T, \quad P(2, 2) = F$$

这就是公式 A 在 D 上的一个解释。在此解释下，因为 $x = 1$ 时有 $y = 1$ 使 $P(x, y)$ 的真值为 T；$x = 2$ 时也有 $y = 1$ 使 $P(x, y)$ 的真值为 T，即对于 D 中的所有 x 都有 $y = 1$ 使 $P(x, y)$ 的真值为 T，所以在此解释下公式 A 的真值为 T。

4）用谓词公式表示知识

可以用合取符号和析取符号联结形成的谓词公式表示事实性知识，也可以用蕴含符号联结形成的谓词公式表示规则性知识。

（1）定义谓词及个体，确定每个谓词及个体的确切含义。

（2）根据所要表达的事物或概念，为每个谓词中的变元赋以特定的值。

（3）根据所要表达的知识的语义，用适当的联结符号将各个谓词联结起来，形成谓词公式。

例如，用谓词公式表示一个事实性知识：小张是一名计算机系的学生，但他不喜欢编程序。

解：首先定义谓词如下：

Computer(x)：x 是计算机系的学生。

Like(x, y)：x 喜欢 y。

将个体代入谓词中，得到

Computer(Zhang), ~Like(Zhang, programming), Higher(Li, sister(Li))

根据语义，用逻辑联结词进行联结，就得到了谓词公式：

Computer(Zhang) $\wedge$ ~Like(Zhang, programming)

例如，用谓词公式表示下列规则性知识：人人爱劳动。

解：首先定义谓词如下：Man(x)：x 是人。

可以得到谓词公式表示 $(\forall x)$ Man(x) $\rightarrow$ Love(x, labour))

14.2.3 产生式表示法

1. 产生式知识表示的基本形式

格式：

$$If（前提 1）&（前提 2）& \cdots$$
$$Then（结论 1）&（结论 2）& \cdots$$

正规化格式：

$$If（前提 1）&（前提 2）& \cdots$$
$$Then（结论 1）$$

前提：符号化的事实型知识，不同前提形式构成不同产生式规则类型。

结论：符号化事实型知识。

规则描述的是事物间的因果关系。规则的产生式表示形式常称为产生式规则，简称产生式，或规则。其基本形式为

$$If \quad P \quad Then \quad Q \tag{14.3}$$

例如，规则 1：If 该动物有羽毛 Then 该动物是鸟。

规则 2：If 该动物是鸟 And 有长脖子 And 有长腿 And 不会飞 Then 该动物是鸵鸟。

2. 产生式系统的组成

产生式系统的组成如图 14-1 所示。

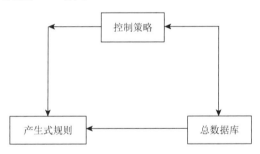

图 14-1 产生式系统的组成

控制策略为一推理机构，由一组程序组成，用来控制产生式系统的运行，决定问题求解过程的推理线路，实现对问题的求解。产生式规则是一个规则库，用于存放与求解问题有关的某个领域知识的规则之集合及其交换规则。总数据库也称为事实库，是一个用来存放与求解问题有关的各种当前信息的数据结构，如问题的初始状态、输入的事实、推理得到的中间结论及最终结论等。

14.2.4 语义网络表示法

语义网络是知识的一种结构化图解表示，它由结点和弧线（或链线）组成。结点用于表示实体、概念和情况等，弧线用于表示结点间的关系。

语义网络表示由下列四个相关部分组成。

（1）词法部分：决定表示词汇表中允许有哪些符号，它涉及各个结点和弧线。

（2）结构部分：叙述符号排列的约束条件，指定各弧线连接的结点对。

（3）过程部分：说明访问过程，这些过程能用来建立和修正描述，以及回答相关问题。

（4）语义部分：确定与描述相关的（联想）意义的方法，即确定有关结点的排列及其占有物和对应弧线。

一个最简单的语义网络是一个三元组（结点1、弧、结点2），它可用图来表示，称为一个基本网元（图14-2）。

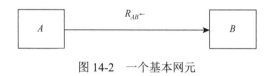

图 14-2　一个基本网元

箭头所指的结点代表上层概念，箭尾结点代表下层概念。当把多个基本网元用相应语义联系关联在一起时，就可得到一个语义网络。

语义网络可以表示事实性的知识，也可以表示有关事实性知识之间的复杂联系。

结点可以表示一个事物或者一个具体概念，也可以表示某一情况、某一事件或者某个动作。在一些稍复杂的事实性知识中，语义网络中可通过增设合取结点及析取结点来表示。

例如，有下述事实："小信使"这只鸽子从春天到秋天占有一个窝（图14-3）。

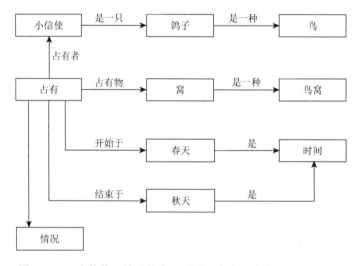

图 14-3　"小信使"鸽子从春天到秋天占有一个窝语义网络表示

语义网络可以描述事物间多种复杂的语义关系，下面是常用的几种。

（1）分类关系：指事物间的类属关系，如"是一种"等。

（2）聚集关系：如果下层概念是其上层概念的一方面或者一个部分，则称它们是聚集关系。

（3）推论关系：如果一个概念可由另一个概念推出，则称它们之间存在推论关系。

（4）时间、位置关系：指事物间的时间、空间相对关系。

（5）多元关系：在语义网络中，一条弧只能从一个结点指向另一个结点，适合于表示一个二元关系。但在许多情况下需要用一种关系把几个事物联系起来。为了在语义网络中描述多元关系，可以用结点来表示关系。

例如，对于如下事实：郑州位于西安和北京之间（图14-4）。

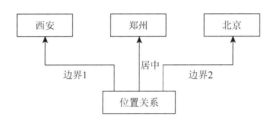

图 14-4 郑州位于西安和北京之间语义网络表示

14.2.5 框架表示法

框架理论认为，人们对现实世界中各种事物的认识都是以一种类似于框架的结构存储在记忆中的，当面临一种新事物时，就从记忆中找出一个合适的框架并根据实际情况对其细节加以修改、补充，从而形成对当前事物的认识。

框架的定义如下。

（1）框架是用于描述具有固定的静态对象的通用数据结构，该对象用"对象…属性…属性值"表示。

（2）框架由若干个槽组成，槽用于描述属性。

（3）槽又可由若干个侧面组成。侧面用于描述相应属性的一个方面。

（4）侧面又可由一个或多个侧面值组成。

（5）框架实质上是一个层次的嵌套链接表。

一个框架的一般结构如下：

〈框架名〉

〈槽 1〉　　　〈侧面 11〉　　　〈值 111〉…

　　　　　　〈侧面 12〉　　　〈值 121〉…

　　　　　　　　　　⋮

〈槽 2〉　　　〈侧面 21〉〈值 211〉…

　　　　　　　　　　⋮

〈槽 n〉　　　〈侧面 $n1$〉〈值 $n11$〉…

　　　　　　　　　　⋮

　　　　　　〈侧面 nm〉〈值 $nm1$〉…

14.3 确定性推理方法

14.3.1 推理的基本概念

1. 推理的定义

所谓推理,是指按照某种策略从已知事实出发推出结论的过程。其中,推理所用的事实可分为两种情况:一种是与求解问题有关的初始证据;另一种是推理过程中所得到的中间结论。通常,智能系统的推理过程是通过推理机来完成的。所谓推理机,就是智能系统中用来实现推理的那些程序。

2. 推理的分类

按照推理的逻辑基础,推理方法可分为演绎推理和归纳推理。

演绎推理是从已知的一般性知识出发去推出蕴涵在这些已知知识中的适合于某种个别情况的结论。它是一种由一般到个别的推理方法,其核心是三段论。常用的三段论是由一个大前提、一个小前提和一个结论三部分组成的。其中,大前提是已知的一般性知识或推理过程得到的判断;小前提是关于某种具体情况或某个具体实例的判断;结论是由大前提推出的,并且适合于小前提的判断。

归纳推理是从一类事物的大量特殊事例出发,去推出该类事物的一般性结论。它是一种由个别到一般的推理方法。归纳推理的基本思想是先从已知事实中猜测出一个结论,然后对这个结论的正确性加以证明确认。数学归纳法就是归纳推理的一种典型例子。

按所用知识的确定性,推理可分为确定性推理和不确定性推理。

所谓确定性推理,是指推理所使用的知识和推出的结论都可以精确表示,其真值要么为真,要么为假,不会有第三种情况出现。本章主要讨论的是确定性推理。

所谓不确定性推理,是指推理时所用的知识不都是确定的,推出的结论也不完全是确定的,其真值会位于真与假之间。由于现实世界中的大多数事物都具有一定程度的不确定性,并且这些事物是很难用精确的数学模型来进行表示与处理的,因此不确定性推理也就成为人工智能的一个重要研究课题。

14.3.2 推理的逻辑基础

1. 谓词公式的永真式、可满足性、等价性和永真蕴涵性

如果谓词公式 P 对非空个体域 D 上的任一解释都取得真值 T,则称 P 在 D 上是永真的;如果 P 在任何非空个体域上均是永真的,则称 P 永真。

对于谓词公式 P,如果至少存在 D 上的一个解释,使公式 P 在此解释下的真值为 T,则称公式 P 在 D 上是可满足的,可满足性也称相容性。

设 P 与 Q 是 D 上的两个谓词公式，若对 D 上的任意解释，P 与 Q 都有相同的真值，则称 P 与 Q 在 D 上是等价的。如果 D 是任意非空个体域，则称 P 与 Q 是等价的，记为 $P \Leftrightarrow Q$。

对于谓词公式 P 和 Q，如果 $P \rightarrow Q$ 永真，则称 P 永真蕴涵 Q，且称 Q 为 P 的逻辑结论，P 为 Q 的前提，记为 $P \Rightarrow Q$。

2. 谓词公式的范式

前束范式：设 F 为一谓词公式，如果其中的所有量词均非否定地出现在公式的最前面，而它们的辖域为整个公式，则称 F 为前束范式。一般地，前束范式可写成

$$(Q_1 x_1) \cdots (Q_n x_n) M(x_1, x_2, \cdots, x_n) \tag{14.4}$$

若前束范式中所有存在量词都在全称量词之前，称这种形式的谓词公式为 Skolem 范式。例如，$(\exists x)(\exists z)(\forall y)(P(x) \vee Q(y,z) \wedge R(x,z))$ 是 Skolem 范式。

14.3.3 自然演绎推理

从一组已知为真的事实出发，直接运用经典逻辑中的推理规则推出结论的过程称为自然演绎推理。在这种推理中，最基本的推理规则是三段论推理，它包括假言推理、拒取式推理、假言三段论等。

在自然演绎推理中，需要避免两类错误：肯定后件的错误和否定前件的错误。所谓肯定后件的错误是指，当 $P \rightarrow Q$ 为真时，希望通过肯定后件 Q 为真来推出前件 P 为真，这是不允许的。原因是当 $P \rightarrow Q$ 及 Q 为真时，前件 P 既可能为真，也可能为假。所谓否定前件的错误是指，当 $P \rightarrow Q$ 为真时，希望通过否定前件 P 来推出后件 Q 为假，这也是不允许的。原因是当 $P \rightarrow Q$ 及 P 为假时，后件 Q 既可能为真，也可能为假。

例如，设已知如下事实：$A, B, A \rightarrow C, B \wedge C \rightarrow D, D \rightarrow Q$，求证：$Q$ 为真。

证明：因为　　　$A, A \rightarrow C \Rightarrow C$　　　　　　　假言推理

　　　　　　　　$B, C \Rightarrow B \wedge C$　　　　　　　引入合取词

　　　　　　　　$B \wedge C, B \wedge C \rightarrow D \Rightarrow D$　　　假言推理

　　　　　　　　$D, D \rightarrow Q \Rightarrow Q$　　　　　　　假言推理

所以　　　　　　Q 为真。

14.3.4 归结演绎推理

在人工智能中，几乎所有的问题都可以转化为一个定理证明问题。而定理证明的实质，就是对前提 P 和结论 Q，证明 $P \rightarrow Q$ 永真。归结演绎推理采用反证法思想，把关于永真性的证明转化为关于不可满足性的证明。归结原理也称为消解原理，是在子句集的基础上进行定理证明的。

14.4　不确定性推理

在现实世界中，能够进行精确描述的问题只占较少一部分，而大多数问题是不确定的。对于这些不确定性问题，若采用前面所讨论的确定性推理方法显然是无法解决的。为满足现实世界的问题求解需求，人工智能需要研究不确定性推理方法。

1. 不确定性推理的定义

不确定性推理是指那种建立在不确定性知识和证据的基础上的推理。例如，不完备、不精确知识的推理，模糊知识的推理等。不确定性推理实际上是一种从不确定的初始证据出发，通过运用不确定性知识，最终推出具有一定程度的不确定性但又是合理或基本合理的结论的思维过程。

2. 不确定性推理的代数模型

不确定性问题模型涉及不确定性知识的表示、不确定性知识的推理、不确定推理的语义三个问题。

不确定性知识的表示主要解决用什么方法来描述知识的不确定性问题，常用的方法有数值法和非数值法；不确定性知识的推理是指知识不确定性的传播和更新，即新的不确定性知识的获取过程，也就是说，根据原始证据的不确定性和知识的不确定性，求出结论的不确定性；不确定推理的语义指对于一个不确定推理问题应指出不确定性表示和推理的含义，基于概率论的方法能较好地解决这个问题。

3. 不确定性推理的类型

对于用数值方法表示不确定性知识的不确定性推理，可按其所依据的理论分为两种不同类型：一类是基于概率论的有关理论发展起来的方法，称为基于概率的模型，如确定性理论、主观 Bayes 方法、D-S 证据理论等；另一类是基于模糊逻辑理论发展起来的可能性理论方法，称为模糊推理。我们这里主要讨论前者。

14.5　计算智能方法

计算智能是信息科学与生命科学、认知科学等不同学科相互交叉的产物。它主要借鉴仿生学的思想，基于人们对生物体智能机理的认识，采用数值计算的方法去模拟和实现人类的智能。计算智能的主要研究领域包括进化计算、神经计算、模糊计算、免疫计算、DNA 计算和人工生命等。

14.5.1　遗传算法

1. 遗传算法概述

遗传算法（genetic algorithms，GA）是人工智能的重要新分支，是基于达尔文进化论，在计算机上模拟生命进化机制而发展起来的一门新学科。它根据适者生存、优胜劣汰等自然进化规则来进行搜索计算和问题求解。对许多用传统数学难以解决或明显失效的复杂问题，特别是优化问题，GA 提供了一个行之有效的新途径，也为人工智能的研究带来了新的生机。目前，GA 已在组合优化问题求解、自适应控制、程序自动生成、机器学习、神经网络训练、人工生命研究，经济预测等领域取得了令人瞩目的应用成果，GA 也成为当前人工智能及其应用的热门课题。

2. 简单遗传算法

GA 是基于自然选择，在计算机上模拟生物进化机制的寻优搜索算法。在自然界的演化过程中，生物体通过遗传（传宗接代，后代与父辈非常相像）、变异（后代与父辈又不完全相像）来适应外界环境，一代又一代地优胜劣汰，发展进化，GA 则模拟了上述进化现象。它把搜索空间映射为遗传空间，即把每一个可能的解编码为一个向量（二进制或十进制数字串），称为一个染色体或个体，向量的每一个元素称为基因。所有染色体组成群体或集团，并按预定的目标函数对每个染色体进行评价，根据其结果给出一个适应度的值。算法开始时先随机地产生一些染色体（欲求解问题的候选解），计算其适应度，根据适应度对各染色体进行选择、交叉、变异等遗传操作，剔除适应度低（性能不佳）的染色体，留下适应度高（性能优良）的染色体，从而得到新的群体。新群体的成员是上一代群体的优秀者，继承了上一代的优良性态，因而明显优于上一代。GA 就这样反复迭代，向着更优解的方向进化，直至满足某种预定的优化指标。上述 GA 的工作过程如图 14-5 所示。

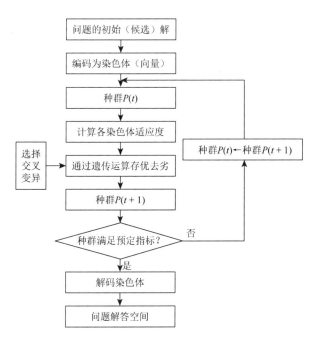

图 14-5　GA 工作原理示意图

3. 遗传算法的组成

（1）编码方式。GA 通常根据问题本身进行编码，并将问题的有效解决方案转化为 GA 的搜索空间。工业中常用的编码方法包括实数编码、二进制编码、整数编码和数据结构编码。

（2）适应度函数，也称目标函数，是对整个个体与其适应度之间的对应关系的描述。具有高适应度的个体中包含的高质量基因具有较高的传递给后代的概率，而具有低适应度的个体的遗传概率较低。

（3）遗传操作。基本的遗传操作包括选择、交叉、变异。

①选择：选择操作基于个体适应度评估，选择群体中具有较高适应度的个体，并且消除具有较低适应度的个体。不同的选择操作会带来不同的结果，有效的选择操作可以显著提高搜索的效率，减少无用的计算量。常见选择方法有基于比例的适应度分配方法、期望值选择方法、基于排名的适应度分配方法、"轮盘赌"选择方法。

②交叉：在自然界生物进化过程中，两条染色体通过基因重组形成新的染色体，因此交叉操作是 GA 的核心环节。交叉算子的设计需要根据具体的问题具体分析，编码操作和交叉操作互相辅助，交叉产生的新的个体必须满足染色体的编码规律。父代染色体的优良性状最大限度地遗传给下一代染色体，在此期间也能够产生一些较好的性状。常见的交叉算法包括实质重组、中间重组、离散重组、线性重组、二进制交叉、单点交叉、均匀交叉、多点交叉和减少代理交叉。

③变异：采用随机选择的方法，改变染色体上的遗传基因。变异本身可以被视为随机算法，严格来说，是用于生成新个体的辅助算法。

（4）算法终止条件。算法终止一般指适应度函数值的变化趋于稳定或者满足迭代终止的公式要求，也可以是迭代到指定代数后停止进化。

14.5.2　人工神经网络

1. 人工神经网络基本模型

人工神经网络是指模拟人脑神经系统的结构和功能，运用大量的处理部件，由人工方式构造的网络系统。构成人工神经网络的基本单元是人工神经元。并且，人工神经元的不同结构和模型会对人工神经网络产生一定的影响。

人工神经元是对生物神经元的抽象与模拟。1943 年，心理学家麦卡洛克（McCulloch）和数理逻辑学家皮茨（Pitts）根据生物神经元的功能和结构，提出了一个将神经元看成二进制阈值元件的简单模型，即 MP 模型，如图 14-6 所示。

在图 14-6 中，$x_1, x_2, \cdots, x_n$ 为某一神经元的 n 个输入；$\omega_i (i = 1, 2, \cdots, n)$ 为第 i 个输入的联结强度，称为联结权值；θ 为神经元的阈值；y 为神经元的输出。可以看出，人工神经元是一个具有多输入单输出的非线性器件。它的输入为

$$\sum_{i=1}^{n} \omega_i x_i \tag{14.5}$$

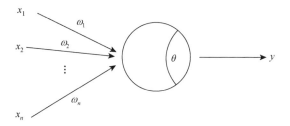

图 14-6　MP 模型

输出为

$$y = f(\sigma) = f\left(\sum_{i=1}^{n} \omega_i x_i - \theta\right) \tag{14.6}$$

其中，f 为神经元状态转移函数。

常用的神经元模型如下。

（1）阶跃函数：

$$h(\sigma) = f(\sigma) = \begin{cases} 1, & \sigma \geqslant 0 \\ 0, & \sigma < 0 \end{cases} \tag{14.7}$$

（2）准线形函数：

$$y = f(\sigma) = \begin{cases} 1, & \sigma \geqslant \alpha \\ \sigma, & 0 \leqslant \sigma < \alpha \\ 0, & \sigma < 0 \end{cases} \tag{14.8}$$

（3）Sigmoid 函数：

$$f(\sigma) = \frac{1}{1 + e^{-\sigma}} \tag{14.9}$$

（4）双曲正切函数：

$$f(\sigma) = \frac{1 + \tanh\left(\dfrac{\sigma_i}{\sigma_0}\right)}{2} \tag{14.10}$$

人工神经网络是对人类神经系统的一种模拟。人工神经元之间通过互联形成的网络称为人工神经网络。人工神经网络的拓扑结构主要有前馈网络和反馈网络。

（1）前馈网络是指那种只包含前馈联结，而不存在任何其他联结方式的神经网络。所谓前馈联结是指那种从上一层每个神经元到下一层的所有神经元的联结方式。根据网络中所拥有的计算结点（即具有联结权值的神经元）的层数，前馈网络又可分为单层前馈网络和多层前馈网络两大类（图 14-7 和图 14-8）。

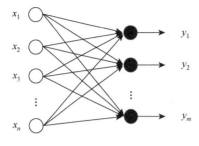

图 14-7　单层前馈网络结构

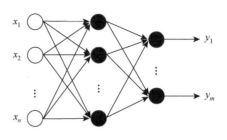

图 14-8　多层前馈网络结构

（2）反馈网络是指允许采用反馈联结方式所形成的神经网络。所谓反馈联结方式是指一个神经元的输出可以被反馈至同层或前层的神经元。通常把那些引出有反馈联结弧的神经元称为隐神经元，其输出称为内部输出。一个反馈网络至少应含有一个反馈回路（图 14-9）。

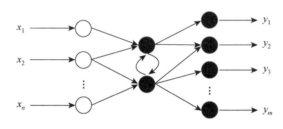

图 14-9　反馈网络结构

2. 感知器与多层网络

根据所拥有的计算结点的层数，可将感知器分为单层感知器和多层感知器。

（1）单层感知器是一种只具有单层可计算结点的前馈网络，其网络拓扑结构为如图 14-7 所示的单层前馈网络。在单层感知器中，每个可计算结点都是一个线性阈值神经元。当输入信息的加权和大于或等于阈值时，其输出为 1；否则输出为 0 或 –1。

此外，由于单层感知器的输出层的每个神经元都只有一个输出，且该输出仅与本神经元的输入及联结权值有关，而与其他神经元无关，因此我们可以对单层感知器进行简化，仅考虑只有单个输出结点的单个感知器，即相当于单个神经元。

使用感知器的主要目的是对外部输入进行分类。罗森布拉特（Rosenblatt）已经证明，如果外部输入是线性可分的（指存在一个超平面可以将它们分开），则单层感知器一定能够把它划分为两类。其判别超平面由式（14.11）确定：

$$\sum_{i=1}^{n} \omega_{ij} x_i - \theta_j = 0, \quad j = 1, 2, \cdots, m \tag{14.11}$$

（2）多层感知器是通过在单层感知器的输入层、输出层之间加入一层或多层处理单元所构成的。其拓扑结构与如图 14-8 所示的多层前馈网络相似，差别也在于其计算结点的联结权值是可变的。

多层感知器的输入与输出之间是一种高度非线性的映射关系，如图 14-8 所示的多层前馈网络若采用多层感知器模型，则该网络就是一个从 n 维欧氏空间到 m 维欧氏空间的非线性映射。因此，多层感知器可以实现非线性可分问题的分类。

3. BP 算法

BP 算法是美国加利福尼亚大学的鲁梅尔哈特（Rumelhart）和麦克莱兰（Meclelland）在研究并行分布式信息处理方法、探索人类认知微结构的过程中，于 1985 年提出的一种网络模型。BP 网络的网络拓扑结构是多层前馈网络，如图 14-10 所示。在 BP 网络中，同层结点之间不存在相互联结，层与层之间多采用全互联方式，且各层的联结权值可调。BP 网络实现了明斯基（Minsky）的多层网络的设想，是当今神经网络模型中应用最广泛的一种。

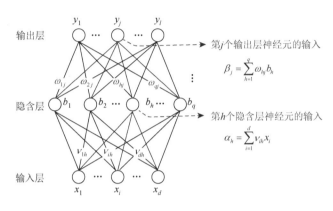

图 14-10　BP 网络结构

在 BP 网络中，每个处理单元均为非线性输入/输出关系，其功能函数通常采用的是可微的 Sigmoid 函数，即 $f(x) = \dfrac{1}{1 + e^{-x}}$ 。

BP 网络的学习过程是由工作信号的正向传播和误差信号的反向传播组成的。所谓正向传播的过程是指：输入模式从输入层传给隐含层，经隐含层处理后传给输出层，再经输出层处理后产生一个输出模式。如果正向传播过程所得到的输出模式与所期望的输出模式有误差，则网络将转为误差的反向传播过程。所谓误差反向传播过程是指：从输出层开始反向把误差信号逐层传送到输入层，并同时修改各层神经元的联结权值，使误差信号为最小。重复上述正向传播和反向传播过程，直至得到所期望的输出模式为止。

14.5.3　群体智能

1. 群体

物以类聚，人以群分。人类的一个重要特征就是社会性。在自然界中，还有很多其他生物具备这种社会性，甚至具有比人类更加高效的社会性。它们的一个共同特征就是群居，并且体现出了个体之间的联系。

昆虫在自然生态系统中的个体劣势决定了群体依赖感在昆虫社会中出现的概率远高于其他动物。为了更有效地种群繁衍，蚂蚁率先进化出了高效的社会运转体系。每个蚁群都会分化出蚁后、雄蚁、工蚁和兵蚁，不同的成员对于群体有不同的作用，各司其职而又分工合作。工蚁个体间能相互合作照顾幼体，具有明确的劳动分工，在蚁群内至少有两个世代重叠（不排除个别情况），且子代能在一段时间内照顾上一代。蚁群可以进行群体劳作与群体作战，蚂蚁个体在发现食物后会召唤伙伴来共同搬运回巢，而当蚁群遭到攻击时也会群集而上。

我们这里所指的群体是指具备独立行为能力的简单个体所构成的集合，个体通过相互之间的简单合作完成整体行为，来实现某一功能，完成某一任务。其中，简单个体是指单个个体只具有简单的能力或智能，而简单合作是指个体与其邻近的个体进行某种简单的直接通信或通过改变环境间接地与其他个体通信，从而可以相互影响，协同动作。

2. 群体智能

一般地，一个群体可以定义为一组（一般是移动的）代理（agent），它们能通过对其局部环境作用（直接地或者间接地）相互通信。各代理之间的相互作用导致了分布式集体问题求解策略。群体智能是指由这些代理和互作用涌现出的问题求解行为，而计算群体智能是指这种行为的算法模型。更严格地说，群体智能是一个系统的性质，该系统的各简单代理与它们所处的局部环境相互作用，从而引起相关功能上的全局模式涌现的集体行为。群体智能也称为集体智能。

3. 群体的重要特征——涌现

对社会性动物和社会性昆虫的研究已经产生了大量的群体智能计算模型。激发了计算模型的生物群体系统包括蚁群、蜂群、鱼群以及鸟群。在这些群体中，个体在结构上相对简单，但是它们的集体行为通常是非常复杂的。一个群体的复杂行为是群体中各个个体随时间相互作用的模式的结果。这个复杂行为不是任何单个个体的性质，并且通常很难由个体的简单行为来预测和推演，这称为涌现。更正式的定义是，涌现是指推演一个复杂系统中某些新的、相关的结构、模式和性质（或者行为）的过程。这些结构，模式和性质在没有任何协调控制系统下共存，但是从具有局部环境的（潜在自适应的）个体相互作用中涌现。

4. 群体智能典型算法

群体智能是通过模拟自然界生物群体行为来实现人工智能的一种方法，它强调个体行为的简单性、群体的涌现特性，以及自下而上的研究策略。群体智能在已有的应用领域中都表现出较好的寻优性能，引起了相关领域研究者的广泛关注。

模拟生物蚁群智能寻优能力的蚁群算法和模拟鸟群运动模式的粒子群优化算法是群体智能中的两大类典型算法。

1）蚁群算法

蚁群算法由多里戈（Dorigo）等于1991年首先提出。该算法利用了生物蚁群能通过个体间简单的信息传递，搜索从蚁穴至食物间最短路径的集体寻优特征。蚁群寻找最短路径的过程如下：蚂蚁在经过的路径上释放出一种被称为信息素的特殊化学物质，当它们碰到一个还没有走过的路口时，随机地选择一条路径，并释放出信息素；由于短的路径耗费时间少，信息素累积得快，且挥发得少，因此短路径上的信息素浓度逐渐高于长路径；当后来的蚂蚁再次碰到这个路口的时候，选择信息素浓度较高路径的概率相对较大，这样就形成了一个正反馈，最终获得最短路径。

　　2）粒子群优化算法

　　美国学者肯尼迪（Kennedy）和埃伯哈特（Eberhart）受鸟群和鱼群觅食行为的启发，于 1995 年提出了粒子群优化算法。该算法通过个体之间的协作来寻找最优解，最初是为了在二维空间图形化模拟鸟群优美而不可预测的运动，后来被用于解决优化问题，是一种基于种群寻优的启发式搜索算法。

　　其基本概念源于对鸟群群体运动行为的研究。自然界中，尽管每只鸟的行为看起来似乎是随机的，但是它们之间却有着惊人的同步性，能够使得整个鸟群在空中的行动非常流畅优美。鸟群之所以具有这样的复杂行为，可能是因为每只鸟在飞行时都遵循一定的行为准则，并且能够了解其邻域内其他鸟的飞行信息。粒子群优化算法的提出就是借鉴了这样的思想。

　　在粒子群优化算法中，每个粒子代表待求解问题的一个潜在解，它相当于搜索空间中的一只鸟，其飞行信息包括位置和速度两个状态量。每个粒子都可获得其邻域内其他粒子个体的信息，并可根据该信息以及简单的位置和速度更新规则，改变自身的状态量，以便更好地适应环境。随着这一过程的进行，粒子群最终能够找到问题的近似最优解。由于粒子群优化算法概念简单，易于实现，并且具有较好的寻优特性，因此它在短期内得到迅速发展。

　　由于粒子群优化算法具有出色的性能，目前已在许多领域中得到应用，如函数优化、神经网络训练、模糊系统控制、电力系统优化、旅行商问题（travelling salesman problem，TSP）求解、神经网络训练、交通事故探测、参数辨识、模型优化等。

参 考 文 献

克莱门茨，2017. 计算机组成原理[M]. 沈立，王苏峰，肖晓强，译. 北京：机械工业出版社.

布莱恩特 R E，奥哈拉伦 D R，2016. 深入理解计算机系统：原书第 3 版[M]. 龚奕利，贺莲，译. 北京：机械工业出版社.

陈锐，张志锋，马军霞，等，2021. 数据结构与算法详解[M]. 北京：人民邮电出版社.

邓玉洁，2017. 算法与数据结构：C 语言版[M]. 北京：北京邮电大学出版社.

蒋晶，赵卫滨，余永红，2017. C 语言程序设计[M]. 北京：电子工业出版社.

蒋彦，韩玫瑰，2018. C 语言程序设计[M]. 3 版. 北京：电子工业出版社.

李航，2012. 统计学习方法[M]. 北京：清华大学出版社.

刘立康，黄力宇，胡力山，2010. 微机原理与接口技术[M]. 北京：电子工业出版社.

刘云浩，2010. 物联网工程导论[M]. 北京：科学出版社.

邵军力，张景，魏长华，2000. 人工智能基础[M]. 北京：电子工业出版社.

斯托林斯，2011. 计算机组成与体系结构：性能设计：原书第 8 版[M]. 彭蔓蔓，吴强，任小西，译. 北京：机械工业出版社.

唐朔飞，2008. 计算机组成原理[M]. 2 版. 北京：高等教育出版社.

王万森，2007. 人工智能原理及其应用[M]. 北京：电子工业出版社.

魏铼，2019. 人工智能的故事[M]. 北京：人民邮电出版社.

邬春明，雷宇凌，李蕾，2015. 数字电路与逻辑设计[M]. 北京：清华大学出版社.

肖云鹏，卢星宇，许明，等，2018. 机器学习经典算法实践[M]. 北京：清华大学出版社.

谢希仁，2017. 计算机网络[M]. 7 版. 北京：电子工业出版社.

徐平平，2002. 数字通信：基础与应用[M]. 2 版. 北京：电子工业出版社.

杨崇艳，2019. C 语言程序设计[M]. 北京：人民邮电出版社.

袁燕，赵军，叶勇，等，2021. C 语言程序设计[M]. 重庆：重庆大学出版社.

张琨，张宏，朱保平，2016. 数据结构与算法分析：C++语言版[M]. 北京：人民邮电出版社.

周志华，2016. 机器学习[M]. 北京：清华大学出版社.

Kurose J F，Ross K W，2009. 计算机网络：自顶向下方法：第 4 版[M]. 影印本. 北京：机械工业出版社.